T0073348

Historia de la mente

JOSÉ RAMÓN ALONSO & IRENE ALONSO ESQUISÁBEL

Historia de la mente

El desarrollo de la ciencia de la psicología

GUADALMAZÁN

© José Ramón Alonso Peña, 2023
© Irene Alonso Esquisábel, 2023
© Talenbook, s. l., 2023

Primera edición: noviembre de 2023

Reservados todos los derechos. «No está permitida la reproducción total o parcial de este libro, ni su tratamiento informático, ni
la transmisión de ninguna forma o por cualquier medio, ya sea
mecánico, electrónico, por fotocopia, por registro u otros métodos,
sin el permiso previo y por escrito de los titulares del *copyright*».

Cualquier forma de reproducción, distribución, comunicación
pública o transformación de esta obra solo puede ser realizada
con la autorización de sus titulares, salvo excepción prevista por la
ley. Diríjase a CEDRO (Centro Español de Derechos Reprográficos,
www.cedro.org) si necesita fotocopiar o escanear algún fragmento
de esta obra.

GUADALMAZÁN • COLECCIÓN DIVULGACIÓN CIENTÍFICA
Director editorial: ANTONIO CUESTA
Edición al cuidado de: ALEJANDRO DE SANTIAGO y ALFONSO ORTI

www.editorialalmuzara.com
pedidos@almuzaralibros.com-info@almuzaralibros.com

TALENBOOK, s. l.
C/ Cervantes 26 • 28014 • Madrid

Imprime: Liberdúplex
ISBN: 978-84-19414-11-3
Depósito legal: M-30950-2023
Hecho e impreso en España-*Made and printed in Spain*

*Gracias a Cristina Jenaro, Miguel Vadillo
y Pilar Súnico por sus comentarios,
sugerencias y correcciones. Ellos
hicieron que esta obra fuese mejor.*

Índice

Introducción

La psicología es una ciencia joven. Y maravillosa. Aunque hay evidencias sobre temas relacionados con los ámbitos de la psicología en todas las culturas antiguas (Mesopotamia, Egipto, India, China y Grecia), el principal desarrollo de la psicología como disciplina científica tuvo lugar a finales del siglo XIX, con avances importantes en Alemania, Inglaterra y Estados Unidos, entre otros países.

La psicología se apoya en dos fuertes «troncos». Por un lado, la tradición biológica, con las aportaciones de la anatomía, la fisiología, la bioquímica, la farmacología y la etología. Por otro, su perfil humanístico y su conexión con la filosofía, la sociología, la educación y la antropología. El hecho de que tenga esa doble adscripción, a las ciencias y a las letras, es una de sus grandes fortalezas y se debe a su objeto de estudio: el ser humano, en particular sus funciones cerebrales —lo que llamamos «mente»—, y su comportamiento.

Con una amplia variedad de enfoques, técnicas y objetivos, la psicología analiza ese animal particular, bípedo, generoso, juguetón, sociable, parlanchín y chismoso y estudia cosas que nos conectan con el resto de los seres vivos: la evolución, las relaciones de poder, la vida familiar y social, el aprendizaje, la atención y los trastornos mentales. A su vez, analiza precisamente lo que nos separa del resto de los animales, lo que hace diferente al ser humano incluso de los simios, los animales más semejantes a nosotros: nuestras complejas sociedades, nuestra larga crianza y educación, el sofisticado lenguaje humano, las relaciones laborales y sociales, la pasión por la tecnología, la belleza, el arte y la exploración.

La creación del laboratorio de psicología experimental de Wilhelm Wundt es para muchos el punto de inicio de la psicología. Wundt proclamó que la nueva ciencia psicológica era el resultado de una alianza entre la psicología filosófica y la fisiología. Sin embargo, hay muchos temas con un

Erste Jugendsündenbeichte

Un adolescente demacrado consulta a un cansado especialista
(a partir de Carl Josef, ca. 1930) [Wellcome Collection].

origen muy anterior y, además, pocos años después de Wundt, diferentes psicólogos empezaron a desligarse de las ideas fundacionales de la nueva disciplina y a generar lo que se conoce como «escuelas de pensamiento». Cada grupo tenía una ideología, un líder, un cuerpo teórico, una orientación sistemática y unos temas favoritos. La rápida aparición, controversia, transformación y desaparición de estas escuelas de pensamiento es una de las características más llamativas de la historia de la psicología. De hecho, la idea de las «revoluciones científicas» de Thomas Kuhn, con la «sustitución de paradigmas», se ajusta más a la psicología que a ninguna otra disciplina.

En este siglo y medio, la psicología y los psicólogos teóricos y prácticos han discutido sobre las definiciones básicas de su ciencia y la conclusión principal es que es imposible llegar a consensos. Puede ser señal de la juventud de la psicología, de la complejidad del ser humano, del hecho de que se trate de una ciencia mediatizada por las ideologías... La historia de la psicología se ha definido como una «secuencia de paradigmas fallidos», es decir, una serie de grandes teorías, a veces contradictorias, que terminaban por enfrentarse entre sí y fracasar. El historiador Ludy Benjamin escribió:

> ... un lamento común entre los psicólogos de hoy en día es que el campo de la psicología ha seguido un largo camino de fragmentación o desintegración en una multitud de psicologías independientes que pronto serán, si no lo son ya, incapaces de comunicarse unas con otras.

Confiamos en que no sea así. La ciencia plantea que solo hay una verdad. No hay escuelas de pensamiento en la física o la biología, pero sí las hay en la psicología. Quizá es ya el momento de volver a trabajar con un marco común, unas ideas de aceptación general, una terminología universal. Lilienfeld decía que la psicología era como una familia disfuncional que evita hablar de algunos temas incómodos por miedo a abrir un melón que no huele muy bien: «hemos aparcado esta discusión durante demasiado tiempo. Pero será necesario hacerlo si alguna vez tenemos la esperanza de sacar adelante el considerable potencial de la ciencia psicológica». Estamos seguros de que se hará. Los psicólogos son y serán capaces de aumentar el rigor y los controles, la llamada crisis de la replicación —que no es privativa de la psicología, sino que afecta de forma transversal a todas las disciplinas—; de mejorar sus procedimientos y demostrar aún más su compromiso ético, de construir sobre sus éxitos, de desarrollar una psicología basada en la evidencia, de impulsar una de las ciencias más humanas, de hacer de esta disciplina una de las fronteras del conocimiento. Será bueno para todos nosotros.

Tres personas observando el Gladiador a la luz de las velas (detalle)
[William Pether a partir de Joseph Wright de Derby, ca. 1738-1821].

EL SER HUMANO

Los seres humanos somos muchas cosas: bípedos, de vello muy fino, fabricantes de herramientas, acumuladores de objetos, devotos de dioses y aterrados por demonios, dueños del fuego, supersticiosos y curiosos, pero cuando tuvimos que definirnos a nosotros mismos lo que priorizamos por encima de todo fue nuestra capacidad mental, nuestra psicología, nuestra sabiduría. Nos llamamos a nosotros mismos, ciertamente con no mucha humildad, *Homo sapiens*, el hombre sabio, el hombre que conoce.

Al estudiar nuestras adaptaciones y nuestro éxito evolutivo se suele hacer especial referencia a nuestras características físicas, el bipedismo, los ojos en posición rostral, que nos dieron una visión estereoscópica, la caja vocal de la laringe o la pinza de precisión en la mano que nos permitió el uso de armas y herramientas, pero lo verdaderamente potente fue nuestra psicología, el desarrollo de una mente que permitió una gran inteligencia, una capacidad para planificar y resolver problemas, una intensa actividad social basada en la cooperación, el desarrollo de una teoría de la mente que permitía entender lo que otras personas creían, sentían o necesitaban, el desarrollo de un lenguaje que permitía compartir experiencias y trabajar en equipo, la generación de un largo proceso de aprendizaje y educación, una serie de características que están por supuesto basadas en un cuerpo concreto que nos permite una gran potencia de procesamiento de información del universo y que incluye la consciencia, la memoria, la inteligencia y la creatividad. Esa enorme actividad, consciente e inconsciente, producto de la actividad de neuronas y neurotransmisores, es la mente humana.

T. H. Huxley, en 1866, resaltaba la dificultad para entender la relación entre la mente y el cerebro:

> *Cómo es que algo tan notable como un estado de consciencia se produce como resultado de la estimulación del tejido nervioso, es tan inexplicable como la aparición del genio cuando Aladino frotó su lámpara.*

Lo que se ha llamado «conexión cuerpo-mente» sigue siendo un tema clave en psicología. Hay quien prefiere obviarlo y decir que la mente no existe y que tan solo hay neuronas generando potenciales de acción, mientras que otros consideran que el cerebro es el *hardware* y la mente el *software*, dos caras de una misma moneda. No es un tema reciente. En el siglo xv, un monje budista japonés llamado Ikkyü Söjun escribió el siguiente poema:

> *¿Qué es la mente?*
> *Es el sonido de la brisa*
> *que pasa a través de los pinos*
> *en una imagen de tinta india.*

Donde no llega la ciencia, llega la poesía.

Nuestra mente nos permite también sumergirnos en el pasado y predecir el futuro. Usamos nuestra memoria como si fuera una máquina del tiempo que nos transporta a cosas que sucedieron hace siglos o hace semanas y también nos sirve como una bola de cristal para predecir escenarios que quizá se produzcan en el futuro. Todo ello lo hace a una velocidad vertiginosa, en menos de lo que tardamos en guiñar un ojo es capaz de elegir la imagen correcta de una persona concreta con la que nos cruzamos en la calle de entre las miles de imágenes almacenadas de todas las personas con las que hemos coincidido a lo largo de nuestra vida. Sobrevivimos gracias a nuestra rapidez mental.

Nuestra mente también nos permite una actividad motora espectacular. Tenemos una destreza y un control de movimientos que supera con mucho al de los demás simios. Podemos coser arterias diminutas y también cortar troncos con un hacha. Lanzábamos hachas de piedra a un mamut y también esparcíamos pigmentos con delicadeza y precisión en el techo de la cueva de Altamira. Nuestra vocalización también requiere rapidez y precisión para mover decenas de músculos en una sucesión vertiginosa en nuestros labios y nuestra lengua. Tenemos pasión por el lenguaje, las historias, los chistes, los cotilleos.

Somos fabricantes de objetos, pero también nos gusta la belleza. Aprovechamos materiales de todo tipo para cazar, pescar, fabricar ropas y utensilios de cocina, pero también amamos el baile, los tatuajes y la música. Dedicamos un tercio de nuestra vida a dormir pero, en ese tiempo, hacemos el mantenimiento cerebral y limpiamos los residuos de la actividad mental, clasificamos la información del día y borramos lo innecesario y archivamos lo que puede tener cierto interés, soñamos y construimos mundos imaginarios, pero también pirámides y rascacielos, edificios gigantescos que nos sobrecogen a nosotros mismos.

Nuestra vida social implica tanto la capacidad de empatía como la de detectar y castigar a los tramposos. Quizá ese fue el camino para emociones complejas como la vergüenza o el rubor, estrategias que ayudan a proteger las relaciones sociales. Somos forjadores de vínculos: con nuestra pareja, con nuestros hijos, con nuestra familia extensa, con nuestra tribu, con los que comparten nuestra religión o nuestra visión política o nuestros principios morales o nuestro equipo de fútbol. Además del hombre sabio somos también el hombre social, ningún otro mamífero junta multitudes de machos y hembras en edad reproductora como hacemos nosotros en un estadio o en un concierto.

Somos capaces de separar tareas complejas en pedazos y resolverlas de forma secuenciada. Hacemos eso para preparar una taza de café o para dar una clase y no podemos imaginar trabajar de otra manera. Establecemos jerarquías, ordenamos en categorías, buscamos explicaciones y somos curiosos e imaginativos. El propio Linneo al clasificar los seres vivos explicó así su tarea: «Dios creó el mundo y Linneo lo ordenó». Él mismo fue el tipo nomenclatural para el *Homo sapiens*.

El cerebro humano pesa algo más de un kilo y trescientos gramos, tiene la consistencia de un flan, contiene 86 000 millones de neuronas y gasta unos 20 vatios de energía. Esas neuronas se conectan entre sí con más de un billón de conexiones, lo que nos permite conocer nuestro entorno, sentir y pensar. Pero lo más sorprendente del cerebro es lo que hace y cómo funciona. La mente no es una sustancia etérea ni un espíritu invisible: es la manifestación de la actividad cerebral. Cuando tomamos una decisión, amamos a alguien, hacemos una operación aritmética o calculamos una apuesta, son neuronas que se conectan y segregan transmisores, pero la cuestión de cómo receptores, sinapsis y neuronas generan sentimientos, pensamientos y recuerdos, el paso del cerebro a la mente, es uno de los grandes retos de la ciencia del siglo XXI. Llevamos milenios intentando resolver esta pregunta: hemos buscado cómo atraer la caza y hablar con los muertos, conseguir respeto y tener vidas plenas y satisfactorias, entender a los demás y entendernos a nosotros mismos: esa es la principal labor de la ciencia de la psicología.

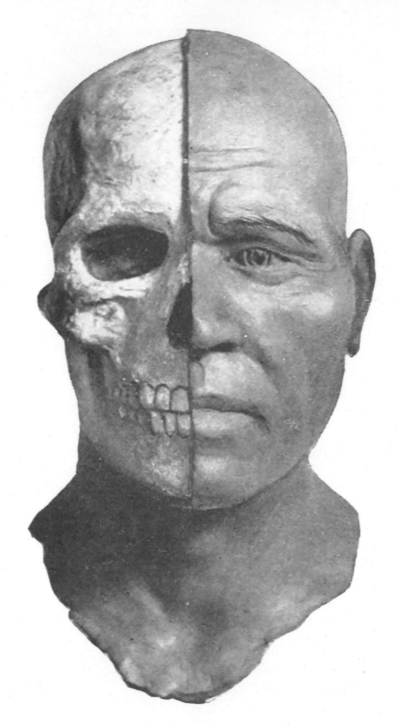

«Cabeza del "viejo de Cromañón", rejuvenecida gracias a la restauración de los dientes. Muestra el método de restauración de los rasgos adoptado en todos los modelos de J. H. McGregor» (detalle) [*Men of the old stone age: their environment, life and art*; Henry Fairfield Osborn, 1916].

LA MENTE PREHISTÓRICA

No sabemos mucho de la psicología del hombre prehistórico y en muchos libros de historia de la psicología esta etapa inicial, simplemente, no existe. El periodo prehistórico —cuando había vida humana antes de que los registros documentaran la actividad de estos seres— discurre aproximadamente desde hace 2,5 millones de años hasta el 1200 a. C. Es un tiempo enorme en el que hubo al menos diez especies del género *Homo*, de las que solo queda una, la nuestra.

La mente humana pasó por tres etapas durante nuestra prehistoria. La primera se caracteriza por una inteligencia generalizada, no muy diferente a la del resto de los primates, que duró hasta hace unos 2,5 millones de años, cuando aparecen las primeras especies de homininos. En la segunda etapa, se desarrollaron ámbitos especializados de inteligencia humana como el marcado componente social, la inteligencia de la historia natural y la pericia técnica. En la tercera etapa surge la fluidez cognitiva, que vincula estas inteligencias separadas y abre el camino a la creatividad de la mente humana moderna. Esta fluidez cognitiva es posible gracias a la extensión del período de desarrollo creado por la prolongación de la infancia, un proceso muy antiguo que superpone a la evolución biológica una rápida evolución cultural.

Los arqueólogos de la prehistoria temprana han centrado su atención en la producción y el uso de herramientas, una actividad que requiere planificación, destreza, enseñanza y aprendizaje. Al mismo tiempo, primatólogos, prehistoriadores y paleoantropólogos desarrollaron líneas de investigación centradas en la capacidad del cerebro de los homininos para crear, mantener y aumentar las relaciones sociales. La mejora de esta psicología social requiere dos cosas: el perfeccionamiento del lenguaje y el desarrollo de una teoría de la mente. El lenguaje puede haber surgido como medio de cohesión y se basa en primer lugar en el conocimiento que un individuo tiene de los demás individuos del grupo. Eso permite distinguir entre «propios» y «ajenos», los miembros de la propia tribu y los extraños. Además, se fundamenta en la capacidad de inferir los estados mentales de otras personas, de poder adivinar sus pensamientos, expectativas e intenciones: la teoría de la mente. La reflexión sobre el propio comportamiento permite predecir el comportamiento de los demás.

Detalle de *Artes de dibujo y escultura durante la Edad del Reno* (el Magdaleniense) [*Primitive man*, Louis Figuier, 1870].

La psicología del hombre prehistórico es un tema de especulación debido a la falta de registros claros. Sin embargo, se pueden inferir ciertas cosas a partir de la arqueología y la antropología. Se cree que la psicología del hombre prehistórico estaba fuertemente influida por su ambiente y su supervivencia. Los individuos debían ser capaces de adaptarse a los cambios en el clima y los recursos naturales, así como a los peligros de los animales salvajes. La vida en sociedades tribales y la necesidad de trabajar juntos para sobrevivir probablemente haya llevado a dar una especial importancia a la cooperación y la solidaridad, con un fuerte sentido de comunidad y una identidad colectiva. Es probable también que esos humanos prehistóricos tuvieran una notable intuición y una habilidad cada vez más desarrollada para la percepción no verbal. También se cree que los humanos primitivos estaban afectados por el miedo a los peligros naturales y la necesidad de estar alerta y preparados para protegerse, lo que los llevaba a tener un sentido muy desarrollado de la percepción y la memoria para poder encontrar alimento y evitar los riesgos. La escritura, el contar historias o los mapas surgirían posteriormente como ayudas para la memoria y permitirían compartir experiencias y conocimientos.

El desarrollo del lenguaje y de la teoría de la mente se fue ampliando desde el contexto de la inteligencia social a otros ámbitos como el desarrollo tecnológico. Los individuos en los que esto hubiera ocurrido habrían sido capaces de aumentar su conocimiento del mundo no social y habrían tenido una ventaja selectiva. Un equipo de cazadores con buena comunicación y un mejor diseño de herramientas mejora sus resultados, consigue más comida y mayor supervivencia, lo que les permite competir con más éxito por las parejas y proporciona mejor atención y mayor supervivencia a su descendencia. La religión y la espiritualidad probablemente habrían sido una parte importante de la psicología prehistórica de ese grupo familiar y tribal, ya que se cree que los individuos prehistóricos tenían una conexión profunda con la naturaleza y creían en dioses y espíritus.

Hay quien piensa que hubo un «*big bang* psicológico», resultado de la aparición repentina de la fluidez cognitiva, mientras que otros piensan que la transición del comportamiento humano primitivo al comportamiento humano moderno fue gradual y la aparente explosividad sería tan solo una consecuencia de un registro arqueológico incompleto. Lo que parece claro es que los primeros humanos se dedicaron de forma adaptativa al estudio de los otros seres humanos, lo que en cierto sentido nos convirtió a todos en psicólogos. Los resultados de estos «estudios» prehistóricos pueden ser potencialmente conocidos, ya que han dado forma a los comportamientos y cogniciones universales que los humanos compartimos hoy en día.

PERÍODO PALEOLÍTICO

En el Paleolítico (desde hace aproximadamente 2,5 millones de años hasta el 10 000 a. C.) los primeros humanos vivían en cuevas o en sencillas cabañas o tipis y eran cazadores y recolectores. Utilizaban herramientas básicas de piedra y hueso, para cazar aves y animales salvajes. Cocinaban sus presas, incluidos los mamuts lanudos, los ciervos y los bisontes, con fuego controlado. También pescaban y recolectaban moluscos, bayas, frutas y frutos secos.

Los antiguos humanos del Paleolítico fueron también los primeros en dejar constancia de su arte. Utilizaban combinaciones de minerales, ocres, harina de huesos quemados y carbón vegetal mezclados con agua, sangre, grasas animales y savia de árboles para grabar seres humanos, animales y signos. También tallaban pequeñas figuritas en piedras, arcilla, huesos y cuernos. No sabemos con certeza cuál era su significado.

«La cabeza del tipo Cromañón de *Homo sapiens*, una raza que habitó el suroeste de Europa desde la época del Auriñaciense hasta el Magdaleniense» [*Men of the old stone age: their environment, life and art*; Henry Fairfield Osborn, 1916].

Un festín durante la Edad del Reno. «Los hombres se dedican a cortar la cabeza de un uro para extraer y devorar los sesos humeantes. Otros, sentados alrededor del fuego en el que se cuece la carne del mismo animal, chupan la médula de los largos huesos del reno, que han roto a golpes con un hacha [*Primitive man*, Louis Figuier, 1870].

Las raíces de la fluidez cognitiva pueden rastrearse hasta la Edad de Piedra media de África, como en las cuentas de concha y el ocre decorado recuperados de la cueva de Blombos, que datan de hace unos 74 000 años, pero las pruebas se hacen más llamativas después de 50 000 años, con la llegada del Paleolítico superior a Europa. Las lascas de piedra ya no son meras herramientas para matar o descuartizar animales: están revestidas de significado social y se convierten en símbolos y emblemas, encarnan recuerdos y se convierten en moneda social; las pinturas rupestres nos dicen que los animales ya no son solo para comer: son espíritus afines dentro de la cosmología de la Edad de Hielo, aparentemente capaces de transformarse en forma humana. Aunque no tengamos pruebas directas, es muy probable que el propio paisaje —colinas, ríos, bosques, etc.— estuviera cargado de significados simbólicos, con voluntad y propósito propios; la naturaleza era una metáfora de la vida social. Los entornos físicos y biológicos de los cazadores-recolectores se convierten en una parte integral de su cosmos, impregnados de esencia y motivaciones humanas y sobrehumanas.

PERÍODO MESOLÍTICO

Los pueblos de los túmulos de conchas o de las cocinas eran cazadores-recolectores de finales del Mesolítico y principios del Neolítico. Su nombre se debe a los característicos montículos de conchas y otros restos de hogares que dejaban atrás. Esta etapa generó un impulso del desarrollo cognitivo y un aumento de la fluidez psicológica, aspectos que se reflejaron en una rápida expansión y en la colonización de nuevos territorios.

Durante esta época, los humanos utilizaban pequeñas herramientas de piedra, ahora también pulidas y a veces elaboradas con puntas y unidas a cuernos, huesos o madera para servir de lanzas y flechas. A menudo vivían de forma nómada en campamentos cerca de los ríos y otras masas de agua. En esta época se introdujo la agricultura, lo que dio lugar a una mayor disponibilidad de comida en períodos predecibles y a asentamientos más permanentes.

La primera manufacturación y pulido de pedernales [*Primitive man*, Louis Figuier, 1870].

LA REVOLUCIÓN NEOLÍTICA

El sedentarismo y la agricultura facilitaron la división del trabajo y las jerarquías sociales, los artesanos especializados y los edificios con una finalidad concreta, la religión «real» (en el sentido de dioses moralizadores con expectativas normativas de comportamiento) y, finalmente, la llegada de la escritura y la urbanización. Estudios más recientes presentan este periodo como una evolución gradual con muchas más etapas intermedias, pero siguen reconociendo que el cambio resultante fue verdaderamente «revolucionario». Aunque las particularidades de este cambio se produjeron seguramente de forma diferente en cada lugar, el inicio de esta transición en Oriente Próximo se establece alrededor de hace 10 000 años.

En las últimas décadas, varios factores han llevado a la comunidad arqueológica a reconsiderar sustancialmente la secuenciación descrita. Así, se ha demostrado de forma convincente que varios fenómenos psicológicos

«Reconstrucción del hombre neolítico de Spiennes, Bélgica» (ca. 1930) [*Men of the old stone age: their environment, life and art*; Henry Fairfield Osborn, 1916].

—como los símbolos religiosos— no solo pueden preceder a otros aspectos de la revolución neolítica, sino que pueden haber influido causalmente en su desarrollo inicial tanto como las explicaciones tradicionales del cambio climático y la domesticación. Otra hipótesis plantea que fueron fenómenos psicológicos sociales (y no igualitarios) como los banquetes o las actividades dedicadas a la exaltación personal los que, a su vez, facilitaron el sedentarismo y la agricultura.

Es posible identificar una serie de cambios fundamentales en la transición psicológica al humano moderno. Muchos de ellos son exclusivos de la especie humana o alcanzan un desarrollo muy superior al de otras especies. A continuación destacaremos doce de estos cambios, especialmente relevantes:

— En primer lugar, un lenguaje enormemente desarrollado. El lenguaje es imprescindible para la interacción social. La narración fue la mejor herramienta desarrollada por los humanos para convencer a otros y trabajar en grupos coordinados. Se cree que, en la etapa inicial de la comunicación, los homínidos primitivos utilizaban formas de narración pantomímica para persuadir a los demás. La conversación se caracteriza por una forma de persuasión recíproca entre iguales; en cambio, la pantomima tiene un carácter asimétrico. La presión selectiva hacia la reciprocidad persuasiva del nivel conversacional es la razón evolutiva que permitió la transición de la pantomima a los códigos gramaticalmente complejos en Homo sapiens, lo que favoreció la evolución del habla.

— En segundo lugar, la enseñanza y el aprendizaje. El éxito de nuestra especie se basa en criar durante muchos años a la siguiente generación y formarla en una serie de principios, ideas, creencias y técnicas. De esta manera no hay que empezar de nuevo cada generación, sino que cada nuevo grupo comienza a partir de lo logrado por la generación anterior, subidos a «hombros de gigantes».

— En tercer lugar, cabe señalar la habilidad en la fabricación y uso de herramientas, lo que implica planificación, optimización, destreza manual, exploración de nuevas formas y materiales en un proceso de mejora continua de procesos y resultados.

— Un cuarto factor es el desarrollo de un cerebro social. Tenemos un cerebro capaz de crear, mantener y aumentar nuestras relaciones sociales. El desarrollo de esa «cognición social» surge como un elemento importante que influyó en la estructura, la economía y la cultura de los grupos paleolíticos. Los cambios en el tamaño de los grupos y la conectividad intra e intergrupal se consideran actualmente como importantes impulsores de la transmisión cultural y el cambio psicológico. Los roles sociales abarcan el lugar autorreconocido de un individuo dentro de su grupo, que a su vez da forma a los procesos de formación de grupos y de cambio de pertenencia a los mismos.

— En quinto lugar destaca el pudor. Los seres humanos distinguimos entre un espacio público y un espacio privado. Hay cosas como mostrar nuestros genitales o tener relaciones sexuales que son comúnmente aceptadas solamente en el ámbito privado. Eso nos hace generar un sistema de esferas concéntricas de intimidad y de diferentes distancias sociales.

— El sexto factor se relaciona con la acumulación de posesiones. Si bien ello está lógicamente unido al sedentarismo, aun así acumulamos objetos a menudo redundantes o innecesarios. Es posible que en su origen fuera un proceso para tener reservas canjeables o para demostrar poder o generar vínculos sociales mediante el regalo y el préstamo.

— En séptimo lugar cabe destacar el interés por la belleza. Los humanos nos sentimos atraídos por la belleza, tanto de personas como de entornos naturales y objetos. Dedicamos una considerable cantidad de tiempo a mejorar un objeto, no haciéndolo más práctico, sino más bello. Valoramos enormemente las cosas singulares de una belleza especial, como las obras de arte. La belleza es una parte importante de nuestras vidas.

— El octavo factor apunta a la realización de ceremonias y banquetes. Entre los cazadores-recolectores, tanto de entonces como de ahora, las ceremonias se caracterizan normalmente por la narración de historias y la celebración de fiestas y comidas. Estas narraciones implican aspectos sociocognitivos que constituyen herramientas para desarrollar nuevos niveles de cohesión social y cooperación. Los comportamientos relacionados con los festines podrían haber estado asociados a actividades protoagrícolas, así como a la infraestructura y la supervisión necesarias para la recogida, el almacenamiento y la redistribución de los alimentos.

— En noveno lugar, es posible referirse a la construcción de edificios impresionantes. De las pirámides a las catedrales o los rascacielos, los seres humanos construimos edificios que van más allá de su sentido práctico. Desde hace milenios estas edificaciones han exigido desenterrar, transportar, erigir y decorar numerosas piedras macizas, lo que implica una demostración de poder en la que participaron muchas comunidades distintas, pero, ¿qué tipo de poder? Tal vez ese poder era «militar» o tal vez era más «cognitivo». En cualquier caso, las nuevas sociedades facilitaron un tipo de cooperación social sin precedentes necesaria para la construcción de un edificio superlativo.

«Uno de los pozos funerarios de Tours-sur-Marne (Marne). Los neolíticos, tras haber explotado una mina de pedernal, utilizaron la excavación como tumba» [Wellcome Collection, CC BY 4.0].

— El décimo factor lo constituyen las creencias religiosas. La religión es la explicación más probable para sostener un cambio social tan revolucionario: la creación de observadores sobrenaturales que, como tales, regulan nuestros comportamientos sociales. Son «grandes dioses», dotados de inmortalidad y grandes poderes. Las imágenes más antiguas, vistas en conjunto, podrían representar infiernos, mitos o fábulas; recuerdos comunitarios, como logros históricos o lealtades; e incluso lecciones sociales sobre caza o rituales funerarios. Es difícil afirmarlo, puesto que nos encontramos ante un proceso constante de codificación y olvido.

— Como undécimo factor cabe señalar el cuidado y la curación. Cuando le preguntaron a Margaret Mead cuál era la primera señal de civilización, dijo que un fémur con una fractura sanada de hace 15 000 años. En sociedades sin las ventajas de la medicina moderna, una fractura de fémur tardaba unas seis semanas en curarse. Durante el tiempo en que ese ser humano fue incapaz de cazar, recolectar alimentos o defenderse, alguien se preocupó de su supervivencia, de llevarle comida y agua, de ayudarle a sobrevivir. También surgirían las primeras psicoterapias y cuidados médicos, proporcionados por personas cuyas ideas estaban asociadas a la cosmovisión de su comunidad.

— El duodécimo y último factor consiste en la urbanización. Göbekli Tepe es un complejo monumental construido en la cima de una montaña rocosa, lejos de las fuentes de agua conocidas y que hasta la fecha no ha ofrecido ninguna prueba clara de la existencia del cultivo agrícola. Fue levantado en el x milenio a. e. c. (entre el 9600 y el 8200 a. C.) y, sin que se sepa el motivo, todo este complejo de piedras, pilares y esculturas fue deliberadamente enterrado sobre el 8000 a. C. Contiene el complejo megalítico más antiguo conocido hasta la fecha, construido seis mil años antes que el monumento de Stonehenge. Se le considera el templo o santuario más antiguo del mundo, donde pudo nacer «la conciencia de lo sagrado» que dio paso a «la chispa de la civilización». Otros arqueólogos cuestionan esta interpretación y argumentan que las pruebas de la falta de agricultura y de una población residente están lejos de ser concluyentes. Dicho complejo se ha relacionado con la llegada de la escritura, la religión organizada y con la transición desde bandas igualitarias de cazadores-recolectores hasta constructores socialmente estratificados y especializados.

Gran Madre (*magna mater*), ídolo del asentamiento neolítico de Cerje-Govrlevo (Macedonia del Norte) [Macedonian Scholar, CC BY-SA 4.0]

Aquí, pues, parece que tenemos «escritura» (los símbolos, altorrelieves y bajorrelieves de los pilares), «religión» y, posiblemente, las jerarquías sociales: divisiones del trabajo, artesanos especializados y coordinación social necesarios para construir un logro arquitectónico tan asombroso y manifiestamente anterior al sedentarismo y la domesticación. Göbekli Tepe sugiere que la secuencia tradicional puede ser literalmente al revés. Es decir, la revolución neolítica no se produjo cuando el sedentarismo y la domesticación precipitaron desarrollos psicológicos (cambio social, religión organizada, escritura), sino cuando tales factores psicológicos facilitaron el sedentarismo y la domesticación.

Evidentemente, es muy probable que todos estos eventos estén conectados: un drástico cambio psicológico lleva a un reforzamiento de los vínculos sociales, probablemente vinculado a los grandes ágapes y la narración de historias, unas leyendas y explicaciones cosmológicas que se convierten en religión. Esa religión se practica en reuniones que requieren edificios grandes y majestuosos. Allí se regalan cosas únicas y bellas como símbolo de pertenencia y se acumulan como símbolo de poder. Los intercambios comerciales primitivos aumentan hasta formar mercados y ferias. El desarrollo de mercados, rutas de comercio y talleres especializados fomenta el sedentarismo y la urbanización. El poder lleva a las jerarquías, a la desigualdad social, a la especialización de funciones. La propagación de esta ideología conduce a una nueva era en la comunicación simbólica que conducirá a la escritura.

LAS RAÍCES ANTIGUAS

Toda nuestra civilización proviene de una serie de culturas clásicas y eso es también cierto para la psicología. Las cuestiones psicológicas han sido desde siempre objeto de interés y la psicología ha sido, a lo largo de la historia, muy sensible a las influencias políticas e ideológicas. De hecho, está, quizá más que ninguna otra disciplina, modulada por nuestra idea del hombre y su origen; las diferencias entre razas, entre hombres y mujeres y en las distintas fases de la vida; la existencia de genios o de personas discapacitadas; cómo conocemos el mundo que nos rodea; la diversidad de los seres humanos, la actividad cerebral y la enfermedad mental. También nos hemos preguntado cómo los seres humanos conocen el mundo, una empresa denominada «epistemología», que incluye preguntas sobre la sensación, la percepción, la memoria y el pensamiento. La ética es también otro ámbito compartido por filósofos, teólogos y psicólogos. Rastreemos el inicio de algunas ideas sobre psicología en las civilizaciones más antiguas.

*   *   *

MESOPOTAMIA

Mesopotamia es la cuna de una de las grandes civilizaciones de la antigüedad. Sus ideas se extendieron por todo el mediterráneo oriental y sus tradiciones intelectuales se pueden rastrear en los griegos, egipcios, judíos y árabes. A través de ellos llegaron a nosotros, los occidentales. Los imperios babilónicos tenían miles de dioses, mayores y menores, que se encargaban de controlar todos los aspectos de la vida, desde los sucesos astronómicos hasta el pago de los impuestos. Esos dioses eran figuras antropomórficas, unas veces amigables y otras hostiles, que intervenían activamente en los asuntos humanos. La ayuda de los dioses se conseguía mediante ritos,

Cuenco de encantamiento con una inscripción aramea alrededor de un demonio.
Procedente de Nippur (Mesopotamia), siglos VI-VII [Metropolitan Museum of Art].

amuletos, plegarias y ofrendas. Era un mundo mágico que los sacerdotes ayudaban a interpretar y a dirigir en favor de los habitantes de sus ciudades, tanto en la salud como en la enfermedad. Una miríada de demonios retaba el poder de los dioses y amenazaba a la humanidad. Cada enfermedad tenía su demonio específico. Ida, por ejemplo, era el causante de la locura. Estos demonios se podían exorcizar y algunas plantas tenían la capacidad de ahuyentar o matar a los demonios. También se usaban ritos, confesiones y otros procedimientos que atraían e impulsaban a las fuerzas divinas. Los babilonios creían tanto en la prevención como en el tratamiento. También consideraban que las mujeres inspiraban la posesión demoníaca, así que era mejor mantenerlas a distancia.

La ciencia babilónica era muy limitada, con un desarrollo excepcional de la astronomía pero muy pobre en muchos otros dominios. Los babilonios tenían una mezcla curiosa de explicaciones empíricas y supersticiones para explicar el mundo. Los símbolos religiosos, algunos objetos con poderes mágicos y un comportamiento virtuoso podían mantener a raya a los demonios, algunos de los cuales eran responsables de las desdichas y el sufrimiento. No están tan alejados de nosotros como a veces pensamos: al igual que ellos, mucha gente actual cree en el horóscopo; y seguimos contando los sesenta minutos de una hora y los sesenta segundos de un minuto por el sistema numérico sexagesimal, de base 60, de los babilonios.

Entre las evidencias más antiguas que podríamos relacionar con el desarrollo actual de la psicología están los «libros de los sueños» asirios. Estas obras, escritas en tabletas de arcilla entre el sexto y el quinto milenio a. e. c., describen sueños de muerte y de la pérdida de dientes o del cabello, pero también algo que a muchos nos hace sonreír, como el miedo a estar desnudo en público, un sueño recurrente para muchas personas aún en la actualidad y que nos habla sobre el conocimiento de uno mismo y el pudor, sobre las costumbres sociales, sobre la vida privada y el mundo público. La biblioteca del rey Ashurbanipal, en Nínive, la más completa de su época, contenía decenas de miles de tabletas de arcilla con mensajes como los siguientes: «La vida de anteayer se ha ido hoy», «La amistad es para el día de la angustia, la posteridad para el futuro» y «La escritura es la madre de la elocuencia y el padre de los artistas». Todos tenemos un poco de Babilonia dentro de nosotros.

CHINA

China es una de las grandes culturas de la antigüedad, que evoluciona y se enriquece a lo largo de milenios. Un aspecto curioso es que tenían una interpretación del mundo que giraba en torno al número cinco. Había cinco elementos básicos: madera, fuego, metal, tierra y agua. Las sensaciones se articulaban en torno a cinco órganos: la oreja, la nariz, el ojo, la boca y el cuerpo. También había cinco colores básicos: verde, rojo, amarillo, negro y blanco; cinco olores: a quemado, fragante, a cabra, a rancio y a podrido, y cinco sabores: dulce, amargo, salado, ácido y agrio. Siguiendo esta forma de pensar intentaron identificar las partes del cuerpo, las virtudes o las emociones básicas entre las que incluyeron el enfado, la alegría, el deseo, el arrepentimiento y el miedo. Sí, cinco también.

Confucio (551-479 a. e. c.) o Kong Fuzi («maestro Kong») es uno de los grandes pensadores chinos. Fue diplomático, maestro, filósofo y consejero político. Sus enseñanzas sobre el Camino de la Humanidad proporcionaban un modelo sobre cómo vivir, cómo entender las obligaciones de uno mismo y cómo tratar a los demás. Proponía diferentes tipos de rela-

Confucio y sus discípulos Yanzi y Huizi en el «altar del Albaricoque»
(Kano Tan'yû, siglo XVII) [Museum of Fine Arts, Boston].

ciones humanas incluyendo «gobernante y ministro, padre e hijo, hermano mayor y hermano pequeño, marido y mujer, y un amigo y el otro». Confucio estaba interesado en la moralidad y la armonía entre las personas. Los cinco aspectos interrelacionados del confucianismo eran el destino, la mente, la ética para las personas corrientes, el autocultivo y la ética para los académicos. Confucio señaló simplemente que todos compartimos el destino de nacer, envejecer, enfermar y morir, pero a pesar de ello tenemos la responsabilidad de actuar moralmente con los demás. El modelo de Confucio de la mente tenía dos aspectos: una mente de discernimiento, que incluía las habilidades cognitivas, y una mente de benevolencia, que sería nuestra mente ética o conciencia.

La ética para gente corriente pedía a cada persona mostrar benevolencia o afecto a aquellas personas cercanas, actuar rectamente y mostrar respeto a cada persona, especialmente a aquellos que tenían un rango social superior. Al hacerlo así la persona se comportaba con propiedad y contribuía a que la sociedad funcionara. El Camino de la Humanidad intentaba reflejar el Camino del Cielo. A través del autocultivo en este Camino, las personas desarrollan un carácter moral más sólido y se acercan a conseguir las tres virtudes: sabiduría, benevolencia y coraje.

Los psicólogos chinos de los últimos siglos han trabajado sobre los cimientos de la tradición confuciana. La principal contribución del confucianismo a la psicología como ciencia humana (más que natural) es una ontología de la mente moral (el cielo y la humanidad en unión). Esta ontología holística hace del fomento de la benevolencia una misión de por vida para los confucianistas. Las prácticas de autocultivo se ejemplifican en el caso de Zeng Guofan, funcionario y erudito de la dinastía Qing, que combinó la academia, la caligrafía, la meditación, la escritura de diarios y la autorreflexión para refinar su carácter, nutrir y educar a su familia y estar al servicio de la sociedad. En segundo lugar, la tradicional falta de interés del confucianismo por la epistemología se aborda mediante el principio complementario (dialéctico) de «un principio, muchas manifestaciones», en el que los métodos de la ciencia occidental pueden incorporarse a la investigación de prácticas como la caligrafía a pincel, que han demostrado tener efectos beneficiosos para la salud mental y física.

El confucianismo también puede tratarse como objeto de investigación científica: incluso entre los chinos más instruidos, la comprensión actual del confucianismo es en su mayor parte fragmentaria y abstracta. La psicología confuciana puede resumirse como una psicología de aspiraciones para mejorar la condición de la humanidad mediante el desarrollo del carácter y una mayor conciencia de la situación para realizar la dotación de la mente moral. Por último, existen profundas conexiones entre la psicología confuciana y la india: ambas implican una psicología de las aspiraciones y para la transformación espiritual.

Zhuang Zhou (369-290 a. e. c.), comúnmente conocido como Zhuangzi o Chuang Tzu («maestro Zhuang»), fue un influyente filósofo chino que vivió alrededor del siglo IV a. e. c. durante la época de los Reinos Combatientes, un periodo de gran desarrollo de la filosofía china: las Cien escuelas de pensamiento. Se le atribuye la autoría parcial o total de una obra conocida por su nombre, el *Zhuangzi*, que es uno de los textos fundacionales del taoísmo y una de las obras cumbre de la literatura china.

La filosofía de Zhuangzi considera que la vida es limitada y las cosas por saber son ilimitadas, por lo que —decía— el usar lo limitado para buscar lo ilimitado era una necedad. Nuestro lenguaje y cognición están condicionados por nuestra propia perspectiva y debemos tener cuidado al afirmar que nuestras conclusiones son igualmente ciertas para todas las cosas. El pensamiento de Zhuangzi también se puede considerar como un precursor del multiculturalismo y la relatividad de los sistemas de valores. Esta flexibilidad frente al pensamiento sistemático lo lleva incluso al punto de dudar de la base de los argumentos pragmáticos, pues presuponen que la vida es buena y la muerte es mala. En el decimoctavo capítulo del libro, Zhuangzi expresa su conmiseración con un cráneo que ve tirado al lado del camino y lamenta que el cráneo esté ya muerto, pero el cráneo le contesta: «¿Y cómo sabes que es malo estar muerto?». Para Zhuangzi, todo conocimiento es relativo y todos los aparentes opuestos están unidos en lo que llamó «igualdad de las cosas». El autor usa la imagen de una mariposa para mostrar su asombro ante las transformaciones de la consciencia:

> Una vez, Zhuang Zhou soñó que era una mariposa, revoloteando y aleteando como las otras mariposas, y divirtiéndose mucho. No se daba cuenta de que era Zhuang Zhou.
>
> De repente, despertó y supo, vívidamente y con certeza que él era Zhuang Zhou. Pero no tenía claro, sin embargo, si era Zhuang Zhou que acaba de soñar que era una mariposa o una mariposa que soñaba que era Zhuang Zhou. Ello no obstante, debe haber alguna diferencia entre Zhuang Zhou y esa mariposa. Esta es la llamada distinción entre cosas.

El filósofo Martin Heidegger utilizó una traducción para explicar su propia filosofía. Heidegger usó un fragmento donde Zhuangzi dice al pensador Hui Shih:

¿Ves cómo los peces salen a la superficie y nadan a su antojo? Eso es lo que realmente disfrutan los peces.

Tú no eres un pez —replicó Hui Tzu—, así que, ¿cómo puedes decir que sabes lo que realmente disfrutan los peces?

Zhuangzi dijo: «Tú no eres yo, así que cómo puedes saber que yo no sé lo que disfrutan los peces».

Mencio (372-289 a. e. c.), contemporáneo de Aristóteles, coincidía con Confucio en que la naturaleza humana está determinada por el cielo y afirmaba: «Los órganos corporales con sus funciones pertenecen a nuestra naturaleza». El pensamiento psicológico y la filosofía educativa de Mencio se basaban en la creencia de que la naturaleza humana es fundamentalmente buena. Dijo: «La bondad de la naturaleza humana es como el agua que fluye hacia abajo». En su opinión, todos nacen con los sentimientos de piedad, vergüenza, respeto y justicia. A partir de estos sentimientos se desarrollan las cuatro actitudes sociales de benevolencia, justicia, corrección y sabiduría.

Lao-Tse es una figura mítica, como Pitágoras, sobre la que se debate incluso si fue una persona real. Se cree que nació en el siglo VI a. e. c., pues uno de los significados de su nombre es «hombre viejo». En su época, en China se creía que la edad avanzada y la sabiduría iban juntas y Lao-Tse es un ejemplo de ambas cosas. Su doctrina es el taoísmo.

Mientras que Confucio piensa que es importante desarrollar la inteligencia a través de la educación y el respeto a los valores tradiciones, tales como lealtad a la familia y al Gobierno, Lao-Tse se enfrenta a ello. Parece que hay un encuentro entre los dos y Lao-Tse se burla del conservadurismo de Confucio y le dice:

El hombre que es inteligente y con visión morirá pronto, porque sus críticas a los otros son justas; el hombre que sabe y tiene criterio arriesga su vida, porque pone de manifiesto los defectos de los demás. El hombre que es un hijo no se pertenece a sí mismo; el hombre que es un súbdito no se pertenece a sí mismo.

Aunque el confucianismo y el taoísmo tienen mucho en común, el taoísmo se considera menos explícito y más místico. El confucianismo enfatiza el respeto al orden social y moral. La gente existe y se define a través de sus relaciones con otros, estas relaciones están estructuradas jerárquicamente y el orden social se asegura si cada parte hace honor a los requisitos de su nivel. Por el contrario, el taoísmo trata los órdenes naturales y sociales como un continuo. Lao-Tse afirma que existe una bondad y una fiabilidad esenciales en los seres humanos, y que estos rasgos pueden cultivarse y reforzarse, tanto en uno mismo como en los demás, a través de la forma en que nos relacionamos. Como ejemplo, en el capítulo 49 del *Tao Te Ching*, Lao-Tse afirma:

El sabio no tiene mente propia,
es bueno con las personas que son buenas.
También es bueno con las personas que no son buenas
porque la esencia es la bondad.

Y en el capítulo 67:

Solo tengo tres cosas que enseñar:
compasión, sencillez y paciencia.
Simple en las acciones y en los pensamientos,
paciente tanto con los amigos como con los enemigos,
compasivo con uno mismo y con todos los seres del mundo.

«Separación del cuerpo espiritual para una existencia independiente». Detalle del tercer estadio de meditación recogido en el libro taoísta *El secreto de la flor dorada* (Jung, C. y Wilhelm, R., 1930).

El «sabio» es una representación o metáfora del comportamiento correcto, la acción que conduce a la armonía y el equilibrio y que beneficia al conjunto de la sociedad. Lao-Tse dice que, al llegar a la bondad fundamental y a la confianza en los demás, tanto si estos atributos son evidentes como si no, podemos ayudar a fomentarlos y hacerlos aflorar. Lo conseguimos siendo pacientes con el proceso de los demás, aportando comprensión y compasión a nuestras interacciones y comportándonos de forma sencilla y directa.

Lao-Tse también se refirió a las relaciones en las que se percibe una diferencia de poder, como la que se da entre estudiante y profesor o entre paciente y médico. En estas asociaciones, la persona que ocupa la posición de autoridad suele tener un poder desmesurado, mientras que la otra se considera inferior. Si cada persona se queda encerrada en su papel, la interacción resultante puede ser improductiva o incluso insana. Lao-Tse señala que ambas personas son esencialmente iguales y que tienen un papel importante y creativo que desempeñar en la transacción, que ambas son igualmente necesarias e importantes para la relación.

Lao-Tse comenta en el capítulo 27:

> *¿Qué es un hombre «bueno»?*
> *Un maestro de un hombre «malo».*
> *¿Qué es un hombre «malo»?*
> *La carga de un hombre «bueno».*
> *Un maestro debe ser respetado,*
> *y un estudiante cuidado.*
> *Por eso el sabio cuida de todos los hombres*
> *y no abandona a nadie.*

Los términos «bueno» y «malo» se utilizan para denotar los papeles opuestos que desempeñamos. Lao-Tse nos insta a ver estos papeles como opuestos que se dan de forma natural, y no como papeles morales que conllevan un juicio de lo correcto y lo incorrecto. Una persona no es «mala» o «menos que otra». Estar limitado por el propio papel socava la experiencia de conexión y reduce el ingenio. El médico necesita al paciente tanto como el paciente necesita al médico. La relación funciona mejor cuando se respetan ambos roles y se les trata con igualdad.

Por último, en el capítulo 66 afirma:

> *Si el sabio quiere servir al pueblo, debe hacerlo con humildad,*
> *si quiere guiarlo, debe seguirlo.*

El *I Ching* o *Libro de los cambios* es una expresión de la cultura china antigua y está imbuido de ideas confucianistas y taoístas. Aunque se ha usado tradicionalmente para decir la buenaventura, intrigó a académicos como Leibniz, pues empieza con una aritmética binaria muy sencilla y de ahí sigue un desarrollo dicotómico que permite explicar todas las situaciones posibles. Además, la estructura circular hace posible la representación de cómo los fenómenos se pueden ir transformando con el tiempo. Los modelos circulares son bastante comunes en la historia de la psicología y se les denomina «circumplejos»: desde la tipología de los temperamentos de Galeno hasta los esquemas de colores de Goethe o el mapa de las emociones de Russell.

En la antigua China, los dos valores básicos son el yin y el yang, que representan fuerzas cósmicas básicas. El yin y el yang representan ideas opuestas: el yang es masculino, firme y luminoso, y el yin es femenino, flexible y oscuro. En general, los dos son igualmente importantes, aunque uno u otro pueden predominar en una situación determinada. El *I Ching* explica: «el poder del Tao para mantener el mundo por una renovación constante del estado de tensión entre las fuerzas polares es designado como bueno».

Quizá la frase más famosa de Lao-Tse es aquella que dice: «El viaje de mil millas comienza con un solo paso». Esta obra fue uno de los primeros pasos en la historia de la psicología, un viaje que nunca termina.

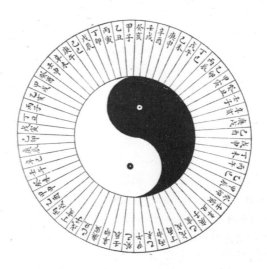

Una representación del ciclo sexagenario chino presidida por el *taijitu*, símbolo del yin y el yang [*A cycle of Cathay or China*, south and north; W. A. P. Martin; 1897].

INDIA

Lo que actualmente es India y Pakistán fue cuna, en el IV milenio a. e. c., del nacimiento de nuevas civilizaciones. Temas relacionados con la psicología aparecen en los Vedas, los primeros libros sagrados de la India. El término «Veda» significa «conocimiento» y aunque los hindúes consideran que estos libros provienen del origen de los tiempos, una datación más científica considera que no son más antiguos del 1000 a. e. c. Los tratados védicos contienen un documento filosófico conocido como Upanishads, donde aparecen los problemas del conocimiento y el deseo. Estos antiguos pensadores consideran que no hay que confiar en la razón ni en los sentidos, enfatizan el respeto por el misterio de la vida y animan al desarrollo de la sensibilidad espiritual y la intuición. Para ellos, la gente que se implica demasiado con su mundo desarrolla una consciencia falsa, un deseo desbocado y una naturaleza indisciplinada. En respuesta, animan a la austeridad, la autonegación y la atenuación de los deseos excesivos de los sentidos a través de la dieta y la meditación.

El hinduismo prescribe algunos deberes eternos, como la honradez, abstenerse de herir a los seres vivos, la paciencia, el autocontrol, la virtud y la compasión, entre otros. Las prácticas hindúes incluyen el culto, los rituales de fuego, las recitaciones, la devoción, el canto, la meditación, el sacrificio, la caridad, el servicio desinteresado, el homenaje a los antepasados, los ritos de paso orientados a la familia, los festivales anuales y las peregrinaciones ocasionales. Tres *gunas* o principios trabajan juntos para crear todo lo que existe en el universo: *tamas* (la inercia), *rajas* (la actividad) y *sattva* (la claridad). Los tres son necesarios, pero *sattva* es considerado el elemento espiritual y es deseable cultivarlo mientras se mantiene un equilibrio, lo que permite a los tres trabajar en consonancia. A través de la práctica de estos principios —yoga— se calma la mente de manera que una autorrealización o consciencia pueda tener lugar. Cuando aprendemos autocontrol y la acción correcta y practicamos yoga, podemos cambiar nuestra conciencia de manera que los pensamientos y hábitos negativos se pueden convertir en pensamientos y acciones provechosos y constructivos.

En términos occidentales, estas prácticas buscan un crecimiento psicológico que según el hinduismo ocurre a través de cuatro etapas vitales: estudiante, propietario, habitante del bosque y renunciante. Cada etapa tiene sus lecciones propias, que una persona debe aprender en su camino a la autorrealización. Es común que la persona tenga un maestro, un gurú, que la guíe, la instruya y la ayude en ese camino de desarrollo personal.

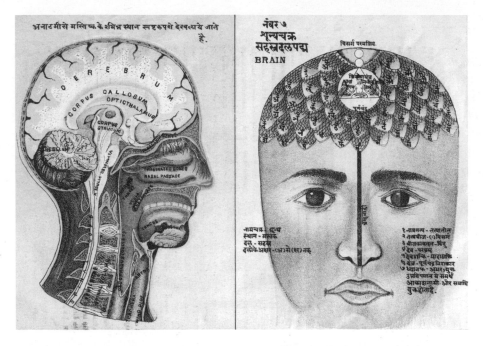

El libro titulado *Ṣaṭcakranirūpaṇacitram* (ca. 1903), publicado en sánscrito e hindi por Svāmi Haṃsasvarūpa, expone con imágenes «el método más fácil para practicar *pranayama* [control respiratorio en yoga] mediante la suspensión mental de la respiración solo mediante meditación».

Otro tema que parece surgir en la antigua India es la quiromancia, «leer» las palmas de las manos para saber más sobre una persona y su posible futuro. La lectura de las manos asume que son una representación de toda la persona y sus características: muestran el estado físico, mental y espiritual de ese hombre o mujer. Eso permite conocer el carácter de ese individuo e incluso adivinar su destino. La mano es también el universo a escala reducida: une los aspectos físicos y espirituales y conecta la humanidad con todo el cosmos. Las características físicas de la palma —líneas, grietas, colores— están conectadas con los planetas, las estrellas y los números. Cada característica implica cierta información y hay interpretaciones diferentes para la mano izquierda y la derecha. La quiromancia es interesante porque dio a la gente una herramienta para entender el mundo y su lugar en él. Interpretar la mano era un camino para acceder al mundo espiritual y al carácter interno de la persona. Aunque sin ningún fundamento científico, ya apuntaba a un tema importante, las diferencias individuales entre las personas, y a un tema psicológico significativo, intentar saber qué nos depara el destino.

BUDA (563-483 A. E. C.)

Siddhartha Gautama, más conocido como Buda, fue un maestro religioso que vivió en el sur de Asia durante los siglos VI o V a. e. c. y fundó el budismo. Según la tradición, nació en Lumbini, en el actual Nepal, de padres de la realeza del clan Shakya, pero renunció a su vida privilegiada y cómoda para vivir como un asceta errante. Antes tuvo tres encuentros que le mostraron el sufrimiento en el mundo. Primero fue un hombre enfermo, en el segundo viaje se encontró a otro hombre arrasado por la vejez y, en el tercer viaje, con un grupo de personas que llevaban un cadáver para darle sepultura. Estos encuentros le afectaron profundamente y le hicieron darse cuenta de que los bienes materiales ofrecían poca protección contra el sufrimiento.

Siddhartha Gautama abandonó su casa y durante seis años estudió con maestros espirituales, pero concluyó que los rigores del ascetismo y la automortificación eran también ineficaces para afrontar el sufrimiento. Tras llevar una vida de mendicidad, ascetismo y meditación, alcanzó la iluminación en Bodh Gaya, en la actual India, según la leyenda, mientras estaba sentado bajo una higuera. A partir de entonces, vagó por la llanura indogangética inferior, enseñando y construyendo una orden monástica. Propuso una «vía media» entre la indulgencia sensual y el ascetismo severo, un camino espiritual que conduce al nirvana, es decir, a la liberación de la extinción de los «fuegos» del deseo, el odio y la ignorancia, que mantienen en marcha el ciclo de sufrimiento y renacimiento.

El Buda despierta a las cuatro nobles verdades en el día de luna llena de Vesak. Templo Chedi Traiphop Traimongkhon de Hatyai (Tailandia) [Anandajoti Bhikkhu, CC BY 2.0].

Sus enseñanzas se resumen en el Noble Óctuple Sendero, un entrenamiento de la mente que incluye formación ética y prácticas meditativas como la restricción de los sentidos, la bondad hacia los demás, la atención plena y la meditación. Buda enseño tres características básicas de la existencia: la primera es que nada permanece y que el cambio es constante; la segunda es que no hay un alma o un yo inmortal; la tercera es que si eliminamos el deseo podemos acabar también con el sufrimiento. Murió en Kushinagar y, desde entonces, ha sido venerado por numerosas religiones y comunidades de toda Asia.

Un par de siglos después de su muerte pasó a ser conocido por el título de Buda, que significa «el Despierto» o «el Iluminado». El título indica que, a diferencia de la mayoría de la gente que está «dormida», se entiende que un Buda ha «despertado» a la verdadera naturaleza de la realidad y ve el mundo «tal como es». Sus enseñanzas fueron recopiladas por la comunidad budista en el Vinaya (sus códigos para la práctica monástica) y el Sutta Pitaka (una compilación de enseñanzas basadas en sus discursos). En el mundo contemporáneo, el budismo impregna la psicología a través, sobre todo, de la meditación, que se proyecta a la vida cotidiana y a la psicoterapia. La interrelación entre la psicología y el budismo aborda temas como el conocimiento, la transformación personal y busca una percepción más profunda de la realidad.

Dos fragmentos del manuscrito en hoja de palma del Vinaya Pitaka (Myanmar, 1856) [Palazzo Madama and Casaforte degli Acaja].

EGIPTO

Para algunos investigadores, los egipcios fueron los primeros que reconocieron la importancia del cerebro —sus médicos militares vieron que las heridas en la cabeza podían generar problemas de movimiento, de memoria o de habla— aunque, por otro lado, era descartado en el proceso de momificación, pues se consideraba innecesario, mientras que se conservaban cosas como la placenta desde el día en que una persona nacía pues, si iba a renacer para la vida eterna, necesitaría su placenta.

La influencia en la vida cotidiana de la enorme variedad de dioses del panteón egipcio, la idea de un alma inmortal, de un juicio sobre las obras buenas y malas de cada ser humano tras su fallecimiento, del impacto de nuestro comportamiento en nuestras posibilidades de alcanzar la vida eterna es parte de la cosmogonía egipcia y llegan, a través de las grandes religiones monoteístas, hasta nuestros días.

La medicina egipcia era una mezcla de superstición y observación. Los insectos, la suciedad y los demonios difundían la enfermedad. Trataban las patologías con encantamientos, rituales y ofrendas en el templo, pero también con cirugía, enemas y fármacos. Algunos de estos «medicamentos» buscaban convertir el cuerpo en un lugar incómodo para los demonios que lo habían invadido y por eso usaban excrementos, sangre, o algún otro fluido desagradable, pero otros como algunas plantas o la miel podían tener un auténtico potencial curativo.

Los antiguos egipcios enfatizaban la importancia de los nombres. Un objeto y su denominación compartían una identidad por lo que la maldición de un nombre o su destrucción tenían una gran importancia psicológica. El énfasis egipcio en la importancia de los nombres se trasladó posteriormente a la cultura judía.

El papiro de Ebers, de aproximadamente 1500 a. e. c., es uno de los documentos más antiguos que contienen conocimientos médicos. Fue adquirido por el profesor Ebers en un viaje de investigación a Luxor en 1873. Dos años después se publicó un facsímil en color y la mejor traducción llegó en 1958, en alemán. El texto incluye 870 remedios y contiene la primera mención conocida de enfermedades psicológicas como la demencia y la depresión.

Alrededor del año 700 a. e. c., el faraón Psamtik I, el primero de la 26.ª dinastía, fue supuestamente el primero en realizar experimentos psicológicos, según lo contó Heródoto tras su visita a Egipto. Según él, Psamtik, o Psammetichus, intentó descubrir el origen del lenguaje realizando un experimento con dos niños. Supuestamente, entregó dos recién nacidos a un pastor, con las instrucciones de que nadie les hablara, para que los alimentara y cuidara mientras los escuchaba para determinar sus primeras palabras. La hipótesis era que la primera palabra sería pronunciada en la lengua raíz de todas las personas. Cuando uno de los niños gritó βεκός. (*bekós*) con los brazos extendidos, el pastor se lo comunicó al faraón, quien concluyó que la palabra era frigia porque ese era el sonido de la palabra frigia para «pan». Así, concluyeron que los frigios eran un pueblo más antiguo que los egipcios y que el frigio era la lengua original de los hombres. No existen otras fuentes que verifiquen esta historia.

J. *Kuyper, inv. et del.*   *L. A. Claessens, sculp.*

TAALPROEF VAN PSAMMETICUS.

Experimento lingüístico del faraón Psammetichus. Grabado representativo de la escena narrada por Heródoto, en que el faraón hizo criar aislados a dos recién nacidos al amparo de un pastor y dedujo, por la primera palabra pronunciada por uno de ellos, que la lengua frigia era la más antigua del mundo [*Ernst en Boert voor de XIXᵉ Eeuw, of Almanach van beschaafde kundigheden voor 1801*; Van Vliet, W. y Van der Hey, J; 1800-01].

GRECIA Y ROMA

Las aportaciones de la Grecia clásica y la antigua Roma son mucho más contundentes y persistentes. Estos antiguos médicos y filósofos especularon sobre dónde reside la mente, cómo funcionan la memoria y el aprendizaje o qué son las sensaciones y las percepciones.

Son los primeros que se plantean qué es la mente o el alma. Sus ideas marcarán la evolución de los siguientes dos milenios. Para algunos, la mente fue descubierta pero ya existía, al igual que los átomos existen; para otros, la mente fue un constructo, una herramienta o un acuerdo social. Si la mente fue algo descubierto, entonces la psicología es una ciencia natural y su historia debe ser similar a la de la física o la anatomía. Si la mente es una herramienta, un artefacto, entonces la psicología es una de las ciencias de lo artificial, similar a una ingeniería. Por último, si es una construcción social, como un dios griego, es más dudoso que sea una ciencia y su estudio debe ser histórico, no científico. Aún seguimos en este debate.

Grecia intenta también comprender la enfermedad mental y cómo abordarla. Al principio emplea un pensamiento mágico donde el paciente es aislado en el templo y sometido a una serie de rituales y rezos para conseguir el favor de Esculapio, dios de la medicina. Los sacerdotes leen historias escritas en la pared del templo y utilizan distintas técnicas para que el paciente sienta que se puede curar. Aparecen también los primeros fármacos para aliviar el dolor, pero las enfermedades, también las de la mente, son consideradas un castigo de los dioses y solo ellos tienen el poder de sanar.

Durante siglos, la psicología fue parte de la filosofía y los primeros filósofos dignos de tal nombre vivieron en la costa y las islas de las actuales Grecia y Turquía, lo que consideramos la Grecia clásica. Estos pensadores intentaron explicar el mundo y plantearon la existencia de la psique, un concepto lejanamente relacionado con lo que ahora llamamos mente.

Diógenes [Jean-Léon Gérôme, 1860]. Hablando Platón del mundo de las ideas, empleó las voces *mesalidad* y *vaseidad*. El cínico de Sínope, que buscaba a un hombre honesto con un farol, dijo: «Yo, Platón, veo la mesa y el vaso, pero no la mesalidad ni la vaseidad»; a lo que Platón respondió: «Dices bien, pues tienes ojos con que se ven el vaso y la mesa, pero no tienes mente con que se entienden la *mesalidad* y [la] *vaseidad*» [*Los diez libros de Diógenes Laercio sobre las vidas, opiniones y sentencias de los filósofos más ilustres*; trad. y n. de Josef Ortiz y Sanz; t. II, VI 24; 1792].

El consejo de los dioses (detalle) [Rafael Sanzio, 1517-18]. A la izqda., Psique, personificación grecorromana del alma, recibe de Mercurio la copa de la inmortalidad.

LOS GRIEGOS ARCAICOS

Los griegos antiguos valoraban la fuerza física y despreciaban la debilidad y, por tanto, a las mujeres; ansiaban la fama y la gloria, no la vida privada o la búsqueda del interés personal, cultivaban amistades cercanas —incluso homoeróticas— y tenían decenas de dioses, pero probablemente no creían mucho en ninguno.

La ética del guerrero griego sentó las bases de la psicología con un concepto de virtud que implicaba vivir honorablemente siguiendo unos códigos heroicos y adquirir la inmortalidad a través del valor en la batalla. Cuando el destino ofreció al joven Aquiles elegir entre una existencia larga, anónima y tranquila o una vida corta y gloriosa, eligió sin dudar lo que cualquier hombre griego de su época: que su nombre fuese inmortal.

El concepto homérico de virtud difiere del nuestro. En primer lugar, la virtud —*areté*— no es una forma de vivir, es un logro; y, en segundo lugar, solo es accesible a unos pocos afortunados. Las mujeres, los niños, los adolescentes, los esclavos, los pobres y los discapacitados no pueden alcanzar la virtud porque no pueden conseguir la gloria en la batalla. Los griegos temían al destino —*Tyche*— que podía alejarlos de la gloria. Hoy tendemos a pensar que la virtud está al alcance de cualquiera, rico o pobre, hombre o mujer, deportista o discapacitado porque consideramos a la virtud como un estado psicológico, no como un premio conseguido por nuestras acciones. Nuestro concepto de la virtud surgió con los filósofos estoicos en los últimos siglos antes de nuestra era y fue incorporado y difundido por el cristianismo.

La búsqueda de la felicidad y el bienestar es importante tanto para la psicología antigua como para la moderna. En esa primera época hay ciertos conceptos sobre la naturaleza humana, la felicidad y la virtud que moldean la vida de las personas de esa sociedad. Los poemas homéricos, la *Ilíada* y la *Odisea*, son historias de amor y lealtad, pasión y combate, que contienen explicaciones del comportamiento humano y son la fuente más antigua de psicología popular que tenemos. Los griegos clásicos diferencian claramente entre seres vivos e inanimados. Solo las plantas, los animales y los seres humanos nacen, se desarrollan, se reproducen y mueren; solo los animales y los humanos perciben y se mueven. Solo los humanos piensan y se asemejan a los dioses. Las religiones de muchas zonas del mundo han marcado esta diferencia atribuyendo a los seres vivos un alma que anima sus cuerpos. Cuando ese espíritu vital está presente, el cuerpo está vivo; cuando se aleja, el cuerpo se convierte en un cadáver. Algunas, pero no todas las religiones, añaden una segunda alma personal, un ente espiritual que es la esencia psicológica de la persona y puede sobrevivir a la muerte del cuerpo. Si vamos al cielo, queremos seguir siendo nosotros mismos, aunque sea tocando el arpa.

En la *Ilíada* y la *Odisea* no hay ninguna palabra que designe la mente o la personalidad. Lo más cercano es la *psuche*, que se transcribe habitualmente como *psyche* o *psiche* y se traduce como «alma», y de la que surge un campo de estudio, la psicología. En las epopeyas homéricas se decía que la *psuche* se instalaba en el Hades como doble fantasmático, una sombra. *Psiche*, usando el término habitual, es el aliento de la vida o el espíritu vital porque su partida de un guerrero herido significa su muerte. Durante el sueño, *psiche* puede dejar el cuerpo y viajar alrededor y además puede sobrevivir a la muerte corporal, pero nunca se describe como activa cuando una persona está despierta y nunca es considerada responsable de causar un comportamiento. Doscientos años después, los filósofos presocráticos comenzaron a conferir atributos a la *psiche*, incluida una capacidad infinita para el entendimiento.

Las almas del Aqueronte [Adolf Hirémy-Hirschl, 1898]. Los muertos suplican a Hermes, el Psicopompo, que conduzca sus almas al Hades en la barca de Caronte, que se aproxima.

Algunos autores sostienen que la consciencia fue inventada por los antiguos griegos entre el 1400 y el 600 a. e. c. Argumentan para ello que en grandes partes de la *Odisea* hay un profundo ejercicio de introspección que, según ellos, no aparece apenas en la *Ilíada*, que habría sido redactada al menos cien años antes. En ese siglo entre ambos libros maravillosos, los hombres se habrían empezado a interrogar sobre lo que notaban y sentían y habrían desarrollado esa voz interior, el *big bang* de la consciencia.

Para los griegos clásicos, el comportamiento se debe a varias entidades independientes que residen en distintas partes del cuerpo. La función de *phrenes*, localizado en el diafragma, es la planificación racional de la acción, mientras que *thumos*, sito en el corazón, gobierna las acciones impulsadas por las emociones. *Noos* es el responsable de una percepción correcta y una cognición clara del mundo, pero había, además, otras «minialmas» menos frecuentemente citadas, ninguna de las cuales sobrevivía a la muerte orgánica, lo que daba a la *psiche* homérica una existencia extraña después del fallecimiento. Desprovistas del cuerpo y de las otras almas, las *psiches*, tras fallecer, eran entes mentales incompletos, desprovistos de sentimientos, pensamientos y habla e incluso de un movimiento normal, pero su apariencia era exactamente la misma del cuerpo en el momento de la muerte, incluso con sus heridas.

El destino ideal para la *psiche* era el Hades, pero no todas lo alcanzaban, porque hacía falta haber tenido un enterramiento apropiado. Todos aquellos que no podían ser guerreros (mujeres, niños, discapacitados...) no podían alcanzar la *areté* y, por tanto, no eran enterrados ritualmente. Por tanto, sus *psiches* no sobrevivían a la muerte. Los guerreros temían una muerte sin un enterramiento apropiado, como los que se ahogaban en el mar, mientras que, por el contrario, los enterrados con honores lograban *areté*, fama y un lugar de privilegio en la vida futura. Aquiles, ciego de odio por la muerte de Patroclo, se lo niega a Héctor al arrastrar su cadáver alrededor de las murallas de Troya, la ciudad por la que ha dado su vida, en vez de entregarlo a su padre para que tenga un funeral digno. La peor venganza que un griego pudiera imaginar.

La sociedad no era igualitaria: los nobles tenían dinero para pagar un carro de batalla, caballos y una buena armadura, mientras que los pobres tenían un papel secundario, algo que se reflejaba en el poder político, si bien la evolución de la forma de combatir dio lugar a una evolución social. Los guerreros individualistas y heroicos dieron paso a una nueva forma de luchar: la falange. Ya no hacían falta caballos ni carros ni armaduras, todos los ciudadanos, ricos y pobres, luchaban a pie en una unidad coordinada. Los aristócratas perdieron el monopolio de su habilidad para el combate y con ello su monopolio del poder político. La mentalidad de la falange cambió la psicología de la Grecia clásica. En la película *Arenas de Iwo Jima* (1949) el sargento John Stryker, interpretado por John Wayne, les dice a sus nuevos reclutas: «Antes de que acabe con vosotros, os moveréis como un hombre y pensareis como un hombre. Si no lo hacéis, estaréis muertos». Ese era el espíritu de la falange y por eso seguimos haciendo orden cerrado en la instrucción militar, esos movimientos coordinados de un grupo de soldados, que avanzan, giran y se ponen firmes en grupo.

El nuevo espíritu igualitario llevó a una homogeneidad económica y a poner los intereses de la *polis*, la ciudad-Estado, por encima de los individuales. La acumulación de riqueza y la ostentación empezaron a estar mal vistos. Los griegos valoraban especialmente la virtud, que llamaban *sophrosyne*. Su significado más simple es autocontrol, pero un autocontrol que surge de la sabiduría y hace honor a las máximas griegas «conócete a ti mismo» y «nada en exceso». Los griegos clásicos no apostaban por la riqueza y el lujo, sino que valoraban la grandeza en la actuación y la fama que llevaba aparejada. El ejemplo más llamativo fueron los espartanos, donde los aspectos domésticos quedan subordinados a los ideales de la ciudad-Estado. Es la madre que, cuando su hijo vuelve de la batalla y le dice que es el único superviviente, en vez de expresar su alegría, se lo recrimina amargamente. Sin embargo, también se les acusaba de hipocresía pues, aunque en público eran austeros, en privado acumulaban toda la plata y el oro que podían.

Tales, Anaxímenes y Anaximandro plantearon dos cuestiones clave: cuáles son los elementos básicos que construyen el mundo y por qué el universo está en movimiento constante. Tales planteó que el elemento clave era el agua, Anaxímenes dijo que lo era el aire y Anaximandro postuló que hubo un tiempo algo llamado el *ápeiron* de donde habían surgido todos los elementos por los giros constantes del universo. El *ápeiron* no es agua, ni tierra, ni fuego, ni aire; no tiene forma concreta, es infinito. El cosmos nace, se desarrolla y perece en el seno de ese *ápeiron*. Todos pensaban que el universo tenía una psique, que era la fuerza que hacía que todas las cosas cambiasen. Para Tales, los imanes también tenían psique porque hacían que los objetos, al menos los de hierro, se movieran.

ALCMEÓN DE CROTONA (SIGLO VI A. E. C.)

Se le ha descrito como uno de los más eminentes filósofos naturales y teóricos de la medicina de la Antigüedad, y también se le ha calificado como «un pensador de considerable originalidad y uno de los más grandes filósofos, naturalistas y neurocientíficos de todos los tiempos».

Alcmeón fue el primero en insistir en las causas internas de las enfermedades. Fue él quien sugirió por primera vez que la salud era un estado de equilibrio entre humores opuestos y que las enfermedades se debían a problemas de entorno, nutrición y estilo de vida. Hizo disecciones de animales y estudió las partes del cuerpo. Se centró en el origen y proceso de las sensaciones siendo de su creación la tabla pitagórica de las oposiciones (dulce/amargo, blanco/negro, grande/pequeño) que ponía en relación sensaciones, colores y magnitudes. Otra de sus contribuciones fue la elaboración de una teoría que suponía al alma inmortal y en continuo movimiento circular. Alcmeón postuló que tanto los hombres como los astros tenían alma e identificó la armonía con una ley universal. Para él, mientras que los cuerpos celestes son inmortales y eternos, ya que tienen la propiedad de realizar un movimiento circular continuo, el hombre es mortal ya que no tiene la capacidad de unir el principio con el fin, es decir, de realizar ese movimiento en círculo. Esta curiosa doctrina nos recuerda a Heráclito cuando afirma que en un círculo el comienzo y el fin son el mismo, y a Platón, que en el *Timeo* habla acerca de los círculos giratorios del alma.

Alcmeón enseñó sus métodos y descubrimientos a un grupo de discípulos con la esperanza de contrarrestar la influencia de los templos y conseguir una aproximación más racional y menos mística a la enfermedad. La salud nace del equilibrio mientras que la enfermedad surge porque algo está descompensado: un exceso de calor provoca la fiebre, pero un exceso de frío genera temblores y contracciones. Alcmeón pensaba que los sueños eran consecuencia de un exceso de sangre en el cuerpo y fue uno de los primeros en sugerir que en el cerebro, y no en otro lugar, residía la esencia de la persona.

PITÁGORAS (570-494 A. E. C.)

En la historia de Pitágoras es muy difícil separar realidad y mito. A menudo se le adjudican poderes milagrosos y llegó a ser considerado la encarnación de Apolo, el dios griego de la sabiduría. Se cree que estudió en Egipto, donde habría sido iniciado en los secretos de las matemáticas y la religión, dos ámbitos que no estaban tan alejados entonces como lo están ahora. Posteriormente fundaría un grupo cerrado, una sociedad semisecreta cuyos miembros debían vivir en consonancia con los principios de la armonía.

El 546 a. e. c. los persas se hicieron con el dominio de Jonia y muchos griegos emigraron. Uno de ellos fue Pitágoras, que se estableció junto con sus discípulos en Crotona, actualmente en el sur de Italia. Los pitagóricos pensaban que todo podía reducirse a relaciones matemáticas, incluso ideas abstractas como la justicia. Es quizá el inicio de la idea actual de que la estructura de las matemáticas es la estructura de la realidad. La leyenda cuenta que Pitágoras entendió que la realidad tenía un orden matemático subyacente cuando oyó a un herrero que golpeaba en un yunque y se dio cuenta de que los tonos dependían del peso del martillo: sonidos más agudos con martillos pequeños, sonidos más graves con martillos más pesados. La misma correlación se obtenía entre la longitud de las cuerdas de los instrumentos musicales y los sonidos que producían. La existencia de rela-

Pitágoras, en un grabado de Remondini [a partir de Wellcome Collection].

ciones matemáticas en las experiencias cotidianas, como escuchar sonidos le llevó a plantear la unidad del cosmos, un universo regido por leyes y el poder de los números. Mientras que nuestras experiencias son muchas y variadas, no son caóticas, y los fenómenos de nuestra experiencia se unen a través de las matemáticas.

El foco en los números y las proporciones llevo a Pitágoras a plantear una armonía en el cosmos. Pitágoras veía las matemáticas como una forma de purificar la psique y librarla de su encierro en el cuerpo. Es quizá la referencia más antigua a una separación entre mente y cuerpo y fue también el primero en considerar que la psique tiene poderes cognitivos. Los pitagóricos también pensaban que la psique era inmortal y tras la muerte, pasaba de un cuerpo a otro, algunos animales, otros humanos, en un proceso eterno que se conocía como metempsicosis o reencarnación. La *psyche* era un *daimon* extraído del cielo, una fuerza indeterminada condenada a subsistir en una cadena de cuerpos materiales.

Para esa época, el siglo v a. e. c., había otras creencias acerca del alma, a menudo contradictorias con estas ideas de los pitagóricos. Los miembros del culto de Orfeo, por ejemplo, creían que era la esencia de la persona, atrapada en su cuerpo y que necesitaba ser liberada.

El universo de Pitágoras tenía la virtud de ser único y ser completo, una simplicidad que era perfecta. Bajo ese marco general, había todo tipo de tendencias en oposición como luminoso y oscuro, bueno y malo, fuerte y débil, limitado e ilimitado. Aunque la unidad y el ser completo son lo que valoramos, nuestras experiencias solo se pueden describir en términos de tendencias contradictorias. Un problema que sentimos todas las personas es cómo reconciliar el estado discordante de nuestros asuntos y experiencias con la unidad que valoramos, en ese todo único y completo. El camino, para Pitágoras, era valorar la naturaleza de los opuestos y la importancia del número a la hora de regular los distintos fenómenos. Central dentro de su sistema de pensamiento es el concepto de proporción. Cuando los opuestos se mezclan en una proporción adecuada, tenemos un resultado armonioso, una unión de opuestos que consigue esa unidad e integridad que valoramos. La *psiche* o alma busca precisamente esa armonía. Cuando las fuerzas opuestas en cada individuo se mezclan adecuadamente, el alma puede resonar con otras estructuras armoniosas, hasta su altura máxima, la música mística de las esferas, el nivel más alto del cosmos. Nos puede parecer obsoleto, pero ha influido hasta la psicología del siglo xx. Kohler insistía en que los fenómenos psicológicos más importantes tenían una estructura simple y bella, pero eran ignorados como si fueran copos de nieve, precisamente por ser tan simples.

HERACLYTUS.

Heráclito. Grabado de B. S. Setlezky según Gottfried
Bernhard Götz [a partir de Wellcome Collection].

HERÁCLITO (540-480 A. E. C.)

Heráclito decidió no huir de Jonia y se quedó en Éfeso. Pensaba que la materia de la que estaba formada una cosa no definía por sí sola su existencia, sino que su esencia estaba formada por una estructura subyacente. Un río, por ejemplo, seguía siendo el mismo, aunque sus aguas cambiasen constantemente. La estructura subyacente que gobernaba la organización del cosmos fue llamada *logos*, que se traducía como «plan», «razón» o «palabra». Heráclito también aportó distintas cuestiones sobre la psique. La primera es que la humedad no le sentaba bien: «Para la psique es la muerte convertirse en agua»; esta frase hizo pensar a algunos que Heráclito creía que la psique estaba hecha de fuego. En segundo lugar, la psique era un objeto misterioso que uno nunca podía conocer en profundidad: «Nunca se descubrirán los límites de la psique, incluso si se recorren todos los caminos, tan profundo es el *logos* que posee». Tercero, la psique y las emociones fuertes eran opuestos: «Es difícil luchar contra *thumos*, porque, sea [lo que sea] lo que desee, lo consigue al precio de la psique». *Thumos* se traduce frecuentemente como «espíritu» y era otro término psicológico usado por los filósofos griegos, que creían que era la causa del coraje, la indignación, la ira y otros estados emocionales orientados a la acción. Heráclito también creía que la psique era inmortal, al menos la de las personas nobles.

Heráclito tuvo muchos seguidores entusiastas, pero también recibió muchas críticas. Tras su muerte, las preguntas filosóficas se volvieron más abstractas ¿Hay muchas cosas en el mundo o solo una?, ¿se mueven las cosas o están siempre fijas? Nuevos pensadores las abordarían en los siguientes siglos.

ANAXÁGORAS DE CLAZOMENE (500-428 A. E. C.)

Anaxágoras pasó la mayor parte de su vida adulta en Atenas y desarrolló una teoría sobre el *nous*, que era una especie de racionalidad o intelecto. Originalmente, *nous* se refería solamente a la habilidad de pensar, pero Anaxágoras expandió el significado del término para incluir la racionalidad del cosmos como un todo, el principio que mantiene el orden del universo.

En el siglo V a. e. c., Atenas se convirtió en el centro cultural y económico de la Grecia antigua. Maestros ambulantes, conocidos como sofistas (la palabra griega para la sabiduría era *sofía*), llegaban a la ciudad para enseñar a los jóvenes de matemáticas a retórica, de literatura a política.

El filósofo Anaxágoras [atribuida a Giovanni Battista Langetti, ca. 1660].

EMPÉDOCLES (CA. 494-434 A. E. C.)

Fue un filósofo presocrático griego nacido en Akragas, una ciudad griega de Sicilia. Su filosofía se basaba en la teoría cosmogónica de que el cosmos estaba compuesto por cuatro elementos —fuego, aire, tierra y agua— y de que, además, existían dos fuerzas, que denominó Amor y Lucha, que mezclaban y separaban los elementos, respectivamente. También propuso una teoría sobre la percepción que tendría una gran influencia en los siguientes siglos. Postuló que todos los objetos materiales producían «efluencias», que eran pequeñas copias de sí mismos, y que esas emanaciones eran recogidas por los órganos de los sentidos y transmitidas al corazón, donde se hacían conocidas para esa persona.

Xilografía de los cuatro elementos de Empédocles [*De rerum natura*; Titus Lucretius Carus; 1473].

Démocrite, à quoi penses-tu? L'homme n'est pas fait pour construire la Terre, mais pour la cultiver.

Frontispicio al primer tomo de la *Histoire du ciel* del abate Pluche (1739). Entre las tumbas de Abdera, Demócrito se afana en explicarse el origen del mundo a partir de la unión de unos átomos esféricos que conforman todas las cosas. Un espectador toma una pizarra desprendida y escribe: «Demócrito, ¿en qué piensas? El hombre no está hecho para construir la Tierra, sino para cultivarla».

DEMÓCRITO (CA. 460-370 A. E. C.)

Demócrito de Abdera creía que todas las cosas estaban hechas de partículas diminutas e indivisibles a las que llamó átomos. Los más pequeños y lisos de esos átomos eran los de la psique, lo que explicaba la rapidez de la percepción y el pensamiento. Al parecer, Platón aborrecía tanto a Demócrito que en algún momento llegó a desear que todos sus libros se hubiesen quemado.

El conocimiento de la verdad, según Demócrito, es difícil, ya que la percepción a través de los sentidos es subjetiva. Como de los mismos sentidos se derivan impresiones diferentes para cada individuo, entonces a través de las impresiones captadas por nuestros órganos de los sentidos no podemos juzgar la verdad. Interpretar esos datos de los sentidos y captar la verdad es algo que solo podemos lograr a través del intelecto, porque la verdad está en un abismo. Además, muchos animales reciben impresiones contrarias a las nuestras; incluso para los sentidos de cada individuo las cosas no siempre parecen iguales. Cuál, pues, de estas impresiones es verdadera y cuál falsa no es evidente, porque un conjunto no es más verdadero que el otro, sino que ambos son semejantes. Y por eso Demócrito, en todo caso, dice que o no hay verdad o, al menos para nosotros, no es evidente.

Karl R. Popper admiraba el racionalismo, el humanismo y el amor a la libertad de Demócrito y escribió que este, junto con su compatriota Protágoras, «formuló la doctrina de que las instituciones humanas del lenguaje, la costumbre y el derecho no son tabúes sino hechos por el hombre, no son naturales sino convencionales, insistiendo, al mismo tiempo, en que somos responsables de ellas».

El período dorado ateniense llegó a su fin cuando la ciudad fue derrotada por su militarista rival, Esparta. Los siguientes años fueron considerados una época oscura por los propios atenienses y al declive económico se unió la pérdida del Gobierno democrático. Sin embargo, en esa época, un hombre recorría el mercado y el ágora y dialogaba con la gente sobre la virtud, la verdad, la justicia o la bondad y demostraba en esas conversaciones que sus interlocutores no sabían tanto como ellos creían. Ese hombre era Sócrates.

SÓCRATES (CA. 470-399 A. E. C.)

Sócrates había nacido en la propia Atenas. Un grupo de jóvenes se juntó a su alrededor para aprender de él, aunque él les explicaba: «Lo único que sé es que no sé nada». Conocemos a Sócrates a través de los diálogos de Platón. El comienzo de uno de estos diálogos, hablado por Meno, es bastante ilustrativo. Empieza así:

> *Puedes decirme, Sócrates, ¿es la virtud algo que se pueda enseñar?*
> *¿O viene con la práctica? ¿O no es enseñanza ni práctica la que se la da*
> *a un hombre sino es una aptitud natural u otra cosa?*

Este es un tipo de pregunta que surge prácticamente en todas las áreas de la psicología. Si un concepto determinado de la psicología como inteligencia o personalidad es aprendido o nacemos con él. Siglos más tarde se planteará como *nature or nurture*, la influencia de la herencia y de la crianza.

En el 399 a. e. c., Sócrates fue enjuiciado por «impiedad» y por «corromper» a los jóvenes de Atenas, alejándolos de los dioses. Fue sentenciado a muerte y forzado a suicidarse bebiendo cicuta. Algunos de sus seguidores escribieron los recuerdos de sus enseñanzas y uno de ellos se convirtió en un gran filósofo: Platón, otro ateniense.

Alcibíades siendo instruido por Sócrates [Marcello Bacciarelli, 1776-77].

PLATÓN (CA. 428-348 A. E. C.)

Las obras de Platón se encuentran entre las más influyentes de la filosofía occidental. Durante su carrera, desarrolló una teoría de la psique diferente a todo lo que se había dicho antes. Unas ideas que rompieron en gran medida con el conocimiento anterior, pero que también evolucionaron a lo largo de su vida.

En sus primeros trabajos escribió sobre la posibilidad de mejorar nuestra propia psique, a la que también consideraba fuente de la moralidad, a través del aprendizaje. Más tarde escribió que la psique era «algo que valoras más que tu cuerpo» y que estaba «al mando» del cuerpo y era asiento de todo el conocimiento. Para Platón, el conocimiento no se adquiría por la experiencia, sino que era innato; de este modo, la experiencia era volver consciente este conocimiento innato mediante un proceso de recolección o anamnesis.

Platón engarza muchas de sus ideas con las enseñanzas de Sócrates. En *La República* de Platón, Sócrates habla de que existen «hombres de oro, hombres de plata, hombres de bronce y hombres de hierro». Es un ejemplo para la caracterización, el reparto y el entrenamiento de los guardianes de la polis, lo que ahora llamaríamos un proceso de selección de personal, de encontrar los perfiles más adecuados para los puestos disponibles.

La teoría de Platón sobre la psique se fue haciendo más y más compleja. Inicialmente era nuestra esencia espiritual, inmortal, pero en *La República* argumentaba que la psique estaba hecha de tres partes diferentes: el intelecto, que denominaba *logistikon*; la parte emocional, que era el *thumos*; y el lugar de los apetitos y deseos, que era el *epithumetikon*. En las mejores psiques —decía Platón— gobernaba el *logistikon*, que armonizaba las necesidades de las tres partes mediante el empleo de la razón. Si el *epithumetikon* se hacía con el dominio, sin embargo, la persona era dominada por sus apetitos y deseos. El *thumos* era la parte de acción de la psique, y convertía los pensamientos en movimientos. También era el responsable de la indignación, la ira, el coraje y otras emociones. El componente racional era como un auriga que conducía un carro tirado por dos caballos alados: uno noble, el alma valerosa, y el otro salvaje, el alma pasional.

Para Platón, todos los pensamientos, emociones y pasiones se encontraban en el ámbito de la *psyche*, más allá del mundo natural. En su *Timeo*, Platón dio una amplia explicación sobre los sentidos y sobre cómo creía que funcionaba la percepción. Los ojos —dijo— generan continuamente un «torrente visual de puro fuego» que hace posible la visión. Para Platón, las diferentes sensaciones del tacto eran causadas por las diferentes formas geométricas de las cosas. La tierra era dura porque estaba formada por cubos que tenían «bases anchas» y por eso resistían al tacto. El fuego estaba hecho de pirámides puntiagudas que por eso causaban dolor cuando se tocaban. El aire estaba hecho de cuerpos de ocho lados y el agua de otros de veinte. Teniendo tantas caras, resbalaban con facilidad unos sobre otros y por eso no los podemos aferrar con nuestras manos. En la misma obra Platón planteó sus ideas sobre la enfermedad, incluyendo los trastornos mentales. Creía que estaban causados por desequilibrios en el cuerpo, una pobre crianza y una mala formación.

Platón se preguntaba cómo conocemos las cosas. Cómo sabemos, por ejemplo, que un caballo es un caballo. Es un problema al que llevamos dando vueltas desde hace tiempo. En la primera enciclopedia polaca, la definición de caballo indicaba: «Lo que es un caballo resulta obvio para todo el mundo». Platón creía que había algo que todos los caballos tenían en común, algo que nos permitía identificarlos como caballos. Es cierto que los hay de diferentes colores, tamaños y formas, pero Platón pensaba que tenía que haber, en alguna parte, la «idea» de caballo, algo que todos los caballos existentes «reflejaban» en cierta manera. Lo mismo se podía aplicar a ideas abstractas como la virtud o la justicia: todos los actos justos eran justos porque reflejaban la idea de justicia. Estas ideas son conocidas hoy en día como las «formas» de Platón y aceptar que el conocimiento de estas formas es innato prefigura el innatismo posterior, desde Descartes hasta incluso algunos autores contemporáneos como Chomsky.

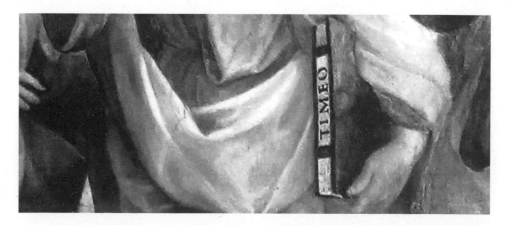

Detalle del *Timeo* portado por Platón en *La Academia de Atenas* de Rafael (1511).

HIPÓCRATES (460-370 A. E. C.)

Hipócrates sigue la línea de Alcmeón y es la figura más importante de esta etapa. No era modesto, pues decía que descendía de Esculapio por línea paterna y de Hércules por la materna. Se enfrentó a los sacerdotes y a la superstición y buscó construir una medicina que entendiese las causas de la enfermedad. Se le acusó de quemar la biblioteca médica de Cos, la ciudad donde nació, para eliminar las tradiciones de la medicina de los templos. Su obra, conocida como *Corpus Hippocraticum*, contiene material sobre una amplia variedad de temas, aunque hay un consenso general en que no puede ser la obra de una única persona.

Hipócrates, cuya influencia duró dos mil años, enseñó que todas las enfermedades tienen causas naturales y deben ser tratadas con remedios naturales. Postuló que el cuerpo tenía la capacidad de sanarse a sí mismo, así que la primera norma para la práctica curativa era no interferir con ese poder sanador del organismo. La primera obligación del médico, según las ideas de Hipócrates, es no hacer daño. La salud iba asociada a un estado de armonía, por lo que prescribía descanso, ejercicio, dieta, música y recuperar la relación con los amigos. En *Sobre la ciencia médica*, Hipócrates, o el grupo de médicos que escribió bajo su nombre, presentó descripciones claras de la melancolía, la manía, la depresión postparto, las fobias, la paranoia y la histeria. Tampoco debemos sobreestimar sus aportaciones: para él —idea posiblemente recogida de los egipcios—, la histeria era causada porque el útero (*híster* es «útero» en griego) se desplazaba dentro del cuerpo de la mujer como un pequeño animalillo y generaba un comportamiento anormal, mientras que la inteligencia era el resultado de una mezcla adecuada de fuego y agua, pero un exceso de agua causaba estupidez, lentitud, llanto frecuente y fácil sugestión mientras que un exceso de fuego generaba una persona impulsiva y con problemas de concentración. Para tratar este exceso de fuego recomendaba comer pescado en vez de carne, hacer un ejercicio moderado, comer pan de centeno en vez de trigo, inducir el vómito después de comer en exceso y reducir la frecuencia de las relaciones sexuales. Los médicos, siempre alegrándonos la vida.

En *La naturaleza del hombre*, Hipócrates postuló su teoría de los humores. Empédocles había descrito que el universo estaba compuesto de cuatro elementos que se mezclaban en proporciones variables: aire, tierra, fuego y agua. Hipócrates amplió ese estilo de pensamiento al cuerpo humano y planteó que había cuatro humores básicos en el organismo: la sangre, la bilis amarilla, la bilis negra y la flema. Un desequilibrio entre los humores

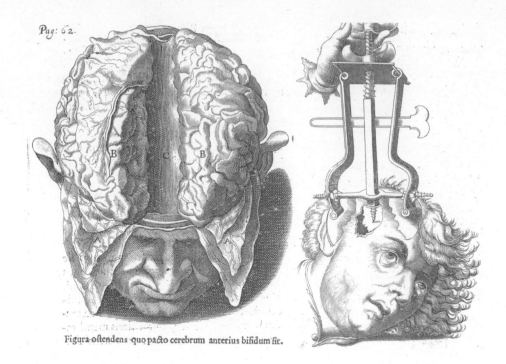

Figura oftendens quo pacto cerebrum anterius bifidum fit.

Arriba: ilustraciones de la obra *Succenturiatus anatomicus* (1616), de Pieter Paaw, que comenta el *De capitis vulneribus* («De las heridas de la cabeza») de Hipócrates. A la izqda., un cerebro anterior bífido; a la dcha., cirugía de trepanación para tratar una afección intracraneal. Abajo: *Un epiléptico sufre un ataque en una camilla; dos hombres intentan sujetarlo* [J. B. Jouvenet, Wellcome Collection].

generaba una enfermedad y el equilibrio se podía reestablecer eliminando la cantidad en exceso del humor que fuera. Las sangrías fueron parte del arsenal terapéutico de los médicos hasta el siglo XIX.

Los humores básicos de Hipócrates también definían los temperamentos y las personalidades y había personas flemáticas, melancólicas (del griego antiguo μέλας, «negro», y χολή, «bilis»), biliosas o sanguíneas. Según esta idea, los que tenían demasiada bilis negra eran malhumorados y melancólicos; los que presentaban demasiada bilis amarilla eran irascibles, coléricos, fáciles de enfadar y quizá maniáticos; los que tenía demasiada flema eran apáticos, indolentes y lentos; y los que mostraban demasiada sangre eran optimistas, felices y extrovertidos.

Un ejemplo del salto cualitativo que significó la obra de Hipócrates es su estudio de la epilepsia, a la que dedica su libro *De Morbo Sacro* (*La enfermedad sagrada*). Hasta él se consideraba esta patología el resultado de una intervención divina; los epilépticos eran poseídos y en la Biblia vemos varios ejemplos en los que Jesucristo trata a esas personas y expulsa los demonios de su cuerpo. En el párrafo inicial de su obra, Hipócrates rompe con esas ideas que en su época ya tenían siglos de antigüedad:

> ... [la epilepsia] *me parece que no es más divina ni más sagrada que otras enfermedades, sino que tiene una causa natural de la que se origina como otras afecciones. Los hombres piensan que es divina simplemente porque no la entienden. Pero si llamasen divino a todo lo que no entienden, no habría fin al número de cosas divinas.*

Hipócrates dijo que los que mantenían que la epilepsia era una enfermedad sagrada no eran otra cosa que «hechiceros, putrefactores, impostores y charlatanes». No debía de ser muy popular entre los sacerdotes de los templos de Esculapio.

Aunque Hipócrates es considerado el padre de la medicina, hay quien piensa que también podría considerársele como padre de la psicología, porque describió las causas naturales de algunos problemas psicológicos, recomendó tratamientos holísticos, presentó las primeras descripciones claras de problemas de comportamiento y formuló teorías duraderas sobre el temperamento y la motivación.

ARISTÓTELES (384-322 A. E. C.)

Aristóteles nació en la ciudad macedónica de Estagira, no muy lejos de la actual Salónica, y murió en Calcis. Su padre, médico del rey Amyntas, que a su vez fue el abuelo de Alejandro Magno, falleció cuando él era niño. A los diecisiete años se incorporó a la Academia de Platón en Atenas, donde permaneció hasta los treinta y siete años y se convirtió en el más influyente de sus discípulos. Tras la muerte de Platón, Aristóteles dejó Atenas durante un período en el que se casó, trabajó de tutor del joven Alejandro, hizo bastante investigación sobre ciencias naturales y forjó los planes para fundar su propia escuela, el Liceo. Allí tuvo sus años más productivos y creó una biblioteca y varios laboratorios y escribió la mayoría de sus cuatrocientos libros, muchos de los cuales eran muy breves. De ellos se han conservado 31.

Olimpia presentando al joven Alejandro Magno a Aristóteles [Gerard Hoet, 1733].

Su atención se centró en el mundo inmediato más que en el mundo abstracto de las formas del que hablaba su maestro Platón. Aristóteles pensaba que forma y materia están interconectadas. La materia no existiría sin la forma, ni la forma sin la materia. Es algo que forma parte de nuestro pensamiento cotidiano y en general nos referimos a distintas unidades con la fórmula de forma más sustancia. Así, decimos «un litro de agua» y no solamente «un agua», o «un kilo de carne» y no «una carne». Entendemos que todas las sustancias tienen formas particulares y asumimos que las formas no pueden existir separadas de las sustancias que les dan cuerpo. Aristóteles vio también que las sustancias tenían el potencial de adoptar diferentes formas. Qué era actualmente esa sustancia dependía de la forma que tomaba, lo que llegaba a permitir distinguir entre potencialidad y actualidad en el caso de los seres vivos, lo que eran y lo que podrían ser.

Los intereses de Aristóteles eran muy amplios e incluían las matemáticas, la astronomía, el teatro, la biología, la ética y la física, entre otros temas. En el ámbito de la psicología, Aristóteles pensaba que no podemos entender el alma si no prestamos atención al cuerpo: no podemos entender la vista a menos que examinemos la estructura y el funcionamiento del ojo. Sus tratados incluyen una psicología comparada en la que analizaba las disposiciones psicológicas y los rasgos de muchos grupos de animales, en particular para la percepción, la emoción, la memoria y la motivación; una psicología del desarrollo que trataba, sobre todo, de la educación temprana y la formación del carácter; una psicología moral, que establecía la base en la que la vida del ser humano florecía y alcanzaba todo su potencial; y una psicología política, que establecía la relación entre ciudadano y Estado (*polis*) y las condiciones para la inclusión y la implicación que solo la polis puede proporcionar.

Su libro sobre la psique es el más antiguo que se conserva sobre el tema. En griego se titula *Peri Psyches*, pero es mucho más conocido por su traducción al latín: *De Anima*. Aristóteles se centraba en qué era la vida y discutía cómo la psique y el cuerpo se combinan para producir un ser vivo. El pensamiento griego de su época albergaba creencias de que el alma era la chispa vital, el ser eterno de la vida tras la muerte, la fuente de la razón humana y la causa del movimiento corporal. Aristóteles afirmaba que el alma era aquello que daba plenitud al ser humano, aquello que organizaba al cuerpo y le permitía ejercer las funciones vitales. El alma es la organización del cuerpo vivo, su primera actualización o plenitud, que es lo que lo diferencia de un cadáver. Tiene la potencialidad de llevar a cabo las funciones vitales. La actualización de esta potencialidad, la actividad biológica, es la vida.

Para integrar todos estos elementos, Aristóteles se refería a tres tipos de almas: dos de ellas eran materiales y la tercera era inmortal. El alma vegetativa era necesaria para que hubiera vida y se extinguía con esa misma vida; el alma sensible era la fuerza responsable del movimiento animal y la acción era también materia. Solo el alma racional, equiparada con el intelecto, era eterna y divina. La unión cuerpo-alma no es accidental, sino sustancial.

Aunque suele considerarse su trabajo psicológico más profundo, *De Anima* es más que nada un esquema de la esencia de su pensamiento. Su psicología comparada se encuentra sobre todo en su *Historia de los animales* y en *Partes de los animales*; su psicología de las emociones, en la *Retórica*, la *Moral a Nicómaco* y la *Ética a Eudemo*; su psicología del aprendizaje y la memoria, en *Sobre la memoria* y los *recuerdos;* y su psicología social y política, en sus tratados sobre ética y política.

Aristóteles considera que los poderes psicológicos de los seres humanos están ampliamente presentes también en el reino animal. A través de sus teorías describe cómo la percepción, la memoria, la motivación y el aprendizaje rudimentario se basan en procesos que ocurren en animales de muy diversos tipos. La memoria es el resultado de la formación de trazas o imágenes, igual que un estilo caliente, la herramienta que usaban para escribir, marca sobre la cera blanda. El aprendizaje no es más que la formación de asociaciones como resultado de una exposición repetida o de la práctica, fortalecida por recompensas y castigos. Los impulsos primarios que están detrás de los comportamientos son actos biológicos causados por las necesidades del cuerpo. Incluso aunque las anatomías sean radicalmente diferentes, los mismos procesos (nutrición, procreación, locomoción y sensación) se observan en el hombre y los animales.

En la filosofía de Aristóteles existen la materia y la forma, pero ambas están intrínsecamente unidas y no puede haber forma sin algún material sólido ni ningún material sólido sin forma. Para él no tenía sentido separar entre algo mental y su sustrato físico. La mente, según Aristóteles, está íntimamente ligada al cuerpo, pero es más que un grupo de propiedades organizadas que operan sobre un sustrato material. Los procesos mentales son más que la mera suma de los elementos físicos y los procesos formales dependen de las estructuras subyacentes, pero pueden tener también algún grado de independencia y eficacia causal.

Explicaba sus ideas a través de analogías. Decía, por ejemplo, que la relación entre la psique y el cuerpo era similar a la que hay entre una casa terminada y la pila de materiales con que se construye. También la comparaba con la relación entre un trozo de cera y la imagen que se estampa sobre esa cera. En una tercera analogía dijo: «... si el ojo fuese un animal, la vista sería su psique... Así como la pupila y la vista son el ojo, así, en nuestro caso, la psique y el cuerpo son el animal».

Aristóteles propuso una jerarquía de la psique. En el nivel más elemental todas las formas de vida tenían una función nutritiva, incluidas las plantas. Por encima de ellas estaban los animales, que tenían funciones sensoriales y motoras. Por encima de los animales estaba la función de la razón que existía en los humanos y se dividía en componentes activos y pasivos; la razón pasiva está íntimamente asociada con los sentidos y con la función del sentido común, que une los diferentes sentidos a través de la habilidad para comparar la información y establecer juicios de valor.

Para Aristóteles —según escribe en *Sobre la memoria y la reminiscencia*—, el objeto de la memoria es el pasado, mientras que el objeto de la percepción es el presente y el de la expectativa es el futuro. Argumentaba que la memoria debe estar basada en algo que está dentro de nosotros y que es como una impresión en cera o una pintura. Si la superficie que recibe esa imagen es demasiado blanda o demasiado dura, o si está estropeada o se está descomponiendo, la memoria será defectuosa. Creía que a la gente mayor le fallaba la memoria porque su cuerpo se estaba deteriorando, y a los muy pequeños, por su rápido crecimiento, que impedía fijar las cosas. Decía que un síntoma común de los problemas mentales era la incapacidad para discriminar un fantasma de una memoria real y afirmaba que la memoria era el resultado de procesos asociativos. Los objetos, los sucesos y la gente estaban unidos por su parecido relativo o por sus diferencias. Las cosas se asocian si ocurren juntas en el mismo lugar y al mismo tiempo. Estos tres procesos, similitud, contraste y contigüidad se apoyaban en otras dos influencias que modulaban la fuerza de una asociación: la frecuencia, si sucedía muchas veces, y la facilidad, pues había algunas asociaciones que se formaban con más rapidez que otras. Aristóteles consideraba que la mente en el momento de nacer era como una tabla encerada intacta, lo que es posiblemente la primera metáfora en la historia de la psicología.

De esta manera, Aristóteles se convierte en el precursor del asociacionismo, que será una postura especialmente popular en la modernidad e incluso sigue siendo relevante actualmente. De hecho, muchos algoritmos de la inteligencia artificial, como el *deep learning*, no son más que máquinas de asociación muy sofisticadas.

Aristóteles aportó observaciones y pensamientos sobre una miríada de temas: sobre los sentidos, sobre los sueños, sobre la motivación... Pensaba que los seres humanos buscan el placer y la felicidad, pero al hacerlo también persiguen el bien. A la hora de conseguir ese objetivo creía que había cuatro factores: las diferencias individuales, los hábitos, los apoyos sociales y la libertad de elección. Relacionó el aprendizaje y los hábitos como elementos clave para un comportamiento ético. La importancia de los hábitos sería retomada dos mil años después por el psicólogo americano William James.

En el libro v de sus *Tópicos*, Aristóteles se preguntaba si podía describirse al hombre como bípedo, a sabiendas de que no todos tienen dos pies. Esta viñeta mnemotécnica del siglo XVII, obra de L. Gaultier, responde por sí sola mediante la asociación de ideas [Wellcome Collection].

PTOLOMEO (100-170)

Claudio Ptolomeo fue un matemático, astrónomo, astrólogo, geógrafo y teórico de la música. Escribió alrededor de una docena de tratados científicos, tres de los cuales fueron de importancia para la ciencia bizantina, islámica y europea occidental posterior. El primero es el tratado astronómico hoy conocido como *Almagesto*, aunque originalmente se titulaba *Mathēmatikē syntaxis* o *Tratado matemático* y más tarde se conoció como el *Tratado mayor*. El segundo es la *Geografía*, que es un profundo debate sobre los mapas y los conocimientos geográficos del mundo grecorromano. El tercero es el tratado astrológico, en el que intenta adaptar la astrología de los horóscopos a la filosofía natural aristotélica de su época; esta obra se conoce comúnmente como el *Tetrabiblos*, del griego *koiné*, que significa «cuatro libros».

A diferencia de la mayoría de los matemáticos griegos antiguos, los escritos de Ptolomeo, sobre todo el *Almagesto*, nunca dejaron de copiarse o comentarse, tanto en la Antigüedad tardía como en la Edad Media. Sin embargo, es probable que solo unos pocos dominaran realmente las matemáticas necesarias para comprender sus obras, como demuestran en particular las numerosas introducciones abreviadas y simplificadas a la astronomía de Ptolomeo que fueron populares tanto entre los árabes como entre los bizantinos.

La importancia de Ptolomeo en la historia de la psicología tiene que ver con la astrología. La idea de que el comportamiento humano está influido por los astros es muy antigua, como poco del tercer milenio antes de Cristo. Los grabados en cilindros de piedra de esta época parecen indicar la actividad de los dioses a través de las constelaciones. En los siguientes siglos, las teorías sobre la influencia del cosmos proliferaron, a menudo unidas a sistemas religiosos, filosóficos o metafísicos.

Los babilonios desarrollaron un sistema que representaba el movimiento del Sol a través de doce constelaciones asociadas a nombres de animales, el zodiaco. Cada constelación estaba representada por un animal cuya silueta estaba marcada por un grupo de estrellas y la posición relativa de los astros servía para establecer los sucesos y fortunas relacionados con ese momento. La astrología se consideró, durante milenios, relevante para el clima, la política, la alquimia y la medicina.

La macroescala del universo se reflejaba en la microescala del individuo. La idea era que al igual que la Tierra era gobernada por los astros, la salud del ser humano estaba gobernada por la influencia de aspectos particulares del zodiaco en regiones específicas del cuerpo. Con el tiempo, la astrología se empezó a ver no solo como una forma para atender la salud y para conocer el destino de los seres humanos, sino también para determinar las características personas individuales. En el *Tetrabiblos* se asociaban las posiciones y movimientos del Sol, la Luna y los planetas a temas psicológicos. El signo zodiacal que fuera ascendente en el momento del nacimiento de un niño —se creía— marcaría sus características personales de por vida, una paparrucha que se mantiene en los horóscopos que publican en la actualidad periódicos y revistas. En el siglo XX, el psicólogo Carl Jung incorporó la astropsicología en su teoría de los arquetipos, explicando el zodiaco como un reflejo de nuestro inconsciente colectivo.

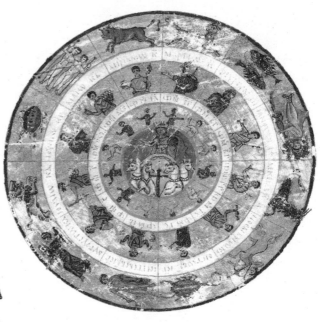

Junto a la representación de Claudio Ptolomeo [a partir de *Popular Science Monthly*, 78, abril de 1911], el zodiaco y los meses del año en una de sus tablas astronómicas del *Tetrabiblos*, extraída de un manuscrito bizantino [Biblioteca Apostólica Vaticana].

GALENO (130-200)

Galeno estudió Filosofía en Pérgamo y Anatomía en Alejandría. Puesto que la ley romana prohibía la disección de cadáveres, usó distintas estrategias para conocer el cuerpo humano: hacer disecciones de animales incluyendo cerdos, bueyes, macacos y otros animales; también aprovechó las heridas de los gladiadores y de los soldados para asomarse al interior del cuerpo.

En el año 169 se trasladó a Roma y consiguió un puesto como médico del emperador Marco Aurelio. Uno de los complementos del sueldo era el acceso a la Biblioteca Imperial, la segunda mejor del mundo tras la de Alejandría: albergaba textos enviados a Roma desde todas las provincias del Imperio. Galeno hará buen uso dc cllos.

Galeno piensa que la complejidad, la armonía y la belleza del cuerpo no pueden ser resultado de un accidente, sino que suponen una intervención divina. Asumió la teoría de los cuatro humores de Hipócrates y añadió que había cuatro cualidades básicas —frío, calor, sequedad y humedad— que tenían un papel en la enfermedad. Los anatomistas griegos ya habían observado que la respiración era caliente, por lo que pensaban que era el resultado de un fuego en el corazón y que el hálito blanco de una mañana de invierno era similar al humo de un incendio.

Con su estudio de los humores y las cualidades propuso una clasificación de las personalidades. Al igual que las enfermedades físicas, Galeno pensaba que las enfermedades mentales eran resultado de un desequilibrio en los humores y las cualidades. El tratamiento seguía las mismas ideas: para tratar una enfermedad caliente y seca, se envolvía al paciente en toallas frías y húmedas. Una enfermedad fría y húmeda, por el contrario, se trataba con calor y remedios secos.

Galeno estaba influido por los estoicos y consideraba que los sentimientos desbordados eran un asalto al cuerpo. Cuando el corazón, al que consideraba, siguiendo a Aristóteles, el depositario de las pasiones, se veía afectado, emitía unos notables vapores que viajaban por canales secretos hasta el cerebro, causando melancolía o manía.

Una de las historias de Galeno es que trató a una mujer con insomnio. Su exploración le hizo concluir que la mujer tenía una melancolía causada por un exceso de bilis negra, pero en un momento determinado alguien en la habitación comentó haber visto a Pylades, un famoso actor y bailarín, en el teatro. En ese momento, el latido de la paciente se volvió irregular. Galeno vio que cuando se mencionaba a otros personajes famosos no había cambios, pero cuando se mencionaba a Pylades había una clara res-

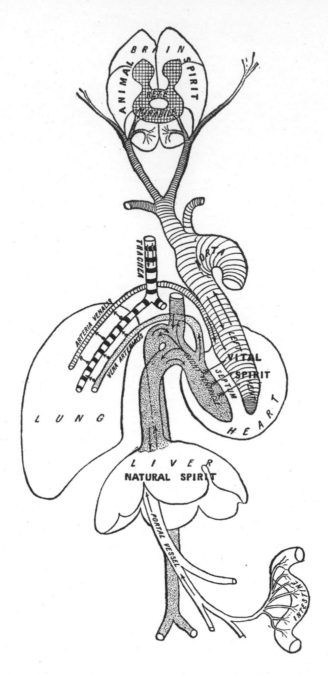

«El sistema fisiológico de Galeno». Era conducido por tres espíritus o pneumas que entraban en contacto con el espíritu general del mundo, adquirido mediante la respiración. El hígado *fabricaba* sangre a partir del quilo proveniente del tracto alimentario y la imbuía de un «espíritu natural» innato que mantenía al ser con vida. En el ventrículo izquierdo, la sangre se encontraba con el pneuma del mundo y ahora poseía «espíritu vital». Por último, al llegar a la base del cerebro por las arterias, en la *rete mirabile*, la sangre era cargada de un «espíritu animal» que ponía en funcionamiento el sistema nervioso [*A Short History of Anatomy & Physiology from the Greeks to Harvey*, Charles Singer, 1957].

puesta fisiológica. Fue una prueba temprana de la conexión entre mente y cuerpo, de la capacidad de las emociones para alterar la respuesta fisiológica del organismo.

Galeno describe un método para «reconocer y curar todas las enfermedades del alma». En su libro *Sobre el diagnóstico y cura de las pasiones del alma* aborda el tratamiento de los problemas emocionales para lo que plantea recibir consejo de una persona que sea «alguien más viejo, maduro, respetado, libre de pasiones».

> *Si* [una persona] *desea ser buena y noble, dejadle buscar a alguien que le ayude mostrándole cada acción que haga en la que esté equivocado* [...]. *Porque no debemos dejar el diagnóstico de esas pasiones a nosotros mismos, sino que debemos confiar en otros* [...]. *Esta persona madura que puede ver estos vicios debe revelar con franqueza todos nuestros errores. Después, cuando nos diga algunos fallos, empieza por mostrar inmediatamente tu gratitud, después pongámonos a un lado y consideremos ese tema por nosotros mismos, dejad que nos censuremos a nosotros mismos y tratemos de eliminar la enfermedad no solo al punto en que no es aparente para otros, sino tan completamente que arranquemos sus raíces de nuestra alma.*

Se cree que Galeno planteaba una especie de psicoterapia y que eso podría ayudar a tratar las pasiones y características poderosas como la avaricia o los celos, que eran más intensas que las emociones y que generaban problemas en la vida cotidiana.

Las ideas de Galeno fueron asimiladas por la doctrina cristiana y su obra se mantuvo invariable e indiscutible durante 1500 años. Temas clave de la psicología como el pensamiento, el movimiento y la percepción se explicaban en sus obras por principios vitales y espíritus animales. Estos espíritus o *pneumas* eran considerados «alientos de vida», estaban involucrados en el calor vital y eran necesarios para la existencia. Solo con la llegada del Renacimiento se pondría en cuestión la obra de Galeno y los demás sabios de la Antigüedad clásica, pero incluso entonces (y hasta el siglo XVIII) muchos libros de medicina empezaban con un agradecimiento al médico romano.

«El ilustrador en la Edad Media» [*Collier's: The National Weekly*, 28 de noviembre de 1908].

EDAD MEDIA

La Edad Media es un largo período, duró un milenio, y no es una edad tan oscura y antihigiénica como se la ha solido presentar. El saber de la Antigüedad clásica es preservado en los monasterios y aparecen nuevos inventos como los estribos o los molinos de viento. Por otro lado, en contraste con el enfoque naturalista de Hipócrates o Galeno, hay un pensamiento cargado de supersticiones en el que las personas creen en profecías, lectores de la palma de la mano, astrólogos y videntes. Las cuestiones psicológicas fueron en esa época abordadas mayoritariamente desde una perspectiva religiosa.

* * *

AGUSTÍN DE HIPONA (354-430)

Agustín de Hipona, que vivió en los siglos IV y V, pensaba que Dios era la verdad última, y conocer a Dios, el objetivo principal de la mente humana, pero también se preguntaba cómo entender las acciones y motivaciones de cada persona. Recomendaba volverse hacia el interior porque la verdad se forma dentro de cada uno de nosotros. Agustín hace ese recorrido y en su autobiografía, las *Confesiones*, describe sus emociones, pensamientos, motivos y memorias. Por ese ejercicio de exposición a otros de su yo interior hay quien lo ha llamado «el primer psicólogo moderno». Hothersall considera esta etiqueta prematura, pero *Confesiones* es una obra de gran interés por su análisis y descripción de la mente humana.

San Agustín en su estudio. Cromolitografía de F. Frick a partir de Desideri y V. Carpaccio [Wellcome Collection].

Agustín analizó también los cambios psicológicos asociados a la edad. Consideraba que los niños eran asociales, interesados en su propio beneficio y un tanto brutales. Al pensar en su propia infancia, recordaba sentimientos de egoísmo, celos de otros niños, violentas rabietas y un deseo ferviente de ganar a toda costa. Se opuso al uso de los castigos en las escuelas y argumentaba que el miedo al castigo interfería con la curiosidad y no llevaba al aprendizaje.

Otro tema que afrontó Agustín es el del duelo. En *Confesiones* cuenta, con su característica honestidad, las dudas que le invadieron después de la muerte de un amigo querido y la ansiedad ante la muerte. Pensaba que su amigo vivía ahora en la consciencia del propio Agustín, por lo que, si él fallecía, su amigo estaría aún más muerto. Vio también el consuelo que resultaba de mudar de objetivos y explorar nuevas ideas, cambios que hacían que la terrible pena se fuera desvaneciendo con el tiempo.

Agustín de Hipona también escribió sobre cómo romper con un mal hábito, cómo funcionaba la memoria y cuál era la relación con las emociones, que según él oscurecían la memoria de las imágenes. Le interesó el fenómeno de tener un recuerdo «en la punta de lengua» y el mecanismo que nos permite recordar un estado previo de alegría, aunque estemos tristes.

Finalmente, también se interesó por los sueños. Veía que era capaz de dominar sus pensamientos sobre el sexo mientras estaba despierto, pero que esas fantasías se desataban mientras dormía y algunas de ellas parecían tan reales como el verdadero acto sexual. También reflexionó sobre cómo nos engañamos a nosotros mismos y nos convencemos de que algo puede ser bueno, cuando simplemente es algo que nos atrae porque nos da placer.

Agustín defiende una teoría anterior, que se ha atribuido a un médico del siglo III llamado Posidonius, que plantea que los procesos cognitivos suceden en el interior de los ventrículos cerebrales. Estas cavidades rellenas de líquido cefalorraquídeo no tienen mayor interés en la psicología moderna, pero Galeno pensaba que la información que llevaban los nervios sensoriales procedentes de los ojos, los oídos, la nariz y la boca, convergía delante del ventrículo frontal, en una zona conocida como «sentido común».

La obra de san Agustín tiene muchas ideas relacionadas con la psicología y se le ha considerado uno de los precursores de esta ciencia, pero también consideraba que la curiosidad era algo peligroso, ¡no había más que pensar en Adán y Eva! Para él, otras virtudes, como la humildad y la sumisión, eran mucho más deseables que la curiosidad, algo que fue un freno para el desarrollo científico en el ámbito de la Iglesia.

ABU ZAYD AHMED IBN SAHL BALKHI (CA. 850-934)

Al-Balkhi fue un polímata persa: geógrafo, matemático, médico, psicólogo y científico. Nacido en Shamistiyan, en el actual Afganistán, fue discípulo de Al-Kindi. También fue el fundador de la Escuela Balkhī de cartografía terrestre en Bagdad. Forma parte de la edad de oro de la filosofía y la ciencia islámica, que se extiende desde mediados del siglo VIII hasta 1258, el año de la conquista de Bagdad por los mongoles.

Al-Balkhi acuñó los conceptos de «salud mental» e «higiene mental» y a menudo los relacionaba con la salud espiritual. En su *Masalih al-Abdan wa al-Anfus* (*Sustento para el cuerpo y el alma*), fue el primero en hablar con cierto rigor de las enfermedades relacionadas con un dominio físico y otro mental, con el cuerpo y el alma. Usó el término *al-Tibb al-Ruhani* para describir la salud espiritual y psicológica y el término *Tibb al-Qalb* para describir la medicina mental. Criticó a muchos médicos de su época por poner demasiado énfasis en las enfermedades físicas y descuidar las enfermedades psicológicas o mentales de los pacientes y argumentó: «Dado que la construcción del hombre es tanto de su alma como de

Detalle de *En la mezquita* [Carl Friedrich Heinrich Werner, siglo XIX], que sirve de portada a la reedición inglesa de la 2.ª parte del *Masalih al-Abdan wa al-Anfus*, titulada *Sustenance of the Soul*.

su cuerpo, por lo tanto, la existencia humana no puede ser saludable sin el *ishtibak* [entrelazamiento o enredo] del alma y el cuerpo».

Incorporó los tres componentes de la salud mental mencionados en el Corán y los hadices atribuidos a Mahoma: *nafs* («psique»), *qalb* («corazón») y *'aql* («mente»). Fue el primero en diferenciar entre neurosis y psicosis, el primero en clasificar los trastornos neuróticos, y fue también pionero en la terapia cognitiva para tratar cada uno de estos trastornos. Clasificó la neurosis en cuatro trastornos emocionales según sus síntomas: miedo y ansiedad, ira y agresión, tristeza y depresión, y obsesión. Además, estableció tres tipos de depresión: depresión normal o tristeza (*huzn*); depresión endógena, originada desde el interior del cuerpo; y depresión clínica reactiva, surgida desde el exterior del cuerpo. Explicó cómo la depresión puede ser el resultado de la pérdida de seres queridos, de la perdida de posesiones personales y del fallo en alcanzar los objetivos propuestos o lograr el éxito deseado. La depresión —planteó— puede tratarse psicológicamente por métodos externos —como hablar, predicar y aconsejar de manera persuasiva— o internos —como el «desarrollo de pensamientos y cogniciones internas que ayuden a la persona a deshacerse de su condición depresiva»—. En el caso de las depresiones donde no había causas reconocibles, pensaba que eran una «aflicción repentina de dolor y angustia, que persiste todo el tiempo, impidiendo a la persona afligida realizar cualquier actividad física o mostrar cualquier felicidad o disfrutar de cualquiera de los placeres», que puede ser causada por razones fisiológicas —como la impureza de la sangre— y puede ser tratada a través de la medicina física. Puesto que esos tratamientos estaban dentro de una tradición religiosa, al-Balkhi también recomienda recitar el Corán como parte del proceso de recuperación. Escribió que un individuo sano debe mantener siempre pensamientos y sentimientos positivos en su mente por si sufre estallidos emocionales inesperados, de la misma manera que los medicamentos y la medicina de primeros auxilios se mantienen cerca para emergencias de la salud física.

Al-Balkhi abordó más temas relacionados con la psicología, como la importancia de mantener la salud de la psique, prevenir la enfermedad mental al cultivar una higiene mental en positivo, cómo recuperar la salud mental después de que surjan los problemas mentales, cuáles son los síntomas psicológicos y su clasificación, cómo manejar la ira, el miedo y el pánico, el tratamiento de la tristeza, los pensamientos obsesivos y la rumiación.

Al-Balkhi fue un pionero de la psicoterapia, la psicofisiología y la medicina psicosomática. Reconoció que el cuerpo y el alma pueden estar sanos o enfermos, «equilibrados o desequilibrados», y que las enfermedades mentales pueden tener causas tanto psicológicas como fisiológicas.

Médico y enfermo. Detalle de una ilustración reproducida en el *Kitab al-Hasha'ish*, traducción
árabe del *De materia medica* de Dioscórides a cargo de Abdallah ibn al-Fadl (siglo XIII).

Escribió que el desequilibrio del cuerpo puede dar lugar a fiebre, dolores
de cabeza y otras enfermedades físicas, mientras que el desequilibrio del
alma puede dar lugar a la ira, la ansiedad, la tristeza y otros síntomas mentales. También escribió comparaciones entre los desórdenes físicos con los
mentales, y mostró cómo los desórdenes psicosomáticos pueden ser causados por interacciones entre ambos componentes. Sostuvo además que «si el
cuerpo se enferma, la *nafs* [psique] pierde gran parte de su capacidad cognitiva y comprensiva y no puede disfrutar de los aspectos deseables de la
vida» y que «si la *nafs* se enferma, el cuerpo tampoco puede encontrar alegría en la vida y puede eventualmente desarrollar una enfermedad física».
Al poner en marcha un enfoque terapéutico racional para tratar las neurosis, anticipó algunos aspectos de las terapias cognitivas modernas. Puesto
que las terapias cognitivas y la comprensión de las enfermedades psicosomáticas es algo que la medicina occidental consiguió en el siglo XX, es llamativo que al-Balkhi desarrollase algo similar más de mil años antes.

AVICENA (980-1037)

Abu Ali al-Husayin ibn Sina nació en Bukahra, que entonces era parte de Persia y ahora está en Uzbequistán. Pasó toda su vida, que fue muy movida, en Persia, trabajando como médico y como administrador. Hasta su fallecimiento no dejó de escribir sobre filosofía y medicina y mantuvo un activo interés en el vino y las mujeres. En su autobiografía indicaba que muchos de sus escritos se hicieron a caballo durante campañas militares. Su *Canon* fue un libro de texto básico en Europa entre los siglos XIII y XVII y tuvo una gran influencia en la filosofía occidental a través de su impacto en la obra de Tomás de Aquino.

En psicología, Avicena usó el experimento mental del «hombre flotante» para explorar la conciencia de uno mismo. El experimento nos pide que imaginemos que flotamos en el aire sin ningún contacto con nuestros sentidos. Avicena argumenta que incluso en esas circunstancias sabríamos que existimos y que eso indica que el alma, o el propio ser, es algo diferente del cuerpo.

Avicena explicaba que la información sensorial que se concentraba en el sentido común era cómo juntábamos información de diferentes fuentes para formar percepciones de objetos. Pensaba que el sentido común era rápido, pero no instantáneo y por eso vemos líneas de lluvia en vez de ver las gotas individuales. Las imágenes producidas en el sentido común se almacenaban en la *imaginatio*, que estaba también en el primer ventrículo y que de allí podía pasar de vuelta al sentido común y volverse a mostrar. Esa información podía pasar al ventrículo central a través de un pasaje estrecho que controlaba un órgano parecido a un gusano que llamó *vermis*. En ese ventrículo central se producían dos procesos que establecían la abstracción, el primero era la *cogitatio*, que nos permitía sumar o restar imágenes.

Por ejemplo, si sumábamos la imagen de montaña y la de oro, podíamos *imaginar* una montaña de oro, aunque no existiese. El segundo proceso era la *estimatio*, que era una abstracción de las implicaciones de la imagen, algo que podía surgir de los instintos, como la oveja que teme a un lobo aunque no lo haya visto antes. Finalmente, el ventrículo posterior contenía la memoria, que almacenaba la información anterior.

Avicena tuvo especial interés en dos procesos: la memoria reconstructiva y los sueños. La primera era formada por una reconstrucción a partir de piezas de información. La idea de que los sentidos internos tenían dos lugares de almacenamiento, la imaginación en el ventrículo frontal y la memoria en el posterior, sugería un mecanismo sencillo para la reconstrucción. Con respecto al sueño pensaba que, cuando estamos dormidos, el control del alma racional se debilita y los sentidos internos operan por su cuenta. Las imágenes del sentido común pierden su significado y son el resultado de movimientos sin sentido en el fluido que llena el ventrículo. La gente normal experimenta estas imágenes cuando duerme, pero también algunas personas pueden tener imágenes incontroladas cuando están despiertas, en particular si tienen una enfermedad mental.

El llamado «príncipe de los sabios», Avicena, con corona y cetro, en la portada de *Tertius Canonis Avicennae* [Gentile da Foligno, 1522].

TOMÁS DE AQUINO (1224/5-1274)

Los finales de los siglos XII y XIII muestran los inicios de una nueva época. Tomás de Aquino reinterpreta a Aristóteles para hacerlo compatible con la doctrina católica y establece las bases de la escolástica, una disciplina que readmite a la razón como un complemento a la fe en la búsqueda de la verdad.

Tomás de Aquino nació en el castillo de Roccasecca, cerca de Aquino, una localidad parte entonces del Reino de Sicilia. Su padre era Landulfo de Aquino, un noble al servicio del emperador Federico II, y su tío, Sinibaldo, era abad de Montecassino, el monasterio benedictino más antiguo y prestigioso. Mientras sus hermanos seguían carreras militares, la familia organizó las cosas para que Tomás siguiera a su tío en el abadato.

A la edad de cinco años, Tomás comenzó su educación en Montecassino, pero, después de que el conflicto militar entre el emperador Federico II y el papa Gregorio IX se extendiera a la abadía, sus padres hicieron que Tomás se inscribiera en el *studium generale* (universidad) recientemente establecido por Federico en Nápoles. Fue allí donde Tomás probablemente conoció a Aristóteles, Averroes y Maimónides, todos los cuales influirían en su filosofía teológica.

A la edad de diecinueve años, Tomás decidió unirse a los dominicos, una orden que había sido fundada treinta años antes. El cambio de opinión de Tomás no fue del agrado de su familia y, para evitar la interferencia de Teodora, su madre, en la decisión de Tomás, los dominicos dispusieron su traslado a Roma y de Roma a París. Sin embargo, durante su viaje a Roma, por instrucciones de su madre, sus hermanos lo apresaron y lo llevaron de vuelta a su casa. Tomás estuvo prisionero durante casi un año en los castillos de la familia en Monte San Giovanni y Roccasecca, en un intento de evitar que asumiera el hábito dominicano, e intentaron forzarlo a renunciar a su vocación. Tomás pasó este tiempo dando clases particulares a sus hermanas y no dejó de comunicarse a escondidas con miembros de la Orden Dominicana.

En 1244, viendo que todos los intentos de disuadir a Tomás habían fracasado, Teodora trató de salvar la dignidad de la familia y facilitó que Tomás escapara por la noche a través de una ventana. Fue enviado primero a Nápoles y luego a Roma para reunirse con Johannes von Wildeshausen, el maestro general de la Orden Dominicana. En 1245, Tomás fue enviado a estudiar a la Universidad de París, donde conoció al erudito dominico Alberto Magno. Cuando Alberto fue enviado por sus superiores a enseñar en el nuevo *studium generale* de Colonia en 1248, Tomás lo siguió y declinó la oferta del papa Inocencio IV de nombrarlo abad de Montecassino.

SUMMA THEOLOGICA
S. THOMÆ
AQUINATIS,
DIVINÆ VOLUNTATIS INTERPRETIS,
ORDINIS PRÆDICATORUM:
IN QVA
ECCLESIÆ CATHOLICÆ DOCTRINA UNIVERSA;

Detalle de la portada de una edición de la *Summa theologiae*, obra cumbre de santo Tomás de Aquino [Lugduni (Lyon); Anisson & Posuel, 1677].

Detalle de santo Tomás de Aquino entre Aristóteles y Platón en *Triunfo de Santo Tomás de Aquino* [Benozzo Gozzoli, 1471].

En la primavera de 1256, Tomás fue nombrado maestro regente en Teología en París. Algunos de los himnos que Tomás escribió para la fiesta del Corpus Christi se siguen cantando hoy en día, como el *Pange lingua* (cuyo penúltimo verso es el famoso *Tantum ergo*) y el *Panis angelicus*.

En febrero de 1265, el recién elegido papa Clemente IV llamó a Tomás a Roma para que sirviera como teólogo papal. Ese mismo año, el capítulo dominicano de Agnani le encargó que enseñara en el *studium conventuale* del convento romano de Santa Sabina. Mientras estaba en este *studium*, Tomás comenzó su obra más famosa, la *Summa theologiae*, que concibió específicamente para los estudiantes noveles porque «un doctor de la verdad católica no solo debe enseñar a los competentes, sino que le corresponde también instruir a los principiantes».

Tomás permaneció en el *studium* de Santa Sabina desde 1265 hasta 1268, cuando fue llamado con urgencia de vuelta a París. Parte de la razón de esta repentina mudanza parece haber sido el aumento del averroísmo o aristotelismo radical en las universidades, incluida la de París. Las disputas con algunos franciscanos importantes generaron un mal ambiente. Tomás se enfureció cuando descubrió a profesores que enseñaban interpretaciones averroístas de Aristóteles a los estudiantes parisinos. El obispo de París, Étienne Tempier, emitió un edicto condenando trece proposiciones aristotélicas y averroístas como heréticas y excomulgó a cualquiera que siguiera apoyándolas. En 1272, Tomás se despidió de la Universidad de París cuando los dominicos de su provincia natal le pidieron que fundara un *studium generale* donde quisiera y lo dotara de personal a su antojo. Eligió establecer la institución en Nápoles y se trasladó allí para ocupar su puesto.

El papa Gregorio X convocó el Segundo Concilio de Lyon y llamó a Tomás para que asistiera. Uno de los objetivos era tratar el Gran Cisma entre la Iglesia católica de Occidente y la Iglesia ortodoxa de Oriente. Allí se iba a presentar la obra de Tomás sobre los ortodoxos, *Contra errores graecorum*. De camino al concilio, montado en un asno por la Vía Apia, se golpeó la cabeza con una rama y enfermó gravemente. Los monjes lo cuidaron durante varios días, pero murió el 7 de marzo de 1274 mientras comentaba el Cantar de los Cantares.

Tomás de Aquino fue uno de los principales intérpretes de las obras de Aristóteles y quiso demostrar que mucho de lo que escribe el sabio griego es congruente con la doctrina cristiana: la idea de la *scala naturae*, la gran cadena de los seres vivos, era coherente con las ideas teológicas de que el universo estaba organizado jerárquicamente con los seres vivos ordenados «según su perfección interna». En este sistema,

... la naturaleza parte paso a paso de una naturaleza específica a otra, que sigue un cierto orden definido [...]. Las cosas cambian [...] en un cierto orden, la investigación de lo cual es el trabajo de las ciencias particulares y requiere una observación paciente. Si hay saltos en la naturaleza, nunca son caprichosos.

La gran cadena de seres ilustra el plan de Dios, que se describe en este párrafo de Tomás de Aquino:

Por eso hay que decir que la distinción y la multitud de las cosas proviene de la intención de la primera causa, que es Dios. Porque él trajo las cosas a la existencia para que su bondad se comunicara a las criaturas y fuera representada por ellas. Y porque su bondad no podía ser representada adecuadamente por una sola criatura, produjo muchas y diversas criaturas, para que lo que le faltaba a una en la representación de la bondad divina fuera suplido por otra. Porque la bondad, que en Dios es única y uniforme, en las criaturas es múltiple y dividida; y por eso todo el universo en su conjunto participa de la bondad divina más perfectamente y la representa mejor que cualquier criatura individual. Y porque la sabiduría divina es la causa de la distinción de las cosas, por eso Moisés dijo que las cosas fueron hechas distintas por la palabra de Dios, que es la concepción de su sabiduría, y esto es lo que leemos en el Génesis: «Dios dijo que se hiciera la luz y dividió la luz de la oscuridad».

Algunas de las principales ideas de esa explicación del mundo son las siguientes:

— Las criaturas están organizadas jerárquicamente y reflejan el propósito de Dios. La «gran cadena del ser» clasifica a todas las creaciones divinas.

— Nada en este plan es caprichoso ni está dejado al azar. Al contrario, todo y todos tiene un lugar y un propósito que culminan en Dios.

— La visión de la naturaleza es consecuente con lo que dice la Biblia, que es una fuente irrefutable de conocimiento.

En el Génesis, el alma es lo que da la vida al hombre. Sin embargo, la Biblia incluye otros postulados, como el juicio final. Por tanto, el alma era un eje principal de la ética y la metafísica cristiana. Tomás de Aquino sintetizó y armonizó las ideas cristianas con las de Aristóteles, Hipócrates y Galeno. Sus ideas permanecieron vigentes durante cuatro siglos.

Tomás de Aquino nunca se consideró un filósofo y criticó a los filósofos, a los que veía como paganos, por estar siempre «por debajo de la verdadera y propia sabiduría, que se encuentra en la revelación cristiana». Aun así, Tomás tenía respeto por Aristóteles y escribió varios comentarios importantes sobre sus obras, entre ellos *Sobre el alma*. Siguiendo a Aristóteles, Tomás de Aquino ve el alma como un «principio de vida» que está íntimamente ligado al cuerpo. Además, el rasgo distintivo del alma humana es la racionalidad, lo que implica que el ser humano necesita una mente para ser lo que es. Tomás de Aquino no piensa que el alma en sí misma sea algo vago, indefinido, etéreo o gaseoso a lo que se añaden elementos corporales. Como Aristóteles, considera el alma como una especie de acto o actividad íntimamente ligada a cada parte del cuerpo. El alma es totalmente inseparable del cuerpo, hasta el punto de que la separación sería contraria a su naturaleza. Hay una transición de las tres almas de Aristóteles a un alma única con tres partes o tres funciones. La materia muerta se diferencia de la materia viva; una planta, por ejemplo, por la presencia de un alma nutritiva. El alma apetitiva o sensorial es la causante del movimiento y es la fuente de los apetitos determinantes que se encontraban en los animales. Estos animales, con sus apetitos incontrolados, ascendían en complejidad desde las ostras hasta los leones y elefantes, considerados los reyes del mundo animal. Por último, el alma racional está presente solo en el hombre. Esta alma le confiere la razón y, por tanto, participar en parte del poder divino. Aunque se discutían las facultades del alma humana, en general se aceptaba que eran la razón y la memoria. En la visión de santo Tomás, el alma racional coincidía con el alma cristiana, separaba con claridad a los seres humanos de otros que se podían esclavizar o sacrificar, nos vinculaba al más allá y unía lo material con lo inmaterial. Hechos de carne, desgarrados por el deseo, solo los humanos poseían algo de ese poder celestial para pensar y no ser esclavos de sus pasiones.

Estas distinciones pueden entenderse mejor a la luz de la comprensión de Tomás de la materia y la forma, la teoría hilemórfica (materia-forma) derivada de Aristóteles. En cualquier sustancia material dada —dice Tomás—, la materia y la forma están necesariamente unidas y cada una es un aspecto necesario de esa sustancia. Sin embargo, son conceptualmente separables. La materia representa lo que es cambiante en la sustancia, lo que es potencialmente otra cosa. Por ejemplo, la materia de bronce es potencialmente una estatua, pero también potencialmente una campana, que serían dos formas diferentes. La materia debe entenderse como la materia de algo. En cambio, la forma es lo que determina que un trozo concreto de materia sea una sustancia específica y no otra. Cuando Tomás dice que el cuerpo humano está compuesto solo en parte por materia, quiere decir que el cuerpo material es solo potencialmente un ser humano. El alma es lo que actualiza ese potencial y lo convierte en un ser humano existente. En consecuencia, el hecho de que un cuerpo humano sea un ser vivo implica que un alma está totalmente presente en cada parte del ser humano.

Tomás piensa que todo ser humano tiene un alma, pero una adecuada comprensión de su concepto de alma (*anima*) requiere cierta familiaridad con el concepto medieval de *anima rationalis*. En cierto modo, los filósofos medievales entendían por ánima el hecho de que los seres humanos son algo más que seres que tienen una mente. Hoy en día, decir que todo el mundo tiene mente es señalar un hecho trivial, pero los filósofos

Montaje a partir del retrato invertido de santo Tomás de Aquino de Botticelli (ca. 1482) y la obra *El sentido de la vista*, atribuida al enigmático Maestro de la Anunciación a los Pastores (siglo XVII).

medievales entendían por «mente» y «alma» algo mucho más profundo que eso y bastante diferente. Consideraban que los seres humanos eran esencialmente diferentes de cualquier otro tipo de seres, especialmente de los animales, debido a su tipo de alma, que era la propiedad que hacía al ser humano esencialmente diferente de los demás seres vivos. El alma se considera el núcleo de la identidad humana y, separada del cuerpo al que está intrínsecamente unida, no puede ser vista, percibida o captada por medio de los sentidos. El conocimiento del alma solo es posible para la mente, ya que solo los seres racionales pueden saber que tienen una mente. En consecuencia, el pensamiento solo es posible para los seres que tienen mente, los humanos.

Después de considerar que el alma es la primera causa de los cuerpos, Tomás de Aquino dirige su atención al intelecto. Aristóteles decía que la racionalidad es lo que más caracteriza a nuestra alma, con el ánima intelectiva como su causa o principio vivo. Al ampliar esta doctrina, Tomás de Aquino pasa a considerar que lo que mantiene vivo un cuerpo, es decir, el alma racional, es lo mismo que lo que permite al hombre pensar, equiparando así racionalidad y alma. Así, el término «racionalidad» parece referirse a una propiedad más que a una capacidad, pero la racionalidad es la propiedad que expresa la capacidad de pensar del hombre. Por otra parte, aunque llamamos «mente» a la capacidad de pensar, en el contexto filosófico medieval incluía también la voluntad, una facultad cuya propiedad correspondiente es la libertad.

La mente funciona gracias al acto del alma, que es su principio. En consecuencia, el mismo poder que otorga la vida a nuestro cuerpo nos permite pensar. El alma es el principio tanto de la vida como del intelecto, tanto de la capacidad de mantener un cuerpo vivo como de pensar. Siguiendo a Aristóteles, Tomás de Aquino clasifica tres tipos de alma que corresponden a los tipos de vida que observamos en el universo: ánima vegetativa, sensitiva y racional. Cada tipo de alma constituye un tipo de vida, de modo que los tipos de vida se corresponden con los tipos de alma. El alma humana es racional, pero esto no la hace incompatible con los otros dos tipos de alma: la de los animales, sensitiva, y la de las plantas, vegetativa.

Es esta también la época de inicio de las universidades. Se fundan en los principales países de Europa occidental y al principio son poco más que comunidades de maestros y escolares, pero pronto hay movimientos internacionales de profesores y estudiantes, creación de bibliotecas, recuperación de las obras de la Antigüedad clásica, un interés por el arte y la literatura y el hombre como objeto primordial del conocimiento. Todo está presto para la llegada del Renacimiento.

«[William] Caxton enseñando el primer espécimen de su imprenta al rey Eduardo IV en The Almonry, Westminster» (a partir de Daniel Maclise, 1851; detalle) [*Cassell's history of England*, vol. II, 1909].

RENACIMIENTO

Al igual que las universidades, el Renacimiento nace también en las ciudades europeas. Unos artistas sin par, los primeros científicos dignos de tal nombre, la búsqueda de la belleza y la verdad, una mirada crítica a las ideas mantenidas durante siglos, el descubrimiento de errores en las obras de los grandes maestros de la Antigüedad, viajes de exploración por todos los océanos... todo ello hace una combinación explosiva de la que resulta un nuevo mundo del que Europa es el crisol.

El gran invento que da pie al Renacimiento fue la imprenta. Los libros pasaron lentamente de ser objetos de lujo y raros a objetos de uso común y con una amplia difusión, lo que hizo que el conocimiento se democratizara, que los profesores pudieran escribir sus propios trabajos y leer los de otros. Para el año 1492, las imprentas europeas habían producido veinte millones de libros.

* * *

MARCO MARULIC (1450-1524)

Marulic, un humanista croata, es considerado el primero que inventó y usó la palabra «psicología». Marulic era hijo de una familia noble y nació en Split, en la costa del Adriático. Se formó en Lenguajes Clásicos y Literatura, Poética, Retórica y Filosofía en la Universidad de Padua, en Italia. Era también un excelente pintor y escultor. En 1480 se retiró de la sociedad para vivir una vida religiosa, aunque sin incorporarse a ninguna orden monástica. Alcanzó fama por sus libros sobre teología moral, que fueron publicados en diferentes idiomas. En Croacia es considerado un héroe nacional debido al poema épico incluido en la ópera *Judith*.

Marulic usó el término «psicología» en 1506 en un libro titulado *De institutione bene vivendi per exempla sanctorum*, que es una colección de estudios morales, y en el título de su tratado *La psicología del pensamiento humano*, una obra terminada en torno a 1520 que se ha perdido. Es una mezcla de un término griego y uno latino y se cree que Marulic pudo usar el criterio de Giovanni Tortelli, que unos pocos años antes había inventado neologismos similares como «ortografía», «etiología» o «topología».

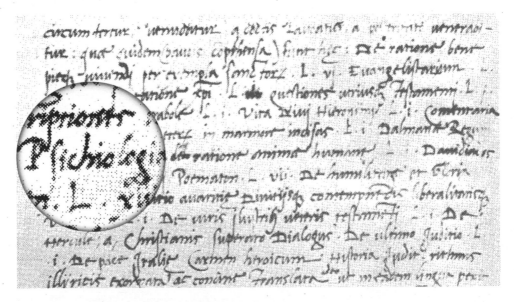

Relación de obras de Marulic en la biografía titulada *Vita Marci Maruli Spalatensis*, de Frano Božićević. Ampliamos con lupa el primer término del tratado perdido *Psichiologia de Ratione Animae Humanae*.

Un retrato de Marco Marulic presidía el billete de 500 de las antiguas kunas croatas (1994-2022).

La palabra «psicología» aparece más tarde en el título de un libro publicado por Rudolf Goeckel, o Rudolfus Goclenius, en 1590: *Psychologia hoc est, de hominis perfectione*, una obra que pretendía la mejora del ser humano. Goclenius fue un autor muy prolífico que llegó a ocupar simultáneamente cuatro cátedras diferentes en Física, Lógica, Matemáticas y Ética y dirigió más de seiscientas tesis de maestría. La obra de este profesor de la Universidad de Marburgo fue un éxito y tuvo varias reimpresiones antes de acabar el siglo. La palabra *psychologia* va apareciendo en obras de otros académicos de habla alemana durante los siglos XVI y XVII como Philip Melanchthon, Johannes Thomas Freigius y Otto Casmann. El término cuajó, aunque se usaba de forma más amplia que en la actualidad, como indica un libro publicado en París en 1588 con el título de *Psicología: El libro sobre la realidad de los espíritus, el conocimiento de las almas errantes, los fantasmas, los milagros y los sucesos extraños*.

El filósofo alemán Christian Wolff distinguió entre dos métodos de investigación psicológica en dos libros *Psychologia Empirica* (1732) y *Psychologia Rationalis* (1734) que conceptualizaron la psicología como «la ciencia del alma». Su trabajo sería un eslabón clave en la transición posterior hacia una psicología científica.

El filósofo y enciclopedista Denis Diderot hizo que el término francés *psychologie* se popularizase cuando incluyó un ensayo sobre él en su famosa *Encyclopédie*. Pero antes de eso, algunas figuras destacadas del Renacimiento alumbraron el nacimiento de una nueva ciencia.

MARTÍN LUTERO (1483-1546)

Lutero nació en Eisleben, condado de Mansfeld, Alemania. Fue un monje agustino alemán y profesor de Teología que se convirtió en el iniciador de la Reforma. Consideraba la promesa divina de gracia y justificación a través de Jesucristo como la única base de la fe cristiana. Lutero era un teólogo brillante y estaba profundamente imbuido de la comprensión de la santidad absoluta de Dios, la centralidad de Cristo en la obra de nuestra salvación y la necesidad concomitante de que la Iglesia sea la «esposa inmacu-

Según la leyenda, Lutero fue sorprendido por una fuerte tormenta en la que un amigo resultó alcanzado por un rayo y, temeroso, él prometió a santa Ana ingresar como monje si lograba sobrevivir [*El amigo de Lutero, alcanzado por un rayo*; Ferdinand Pauwels, 1872].

lada del Redentor», como la llama san Pablo. Sobre estos cimientos, quería eliminar las aberraciones de la Iglesia católica de la época y restaurarla a su forma original, «reformarla». En contra de las intenciones de Lutero, la Reforma condujo a una división de la Iglesia, de la que surgieron las Iglesias evangélicas luteranas y otras denominaciones del protestantismo.

Lutero sufría de fuertes depresiones. En agosto de 1527 escribía en una carta a Melanchthon:

> *Durante la última semana he sido arrojado a la muerte y al infierno, con todo mi cuerpo tan magullado que tiemblo en todos mis miembros. Casi había perdido a Cristo y fui arrojado a las olas y azotado por las tormentas de la desesperación, de modo que estuve tentado de blasfemar contra Dios.*

Su teología reconocía la fragilidad humana: «Nos cuesta creer lo que nos dicen y lo que sabemos; sin embargo, nos resulta fácil creer lo que sentimos». Recordaba la carta de san Pablo a los filipenses: el conocimiento de la salvación nos da «una paz que sobrepasa todo entendimiento».

Cuando Lutero escribió las 95 tesis, en las que condenaba las prácticas de la Iglesia católica, y las clavó en la puerta de la iglesia de Wittemberg en 1517, puso en marcha unos cambios dramáticos que afectaron no solo a la religión y a la política, sino también a la interpretación de la identidad humana y, según algunos, al propio cerebro. Cada persona estaba ahora delante de Dios, la justificación de cada persona se producía a través de la fe y la relación con la divinidad se definía en términos personales. En el mundo católico, la salvación estaba mediada por los sacerdotes y, por tanto, la identidad individual se diluía en una identidad colectiva como miembro de la Iglesia, pero en el ámbito protestante apareció una visión diferente de la persona. La fe protestante demandaba que sus seguidores se centraran en su vida interior y se comprometieran personalmente con sus prácticas religiosas. El énfasis en una relación privada y personal con Dios facilitaba el tener que prestar atención a los pensamientos y emociones propias y de esa manera se incrementaba un sentido de subjetividad e individualidad. La práctica cotidiana, la vida del día a día, tenía una nueva perspectiva, pues el modo en que uno se conducía en su relación con los demás era tan importante como su presencia en los servicios en la iglesia. Otro aspecto fundamental fue la lectura: los protestantes pensaron que tanto los niños como las niñas debían estudiar la Biblia por sí mismos para conocer mejor a Dios. A raíz de la expansión del protestantismo, los índices de alfabetización en las poblaciones recién reformadas de Gran Bretaña, Suecia y los Países Bajos superaron a los de lugares más cosmopolitas como Italia y Francia. Motivados por la salvación eterna, padres y líderes políticos se aseguraron de que los niños aprendieran a leer. Aparecieron nuevas herramientas, como los libros de conducta y los diarios, que ayudaban a los cristianos de nuevo cuño a seguir y mejorar su relación personal con Dios.

La ayuda principal era el libro de conducta, que estaba repleto de máximas y proverbios elegidos para guiar la reflexión espiritual y ayudar a cada persona a juzgar su progreso en la fe. Esta nueva forma de practicar la religión implicaba un mayor autocontrol de los pensamientos, impulsos y acciones pecaminosas. El énfasis en esa relación personal con Dios facilitaba una sensación de mundo interior, de la necesidad de prestar atención a la propia alma, que sirvió para abrir el paso a la psicología moderna en su énfasis en la mente personal, las trayectorias individuales, la subjetividad y la vida privada.

Martín Lutero traduciendo la Biblia. Castillo de Wartburg, 1521 [Eugène Siberdt, 1898].

JUAN LUIS VIVES (1492-1540)

Vives nació en Valencia en una familia de judíos conversos, aunque pasó la mayor parte de su vida adulta en el sur de los Países Bajos y en Inglaterra. Estudió en la Universidad de Valencia y en la de París y en 1519 fue nombrado profesor de Humanidades en la Universidad de Lovaina. Vives fue toda su vida un fiel discípulo de Erasmo de Rotterdam, con quien compartía ideas como el amor a las lenguas clásicas, el pacifismo y la aspiración a una piedad personal culta más que a una devoción superficial vivida como un espectáculo hacia el exterior. También estaban en su círculo cercano Tomás Moro, Enrique VIII y Catalina de Aragón.

En los Países Bajos, que entonces era la sociedad más progresista y liberal de Europa, disfrutó de libertad de pensamiento y práctica y eso le llevó a desarrollar sus propias ideas sobre el funcionamiento de la mente y las emociones. Su principal obra psicológica es *De anima et vita* (1538), donde trataba la influencia de las emociones sobre nuestro pensamiento y nuestra salud. Fue el primero en argumentar que la personalidad, o temperamento, estaba influido tanto por el macroambiente —clima, geografía física— como por el microambiente —el contexto inmediato de familia y amigos—. Abogó con todas sus fuerzas por la educación de las mujeres y de los pobres, que consideraba necesaria para una sociedad sana.

Entre sus últimas obras se encuentra un manual de oraciones privadas destinado a los laicos. Ante la insistencia de su amigo Erasmo, preparó un elaborado comentario sobre *La ciudad de Dios* de Agustín. Sus creencias sobre el alma, su visión de la práctica médica de su época y su perspectiva sobre las emociones, la memoria y el aprendizaje le han valido ser considerado otro de los «padres» de la psicología moderna. Vives fue el primero en arrojar luz sobre algunas ideas clave que son esenciales en la psicología moderna. Está entre los pioneros que reclamaron que los enfermos mentales fueran tratados con sensibilidad y humanidad. Fue una figura destacada de su época, un hombre de inmensa erudición, integridad y originalidad, y, sin embargo, sigue siendo muy poco conocido, incluso en el mundo académico.

Vives fue el primer erudito que analizó la psique directamente. Realizó extensas entrevistas con personas y observó la relación entre la exhibición de afecto y las palabras particulares que utilizaban y los temas que discutían. Pensaba que el alma tenía ciertas características y creía que su mejor parte era la capacidad de «entender, recordar, razonar y juzgar». En Vives, los conceptos de mente y alma son difíciles de distinguir: afirma que no se puede definir de una manera simple lo que es el alma, sino que juntando partes de ella se puede lograr un mejor concepto de cómo funciona. Comparó el alma con el arte mediante una analogía al afirmar: «La forma en que percibimos un cuadro pintado es más reveladora que la declaración de lo que el cuadro es en sí mismo». Rechazó la visión determinista del comportamiento humano y dijo en cambio que nuestra alma puede «modificar nuestro comportamiento en lo ético y en lo social». También sugirió que la forma en que nos sentimos día a día afecta a si nuestra alma se acerca al bien o al mal.

Vives escribió también sobre la emoción, la memoria y el aprendizaje y, en concreto, abordó el papel de las emociones en la formación de la memoria. Seguía las ideas de Hipócrates y Galeno y consideraba que las emociones estaban relacionadas con «bilis de distintos colores». Sin embargo, su enfoque era más dinámico; según escribió, «ciertas emociones colorean la bilis dentro de los cuerpos humanos y los cuerpos coloreados influyen igualmente en las emociones». También sugirió que casi todas nuestras emociones, incluso las consideradas negativas, son en realidad beneficiosas en muchos sentidos. Expresó que hay potencial para aprender y crecer a partir de las emociones negativas y que la fuerza mental puede influir en la física. Por último, Vives indicó que las emociones están influidas por el clima, nuestras casas y pertenencias y nuestras relaciones con otras personas. Era un paso también hacia una psicología social.

Vives se refirió a los recuerdos de los que no somos conscientes y dijo que una información es más accesible para la memoria cuando se presta cierta atención. Hizo hincapié en cómo los humanos imaginan algo internamente y lo conectan con un acontecimiento vivido para crear un recuerdo. Esto, según él, hace que la recuperación de información de la memoria sea más fácil tras buscar esas conexiones. Vives observó que, cuanto más se relaciona un recuerdo con una experiencia emocional fuerte, más sencillo es retenerlo. Fue el primero que valoró el origen emocional de algunas asociaciones mentales. En cuanto a la retención de la memoria, pensaba que la imaginación desempeñaba un papel fundamental, especialmente en los niños. También creía que la memoria podía mejorarse con la práctica y aconsejaba «memorizar algo todos los días, incluso una cita inútil» puesto que creía que «la memoria disminuye cada día que la mente no se ejercita», algo que es cierto. Por otro lado, cualquier cosa que alterase los espíritus del cerebro podría tener un impacto en la memoria, tal como la enfermedad, el alcohol, la edad o la inteligencia.

La inteligencia, según Vives, implica funciones que dirigen la atención hacia diferentes tipos de estímulos. La inteligencia es en gran medida una estructura cognitiva que solo es importante cuando se pone en uso. Tener un don de inteligencia solo tiene sentido cuando la persona lo ejerce activamente. El ejercicio de la inteligencia es importante para retener las memorias, lo que crea una mejor experiencia del aprendizaje en general.

Vives fue uno de los primeros en sugerir que la salud del alumno, la personalidad del profesor, el entorno del aula y los tipos de autores que los alumnos deben leer son muy importantes en la forma en que el alumno aprende. Comparó el aprendizaje y la adquisición de conocimientos con la forma en que los seres humanos digieren los alimentos. Alimentar la mente con conocimientos es lo mismo que alimentar el cuerpo con comida; es esencial para cualquier ser humano.

En 1524, Juan Luis Vives recibió la noticia de que su padre había sido condenado y quemado por la Inquisición. Su madre, Blanca March, muerta en 1508 en una epidemia de peste, fue desenterrada, y sus restos, quemados en 1530. Inmerso en una depresión anímica, se trasladó a Inglaterra, rechazó una oferta para enseñar en la Universidad de Alcalá de Henares por miedo a que la Inquisición lo persiguiera a causa de sus antecedentes familiares y jamás volvió a España. Este país donde tantos de entre los mejores murieron en el exilio.

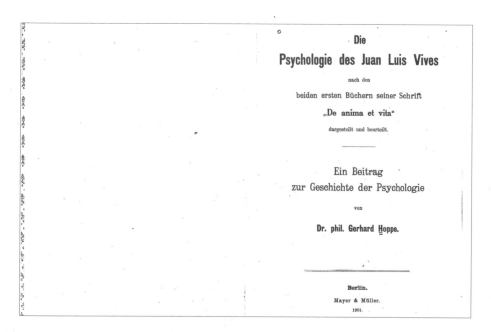

La psicología de Juan Luis Vives: presentada y valorada a partir de los dos primeros libros de su obra «De anima et vita». Una contribución a la historia de la psicología [Gerhard Hoppe, 1901].

JUAN HUARTE DE SAN JUAN (1529-1588)

Huarte de San Juan fue un médico de origen navarro, nacido en una familia hidalga de San Juan de Pie de Puerto (Saint Jean-Pied-de-Port), villa de la Baja Navarra, en aquellos tiempos española y actualmente francesa.

Huarte estudió Medicina en la Universidad de Alcalá de Henares (1553-1559) y se casó con Águeda de Velasco, con la cual tuvo seis hijos. Se sabe que en 1566 ejercía la medicina en Granada, que se trasladó a Sigüenza en 1574, y que se ofreció al rey Felipe II en 1571 para ir a Baeza, con el objetivo de atajar una epidemia de peste. Fue nombrado médico del cabildo catedralicio de Baeza y allí ejerció su profesión hasta su fallecimiento.

Relieve escultórico de Juan Huarte de San Juan portando su célebre *Examen de ingenios para las ciencias*, realizado por Fructuoso Orduna para el parque de la Media Luna de Pamplona (1933).

Su fama se debe a una única obra, el *Examen de ingenios para las ciencias*, un tratado que tuvo una amplia difusión en Europa y América. A la primera edición, publicada en Baeza en 1575, siguieron sucesivas ediciones en Pamplona (1578), Bilbao (1580), Logroño (1580), Valencia (1580), Huesca (1581) y Baeza (1594). Tuvo al menos 82 reediciones. Huarte es un buen representante del Renacimiento por su actitud crítica, el apoyo en la Antigüedad clásica y la búsqueda de un método para el examen descriptivo de los fenómenos psíquicos. La obra se apoyaba en los escritos de Galeno pero, además, Huarte de San Juan citó a menudo a Platón, Aristóteles, e Hipócrates. Mostró una gran erudición y un amplio conocimiento de los autores clásicos (Homero, Píndaro, Juvenal, Cicerón, Jenofonte, Plutarco…), de los libros del Antiguo Testamento (Génesis, Éxodo, Deuteronomio, Proverbios, Reyes, Daniel, Salmos…) y del Nuevo Testamento (Evangelios, Hechos de los Apóstoles, Epístolas de San Pablo), así como de famosos teólogos (Tomás de Aquino, Escoto, Durando…). La obra de Huarte influyó en diferentes autores en los siglos siguientes como Descartes, Bacon, Cervantes, Gall, Lessing, Charron y Chomsky.

El objetivo fundamental del *Examen de ingenios* era diferenciar a las personas según su capacidad, con el propósito de no malgastar energías en educar a estudiantes que no tenían un talento adecuado para una determinada profesión. Respondía a una situación muy concreta de la época: muchos jóvenes abandonaban la agricultura u otras profesiones productivas con objeto de llegar a ejercer profesiones prestigiosas para las que se necesitaban estudios superiores. Esta actitud daba lugar a un excedente de graduados superiores y a un descenso de la productividad del país. Huarte proponía, por un lado, crear un cuadro de intelectuales capaces de ocupar puestos de relevancia en la administración civil y eclesiástica del imperio y, por otro, reducir el excedente de graduados que no tenían aptitudes o capacidad para el puesto que ansiaban. Cada persona debía de ocupar el rango que le permitiera su inteligencia, su talento natural, y ese talento, ese ingenio, debía sustituir a la nobleza de sangre a la hora de valorar a las personas y nombrarlas para ocupar las posiciones relevantes. Ahora nos puede parecer algo obvio pero en su época, con unas jerarquías sociales muy marcadas, era casi revolucionario.

Huarte es considerado un pionero en disciplinas como la psicología diferencial, la orientación profesional, la psicopatología, la eugenesia, la lingüística, la psicología de la inteligencia y la neuropsicología. Es el «laico patrón» de la psicología española.

MICHEL DE MONTAIGNE (1533-1592)

Michel Eyquem, señor de Montaigne, nació —en 1533— y falleció —en 1592— en el castillo de Saint-Michel-de-Montaigne (Dordoña). Fue un filósofo y moralista francés, así como un erudito escritor, políglota y humanista.

De joven tuvo una vida aventurera y a veces disoluta. Ya adulto, hombre de salud alegre y carácter efervescente, pero siempre ávido lector, inició una carrera profesional en la magistratura que le condujo en 1556 al Parlamento de Burdeos, donde ocuparía el cargo de consejero durante trece años. Allí entabló una gradual y sólida amistad con un colega, Étienne de La Boétie («porque era él y porque era yo»), cuya muerte en agosto de 1563 lo trastornó, al tiempo que le brindó la oportunidad de poner en práctica sus ideas filosóficas estoicas. Decidió jubilarse en octubre de 1571, a los 38 años. Se retiró a sus posesiones y se convirtió, un puesto honorario, en caballero de la cámara del rey.

Montaigne se fue a vivir a un castillo, cansado de los cargos y la vida pública, con el deseo de conseguir soledad y tranquilidad de espíritu. Hacía tres años que su padre había muerto y aunque la excusa inicial era dedicarse a sus responsabilidades domésticas, el retiro tuvo también otro propósito: leer, reflexionar y escribir. Allí empezó a componer fragmentos de los *Essais*,

Un ejemplar de una edición de los *Ensayos* de Montaigne, donde escribirá: «Ainsi, lecteur, je suis moi-même la matière de mon livre» [Jean Berthelin, 1619].

la única obra que publicaría en su vida. Marco Aurelio había escrito que los deseosos de tranquilidad no necesitaban retirarse a una casa en el campo, «pues está en tu poder retirarte dentro de ti mismo siempre que quieras». Montaigne lo sabía, pero decidió que aquello era lo que necesitaba. Pensaba que la vida privada era más exigente que la pública y equiparaba el ámbito privado con lo natural y el público con lo artificial. Seguir la «luz interior» no era una pretensión extraña en la Europa del siglo XVI, al menos no en los países protestantes, pero no era normal mantener dicha pretensión en términos seculares y en un contexto secular, como Montaigne hacía.

«Yo mismo soy el tema de mi libro», declaró en la introducción de la colección de ensayos. En el tiempo en que Montaigne escribió esto, era una declaración inusual. La mayor parte de los libros de la época versaban sobre teología, historia o ciencia, pero Montaigne hizo que el tema fuese su vida, un sujeto, como declaró «sobre el cual soy el hombre vivo que más sabe». Al escribir de esta forma, Montaigne fue un antecesor del sentido moderno de la identidad personal y la visión psicológica de uno mismo. Se embarcó en «una empresa espinosa, y más difícil de lo que parece, seguir un movimiento tan errante como el de nuestra mente». Su obra tuvo un éxito asombroso.

El ensayo como género literario fue inventado por Montaigne. Desarrolló este tipo de obra como una forma de relatar su experiencia cambiante. Al abrir de esa manera su interior hizo posible a otros pensar en sus propias experiencias individuales como formas válidas de darle sentido a la existencia y al mundo. Según Montaigne, al querer sistematizar, abandonamos la realidad, pero —señala— «nunca hubo dos opiniones idénticas en el mundo, como tampoco hubo dos cabellos o dos granos».

Montaigne creía que el carácter de un hombre se expresaba en detalles aparentemente sin importancia, que se hacía manifiesto a quienes tuvieran ojos para ver, a través de los movimientos habituales e inconscientes del cuerpo: «todo movimiento nos revela». Creía asimismo que los sueños manifestaban los deseos del que los tenía. En su ensayo «Acerca de la fuerza de la imaginación», discutió la posibilidad de una explicación psicológica para los estigmas de san Francisco y las curaciones operadas por la imposición de manos del rey. Rechazó las pretensiones de los adivinos, pero no la posibilidad de interpretar señales, lo que proponía era interpretarlas de manera naturalista. Por otro lado, describió vívidamente cómo los cambios pueden ser producidos por una expectación de que van a suceder (anticipación de los síntomas) o aliviados por la anticipación de una mejoría tras la terapia (el efecto placebo). Montaigne sostenía que la imaginación puede conducir tanto a un estado de salud como a un estado de enfermedad.

Freud y Montaigne no solo habrían coincidido en el interés por la interpretación de los sueños y sus significados. Los dos valoraban la importancia de los primeros años de vida, cuando los hábitos se forman: «nuestros mayores vicios tienen su raíz en nuestra más tierna infancia y la parte más importante de nuestra educación está en mano de las niñeras» —escribió Montaigne—. Al igual que Freud, se veía a sí mismo como un explorador solitario del yo, un pionero en «la ardua empresa (más difícil de lo que parece) de seguir una senda tan confusa como la del espíritu y penetrar en las oscuras profundidades de sus íntimos repliegues».

En el mismo ensayo «Acerca de la fuerza de la imaginación» aborda el tema de la impotencia, pero la interpreta en términos psicológicos y no como hacían tantos contemporáneos suyos, como resultado de un hechizo. La explica a causa de la ansiedad y la consiguiente conciencia de uno mismo que impide el deseo, haciendo notar, tanto en este punto como en su reflexión sobre los tics nerviosos, la independencia de nuestros cuerpos con respecto a nuestra voluntad. Montaigne discute serena y públicamente el más privado de los temas y utiliza su conocimiento del mundo para hablar de la sexualidad y el desnudo en las diferentes culturas. Al hacerlo recalca la diversidad humana con una curiosidad siempre serena e irónica y destaca la extensión y profundidad de su interés por otras culturas.

El ensayo de Montaigne «De la crueldad» explora un fenómeno que hoy llamaríamos empatía, la capacidad de sentir o compartir los sufrimientos o placeres de otra persona: una experiencia que Montaigne nos cuenta que él mismo experimenta con frecuencia, incluso con animales no humanos. Plantea también la cuestión de cómo pueden considerarse moralmente virtuosas las tendencias empáticas de este tipo cuando surgen de la inclinación natural y no de la razón. Su tratamiento del tema anticipa los textos sobre la simpatía de David Hume y Adam Smith del siglo XVIII.

Los *Essais* concluyen con una invitación epicúrea a vivir gozosamente:

> *No hay una perfección tan absoluta y por así decir divina como saberse salir del ser. Buscamos otras maneras de ser porque no comprendemos el uso de las nuestras, y salimos de nosotros porque no sabemos qué tiempo hace fuera. De la misma forma, es inútil subirse sobre unos zancos para caminar, pues aun así tendremos que andar con nuestras piernas. Aun en el trono más alto del mundo solo estamos sentados sobre nuestro culo.*

La diversidad, la personalidad, el examen interior, la introspección, la especulación literaria... fueron otros después de Montaigne.

RENÉ DESCARTES (1596-1650)

Descartes nació en la pequeña ciudad de La Haye y fue educado desde los ocho años en el colegio jesuita de La Flèche, con especial énfasis en matemáticas y humanidades. Tenía una salud frágil y adquirió la costumbre de pasar la mañana en la cama, entregado a una reflexión sistemática y creativa, algo que le acompañó gran parte de su vida. Una de sus ideas fue el fuerte contraste entre la certeza de las matemáticas y la naturaleza polémica de la filosofía, lo que le llevó al convencimiento de que todas las disciplinas debían buscar resultados tan veraces y comprobables como los de las matemáticas, todas debían fundamentarse en un método, un sistema que diera validez a sus planteamientos. Una fría noche de noviembre tuvo tres sueños que lo llevaron a la epifanía de que los problemas espaciales podían interpretarse como problemas algebraicos, lo que cristalizó en una visión del mundo natural como algo determinado por las leyes matemáticas. También le interesó el aspecto práctico: en su juventud fue, al parecer, un jugador aventajado que sacó provecho de sus conocimientos sobre probabilidades.

Una curiosidad es que a Descartes le atraían las mujeres estrábicas y sobre esa base propuso la siguiente explicación para el enamoramiento:

> *Cuando era un muchacho me enamoré de una chica que tenía un poco de estrabismo y durante mucho tiempo después, cuando veía a alguna mujer un poco bizca, sentía la pasión del amor [...]. Así que, si amamos a alguien sin saber por qué, podemos asumir que esa persona se parece a alguien a quien amamos antes, incluso si no sabemos precisamente quién.*

Después de servir en el ejército con Mauricio de Nassau, príncipe de Orange, se trasladó a los Países Bajos, y allí pasó veinte años entregado a sus ocupaciones científicas y filosóficas. No eligió aquel sitio por casualidad. En el siglo XVII los holandeses se habían granjeado una reputación por albergar a librepensadores y minorías perseguidas, desde los judíos «marranos» de España o los hugonotes franceses hasta los desvalidos en Inglaterra. Acabó su primera obra, *De homine*, hacia 1633, pero su publicación fue abortada por el trato recibido por Galileo a manos de la Inquisición. Al saber las noticias del juicio y la condena del astrónomo italiano, Descartes escondió inmediatamente su propio tratado. Tenía también la referencia de Giulio Cesare Vanini, que había sido quemado en la hoguera en 1619. Como resultado de ello, el primer ensayo extenso del mundo sobre psicología fisiológica fue publicado mucho tiempo después de la muerte de su autor. En esta obra, Descartes describe el mecanismo de las respuestas automáticas a los estímulos externos y por ello, se le considera el fundador de la teoría del reflejo.

Su *De homine* (*Tratado del hombre*) incluye la primera explicación casi científica de la interacción entre mente y cuerpo, un tema fundamental a lo largo de los siglos. Descartes es dualista pues considera que, en el hombre, el mecanismo corpóreo, sin alma y sin vida, se halla realmente ligado al alma, volitiva y pensante. La Naturaleza era materia pasiva que rezumaba movimiento, pero la deidad y su representante en el ser humano, el alma, seguían siendo el motor inicial, la única fuerza activa para la vida. Según él, el alma y el cuerpo, heterogéneos, ejercen entre sí una acción recíproca a través de un órgano: la glándula pineal. La elige por ser una de las pocas estructuras que no está duplicada en el cerebro y por la creencia errónea de que es exclusiva de los humanos. Descartes rechaza la división escolástica de los tres tipos de almas que animaban a las plantas, los animales y el hombre y declara que toda la creación, todo objeto animado y con un propósito, carece de alma, excepto el ser humano. Los perros y los tigres

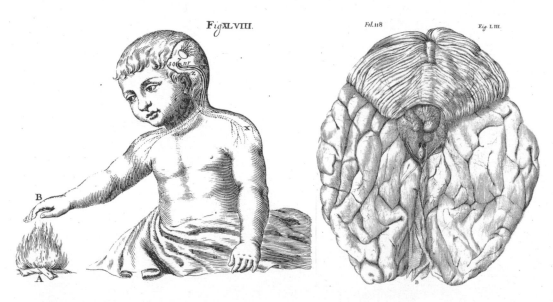

Izqda.: ilustración con que Descartes explica cómo el cerebro, gracias a los «espíritus» que se desplazan entre sus «filamentos», reacciona ante la causa externa del fuego. Dcha.: parte posterior del cerebro y glándula pineal [*De homine figuris: et latinitate donatus...*, Renatus des Cartes, 1662].

eran concebidos como máquinas, al igual que los autómatas que Descartes pudo ver en las fuentes acuáticas de los jardines reales de Saint-Germain-en-Laye, donde un ingenioso artesano italiano había creado estatuas propulsadas hidráulicamente que giraban, alanceaban dragones y, para gran asombro del público, hacían sonar trompetas. Compara los nervios con las tuberías que mueven a los autómatas y los músculos y tendones con los contrapesos y muelles que generan el movimiento en los muñecos mecánicos. Los movimientos del autómata no son originados por una acción voluntaria sino por fuerzas externas como la presión del agua. Del mismo modo, Descartes comenta que muchos de los movimientos corporales ocurren sin una intención consciente de esa persona; somos en cierta manera máquinas pensantes y parte de nuestras acciones surgen sin nuestro conocimiento. La obra de Descartes redirigió la atención de los académicos del concepto teológico abstracto del alma al estudio científico de la mente y los procesos mentales.

El año 1641 vio la aparición de *Meditationes de prima philosophia, in quibus Dei existentia, & animae à corpore distinctio, demonstratur* las *Meditaciones metafísicas en las que se demuestran la existencia de Dios y la inmortalidad del alma*, en donde profundiza en esa relación entre cuerpo y alma. Dicha obra adoptaba el artificio literario de seguir a un filósofo durante seis días enteros de contemplación. Para Descartes hay dos sustancias creadas diferentes, el cuerpo y el alma, a la que también denomina «mente» y que es única. La esencia del cuerpo es la extensión, mientras que la del alma o mente es el pensamiento. El cuerpo es espacial, el alma no tiene dimensiones. El cuerpo es un mecanismo que puede ejecutar muchas acciones sobre sí mismo sin la intervención del alma; el alma es pura sustancia pensante que puede, aunque no siempre, regular al cuerpo. Aunque en su obra desechaba el viejo orden en favor del escepticismo, del libre cuestionamiento y de un enfoque de la filosofía natural en clave matemática, las *Meditaciones* ratificaban los principios de la cristiandad contundentemente. En palabras de George Makari, «Descartes había empuñado la espada de los escépticos para volverla en su contra en el último momento, abriendo con ello una vía para los filósofos naturales devotos de la religión». Quizá con eso sentía que alejaba de su rastro a la Inquisición.

En 1649, Descartes envía a la imprenta el manuscrito de la última de sus grandes obras, *Les passions de l'ame. Es* la más importante contribución de Descartes a la psicología. Además de un análisis de las emociones primarias, contiene la explicación más extensa de Descartes sobre la interacción entre la mente y el cuerpo en la glándula pineal. Se separa de aquellos de sus seguidores que negaban que la conciencia y el cuerpo se mezclaran nunca. Durante los años en que se dedicó a las disecciones animales, Descartes le había dicho a Mersenne que esperaba poder localizar la imaginación y la memoria en algún punto del cerebro. «Dudo que exista algún doctor que haya realizado observaciones tan detalladas como yo», declaró con su característica inmodestia. Aquella estructura con la forma y tamaño de un piñón, localizada en el centro del cerebro era, para él el lugar exacto en que el *cogito* inmaterial se vinculaba al cuerpo, era la unificadora de los sentidos y por eso veíamos una sola imagen con dos ojos y escuchábamos un sonido con dos oídos. Era la localización exacta del punto en que ambas sustancias, el cuerpo y el alma racional, contactaban.

El alma debía mantenerse entera ante las grandes conmociones de la existencia. Las almas débiles eran incapaces de resistir y caían presas del odio, el deseo, la tristeza y el amor; se volvían esclavas e infelices. La propia glándula pineal podía reeducarse y vincularse a nuevos pensamientos y capacidades, igual que se educa a un animal. La meta era alcanzar un «dominio absoluto sobre todas las pasiones». Quizá su innovación más duradera fue reubicar las pasiones del corazón en el sistema nervioso.

La doctrina de las ideas de Descartes tuvo también una importancia clara en el desarrollo de la psicología moderna. Sugirió que la mente producía dos tipos de ideas: derivadas, que nacen de la aplicación directa de un estímulo externo, e innatas, que no son producidas por los sentidos, sino que surgen de la propia mente. Entre estas ideas innatas Descartes incluye a Dios, el propio ser, la perfección y el infinito.

Descartes también piensa que, si la sabiduría recibida está plagada de errores, uno debe dudar hasta de su propio pensamiento. Mientras que Aristóteles comparaba la percepción con la impronta fidedigna que un objeto deja en la cera, para Descartes se trata de una idea ingenua. A menudo la percepción demuestra ser falsa y, por lo tanto, no es como una huella directa y fiable. La vista, el oído y el tacto tan solo conducen a información mediada y cuestionable. Y una vez que dicha duda se aloja en la percepción, se esfuma la verdad absoluta.

Los filósofos mecánicos del siglo XVII adoptaron un nuevo lenguaje para describir lo que aparece como un «sujeto psicológico». La psicología surgió entonces «limitada por problemas que tienen que ver con cómo es posible que una mente tenga conocimiento y cómo se podría decir que esta mente interactúa con las cosas físicas». Descartes es una influencia decisiva en lo que se terminaría por ser la psicología.

La reina Cristina de Suecia pidió a Descartes que fuera su tutor personal. Descartes, halagado, desembarcó en Estocolmo el 1 de octubre de 1649. Sin embargo, la reina le pidió que sus encuentros fuesen a las 5 de la mañana, algo muy duro para el nunca madrugador francés y eso, combinado con el duro invierno sueco, mermó su salud. Descartes admitió en una carta: «No estoy en mi elemento aquí y quiero solo paz y tranquilidad». Tras contraer una neumonía, se negó a que un médico de la corte —que él consideraba uno de sus enemigos personales— le hiciera una sangría y confió en su propio tratamiento, vino aderezado con tabaco. Al no mejorar, aceptó los sangrados y murió poco después, con lo que demostró, a su pesar, que no erraba al desconfiar de aquel galeno. Era el 11 de febrero de 1650.

Para un hombre que trabajó tanto la dualidad cuerpo-mente, su vida tiene un epílogo curioso. Descartes fue inicialmente enterrado en Suecia, pero sus amigos querían llevar sus restos a Francia, así que mandaron un ataúd a Estocolmo. Sin embargo, el féretro era demasiado corto, por lo que las autoridades suecas decidieron, hasta que se encontrase una solución, cortar la cabeza y enterrarla por separado. Un tiempo después un oficial del ejército desenterró el cráneo de Descartes y durante siglo y medio pasó de coleccionista en coleccionista hasta que finalmente todos los huesos se juntaron en París y se abandonó aquel «dualismo» de enterramientos y restos, de cuerpo y cabeza.

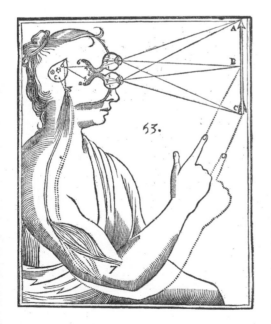

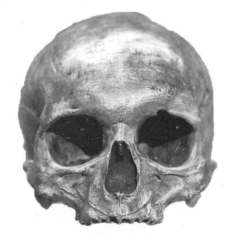

Izqda.: dualidad cuerpo-mente en Descartes; los órganos sensoriales transmiten la información a la glándula pineal, asiento del *sensus communis* («sentido común»), y de esta llega al denominado espíritu inmaterial [Wellcome Collection]. Dcha.: el cráneo de Descartes, actualmente custodiado en el Museo del Hombre de París.

CHRISTIAN THOMASIUS (1655-1728)

Thomasius nació en Leipzig, parte entonces del principado de Sajonia, y fue un filósofo, jurisconsulto y periodista alemán de la Ilustración, hijo del filósofo Jakob Thomasius (1622-1684). La guerra de los Treinta Años había terminado siete años antes y la actual Alemania era un conglomerado de unidades políticas autónomas con numerosos conflictos religiosos que implicaban a luteranos, calvinistas y católicos.

Thomasius se formó en las universidades de Leipzig y Fráncfort en el Óder. Se centró en la filosofía y el derecho y empezó a dar clase en Leipzig en 1682. Pensaba que la filosofía debía ser una ciencia práctica, dirigida a las necesidades humanas y que el conocimiento debía basarse en la observación directa. Por otro lado, se opuso abiertamente a la persecución de

Izqda.: retrato de Chr. Thomasius [*Ernst Platners philosophische Aphorismen*, 1782]. Dcha.: *Christian Tomasius ayuda a salir de la celda a una anciana sospechosa de brujería* [Daniel Chodowiecki, 1800; Rijksmuseum].

Thomasius sichert die Matronen gegen den Scheiterhauffen

herejes y brujas. Cuando defendió el derecho de luteranos y calvinistas a casarse y anunció que daría sus clases en alemán en vez de en latín, se le prohibió publicar o enseñar y tuvo que huir a Berlín para evitar ser arrestado. Federico de Prusia apoyó su proyecto de crear una universidad en Halle (1694), una de cuyas cátedras ocupó y de la que terminó siendo rector.

Thomasius era intelectualmente brillante, con cierta cabezonería, poca modestia y un fuerte carácter. Tenía algunos rasgos de excentricidad como llevar una espada mientras impartía clase. Fue por otro lado un autor prolífico, en especial en las áreas de jurisprudencia, lógica y ética. Fue el primero que planteó que las diferencias individuales en los rasgos de la personalidad podían ser analizadas cuantitativamente, como números en una escala. Fue también el primero en recoger datos psicológicos cuantitativos sobre las personas. El 31 de diciembre de 1691 publicó una obra corta, de solo once páginas, con el título de *Nuevo descubrimiento de una ciencia sólida, muy necesaria para la comunidad, para discernir los secretos del corazón de otros hombres a partir de la conversación cotidiana, incluso contra su voluntad.* Esta obrita fue publicada en forma de carta a Federico III de Prusia, pero se distribuyó entre varios intelectuales, como era entonces la costumbre.

Tras recibir una dura crítica, Thomasius publicó una obra mucha más detallada titulada *Mayor elucidación por diferentes ejemplos de la propuesta reciente de una nueva ciencia para discernir la naturaleza de las mentes de otros hombres* (1692). Thomasius planteaba en la obra cuatro tendencias principales de la personalidad o dimensiones: el amor racional, la sensualidad, la ambición social y la «adquisividad». Todas las condiciones humanas surgían de estas cuatro o de una combinación de ellas y una de las cuatro siempre dominaba en una persona. Las personas diferían entre sí en cuál era el rasgo dominante y también en las proporciones de los otros tres. El amor racional era parecido a lo que ahora llamamos altruismo, las otras tres se referían a diferentes tipos de intereses egoístas: la sensualidad tenía que ver con los placeres sensoriales, incluyendo el sexo y la buena comida; la ambición social se refería al deseo de reconocimiento y la aprobación de otros; y la adquisividad era la tendencia a obtener y almacenar cosas valiosas. En un sentido negativo las tres inclinaciones podían identificarse como lascivia, ostentosidad y codicia.

Los cuatro rasgos básicos recordaban a los humores de Hipócrates o a los tipos de personalidad de Galeno, pero Thomasius pensaba que sus cuatro rasgos eran más inclinaciones o necesidades que categorías descriptivas y, sobre todo, pensaba que se podían considerar dimensiones a las que se asignaban valores numéricos para mostrar las fortalezas relativas de una persona concreta y facilitar las comparaciones entre diferentes tipos de gente.

Christian Tomasius difunde el imperio de la razón en Alemania, 1692 (detalle)
(Johann Georg Penzel, 1797) [Herzog August Bibliothek, CC BY-SA 3.0].

El método de valoración constaba de dos etapas: primero obtenía toda la información que podía sobre un individuo a través de una conversación casual y sin que la otra persona supiera que estaba siendo evaluada; en segundo lugar puntuaba a esa persona en cada una de las cuatro dimensiones. También podía usar otros datos: ocupación, educación, etc.; y luego utilizaba una escala de 60 puntos, se piensa que quizá por analogía con la medida del tiempo, en intervalos de 5 puntos. Normalmente asignaba a la dimensión dominante un valor de 60 puntos y a la más débil un valor de 5.

Thomasius explicó que su propósito al desarrollar este sistema cuantitativo era hacer los juicios de personalidad más objetivos. Enseñó a sus estudiantes y les pidió ser cautelosos contra diferentes sesgos: también hizo pruebas y pidió a varios evaluadores que puntuaran a la misma persona de forma independiente. Esta aproximación científica era parte de un interés más amplio por hacer el conocimiento objetivo y útil. No obstante, la influencia de Thomasius en el desarrollo de la psicología fue mínima y tendrían que pasar casi dos siglos hasta que Francis Galton impulsara las escalas de clasificación como un método estandarizado.

CAZA DE BRUJAS

La brujería implica el uso de la magia o de poderes sobrenaturales para dañar a los demás. En la Europa medieval y moderna, donde se originó el término, las acusadas de brujas solían ser mujeres de las que se creía que habían atacado a su propia comunidad y, a menudo, que estaban en comunión con seres malignos. Los poderes de la brujería se adquirían por herencia o por iniciación; la brujería podía frustrarse mediante la magia defensiva, la persuasión, la intimidación o el castigo físico a la supuesta bruja. La mayoría eran mujeres mayores de 40 años, viudas o que vivían solas, y en muchos casos hay señales que indican un posible trastorno mental.

Entre 1450 y 1750 más de 200 000 personas fueron acusadas de brujería en Europa y al menos 100 000 fueron ejecutadas. De esas, entre el 80 y el 85 % eran mujeres. El punto álgido de esta caza de brujas tuvo lugar a mediados del siglo XVII en lo que es ahora Alemania, Suiza, Escocia y Francia. En España, a pesar de la mala fama internacional de la inquisición española, fue mucho más escaso: 23 juicios de brujería por cada 100 000 habitantes, frente a 980 en Suiza para la misma población. Aun así, se conservan documentos donde diversas mujeres fueron acusadas, torturadas, condenadas y ejecutadas por supuesta brujería.

Muchos de estos casos de brujería se recogen en el *Malleus Maleficarum* (*El martillo de los malvados*), un famoso libro publicado en torno a 1480 por dos frailes dominicos, Johann Sprenger y Heinrich Kramer. Este título fue utilizado tanto por católicos como por protestantes durante varios siglos y en él se describe cómo identificar a una bruja, qué hace que una mujer tenga más probabilidades de ser una bruja que un hombre, cómo juzgar a una bruja y cómo castigarla. La obra define a la hechicera como malvada y típicamente femenina y se convirtió en el manual de los tribunales seculares de toda la Europa del Renacimiento, pero no fue empleado por la Inquisición, que incluso advirtió contra su uso. Fue, después de la Biblia, el libro más vendido en Europa durante más de cien años. Un autor actual sugería que, cambiando *bruja* por *paciente* y eliminando al diablo de la ecuación, serviría como un buen manual de psiquiatría o psicología clínica.

Dos postulados entran en conflicto. Para unos, la brujería no era otra cosa que enfermedad mental. En 1584, un juez de paz inglés, Reginald Scot, concluyó que los espíritus que poseían a las viejas brujas eran en realidad el fruto de «la imaginación de los melancólicos». Para otros, en cambio, la repentina transformación de una anciana en un ser poseído por el diablo constituía una de las pocas pruebas indiscutibles del alma inmaterial.

La bruja n.º 1 (J. E. Baker, 1892) [Library of Congress]. En los que han pasado a la historia como «juicios de Salem», en el puritano Massachusetts de 1692, varias mujeres fueron encausadas por presunta brujería tras las acusaciones iniciales de la hija de un reverendo y su prima. Diecinueve terminaron ahorcadas y también un hombre, un granjero inglés, murió torturado por la «tortuga».

«Apertura de la temporada de caza de brujas» [*Bill Nye's history of the United States*, 1894].

Demostraba que el mundo espiritual existía y eso era cada vez más importante en un tiempo en el que radicales como Baruch Spinoza y Thomas Hobbes se atrevían a afirmar que el alma estaba hecha de materia.

El estado mental de las brujas ha sido estudiado por psicólogos y psiquiatras. Para muchos, estos casos representaban un incremento de los problemas de salud mental en los siglos XVI y XVII. Las acusadas eran frecuentemente enfermas, pero eran llamadas brujas por una interpretación teológica de los comportamientos aberrantes. Algunas de esas mujeres calificadas de melancólicas probablemente tenían cambios asociados a la edad, como la menopausia o una demencia senil, pero muchas de ellas no tenían nada. Mujeres que vivían solas y que parecían tener poderes sobrenaturales podían, por un lado, tener cierta protección frente a vecinos poderosos; por otro, si ocurría en la zona cualquier tipo de desgracia inexplicable, podían ser acusadas de estar detrás de ello y ser usadas como cabeza de turco por toda la población. El propio Hobbes, en el *Leviatán*, se mostraba particularmente mordaz en lo que respecta a la creencia en las posesiones demoníacas; fue aún más allá y aseguró: «El miedo al poder invisible, simulado por la mente, o imaginado a partir de historias permitidas públicamente, es la religión»; según él, «[aquello] no permitido es la superstición». Afirmaba que los endemoniados que aseguraban estar poseídos eran simplemente «dementes o lunáticos; o aquellos que habían caído enfermos…». Eso generó una respuesta airada. Para Joseph Glanvill, miembro de la Royal Society, el asunto era muy simple: sin espíritus, no había Dios. Sin brujas, no había milagros. La posesión era la prueba del poder de los seres invisibles de los que se habla en la Biblia.

¿Por qué fue más común en algunas regiones protestantes? Las presiones de la Reforma protestante eliminaron al sacerdote católico como un responsable de la contramagia y la insistencia de los protestantes en la autoayuda redujo el incentivo de la caridad hacia los vecinos, dando lugar a que los pobres fuesen dianas de las acusaciones cuando la sensación de culpa se transformó en odio hacia los indigentes. Entre las obsesiones se incluían con frecuencia las enfermedades mentales alucinatorias (en particular con contenido demoníaco), los trastornos mentales con un comportamiento extraño, inusual y antisocial, los estados de extrema inquietud, los vómitos de cosas extrañas, la predicción del futuro, el «hablar lenguas extrañas» que no habían sido aprendidas, etc. Por ello, poco a poco se impuso la idea de que los obsesos debían recibir un tratamiento somático, además de mágico y litúrgico, que los librara de la bilis negra.

En el Archivo Histórico Nacional se conserva el expediente de María de San Juan de Garonda, vecina de Munguía (Vizcaya), comadrona y acusada de brujería. Declararon contra ella 24 testigos, varones y mujeres, todos mayores de edad, diciendo que su madre había sido quemada treinta años atrás (1478) por el delito de brujería por la justicia real y que la rea tenía fama de hechicera desde hacía veinte años. Tres de los testigos añadieron haber oído, sin especificar ninguna prueba concreta, que había dado bebidas, *yerbas* y polvos para quedarse preñadas y para conseguir amores. Ella afirmó ser mujer de buena naturaleza y linaje, de intachable fama, vida y opinión en la villa de Munguía y su comarca. También alegó ser buena cristiana, ajena a cualquier brujería y herejía; haber ido en peregrinación a Santiago de Compostela y a Guadalupe; confesar y comulgar cuando lo mandaba la Santa Madre Iglesia; asistir a la iglesia a oír misa, las vísperas, los sermones y los demás oficios divinos; acudir a los hospitales de Munguía para dar limosna a los pobres; hacer su ofrenda a los clérigos... Por último, incidió en el hecho de haber desempeñado bien y diligentemente su oficio de partera.

El fiscal presentó su acusación contra la rea, diciendo que era bruja maléfica y hechicera; que tenía cómplices en dicho delito y crimen de herejía; que se había encomendado a Belcebú, yendo a sus ayuntamientos y prestándole homenaje y obediencia, renegando de Dios; que servía al demonio echando a perder el fruto y el pan de la tierra, haciendo ligamientos y encantamientos, matando y maldiciendo a personas y ganados mediante magia, haciendo abortar a las mujeres, poniendo odio y amor desordenado entre las personas, usando oficio de sortílega y adivina con artes diabólicas, y otros males y delitos con invocación de demonios. Ella lo negó todo y fue sujeta a tormento. Finalmente fue condenada, sus bienes confiscados y quemada en la hoguera.

En general, los campesinos nunca desarrollaron por su cuenta cazas de brujas masivas, que solo se producían cuando había autoridades que se convencían de que esos aquelarres existían, así como los vuelos nocturnos, para asistir a ellos. Los historiadores que han analizado el caso indican que no hay ninguna evidencia de que esos aquelarres existieran y tampoco de que las brujas se asociaran o se reunieran en ninguna parte.

Las creencias sobre vuelos nocturnos, cambios de aspecto, banquetes caníbales y similares eran comunes entre los europeos de la época, por lo que esas descripciones surgían frecuentemente cuando los acusados eran torturados. Por otro lado, las actividades anticristianas ligadas a los aquelarres eran parte de los manuales de interrogatorios proporcionadas por las jerarquías religiosas. Solo alguien suficientemente versado en la doctrina cristiana podía describir los sacrilegios en términos tan precisos y ofensivos.

Las referencias a los vuelos son comunes. En otros juicios hay referencias al uso de ungüentos sobre el cuerpo de la bruja o al uso de distintos objetos como el mango de una escoba, una paleta de mantequilla o algún tipo de animal. Esas imágenes han hecho pensar en el uso de atropina, escopolamina o alguna otra sustancia alucinógena implicada en esas visiones. El estudio actual de algunas de esas sustancias ha terminado por demostrar que, tomadas oralmente o absorbidas por la piel, pueden generar sensaciones semejantes a las de «volar» e incluso excitación sexual. Las autoridades estaban convencidas de que estas prácticas suponían un reto a la cristiandad y por ello llevaron a juicio a miles de mujeres.

Las cosas fueron cambiando progresivamente. Las brujas fueron juzgadas en tribunales laicos y las salas de justicia permitieron el testimonio de niños y mujeres por primera vez. La propia ley hizo responsables a las mujeres de sus actos mientras que hasta el momento los hombres eran a menudo juzgados por las actividades de sus esposas o hijas. Los infanticidios, abortos, adulterios y otros crímenes de las mujeres fueron singularizados para una persecución especial. También se admitió la llamada «evidencia espectral» en la que los actos eran cometidos por el espíritu de la acusada, que podía estar en un sitio alejado, por lo que haber sido vista en un lugar alejado del crimen no servía como coartada. La tortura hacía que el número de nombres mencionados en los interrogatorios se multiplicara. En algunos pueblos solo quedaron unas pocas mujeres después de los juicios. Al final, tras alcanzar un pico a mediados del siglo XVII, el número de casos juzgados y de ejecuciones comenzó a descender.

Nuestro mundo es complejo y diverso y realidades muy variadas se dan al mismo tiempo en distintas regiones del planeta. En los primeros años de la colonización africana, las sospechosas de ser brujas eran golpeadas y se las obligaba a someterse a un juicio por ordalía para determinar su culpabilidad o inocencia. Tras una verificación «afirmativa» de brujería, algunas mujeres eran obligadas a soportar brutales rituales de limpieza, desterradas de sus comunidades, vendidas como esclavas o ejecutadas por estrangulamiento.

La psiquiatra Margaret Field estudió en Ghana los casos de muchas mujeres de mediana y avanzada edad que se autoacusaron de brujería y vio que en realidad sufrían de «depresión involutiva con autoinculpación», «depresión reactiva» y «psicosis esquizoafectiva». Mensah Adrinkrah publicaba en 2019 un estudio sobre brujas voladoras en ese país y los accidentes sufridos al «aterrizar». En realidad, son mujeres que se desorientan y no saben volver a su casa. Es nuestro mundo, un mundo en el que todavía mujeres con alzhéimer, depresión o demencia senil son maltratadas o linchadas con el argumento de que son brujas.

EL NACIMIENTO DE LA MELANCOLÍA

Aunque hay referencias desde la medicina egipcia, en 1621, el vicario anglicano Robert Burton publicó *Anatomía de la melancolía. Qué es, todas sus variantes, causas, síntomas, diagnósticos y varias curas*, una obra enciclopédica en la que describía las causas psicológicas y sociales —pobreza, miedo y soledad— de la depresión, basándose en sus observaciones y en su propia experiencia. Burton firmó la obra con el seudónimo de Demócrito Júnior. Hacía referencia a una anécdota según la cual Hipócrates visitó a Demócrito, a quien sus conciudadanos consideraban un loco. Al llegar, el padre de la medicina se encontró a Demócrito contemplando cadáveres de animales desperdigados a su alrededor. Demócrito explicó que había estado estudiando sus cuerpos en busca de la fuente de la melancolía. Cuando se marchó, Hipócrates declaró que el loco del pueblo era ante todo un sabio.

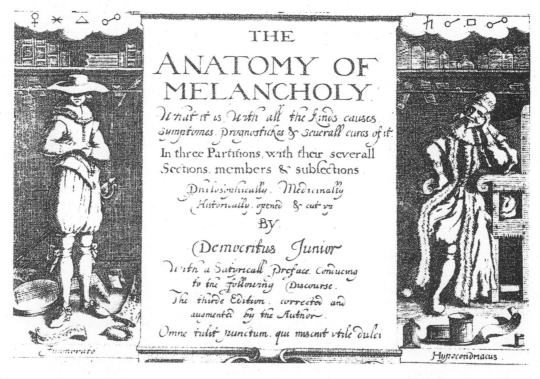

Detalle de la portada de *La anatomía de la melancolía* [Robert Burton, 1621].

Burton escribió su *Anatomía* con conocimientos extraídos de diferentes libros, no de los cadáveres. El resultado, una joya de la prosa inglesa, se convirtió en un superventas, pero su autor, que padecía la enfermedad a la que había dedicado su esfuerzo, no pudo disfrutar mucho de su éxito. Admitía que se encontraba «fatalmente arrastrado hacia esta roca de melancolía, y arrasado por esta subcorriente». Sin embargo, sabía que no estaba solo como demuestra la frase de Horacio que citaba: «¿Quién no es un bufón, un melancólico o un demente, ¿quién no está enfermo de la mente?».

Burton sabía que podían decirle que por qué un clérigo y no un médico pretendía arrojar luz sobre la melancolía, pero Demócrito Junior tenía clara su pertinencia:

> *Es una enfermedad del alma de la que debo ser tratado, que atañe tanto a un sacerdote como a un médico, ¿y quién sabe qué acuerdo existe entre ambas profesiones? Un buen sacerdote es o debería ser un buen médico, un médico espiritual por lo menos, como nuestro Salvador se denominó a sí mismo, y en efecto lo era. Se distinguen por su objeto, uno se ocupa del cuerpo y el otro del alma, y utilizan diversas medicinas para la cura: uno cura «animam per corpus» [el alma mediante el cuerpo], el otro «corpus per animam» [el cuerpo mediante el alma], y como nuestro Regio Profesor de Medicina nos informó en una docta conferencia suya no hace mucho tiempo. Un sacerdote, en esta enfermedad que es una mezcla, poco puede hacer por sí solo; un médico, en algunos tipos de melancolía, mucho menos; entre ambos realizan una cura absoluta.*

Burton mezclaba un vasto repertorio de adagios clásicos con panaceas galénicas y teología cristiana. Sus argumentos incluían desde amantes celosos hasta la bilis negra, desde las brujas hasta los estómagos gaseosos, desde el insomnio hasta los servidores del diablo. La depresión también podía ser causada por fuentes naturales, incluidas las constelaciones astrológicas, las enfermedades hereditarias y las influencias externas nocivas, como las calumnias o el encarcelamiento, o por influencias interiores como las fiebres, la malaria, la viruela o una destemplanza del cerebro. Los tratamientos que proponía Burton eran la dieta, el ejercicio, las distracciones, los viajes, las purgas, las sangrías, los remedios herbales, el aire fresco, las oraciones, el exorcismo, el matrimonio y la música.

Aunque bebía de numerosas fuentes clásicas, el libro de Burton también estaba salpicado de interesantes observaciones personales. Los enfermos del alma, afirmaba, a menudo son incapaces de ver sus padecimientos.

Mientras la mayoría de los pacientes acudía corriendo al médico cuando su brazo estaba inflamado o su estómago revuelto, la única facultad cuyos trastornos no podían percibirse era precisamente aquella que permitía a las personas percibir el mundo. El intelecto no podía conocer sus propios problemas ni curarse a sí mismo.

La melancolía ya era algo conocido. *Un tratado de melancolía*, escrito por Timothy Bright, era uno de los libros de cabecera de William Shakespeare. Muchos de los personajes del teatro isabelino caían víctimas de estados apesadumbrados, temerosos y melancólicos como consecuencia de haber pecado o de conflictos internos. Hamlet padecía esta enfermedad, al igual que Antígona y el rey Lear.

El término «depresión» aparece poco más tarde. Proviene del verbo latino *deprimere*, que significa «presionar hacia abajo» y significaba «subyugar o abatir». En 1665, el escritor inglés Richard Baker habla de alguien

MELANCHOLIA WITH STRONG SUICIDAL TENDENCY.

«Melancolía con fuerte tendencia suicida» (litografía de 1892 según dibujo de Alexander Johnston para el médico sir Alexander Morison, 1837) [Wellcome Collection, CC BY 4.0].

que tiene «una gran depresión de espíritu», y el concepto se asienta y se adopta también por otras disciplinas como la fisiología y la economía. Richard Blackmore, médico de Guillermo III de Inglaterra y poeta, habla en 1725 de estar deprimido en profunda tristeza y melancolía, mientras que Robert Whytt (1764) relaciona la depresión mental con espíritu bajo, hipocondría y melancolía.

Durante la Ilustración se pensó que la depresión era algo hereditario, una debilidad del temperamento, algo que condujo a que la gente pensara que las personas deprimidas debían ser encerradas o al menos mantenidas ocultas dentro de las casas. Un resultado de este proceso fue que muchas personas con depresión quedaban aisladas, encerradas en un círculo vicioso donde no podían hacer amigos ni desempeñar un oficio, lo que a su vez provocaba que no tuvieran vivienda propia o cayeran en la pobreza y fueran finalmente confinados en instituciones para enfermos mentales. Distintos autores clasificaron la melancolía hasta en treinta tipos diferentes, para las que iban proponiendo y descartando distintas denominaciones. Un ejemplo era la hipocondría, que terminó siendo una enfermedad diferente.

Al final de esta época se empezó a trabajar con la idea de que la agresión estaba en el origen de la depresión. Se pusieron en boga diversos tratamientos como el ejercicio, la dieta, oler tierra mojada o escuchar música y se empezó a plantear que servía de ayuda hablar sobre los problemas con un amigo o un profesional: el inicio de la psicoterapia tal como hoy la conocemos. Otros médicos plantearon que la depresión era el resultado de un conflicto interno entre lo que se deseaba y lo que se sabía que estaba bien. Sin embargo, los intentos de encontrar una causa orgánica para este trastorno no produjeron nada útil.

Nuevos tratamientos se fueron sumando en esta época incluyendo la inmersión en agua (los pacientes se mantenían sumergidos tanto tiempo como aguantaran) y una silla giratoria que causaba mareos y que se creía era capaz de poner los contenidos del cerebro en su posición correcta. Se dice que Benjamin Franklin, impulsor del manejo de la electricidad, desarrolló una versión primitiva de la terapia de electrochoque en esta época. Otras recomendaciones eran montar a caballo, los enemas y los eméticos, los fármacos que hacían vomitar.

Academia a la luz de una lámpara [Joseph Wright de Derby, 1770].

EL CAMINO HACIA LA LUZ

El progreso de la psicología hacia la Ilustración se debió al papel que desempeñaron una serie de pensadores británicos que cambiaron la filosofía y desarrollaron el empirismo, el positivismo y el materialismo.

El empirismo es una teoría filosófica que afirma que el conocimiento procede única o principalmente de la experiencia sensorial. Enfatiza el papel de la evidencia en la formación de las ideas, en lugar de que surjan directamente o a partir de tradiciones innatas. El empirismo surgió, en parte, como una respuesta al racionalismo de Descartes y muchos de sus representantes más destacados nacieron en las islas británicas. Sus ideas filosóficas son parte de los cimientos de la psicología.

El positivismo es una nueva doctrina que reconoce solo los fenómenos naturales o los hechos que pueden ser observados de una forma objetiva. El materialismo es una teoría filosófica y científica que sostiene que todo lo que existe es materia y que todos los fenómenos, incluso los mentales, pueden ser explicados por leyes naturales. Todo conocimiento debe estar basado en la evidencia empírica y en la naturaleza física de las cosas. La Ilustración es un movimiento cultural y filosófico del siglo XVIII que promueve la razón, la ciencia y la libertad individual.

*   *   *

THOMAS HOBBES (1588-1679)

Thomas Hobbes nació en Westport, ahora parte de Malmesbury, y fue un bebé prematuro. Según contaba, su nacimiento fue inducido por el pánico de su madre al contemplar desde la costa los navíos invasores de la Gran Armada española, la que los ingleses llamaron «Invencible». Hobbes afirmó más tarde, para explicar tanto su propio origen como el de su filosofía: «Mi madre dio a luz gemelos: yo mismo y el miedo».

Hobbes se educó en Magdalen Hall, el precursor del Hertford College de la Universidad de Oxford, donde aprendió lógica escolástica y física. Posteriormente, trabajó como tutor de la familia noble de los Cavendish, se asoció a figuras literarias como Ben Jonson y trabajó brevemente como amanuense de Francis Bacon, del que tradujo varios de sus ensayos al latín. Visitó a Galileo Galilei en Florencia mientras estaba bajo arresto domiciliario tras su condena en 1636 y más tarde fue un polemista habitual en los grupos filosóficos de París reunidos por Marin Mersenne.

Thomas Hobbes formaba parte de un grupo heterogéneo de pensadores heterodoxos, nómadas, librepensadores, libertinos, a menudo perseguidos, que formaban un país imaginario e invisible, la República de las Letras. No tenían futuro en las universidades, dominadas por el clero, y los que no tenían fortuna personal se ganaban la vida como tutores, médicos o burócratas de bajo rango. Era un grupo crítico con las normas religiosas y el orden político establecido. Los avances científicos estaban formando un nuevo marco en el que el hombre era la unidad de medida en vez de remitirlo todo a un plan divino. Además, se produce un gigantesco cambio social generado por el paso masivo de la población a las ciudades y a una nueva economía.

Marin Mersenne se convirtió en el secretario no oficial de la República de las Letras y se erigió en vínculo entre pensadores dispersos como Galileo, Descartes, Hobbes y Pascal. No fue una relación fácil. Hobbes detestaba a Descartes y este le menospreciaba. En sus cartas, Descartes retrataba a Hobbes como alguien pernicioso, infantil y ridículo. Sus nociones de un alma y un Dios corpóreos le resultaban absurdas. Por su parte, Hobbes consideraba que el alma definida por Descartes, al encontrarse divorciada de los sentidos, descansaba únicamente en la convicción de que el Padre Celestial no engañaría a sus hijos y añadió con malicia que un Dios benevolente podría engañarnos en aras de nuestro propio bien. Los intentos de Descartes por conocer a Dios y el alma mediante *meditaciones* eran irrisorios, absurdos. Posteriormente, examinaría términos cartesianos como la «sustancia inmaterial» para concluir que eran contradicciones ridículas.

Hobbes desarrolló una visión materialista: pensaba que todo es materia y energía y que todos nuestros comportamientos son un producto del cerebro y de los procesos físicos, sujetos, por tanto, a las leyes de la materia y el movimiento. No había necesidad de creer en espíritus o en ángeles y explicaba la vida de forma material. Solo lo físico existe y nuestras acciones están determinadas por causas materiales. Puesto que todos compartimos esta naturaleza, tenemos una base común sobre la que construir una sociedad mejor, pero nos guiamos por nuestros propios intereses. Para tener controlados esos impulsos egoístas, Hobbes pedía un Gobierno fuerte. Sin un monarca poderoso, el Leviatán, nuestras vidas se convertirían en una «guerra de todos contra todos» y la vida sería, en su famosa frase «solitaria, pobre, malévola, brutal y corta».

Estas ideas siguen gozando de gran influencia, así como la noción de la cooperación humana basada en el interés personal. La lógica de Hobbes suena bastante moderna, y de hecho inspiró la concepción del empirismo, la noción de que todo el conocimiento viene a través de los sentidos y por tanto debemos impulsar la observación y la experimentación.

Su obra más conocida es *Leviatán* (1651), en la que expone una influyente formulación de la teoría del contrato social. Este libro ofrecía una visión extremadamente materialista y mecanicista de la naturaleza y del hombre. Los humanos estaban hechos de materia, incluidos el cerebro y la conciencia, los individuos se fusionaban como partículas para formar el cuerpo político y no existía nada parecido a una sustancia inmaterial. *Leviatán* dejaba de lado la física y la biología para ofrecer una elaborada visión de la naturaleza humana y de la vida social. Quería crear una ciencia de la política, donde la ley natural estableciera la legitimidad de la autoridad y permitiera abandonar las guerras religiosas.

Además, Hobbes contribuyó a otros campos diversos, como la historia, la jurisprudencia, la geometría, la física de los gases, la teología y la ética, así como la filosofía en general. Además de ser considerado el teórico por excelencia del absolutismo político, en su pensamiento aparecen conceptos que fueron fundamentos del liberalismo, tales como el derecho del individuo, la igualdad natural de las personas, el carácter convencional del Estado (que conducirá a la posterior distinción entre Estado y sociedad civil) y la legitimidad representativa y popular del poder político, que puede ser revocado si no garantiza la protección de sus subordinados.

Hobbes propuso que es necesario fundar la convivencia sobre una serie de «leyes de la naturaleza» derivadas de ciertas inclinaciones y deseos que son comunes entre los hombres: «el miedo a la muerte, el deseo de obtener las cosas necesarias para vivir cómodamente, y la esperanza de que, con su trabajo, puedan conseguirlas». Hobbes es, también, uno de los más ardientes y minuciosos opositores a la democracia participativa entre los filósofos políticos occidentales.

La teoría psicológica de Hobbes deriva su fuerza de su idea de la interacción dinámica del cuerpo con su entorno. Esta interrelación permite al pensador inglés sostener que la disposición intencional del animal no es simplemente un resultado de su configuración material, sino una expresión de su historia corporal distintiva. Esto se complementa con su relato de la unidad y continuidad del cuerpo animal a través del impulso de auto-conservación que se origina en la percepción.

Boceto inicial, atribuido a Wenceslaus Hollar, para el frontispicio del manuscrito del *Leviatán* (1651) que Hobbes presentó al rey Carlos II [British Library, MS Egerton 1910].

Hobbes interpretó la naturaleza mental y presentó una visión general y bastante esquemática de lo que pensaba que la ciencia acabaría revelando. Incluso así, tan solo consigue cubrir ciertas actividades mentales como el apetito, la visión y la motricidad voluntaria, todos ellos fenómenos que se pueden explicar desde un punto vista mecanicista. También destacó el papel de la experiencia como fuente del conocimiento humano y teorizó que todas las acciones humanas se basan en fenómenos materiales. Hobbes llegó a la conclusión de que los seres humanos eran estimulados por el «apetito» o movimiento hacia un objeto, similar al placer, y por la «aversión» o movimiento de alejamiento de un objeto, similar al dolor. La doctrina de Hobbes de que el comportamiento humano está dirigido por el interés propio y la búsqueda del placer se conoce como hedonismo psicológico.

Hobbes intentó explicar la motivación humana aplicando principios mecanicistas, contribuyó así a la concreción de la psicología y ayudó a sentar las bases de la sociología. Rechazaba las creencias sobrenaturales y utilizaba la explicación materialista para explicar todos los fenómenos. Creía que los procesos mentales eran el resultado del movimiento de los átomos del cerebro activados por los movimientos del mundo exterior. Sostenía que las sensaciones conducen a ideas simples, y las ideas simples se fusionan para formar las complejas. Para él, todas las cogniciones eran básicamente sensaciones transformadas. En *Leviatán* escribió:

> *¿Qué es en realidad el corazón sino un resorte; y qué los nervios sino diversas fibras; y qué las articulaciones sino ruedas que dan movimiento a todo el cuerpo?*

Hobbes expuso claramente el principio de la asociación de ideas en términos de secuencias temporales o «trenes» de pensamiento, la «coherencia» (es decir, la contigüidad) como factor de asociación, el hábito y el deseo como guías de la atención, la repetición como factor de asociación, y la distinción entre asociación libre y controlada de ideas. Hobbes destaca los aspectos motivacionales de las pasiones y los deseos, especialmente el deseo de poder. Menciona el hecho de que las pasiones pueden distorsionar la razón, distingue entre emociones innatas y adquiridas, e incluso esboza una teoría del humor y la risa.

Thomas Hobbes fue uno de los primeros pensadores occidentales modernos, el primero de la línea de empiristas británicos. Sus escritos proporcionaron una explicación secular del Estado político, y señalaron el alejamiento de la filosofía inglesa del escolasticismo y su énfasis religioso.

Thomas Hobbes [en el estilo de John Michael Wright, 1676].

Hobbes creía que era necesario comprender la psicología de los individuos antes de poder desarrollar una comprensión del Estado y del Gobierno. Pensaba que los seres humanos son temerosos y depredadores y que deben someterse por completo a la supremacía del Estado, tanto en lo que respecta a las cuestiones seculares como a las religiosas. Hobbes afirmaba que existe una diferencia entre el conocimiento y la fe, lo que dio lugar a acusaciones de tendencias ateas. Para algunos es el primer psicólogo social moderno por su énfasis en la relación entre el individuo y la sociedad.

Hobbes falleció en diciembre de 1679, tras sufrir un ataque de parálisis, a los 91 años. Se dice que sus últimas palabras fueron: «Un gran salto en la oscuridad», pronunciadas en sus momentos finales de consciencia. Cuatro años después de su muerte, el único homenaje que le rindió la Universidad de Oxford fue quemar sus libros.

JOHN LOCKE (1632-1704)

Locke nació en Wrington, cerca de Bristol. Era hijo de un abogado puritano y estudió en las universidades de Londres y Oxford. En las cartas que enviaba a casa comentaba que los más radicales entre los disidentes, los cuáqueros, se negaban a portar sombrero: «excentricidad bien fundada», afirmaba con sorna, puesto que una cabeza caliente era «peligrosa para los locos». Aunque era un estudiante capaz, a Locke le irritaba el plan de estudios de la época y pensaba que los trabajos de los filósofos modernos, como René Descartes, eran más interesantes que los clásicos griegos que se enseñaban en la universidad.

Thomas Willis afirmaba que Dios había equipado a los humanos con «materia pensante». Esa expresión paradójica daba la vuelta al problema de cómo podía la materia, en una forma mecánica o química, generar elevadas capacidades de raciocinio, como el libre albedrío. Esta solución, mitad natural y mitad religiosa, resultó ser crucial para el joven Locke, que empezó a poner en marcha un proceso anteriormente impensable: redefinir el alma para que ya no tuviera el dominio sobre la cognición, la reflexión, el libre albedrío o la identidad personal.

Cuando le preguntaban cómo podía pretender ser libre un animal-máquina, cómo podía la mayor de las capacidades humanas ser un producto de la carne, respondía tranquilamente que así lo había dispuesto un Dios omnipotente. Nuestro Señor —decía— podía «superponer» fuerzas activas como el pensamiento a la materia si así lo deseaba. Locke creó una nueva anatomía de la vida interior, apoyándose en neologismos como *self*, palabra por él acuñada, y otros términos de gran raigambre como «idea», «persona» y, sobre todo, «mente».

Locke era también un activista político, algo que le granjeó la antipatía y sospechas del rey Charles II, por lo que huyó a Holanda y procuró mantenerse alejado del ojo público. Allí escribió su trabajo más influyente, *Un ensayo sobre el entendimiento humano* (1689). Esta obra fundamental de la Ilustración británica se publicó primero en una traducción francesa resumida. En esta obra, Locke expresó su opinión de que el único conocimiento que puede tener el ser humano es *a posteriori*, es decir, basado en la experiencia. A él se le atribuye la famosa proposición de que la mente humana es una *tabula rasa*, una «tabla en blanco» (en palabras suyas «papel blanco»), en la que se registran las experiencias derivadas de las impresiones de los sentidos a medida que avanza la vida de una persona. Así lo describía:

Supongamos que la mente sea, como decimos, un papel en blanco, desprovisto de caracteres, sin ninguna idea, ¿cómo se amuebla? ¿De dónde viene ese vasto almacén que la ocupada e ilimitada fantasía del hombre ha pintado en él con una variedad casi infinita? ¿De dónde proviene todo el material de la razón y el conocimiento? A esto respondo en una palabra: desde la experiencia.

El libro proponía también modificaciones de la visión tradicional del alma y postulaba nuevos marcos conceptuales para la metafísica, la medicina, la filosofía natural, la ética y la política. En el centro de estos cambios se encontraba una nueva concepción vinculada a un viejo término: la mente.

Para Locke, las ideas venían de dos fuentes diferentes. La primera era la experiencia sensorial y nos permitía tener ideas como «amarillo, blanco, caliente, frío, duro, blando, amargo, dulce...». La segunda fuente de ideas era la reflexión. Nos podemos observar a nosotros mismos implicados en operaciones como percepción, pensamiento, duda, creencia, razonamiento, sabiduría y disposición y así podemos tener idea de esas actividades. La materia cerebral y la experiencia interna regían conjuntamente nuestro interior. Locke llamó al cerebro «la habitación presencial de la mente».

Sensación y reflexión producen dos tipos de ideas: simples y complejas. Las primeras no son analizables y se dividen en cualidades primarias y secundarias. Las cualidades primarias son esenciales para que el objeto en cuestión sea lo que es. Por ejemplo, una manzana es una manzana por la disposición de su estructura atómica. Si una manzana estuviera estructurada de forma diferente, dejaría de ser una manzana. Las cualidades secundarias son las informaciones sensoriales que podemos percibir a partir de sus cualidades primarias. Por ejemplo, una manzana puede percibirse en varios colores, tamaños y texturas, pero sigue identificándose como manzana. Por tanto, sus cualidades primarias dictan lo que el objeto es esencialmente, mientras que sus cualidades secundarias definen sus atributos. Las ideas complejas combinan las simples y se dividen en sustancias, modos y relaciones. Según Locke, nuestro conocimiento de las cosas es una percepción de ideas que están en concordancia o discordancia entre sí, lo que es muy diferente de la búsqueda de la certeza de Descartes.

En la segunda edición de la obra de Locke, publicada en 1694, añadió un capítulo sobre la identidad, cuyos fundamentos se basaban en la «conciencia». Si la mente era la estructura mediante la cual pensamos y tenemos ideas, la conciencia era la aprehensión interna de todo ello. Constituía la identidad individual, vinculaba los recuerdos y unificaba el yo del pasado con el yo de hoy o del mañana. El alma no hacía tal cosa: tras la muerte nos abandonaba y podía habitar en otras personas, por lo que difícilmente podía ser el fundamento de la identidad individual.

Locke pensaba que no había principios innatos en la mente, lo que lo posicionaba en contra de las ideas de Descartes. Para él, que hubiese ideas compartidas por todos los seres humanos, no era demostración de que fueran innatas, sino de que las personas podrían haber llegado a esa unanimidad de otra manera. En cualquier caso, decía, uno puede siempre encontrar personas, tales como «los niños y los idiotas», que no poseen ninguna idea que merezca la pena.

Locke creía que la mente se tenía que comportar de acuerdo con las leyes de la naturaleza. Las partículas básicas o átomos del mundo mental eran las ideas simples, que eran conceptualmente análogas a los átomos de materia en el universo mecanicista de Galileo y Newton. Las ideas simples se combinaban entre sí como si de un proceso químico se tratara y se asociaban en ideas complejas. «Asociación» fue el nombre inicial para el proceso que los psicólogos llaman ahora «aprendizaje».

En su infancia, Locke había vivido los conflictos entre el rey y el Parlamento que desembocaron en la guerra civil. Quería encontrar una base mejor para la sociedad y pensaba que podía lograrse si se animaba a la gente a tener ideas claras que no estuvieran basadas en extremismos políticos o religiosos. Las ideas de Locke hicieron posible pensar en el comportamiento humano en términos de leyes naturales más que de intervenciones divinas, lo que, al final, hizo que una ciencia de la psicología fuese posible.

John Locke, en un grabado de F. Bartolozzi a partir de G. B. Cipriani (1765) [Wellcome Collection].

ISAAC NEWTON (1642-1727)

Newton nació, según el calendario juliano en uso en Inglaterra en aquella época, el día de Navidad, el 25 de diciembre de 1642, «una o dos horas después de la medianoche», en Woolsthorpe Manor en Woolsthorpe-by-Colsterworth, una aldea en el condado de Lincolnshire. Su padre, también llamado Isaac Newton, había muerto tres meses antes. Nacido prematuramente, Newton fue un bebé muy pequeño; su madre decía que podría haber cabido dentro de una taza. Cuando Newton tenía tres años, su madre se volvió a casar y se fue a vivir con su nuevo marido, el reverendo Barnabas Smith, dejando a su hijo al cuidado de su abuela materna. A Newton le disgustaba su padrastro y mantenía cierta animosidad contra su madre por haberse casado con él, como revela una anotación en una lista de pecados cometidos hasta los 19 años: «Amenazar a mi padre y a mi madre con quemarlos y quemar la casa con ellos».

El maestro Isaac Newton en su jardín en Woolsthorpe, en el otoño de 1665 [Robert Hannah, 1856].

140

Desde los doce años hasta los diecisiete, Newton fue educado en The King's School, en Grantham, donde se enseñaba Latín y Griego Clásico y, probablemente, se impartía una base sólida de Matemáticas. En octubre de 1659 le sacaron de la escuela y regresó a Woolsthorpe-by-Colsterworth. Su madre, viuda por segunda vez, intentó que se convirtiera en granjero, una ocupación que él odiaba. Henry Stokes, maestro de The King's School, convenció a su madre para que lo enviara de nuevo a estudiar y motivado en parte por el deseo de vengarse de un matón de la escuela, se convirtió en el mejor alumno de la clase y se distinguió por su habilidad para la construcción de relojes de sol y modelos de molinos de viento.

En junio de 1661 fue admitido en el Trinity College de Cambridge por recomendación de su tío, el reverendo William Ayscough, que había estudiado allí. Comenzó como una especie de criado —pagaba su matrícula y mantenimiento realizando tareas de ayuda de cámara—, hasta que se le concedió una beca, en 1664, que le garantizó cuatro años más de estudios hasta que pudo obtener su maestría.

Mucha gente considera a Newton el científico más grande de todos los tiempos. J. M. Keynes lo describía así:

> *Era el último de los magos, el último de los babilonios y los sumerios, la última mente que miraba al mundo visible e intelectual con los mismos ojos que aquellos que empezaron a construir nuestra herencia intelectual hace menos de 10 000 años. Isaac Newton, un niño póstumo nacido sin padre el día de Navidad de 1642, fue el último niño prodigio al que los Reyes Magos podían rendir un homenaje sincero y apropiado.*

Albert Einstein dijo de Newton: «La naturaleza era un libro abierto para él, cuyas letras podía leer sin esfuerzo». Aunque es recordado por sus aportaciones a la física y a las matemáticas, tuvo un gran interés por los estudios teológicos y es considerado también uno de los padres de la psicología. El grado de implicación de Newton en los asuntos teológicos se puede deducir del hecho que sus manuscritos sobre teología contienen más de 1 300 000 palabras y sus dos libros *Cronología de los reinos antiguos modificada* y *Observaciones sobre las profecías de Daniel y el Apocalipsis de San Juan*, probablemente, le costaron tanto esfuerzo como los *Principia*.

En 1693, Newton escribió una airada carta a Locke. Habían pasado seis años desde la publicación de los *Principia*, donde demolía lo que quedaba de la teleología aristotélica y codificaba la ciencia mecanicista del siglo venidero. Sin embargo, cuando se le pidió que se aventurara en el ámbito del doctor Locke, Newton describió así las discusiones sobre el alma y la mente:

«un nudo demasiado fuerte para que yo lo desate»; y a esto añadió: «Puedo calcular el movimiento de los cuerpos celestes, pero no la locura de la gente».

No obstante, después de leer el *Ensayo sobre el entendimiento humano*, Newton se enfureció. Acusó a Locke de destruir la moral, de ser ateo y de tratar de arrastrar al matemático hacia temas sexuales indecorosos (!). Más tarde, Newton se disculpó: «Le pido perdón [...] por considerar que había atacado la raíz de la moral en su libro de ideas». Locke solicitó a Newton que explicara con mayor detalle su extraña y grave aseveración. El 15 de octubre de 1693, el hombre que muy probablemente era la inteligencia más brillante de su época reveló que había caído presa de un demencial delirio y no podía recordar una sola palabra de su propio exabrupto. Quizá fue un envenenamiento causado por sus experimentos de alquimia.

Newton ocupa un lugar en la historia de la psicología, pues contribuyó en gran medida a la estructuración general de la psicología y, en particular, a la fisiología sensorial, además de proporcionar a esas disciplinas un modelo de percepción que constituye la base de todas las teorías actuales de la cog-

En *Newton* (1805), William Blake retrata a un físico culturista que se pierde en posición antinatural en sus mediciones y no advierte una belleza que trasciende lo material, ciego de su «ojo espiritual».

nición. Sin embargo, por desgracia, precisamente porque Newton estaba tan profundamente instalado en la cultura trascendental de su época, sus incursiones en los campos biológico y psicológico no dieron buenos resultados. De hecho, es responsable de establecer unos postulados que impiden el desarrollo de la ciencia natural de la psicología y la fisiología sensorial.

Muchos psicólogos, impresionados por el éxito de Newton y los demás físicos para explicar el mundo inanimado, han buscado hacer un ejercicio similar con los fenómenos psicológicos. La idea era considerar a los organismos como sistemas físicos que funcionan con las mismas leyes que regulan otros sistemas del universo. Una consecuencia es que la materia de partida de la psicología sería la misma que la de la física. Por ejemplo, lo que en la física newtoniana sería el movimiento de los objetos se convertiría en el movimiento de los organismos, los comportamientos, y deberíamos entender las leyes que regulan esas conductas.

La física newtoniana nos dice que un objeto permanecerá quieto si no se le aplica una fuerza. Al transferir esta idea a la psicología, se plantea que un organismo no se moverá si no se le aplica algún tipo de impulso. La inercia hace que la fuerza para mover un objeto, un libro, por ejemplo, tenga que superar un valor umbral determinado. Los organismos, en paralelo, solo cambiarán su conducta si el estímulo supera un valor umbral.

Newton también estudió el color y uno de sus experimentos más famosos es la descomposición de la luz blanca tras su paso por un prisma. No pensaba que los rayos de luz tuvieran colores propios, sino que era un efecto sensorial:

De hecho, los rayos, expresados propiamente, no están coloreados. No hay nada en ellos más que un cierto poder o disposición para producir en nosotros la sensación de este o ese color.

Newton distinguía entre el estímulo para el color y la experiencia subjetiva del color. La luz de diferentes longitudes de onda era el estímulo, pero ese estímulo producía en nuestra retina la percepción de diferentes colores. Estas tonalidades cromáticas eran para él cualidades secundarias que solo existen en la mente o el alma y no cualidades de cosas externas a la mente. Por tanto, además de identificar y describir los estímulos físicos, era necesario describir las experiencias que producían, las percepciones. De acuerdo con la filosofía espiritista vigente en su época, y sobre la base de sus experimentos con colores y prismas, construyó un modelo de percepción que ha dominado el pensamiento psicológico durante siglos y que algunos consideran en total desacuerdo con los hechos y la teoría naturalista.

GEORGE BERKELEY (1685-1753)

Berkeley nació en Dysart Castle, Irlanda, y era un hombre profundamente religioso que fue ordenado diácono de la Iglesia anglicana. Poco después de su ordenación publicó dos obras que están entre los hitos fundamentales de la psicología: *Ensayo sobre la nueva teoría de la visión* (1709) y *Tratado concerniente a los principios del conocimiento humano* (1710). En el primero explicó las limitaciones de la visión humana, la distancia visual, la magnitud, la posición y los problemas de la vista y el tacto y avanzó la teoría de que los objetos propios de la vista no son los objetos materiales, sino la luz y el color. En la segunda obra investigó las causas principales del error y de las dificultades en las ciencias, así como los fundamentos del escepticismo, del ateísmo y de la falsa religión. Esta segunda obra trataba de refutar las posiciones de su contemporáneo John Locke acerca de la naturaleza de la percepción humana.

Berkeley pensaba que el punto de vista de Locke abría inmediatamente una puerta que conduciría al ateísmo. En respuesta a ello, planteó en su *Tratado* un importante desafío al empirismo, según el cual las cosas solo existen como resultado de su percepción o en virtud del hecho de que son una entidad que genera la percepción. Para Berkeley, Dios complementa a los seres humanos y se encarga de la percepción en caso de que los seres humanos no estén preparados para hacerla.

El principal logro de Berkeley fue el avance de una teoría que denominó «inmaterialismo» (posteriormente denominada por otros «idealismo subjetivo»). Berkeley sugería que la percepción es la única realidad de la que podemos estar seguros. Esta teoría niega la existencia de la sustancia material y, en su lugar, sostiene que los objetos familiares, como una mesa o una silla, son ideas percibidas por las mentes y, en consecuencia, no pueden existir sin ser percibidas. En otras palabras, los objetos reales existen en el mundo físico solo cuando se perciben. Su teoría planteaba que, puesto que la experiencia está dentro de nosotros, relacionada con nuestra propia percepción, no podemos saber con precisión la naturaleza física de los objetos y solo podemos basarnos en nuestra percepción de ellos.

En *A New Theory of Vision*, Berkeley argumentó que las *unthinking things* («cosas no pensadas») no podían existir fuera de las mentes de las cosas pensadas que las percibían. Su postulado a menudo se condensa en la frase «ser es ser percibido». Nada existe fuera de nuestra experiencia. Hay quien piensa que estas ideas no merecen ser tenidas en cuenta, pero hay un punto psicológico importante detrás de ello. Si un árbol cae en el bosque y no hay nadie allí para oírlo, entonces no es *psicológicamente real* para nadie. Un suceso tiene que ser al menos la experiencia de una persona para tener un efecto en el comportamiento de alguien. Lo que es real para nosotros es solo lo que experimentamos.

El filósofo Karl Popper, tras estudiar la obra científica clave de Berkeley, *De motu*, propuso la llamada «navaja de Berkeley». Popper considera que la navaja de Berkeley es similar a la de Ockham, pero «más poderosa». Representa un punto de vista extremo y empirista de la observación científica que afirma que el método científico no nos proporciona una visión verdadera de la naturaleza del mundo, sino que nos aporta una serie de explicaciones parciales sobre las regularidades que se dan en el mundo y que se obtienen mediante la experimentación. La naturaleza del mundo, según Berkeley, solo se puede abordar a través de la especulación y el razonamiento metafísico adecuados.

Berkeley temía ser enterrado en vida, así que dio instrucciones de que su cuerpo fuese dejado en la cama hasta que empezase a descomponerse, pues consideraba que la putrefacción era la única prueba segura de la muerte. Así se hizo. El interés por su obra aumentó en la segunda mitad del siglo XX, porque se le consideró un precursor de muchas de las cuestiones de máximo interés para la filosofía de esta época reciente, como los problemas de la percepción, la diferencia entre cualidades primarias y secundarias y la importancia del lenguaje.

Detalle de un retrato de Berkeley, obispo protestante de Cloyne. Junto a la mitra, el báculo y la Biblia anglicana, sus libros *El filósofo minucioso* y *Siris* [John Brooks; National Gallery of Ireland].

Retrato de David Hume [*Serie di vite e ritratti de famosi personaggi degli ultimi tempi*, Bettalli y Fanfani (Eds.), 1815].

DAVID HUME (1711-1776)

Hume nació en Edimburgo, Escocia. Cuando tenía tres años, su padre murió y fue su madre Catherine la que tuvo que criar y sacar adelante a sus tres hijos. David se matriculó en la Universidad de Edimburgo cuando tenía doce años y aunque la familia le presionó para que estudiara Derecho, sus principales intereses eran la literatura y la filosofía. A los quince años terminó la carrera y sufrió una crisis nerviosa. El tratamiento que le pusieron consistió en respirar aire limpio, ejercicio y mantener una dieta equilibrada. Dos años después se había recuperado y siguió con sus lecturas literarias y filosóficas, con la esperanza de convertirse en el muy esperado Newton de la ciencia moral. En 1734 marchó a Francia, donde publicó su primera obra, *Tratado de la naturaleza humana* (1739); esta tenía tres partes, la primera dedicada al problema del conocimiento, la segunda a las pasiones y la tercera a los aspectos morales, como la justicia, las virtudes, etc. El resultado fue un desastre: las críticas fueron devastadoras, el libro no se vendió y Hume declaró que había nacido muerto en la imprenta.

En esta obra, Hume otorgó un carácter central a la fragilidad de la razón y a la solidez del conocimiento. La realidad y la conciencia quedaban en tela de juicio. Afirmaba que los humanos realizaban asociaciones no a partir de la realidad, sino por mera contigüidad. Las cosas que sucedían una después de otra se «pegaban» entre sí y parecían presentar un nexo causal, lo tuvieran o no. Nuestro conocimiento unificado del mundo era, por tanto, producto de simples accidentes en el tiempo y en el espacio. Hume postuló que, fuese lo que fuese lo que empezará a existir, debía tener una causa de existencia. La causalidad se convirtió en una idea crucial en psicología. Hume argumentó también que si mirásemos a cualquier relación causa-efecto, percibiríamos inmediatamente que, incluso en los sucesos más habituales, solo aprendemos por experiencia la conjunción frecuente de objetos, sin ser capaces de entender nada sobre sus conexiones. No hay nada en nuestra experiencia que corresponda a una causa si por causa entendemos una conexión necesaria entre dos sujetos. Para Hume, no percibimos la causalidad. Su definición de causa no solo es simple, sino que también evita implicar una conexión necesaria: «Un objeto que es seguido por otro y cuya aparición siempre conlleva el pensamiento de ese otro».

Hume apoyó muchas causas poco populares, entre ellas la independencia de los Estados Unidos, siendo él un súbdito de su majestad británica. Fue atacado también por su heterodoxia en la religión y todas sus obras fueron incluidas en el *Índice de libros prohibidos*. Aun así, lo llevaba bien: le contaba a un amigo que criticaba cómo estaba el mundo que no era para tanto, que él había escrito sobre todo tipo de temas —morales, políticos, religiosos— que podrían suscitar una respuesta hostil y, sin embargo, no había hecho «un solo enemigo, salvo todos los *whigs*, todos los *tories* y todos los cristianos».

La visión de Hume sobre una ciencia de la mente resuena en la psicología actual y, por ejemplo, su *Tratado de la naturaleza humana* (1739-40) es considerado el texto «fundacional» de la ciencia cognitiva. Otro aspecto valorado es su abordaje personal de lo que llama la «enfermedad de los sabios», un trastorno de la mente que según él solo afectaba a los ricos ociosos. Dentro de ello, la relación de la enfermedad mental y el vicio es un continuo en la filosofía de Hume y desarrolla un enfoque terapéutico para tratar la enfermedad mental basado en su teoría de cómo cultivar el juicio estético.

Otro aspecto en el que Hume es importante en la actualidad se relaciona con su tesis de que las virtudes son comunes o generalizadas, pero la investigación contemporánea en psicología social matiza esta afirmación y sostiene, en cambio, que nuestra visión moral está muy influida por diversos factores de las situaciones en las que nos encontramos. Hume desechaba la idea de un sentido moral innato, pero tampoco creía que la razón pudiera explicar la moralidad. La ética de Hume puede, de hecho, dar cuenta del papel del afecto y de los factores no conscientes que inciden en el comportamiento humano, así como de las formas en que nuestro comportamiento en situaciones particulares puede no reflejar nuestros valores. Por último, la ética basada en la simpatía de Hume puede «acomodarse» a las pruebas empíricas contemporáneas que apoyan la existencia de individuos que carecen de empatía pero que, sin embargo, tienen capacidad de juicio moral.

JEAN-JACQUES ROUSSEAU (1712-1778)

Rousseau fue un filósofo, escritor y compositor ginebrino. Su filosofía política influyó en el progreso del Siglo de las Luces en toda Europa, así como en aspectos de la Revolución francesa y en el desarrollo del pensamiento político, económico y educativo moderno.

Fue abandonado por su padre, sufría de mala salud, hizo repetidas mudanzas, cambiaba de trabajo con frecuencia y fue pobre gran parte de su vida. Era inseguro, pero tenía buenos amigos como Dennis Diderot, Jean le Rond d'Alembert y Étienne Bonnot de Condillac, que se reunían a cenar en una taberna llamada Panier Fleuri y discutían cómo mejorar el mundo. El periódico *Mercure de France* había publicado un anuncio de la Academia de Dijon donde se ofrecía un premio al mejor ensayo sobre si la restauración de las artes y ciencias servía para purificar la moral. Rousseau decidió que la respuesta era… «¡No!». Desde entonces se opuso a la idea del valor moral de la Ilustración y nunca cambiaría de opinión.

Rousseau bebió de fuentes muy diversas, incluyendo diarios de viajes a las Américas para imaginar la condición humana previa a la sociedad civilizada. Pensaba que los humanos vivían en esa etapa primitiva en una noble simplicidad: los niños nacían buenos, sencillos y amables y eran corrompidos por la sociedad. Creía que, si se les daba la opción de vivir libremente, entonces se desarrollarían bien y serían felices. Por eso propuso un Gobierno que diera a los seres humanos la mayor libertad posible. Sugirió la noción de «voluntad general», esto es, que uno debe inhibir su voluntad personal por el bien de los demás y actuar de una manera que sea beneficiosa para la comunidad. Se preguntaba: «¿Qué tipo de miseria puede haber para un ser libre cuyo corazón está en paz y cuyo cuerpo es sano?». Para él, el comportamiento humano debe guiarse más por las emociones que por la razón. En esto se le considera un precursor del Romanticismo, con su énfasis en la subjetividad y los sentimientos. Por otro lado, con respecto a la posibilidad de establecer una ciencia de la moral, opinaba que era una empresa imposible: la ciencia no hacía sino destruir la moral.

Pues nacemos buenos pero debemos vivir en sociedad, Rousseau argumentaba que la educación era el único camino para minimizar la corrupción generada por influencia de la sociedad y perfeccionar nuestra naturaleza. Así se convirtió en defensor de una educación apropiada para el grado de desarrollo de los niños, en vez de tratarlos como a adultos pequeños. Creía que el racionalismo conducía a la destrucción de la inocencia de la niñez, la corrupción de los sentimientos naturales, el fracaso moral y las patologías graves.

En su novela *Emilio* (1762), Rousseau divide el desarrollo humano en tres etapas, cada una con características únicas relacionadas con la edad. Con ello, mostraba su rechazo a las prácticas educativas de su época, centradas en la memorización, y proponía una educación basada en la curiosidad natural del niño. Según este enfoque, la educación estimula el desarrollo mental y moral del niño. Para él, los niños están equipados con sensibilidades internas y son muy influenciables por el entorno. El modelo de Rousseau tiene una clara orientación psicológica. Sus ideas influyeron en la psicología educativa del siglo XIX, con Johann Pestalozzi y Friedrich Froebel, y, a través de ellos, en las ideas educativas de Lev Vygotsky y Jerome Bruner en el XX.

El énfasis en la bondad original del hombre llevó a Rousseau a proponer en *El contrato social* (1762) que, aunque los humanos buscan su propio bienestar, tampoco quieren que su prójimo sufra. La vida social es posible porque existe un sentimiento de hermandad, incluso cuando las normas no estén de acuerdo con la libertad de la persona. La preocupación que domina la obra de Rousseau es encontrar la manera de preservar la liber-

El nuevo alumno [Thomas Brooks, 1854].

La firma de Jean-Jacques Rousseau.

tad humana en un mundo en el que los seres humanos dependen cada vez más unos de otros para satisfacer sus necesidades. Esta preocupación tiene dos dimensiones: la material y, con una mayor importancia, la psicológica. En el mundo moderno, los seres humanos hacen derivar la imagen que tienen de sí mismos de la opinión de los demás, un hecho que Rousseau considera corrosivo para la libertad y destructor de la autenticidad individual. En la mencionada *El contrato social* explora dos vías para alcanzar y proteger la libertad: la primera es una vía política encaminada a construir instituciones que permitan la coexistencia de ciudadanos libres e iguales en una comunidad en la que ellos mismos sean soberanos; la segunda es un proyecto de desarrollo y educación del niño que fomente la autonomía y evite el desarrollo de las formas más destructivas del interés egoísta. Sin embargo, aunque Rousseau cree posible la coexistencia de los seres humanos en relaciones de igualdad y libertad, se muestra constante y abrumadoramente pesimista sobre la posibilidad de que la humanidad escape de una distopía de alienación, opresión y falta de libertad.

En 1756, Rousseau concibió un libro que vincularía las implicaciones morales de la sensibilidad. Conocía los descubrimientos de Haller sobre la irritabilidad y la sensibilidad, así que publicó *La moral de la sensibilidad, o el materialismo del hombre sabio*. Soñaba con que esta obra fuera de gran utilidad práctica, que mostrara que la moralidad natural estaba anclada en el cuerpo y la mente y que esa idea alejaría la falsedad, lo irracional y el vicio. Tememos que no lo consiguió. Además de filósofo, Rousseau fue compositor y teórico musical, pionero de la autobiografía moderna, novelista y botánico.

IMMANUEL KANT (1724-1804)

Kant nació en el seno de una familia alemana prusiana de fe protestante lute-
rana en Königsberg, Prusia Oriental (desde 1946, la ciudad de Kaliningrado,
Rusia). Bautizado como Emanuel, más tarde cambió la grafía de su nombre
por Immanuel tras aprender hebreo. Fue educado en un hogar pietista que
enfatizaba la devoción religiosa, la humildad y la interpretación literal de la
Biblia. Su educación fue estricta, punitiva y disciplinaria y se centró en el
latín y la instrucción religiosa por encima de las matemáticas y la ciencia.

Aunque pasó toda su vida en la pequeña ciudad de Königsberg, Kant es
a menudo considerado el filósofo más importante de la cultura occidental.
Para la naciente ciencia de la psicología, Kant planteó un reto formidable
cuando postuló que la mente no podía estudiarse de la misma manera que
las ciencias naturales abordaban la realidad material. El argumento de Kant
fue un freno para los científicos interesados en la mente que querían estu-
diarla experimentalmente. Había planteado cómo conocemos el mundo y,
en su libro más famoso, *La crítica de la razón pura* (1781) proponía que el
espacio y el tiempo son meras «formas de intuición» que estructuran toda
experiencia y que, por tanto, aunque las «cosas-en-sí» existen y contribuyen
a la experiencia, son, no obstante, distintas de los objetos de la experiencia.
De ello se deduce que los objetos de la experiencia son meras «apariencias»
y que no podemos conocer la naturaleza de las cosas en sí mismas.

Kant pensaba que nuestras mentes no tenían acceso perceptivo al mundo
tal como es, sino que nuestra percepción estaba en cierto modo deformada

Immanuel Kant [a partir de Adolf von Heydeck, principios del siglo xix].

por las limitaciones y la idiosincrasia de nuestras mentes. Kant denomina «mundo nouménico» al mundo real, independiente de nuestras mentes, mientras que el mundo que percibimos es el «mundo fenoménico».

Aquí radicaba la esencia del reto de Kant. Su posición implicaba una mente activa más que pasiva. Sostenía que la mente aporta a la experiencia ciertas cualidades propias que la ordenan. Se trata de doce categorías *a priori* —deductivas— de causalidad, unidad, totalidad y similares, y de las intuiciones *a priori* de tiempo y espacio. Según el autor, unque la mente no tiene sustancia, es un proceso activo que sirve para convertir los datos sensoriales brutos en experiencias significativas y ordenadas. Kant denomina a este proceso «apercepción». Las cosas en sí mismas no pueden conocerse, solo percibimos el mundo del modo en que nuestra mente nos obliga a hacerlo, es decir, mediante la instrumentalización de las categorías mentales innatas. Aceptó así la noción de facultades mentales: cognición, sentimiento, deseo, entendimiento, juicio y razón. Estas ideas prefiguran la teoría de Piaget sobre el desarrollo de la mente infantil. Básicamente, Kant es el primero en proponer que la experiencia debe ser «asimilada» para entrar a formar parte de nuestro conocimiento. Va a ser una idea muy poderosa en psicología, dado que cimenta todo el constructivismo.

Kant enfatizó la importancia de la razón y la autonomía en la moralidad humana. Sostenía que los individuos tienen la capacidad de elegir entre diferentes acciones y que deben hacerlo de acuerdo con la razón y no simplemente siguiendo sus deseos o impulsos. Esta idea se conoce como la «dignidad racional» de la persona.

En cuanto a la estética, Kant sostenía que la belleza no es algo que se encuentra en el objeto, sino que es una percepción subjetiva del espectador. La belleza es el resultado de ciertas relaciones formales en el objeto que activan un juicio estético en el espectador. Las teorías de Kant sobre la razón y la autonomía tienen implicaciones importantes para el estudio de la moralidad y la toma de decisiones en los individuos. Su teoría estética también tiene implicaciones para el estudio de la percepción y la apreciación artística.

Kant argumentaba que los procesos mentales existían en el tiempo, pero no tenían una dimensión espacial. Y esto, razonaba, significaba que la forma en la que la mente humana funciona no puede expresarse matemáticamente. Y como las matemáticas son la verdadera esencia de las ciencias naturales, la piscología no puede ser una ciencia sino una disciplina antropológica, histórica, cultural, filosófica y descriptiva. La psicología cientícia (Fechner, Ebbinghaus…) surge en buena medida como una respuesta a este desafío de Kant. ¡La sombra de Kant es alargada en psicología!

AUGUSTE COMTE (1798-1857)

Isidore Marie Auguste François Xavier Comte fue un filósofo y escritor francés que es considerado el fundador del positivismo, un movimiento que se consideraba moderno y, por tanto, parte del modernismo, aunque el término ni siquiera se había empezado a usar. A menudo se considera a Comte el primer filósofo de la ciencia en el sentido actual del término e influyó en el desarrollo de la psicología como ciencia positiva. Su enemigo era la filosofía especulativa, que estaba poblada por seres invisibles como dioses y formas a las que quería reemplazar por una filosofía basada en lo directamente observable: los hechos positivos. Las ideas de Comte fueron también fundamentales para el desarrollo de la sociología; de hecho, inventó el término y trató esa disciplina como la cumbre de las ciencias.

Comte nació en Montpellier, donde asistió a la escuela, para posteriormente formarse en la École Polytechnique de Paris, un centro de élite. La École Polytechnique estaba comprometida con los ideales republicanos, especialmente con la idea de progreso. Sobre esa base, Comte desarrolló la filosofía positiva en un intento de remediar el desorden social causado por la Revolución francesa, que era vista como una transición convulsa a una nueva forma de sociedad. Estableció una nueva doctrina social basada en la ciencia: el positivismo. Tuvo un gran impacto en el pensamiento del siglo XIX e influyó en la obra de autores como John Stuart Mill y George Eliot. Comte y Eliot formaron parte de la misma corriente del pensamiento europeo. La visión que George Eliot tiene de sí misma como artista que lucha por la mejora de la sociedad y su concepto de elección moral en un universo rígidamente determinado —dos conceptos que aparecen en todas sus novelas— están relacionados con su formación también comteana. En los análisis de sus novelas se señala cómo y hasta qué punto el positivismo y la religión de la humanidad de Comte influyeron en su obra literaria.

Comte pensaba que nadie había resumido la física, la química y la biología en un sistema coherente de ideas, por lo que inició un intento de deducir razonablemente hechos sobre el mundo social a partir del empleo de las ciencias naturales. A través de sus estudios, llegó a la conclusión de que la mente humana progresa por etapas, al igual que sucedía con las sociedades. Afirmó que la historia de la sociedad podía dividirse en tres fases diferentes: teológica, metafísica y positiva; la llamada «ley de las tres etapas».

La primera etapa, la teológica, se basaba en explicaciones sobrenaturales o religiosas de los fenómenos del comportamiento humano porque «la mente humana, en su búsqueda de las causas primarias y finales de los fenómenos, explica las aparentes anomalías del universo como intervenciones de agentes sobrenaturales». En esta fase inicial, los seres humanos se centraban en descubrir el conocimiento absoluto y los dirigentes eran los sacerdotes que supuestamente entendían a los dioses y podían encauzar sus actos a favor de los seres humanos. Comte criticaba esta etapa porque explicaba todos los fenómenos mediante la intervención de agentes sobrenaturales, en lugar de aplicar la razón y la experiencia humanas. Este primer estado teológico es el punto de partida necesario de la inteligencia humana, que centra principalmente su atención en la «naturaleza interna de los seres y en las causas primeras y finales de todos los fenómenos que observa». Sin embargo, esta etapa primitiva todo lo terminaba explicando por uno o muchos dioses.

La segunda etapa, la metafísica, no era más que una modificación de la primera, ya que sustituía una causa sobrenatural por una «entidad abstracta»; se trataba de una etapa de transición, en la que se creía que fuerzas anónimas controlaban el comportamiento de los seres humanos. Los dirigentes naturales eran las élites, reyes y aristócratas que entendían esas verdades ocultas. La mente comenzó a fijarse en los propios hechos, se familiariza con los conceptos, pero aspira a más y, por tanto, está preparada para pasar a la etapa positiva. Un ejemplo de esta fase metafísica es la justificación de los derechos universales como si estuvieran en un plano supuestamente más elevado que la autoridad de cualquier gobernante para contrarrestarlos, aunque dichos derechos no estuvieran referidos a lo sagrado más allá de la mera metáfora.

La última etapa —la etapa científica o positiva— aparece cuando la mente deja de buscar la causa de los fenómenos y se da cuenta de que existen leyes que rigen el comportamiento humano y que el mundo puede explicarse racionalmente con el uso de la inteligencia y la observación, que se utilizan para estudiar la experiencia personal y el mundo social. Esta etapa positiva se basa en la ciencia, el pensamiento racional y las leyes empíricas. Los dirigentes naturales serán los científicos y especialmente aquellos cuyo campo es la propia sociedad, los sociólogos. Comte era crítico con los psicólogos que estudiaban la mente, a los que ubicaba en la etapa metafísica, que entonces retornaban a la etapa teológica, pero con un compromiso científico, los psicólogos se podían contar a sí mismos en esa nueva élite. Como escribió James McKeen Cattell, «los científicos pueden tomar el lugar que es suyo, ser los dirigentes del mundo moderno».

Comte llegó a la conclusión de que la sociedad actúa de forma similar a la mente y se planteó un barrido sistemático de todo el conocimiento humano. Para hacer más asumible esta tarea hercúlea, decidió limitar su programa a aquellos hechos que estaban fuera de toda duda, es decir, aquellos que habían sido proporcionados por la ciencia. Así, su enfoque positivista se refería a un sistema basado en hechos, que eran observables de una forma objetiva y que no eran objeto de debate. Todo lo que fuese especulativo, deducido sin una comprobación propia, o tuviese un componente metafísico debía ser rechazado.

Las teorías sociales de Comte culminaron en su «religión de la humanidad», que fue pionera en el desarrollo de organizaciones humanistas religiosas no teístas y humanistas seculares en el siglo XIX. También parece haber acuñado la palabra «altruismo». La amplia aceptación del positivismo cambió el modo de pensar en los ámbitos académicos y se estableció que había dos tipos de proposiciones: «una hace referencia a los objetos de los sentidos y es una declaración científica. La otra es un sinsentido».

La «religión de la humanidad» de Comte se materializó en templos como Chapel St. Hall, en Londres, según su *plan general* de venerar a quienes daban nombre a los meses de su «calendario positivista»: Moisés, Homero, Aristóteles... (Sulman, 1874) [*Le positivisme*, Teixeira Mendes, 1916].

Para algunos autores, Comte es el primer psicólogo social, puesto que propone que existe una ciencia final, la moral, que debía ocuparse del desarrollo del individuo en la sociedad. Sin embargo, hay también quien le considera contrario a la psicología. En una carta a su amigo Valat escribe: «La mente del hombre, considerada en sí misma, no puede ser objeto de observación, pues uno no puede, por supuesto, observarla en los demás; y, por otra parte, no puede observarla en sí mismo». Comte va más allá y rechaza la introspección porque el hombre no puede dividir *son esprit, c'est-a-dire, son cerveau* («su mente, es decir, su cerebro»).

En su obra *Système de politique positive*, Comte incluye una *tabla cerebral* o «Visión sistemática del alma». A primera vista, este cuadro parece establecer una especie de equivalencia entre una clasificación de facultades mentales y una asignación de funciones cerebrales. Es una estructura confusa y, por ejemplo, un lado de la tabla establece la Impulsión (el Corazón), el Consejo (el Intelecto) y la Ejecución (el Carácter) como los tres principios básicos de la organización. Los motores afectivos del cerebro (o el alma) son el interés, la ambición, el apego, la veneración y la benevolencia. Comte desarrolla un sistema de comportamiento humano basado en un principio dinámico (los motores afectivos), que actúa a través de medios (las funciones intelectuales), y que se traduce en cualidades prácticas (el carácter).

Comte tuvo una vida complicada, llena de dificultades económicas y emocionales. Nunca tuvo un puesto estable y sus obras le proporcionaban escasos ingresos que suplementaba con las entradas por asistir a sus conferencias y alguna donación ocasional de algún admirador. Por otro lado, era conocido como una personalidad enérgica y arrogante y, de hecho, cuando supo que estaba gravemente enfermo comentó que su muerte sería una pérdida irreparable para el mundo. Sufrió durante mucho tiempo de problemas mentales. En 1826 enfermó y fue internado en un hospital psiquiátrico, del que salió con el diagnóstico de «no curado». En abril de 1827 fracasó en un intento de suicidio y tenía también frecuentes brotes de demencia. Uno de sus biógrafos relata uno de esos episodios:

> *A menudo se encerraba y actuaba más como un animal que como un ser humano* [...]. *Cada comida y cada cena, anunciaba que era un montañés escocés de una de las novelas de Walter Scott, clavaba su cuchillo en la mesa, exigía un trozo jugoso de carne de cerdo y recitaba versos de Homero* [...]. *Un día, con la presencia en el almuerzo de su madre, se produjo una discusión en la mesa y Comte sacó su cuchillo y se cortó la garganta. La cicatriz fue claramente visible el resto de su vida.*

Comte llegó a poner en marcha una campaña de lo que luego conoceríamos como *crowdfounding* para sobrevivir y sufragar su trabajo. En el recibo distribuido podía leerse: «Vivir para los demás. La Familia, la Patria, la Humanidad.— Recibo del Sr. [espacio] la suma de [espacio] para la suscripción pública destinada a sostener mi existencia material»; y, tras la fecha, su firma: «el fundador de la religión de la humanidad, Auguste Comte» [Auguste Comte House, ca. 1850; CC BY-SA 3.0].

Su matrimonio tampoco fue feliz. Al principio de su carrera había apoyado la idea de una igualdad con las mujeres, así como otras causas feministas, pero cambió de opinión tras casarse con Caroline Massin, una mujer muy inteligente y de fuerte carácter, que había sido vendida de niña por su madre a un abogado y que terminó en la prostitución, pero que le ayudó a estabilizar su vida y seguir adelante con su trabajo. Otros autores indican que no fue así, que ella trabajó siempre como modista y que la caracterización de su esposa como prostituta e infiel fue solo un intento de Comte de desheredar a su esposa. Es cierto que incluyó en su testamento, que tenía unas quinientas páginas, cinco hojas denigrando a su mujer. Comte describía su matrimonio como el mayor error de su vida.

La importancia que el positivismo dio al hecho científico determinó el desarrollo de la psicología pues influyó a través del conductismo en el fortalecimiento de la investigación científica como herramienta fundamental para la construcción de la ciencia de la mente. El positivismo exigirá explicar los hechos por los hechos, y considerará que el hecho científico debe ser fenoménico (perceptible), positivo (lo dado, no una abstracción mental), observable (que aquí quiere decir «medible») y verificable (que se pueda comprobar, que permita repeticiones experimentales). Su énfasis en una base cuantitativa y matemática para la toma de decisiones sigue vigente hoy en día. Uno de los ejemplos de la noción moderna de positivismo es el análisis estadístico para la toma de decisiones empresariales. Su descripción de la relación cíclica y continua entre la teoría y la práctica se observa en los sistemas empresariales modernos de gestión de la calidad y mejora continua, en los que se plantea un ciclo continuo de teoría y práctica a través del ciclo de cuatro fases: planificar, hacer, comprobar y actuar. Comte en estado puro.

JAMES MILL (1773-1836)

Mill, nacido Milne, fue un historiador, economista, teórico político y filósofo. Nació en Escocia y era hijo de un zapatero. Su madre en cambio tenía «grandes ambiciones para él y desde el primer momento hizo creer a su hijo que era superior y que era el centro de atención». Insistió en que se alejara de los demás niños y que dedicara su tiempo a estudiar, algo que luego Mill trasladaría a su hijo. Mill padre forma parte de los fundadores de la escuela económica ricardiana y como historiador su obra más valorada es *La historia de la India británica* (1817) donde adoptó el enfoque colonial.

James Mill destiló los principios empíricos y asociacionistas en una psicología simple y rotunda. Según él, las sensaciones eran los elementos más básicos de la mente y sugería que el lenguaje, al final, se basa en nuestras sensaciones, Así cuando describimos un árbol, no hacemos referencia a nada fuera del mundo externo, sino que describimos las sensaciones que el árbol ha generado en nosotros.

Aplicó la doctrina de los mecanismos a la mente humana de una forma directa y completa. Su objetivo era destruir la ilusión de subjetividad o de actividad psíquica y demostrar que la mente no era otra cosa que un mecanismo. Para él, los empiristas que asimilaban la mente a una máquina no habían aprovechado ese concepto lo suficiente. De hecho, si la mente era una máquina, tenía que ser predecible como un reloj y tenía que ser puesta en marcha por fuerzas físicas externas y funcionar por fuerzas físicas internas.

Para James Mill, los únicos elementos mentales que existían eran las sensaciones y las ideas. Estos sucesos mentales se combinan siguiendo las leyes de asociación para crear ideas de una complejidad creciente. Así, afirmaba:

> Un ladrillo es una idea compleja, el cemento es otra idea compleja; estas ideas componen mi idea de una pared. De la misma manera mi idea compleja del cristal y la madera componen mi idea de una ventana y estas ideas, juntas, paredes y ventanas, componen mi idea de una casa.

Siguiendo estas ideas, para Mill la mente no tenía una función creativa porque la asociación es un proceso pasivo y automático. Las sensaciones ocurren juntas en un cierto orden, se reproducen mecánicamente como ideas y estas ideas ocurren en el mismo orden que sus sensaciones correspondientes. En otras palabras, la asociación es mecánica y las ideas resultantes son simplemente la acumulación o suma de los elementos mentales individuales.

Con su *Análisis de los fenómenos de la mente humana* y su *Fragmento sobre Mackintosh*, Mill se ganó un puesto en la historia de la psicología y la ética. Abordó los problemas de la mente siguiendo la moda de la Ilustración escocesa, pero dio un nuevo impulso basado en su pensamiento independiente. Llevó el principio de asociación al análisis de los estados emocionales complejos, como los afectos, las emociones estéticas y el sentimiento moral, todo lo cual se esforzó por resolver en sensaciones placenteras y dolorosas. Pero el mérito más destacado del *Análisis* es el constante esfuerzo por la definición precisa de los términos y la exposición clara de las doctrinas. Tuvo un gran efecto sobre Franz Brentano, quien discutió su obra en su propia psicología empírica.

La casa de James Mill (aquella suma de paredes hechas de ladrillo y cemento y ventanas hechas de cristal y madera) en el n.º 19 de York Street, Westminster (Londres), que en el momento de la ilustración pertenecía al poeta John Milton [*The Illustrated London News*, 9 de enero de 1847].

JOHN STUART MILL (1806-1873)

John, hijo mayor de James Mill, nació en Pentonville, Middlesex. Fue educado por su padre con el consejo y la ayuda de Jeremy Bentham y Francis Place. Los recuerdos más dolorosos de su infancia tienen que ver con la forma en la que su padre trataba a su esposa e hijos delante de los invitados, y llegó a decir que su educación no fue una obra de amor sino de miedo.

Su padre tenía como objetivo explícito crear en su hijo un intelecto genial que continuara con la causa del utilitarismo y su implementación después de que él y Bentham murieran. La educación utilitarista de James Mill planteaba exponer a los niños a una sucesión de placeres y dolores y enseñarlos a razonar adecuadamente. John nunca jugó con otros niños. Quizá por la presión de ese futuro dirigido, John Stuart Mill defendió el derecho al desarrollo libre y sin trabas de la propia personalidad y, de acuerdo con su ética utilitarista, a luchar por la mayor felicidad individual y general posible. Desde su percepción, la individualidad no solo es «algo intrínsecamente valioso», sino que todos nos beneficiamos de los personajes originales que introducen nuevas costumbres y «mejores gustos y sentido en la vida humana». Todo lo bueno es el resultado de la creatividad y el desarrollo de la propia individualidad permite a cada persona llevar la vida más productiva y exitosa posible.

En 1843, a los 37 años, tras haberse recuperado de una depresión, publicó *Un sistema de lógica*, que defendía el razonamiento inductivo y tardó trece años en escribir. Fue su única obra sobre la filosofía de la ciencia e influyó sobre muchos otros pensadores. Mill ponía poco énfasis en el pensamiento y la intuición e intentó demostrar que por experiencias simples y a través del razonamiento inductivo podíamos llegar a conclusiones generales y abstractas, a leyes generales. Urgió a la psicología a convertirse en una ciencia experimental como la física o la química. Para él, el experimento es antes que nada un medio para clarificar las relaciones causales. En psicología, las relaciones son extremadamente complejas y era importante definir en qué condiciones se llegaba a una conclusión. Mill consideraba que el experimento era un medio para una demostración simple, de manera que siguiendo un procedimiento determinado se llega a un fenómeno determinado, ni más ni menos. Los psicólogos alemanes de la Gestalt y B. F. Skinner siguieron un criterio similar.

Mill ha sido considerado «el filósofo de habla inglesa más influyente del siglo XIX». Fue un defensor de la libertad individual frente al control estatal y social sin límites y es considerado uno de los primeros hombres feministas. Sus trabajos económicos se encuentran entre los fundamentos de la economía clásica y es considerado el perfeccionador del sistema político clásico y, al mismo tiempo, un reformador social. En sus últimos años se volvió más crítico con el liberalismo económico y defendió algo parecido a un socialismo liberal. Fue un defensor del utilitarismo, una teoría ética desarrollada por su padrino Jeremy Bentham en la que se promueve generar la «mayor felicidad al mayor número de personas».

John Stuart Mill, a través de sus escritos, se convirtió en uno de los fundadores de lo que pronto se convertiría en la ciencia de la psicología. Se posicionó en contra de la idea mecanicista de su padre, James Mill, que consideraba la mente algo pasivo que era modulado por los estímulos externos. Para el hijo, la mente era un elemento activo que funcionaba mediante la asociación de ideas y generaba nuevos avances. Según esta perspectiva, que

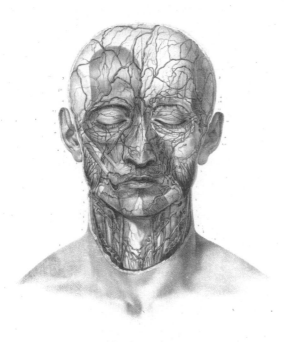

Izqda.: Ilustración anatómica de las venas del rostro y su relación con las arterias [*Traité complet de l'anatomie de l'homme*, IV; Bourgery, Bernard, C. y Jacob, N. H]; 1867-71]. Dcha.: caricatura de John Stuart Mill, presentado como «un filósofo femenino» [*Vanity Fair*, 29 de marzo de 1873].

se conoce como la «síntesis creativa», la combinación adecuada de los elementos mentales siempre produce alguna cualidad distintiva que no estaba presente en los propios elementos originales.

En sus *Ensayos sobre la percepción*, Mill empezaba considerando objetos materiales como piedras, árboles o casas. A estos objetos, decía, se les pueden atribuir características físicas como tamaño, forma, peso o color, y estas características dan lugar a nuestras impresiones sensoriales, que son el resultado de la estimulación directa de nuestros sentidos. En contraste, la impresión de un objeto como un todo es un pensamiento y no el resultado de un estímulo. Según la idea de Mill, ello venía de nuestra familiaridad o experiencia con el objeto, en el cual, a través de la combinación de varias impresiones sensoriales que siguen principios específicos, se forma nuestra impresión de ese objeto material. Se refería a estos principios como «leyes de asociación».

Mill pensaba que el aprendizaje por asociación ocurría bajo tres condiciones: la primera, las similitudes entre las impresiones sensoriales; la segunda, sus coincidencias temporales, es decir, dos cosas que suceden simultáneamente o en rápida sucesión y, la tercera, la intensidad de las impresiones.

Los intereses de John Stuart Mill eran muy amplios y escribió también a favor de la igualdad con las mujeres. En su libro *The Subjection of* Women se enfrentó a «la subordinación legal de un sexo al otro» y defendió el principio de la igualdad perfecta, sin admitir ni poder ni privilegio en un lado ni discapacidad en el otro. Abriría el camino en una lucha de siglos a favor de los derechos de las mujeres.

A la muerte de Mill, los filósofos británicos criticaron duramente su idea de que la percepción era el resultado de una combinación de impresiones sensoriales. Al parecer, Mill ya sospechaba que esta teoría hacía aguas y señaló: «Cuando muchas impresiones o ideas están operando juntas en la mente, a veces sucede un proceso similar a las combinaciones químicas». Parecía pensar que los elementos mentales se podían combinar de tal manera que, como en una aleación, surgía un contenido que no podía ser desmenuzado en sus elementos originales. En esos casos, según Mill, era más correcto decir que las ideas sencillas generaban otras más complejas en vez de decir que las constituían.

Las corrientes filosóficas del positivismo, materialismo y empirismo generaron un cambio en las bases del conocimiento, el proceso de las sensaciones, el análisis de la experiencia consciente y muchos otros temas clave de la psicología. La suma de estos planteamientos filosóficos con los experimentos que pondrían en marcha los fisiólogos serían las dos corrientes que llevarían al nacimiento de la psicología como ciencia moderna.

Arriba: *El hospital de los locos en Lyon* [François-Auguste Biard, 1833].
Abajo: *El padre Jofré protegiendo a un loco* [Joaquín Sorolla, 1887].

LOS MANICOMIOS

La palabra «manicomio» viene de dos palabras griegas, *manía*, que quiere decir «locura», y *komeîn*, que significa «cuidar». A principio del siglo IX surgió en Persia un nuevo tipo de hospital, el *bimaristán*. El más famoso fue el de Bagdad, construido bajo la dirección del califa abasí Harun al-Rashid. Aunque no estaban dedicados exclusivamente a pacientes con trastornos psiquiátricos, los *bimaristanes* a menudo contenían pabellones para pacientes que mostraban manía u otros trastornos psicológicos. Debido a las normas religiosas y culturales que prohíben en el islam negarse a cuidar a los miembros de la propia familia, los pacientes con enfermedades mentales solo se llevaban a uno de estos centros si demostraban ser violentos, padecer una enfermedad crónica incurable o alguna otra dolencia extremadamente debilitante. Los pabellones de los enfermos mentales solían estar rodeados de barras de hierro debido a la agresividad de algunos de los pacientes.

En Europa, el cuidado de los enfermos mentales en hospitales psiquiátricos llegó desde el mundo musulmán a través de un miembro de la Orden Mercedaria llamado Joan Gilabert Jofré (1350-1417). Este fraile, conocido como el padre Jofré, viajaba con asiduidad a los países islámicos en las misiones de rescate de cautivos cristianos propias de su orden y observó las instituciones donde se recluía y cuidaba a los enfermos mentales en el norte de África. A su vuelta a Valencia, vio a unos jóvenes que golpeaban y se burlaban de un hombre perturbado, al tiempo que gritaban «¡Al loco, al loco!». El sacerdote se interpuso entre los agresores y el enfermo, lo protegió y se lo llevó a la residencia de los mercedarios, donde le dio cobijo, alimento y dispuso que le curasen las heridas. Enardecido por el suceso, volvió a la catedral, donde predicó un vibrante sermón en el que habló de la necesidad urgente de una institución benéfica que acogiera a esos enfermos. Al bajar del púlpito, once valencianos, encabezados por Lorenzo Salom, se le ofrecieron para financiar el proyecto, que se hizo realidad el 9 de marzo de 1409.

Así se fundó un hospicio para enfermos mentales llamado de los Santos Mártires Inocentes, con el objeto de recoger a los pobres dementes y expósitos. Esta fundación fue aprobada por una bula del papa Benedicto XIII (conocido como el antipapa o papa Luna), fechada el 26 de febrero de 1410, y por el rey Martín I de Aragón. Se considera el asilo mental más antiguo del mundo occidental y es tenido por el primer centro psiquiátrico del mundo con una organización terapéutica, pues Jofré indicó que los «enfermos tenían que ser tratados por médicos», algo muy moderno para la época. La capilla del hospital la dedicó a la advocación de Nuestra Señora de los Desamparados, que después sería la patrona de Valencia.

A partir de entonces aquellos que se veían fuera de la sociedad normal por su comportamiento eran confinados en los manicomios. Allí residían personas con enfermedades mentales o con discapacidad, pero también criminales o vagabundos. Aunque fueron fundados por iglesias, órdenes religiosas o tras el impulso caritativo de un noble o un magnate, eran más parecidos a prisiones que a hospitales. Algunos médicos se acercaban a visitar a los internos y les hacían purgas o sangrías, pero la mayoría del tiempo los enfermos estaban tumbados o encadenados a las paredes, sin terapias ni atención, de por vida.

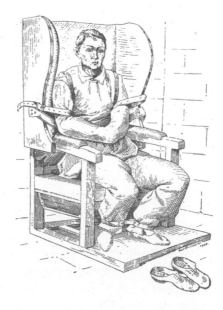

Silla de sujeción y camisa de fuerza. Grabado en madera (E. Tritschler, 1908) [Wellcome Collection].

BEDLAM

Uno de los manicomios más grandes y famosos fue el Hospital de Santa María de Bethlehem, en Londres, donde destacaban la crueldad, los látigos, el abandono y la suciedad. El hospital fue fundado en 1247 como priorato de la nueva Orden de Nuestra Señora de Belén, cuando reinaba Enrique III. Bethlehem (o Bethlem) estaba fuera de las murallas y no se concibió inicialmente como un hospital, y mucho menos como una institución especializada para los dementes, sino como un centro de recogida de limosnas para apoyar a las cruzadas y para vincular a Inglaterra con Tierra Santa. El priorato, dependiente de la iglesia de Belén, también alojaba a los pobres y, en caso de visita, daba hospitalidad al obispo, a los canónigos y a los hermanos de Belén. Así, se convirtió en un hospital, según el uso medieval, «una institución sostenida por la caridad o los impuestos para el cuidado de los necesitados». La guerra de los Cien Años entre Inglaterra y Francia cambió las cosas. Eduardo III no quería que los fondos del hospital se dirigieran a la corte papal de Aviñón y de allí al monarca francés, así que tomó el control del hospital y sus finanzas y ordenó su reorganización.

No está claro cuándo el hospital empezó a especializarse en los enfermos mentales. En el informe de la visita de los comisionados de la beneficencia de 1403 se registró que, entre otros pacientes, había seis reclusos masculinos que eran *mente capti*, un término latino que indica locura. El informe de la visita también señaló la presencia de cuatro pares de grilletes, once cadenas, seis candados y dos pares de cepos, pero no está claro si alguno o todos estos artículos eran para la restricción de los reclusos. La presencia de ese pequeño número de pacientes con una afección mental marca la transición gradual de Bethlem de un diminuto hospital general a una institución especializada en el confinamiento de locos.

Una época bien documentada del Hospital de Belén es cuando Helkiah Crooke (1576-1648) fue nombrado médico-guardián en 1619. El mandato de Crooke se distinguió por su irregular asistencia al hospital y la ávida apropiación de sus fondos. La Junta de Gobernadores siguió refiriéndose a los internos como «los pobres» o «los prisioneros» y su primera designación como pacientes parece haber sido en el Consejo Privado de 1630. Tales fueron las depredaciones de Crooke que una inspección en 1631 informó de que los pacientes estaban «a punto de morir de hambre». Se presentaron cargos contra él ante los gobernadores en 1632 y la investigación subsiguiente reveló que los bienes de caridad y los alimentos destinados a los pacientes habían sido malversados por el administrador, ya fuera para su propio uso o para ser vendidos a los propios internos. Con el tiempo, el nombre del hospital se abrevió a Belén o Bedlam, una palabra que se convertiría en sinónimo de alboroto, locura, caos e irracionalidad en el lenguaje inglés.

Una familia, los Monro, dirigió Bedlam durante 125 años, pasando la dirección del hospital de padre a hijo durante generaciones. Un paciente relató su experiencia en el hospital en un detallado informe donde contó que había sido encadenado, esposado, maniatado con una camisa de fuerza e ignorado durante largas temporadas. Describía al doctor Monro de su época como alguien frío y desinteresado que recetaba los medicamentos antes de ver al paciente. Los Monro se oponían a cualquier innovación, pues nadie podía decirles a ellos lo que había que hacer: «Los teóricos merecen ser sospechosos de demencia», declaró uno de ellos. Los tratamientos que escandalizaban a otros médicos —por ejemplo, un régimen de vómitos inducidos durante un año— no eran perturbadores porque, según ellos, funcionaban. Y los sangrados eran necesarios: «Quédese con sus teorías —declaraba Monro a William Battie— pues yo he visto aquello que cura».

Izqda.: «William Norris, un americano loco» (*Life in Bethlem*; grabado de G. Cruikshank, 1815) [*London in the eighteenth century*, Walter Besant, 1902]. Dcha.: fotografía del pintor Richard Dadd, internado en Bedlam tras matar a su padre tomándolo por el diablo disfrazado, enemigo de Osiris [Henry Hering, ca. 1856].

En los siglos siguientes, las reformas se fueron extendiendo por los hospitales psiquiátricos. John Connolly (1794-1866) defendió quitar las cadenas a los pacientes: era superintendente de un gran manicomio en Middlesex, al sur de Inglaterra, y quiso hacer de él un lugar de respiro y descanso «donde la humanidad reinaría suprema»; animó a la plantilla a registrar las historias de los pacientes para recoger su psicología personal y procedencia social. Alexander Morrison (1779-1866) fue el primero en hacer consultas con los internos. En otra línea, Samuel Gaskell (1807-1886) defendió la no institucionalización, animando a los cuidados en el hogar siempre que fuera posible.

Los manicomios privados no eran siempre instituciones caritativas, también eran empresas con ánimo de lucro y gente como Daniel Defoe había escrito que deberían prohibirse para ser reemplazados por instituciones a las que se concediera una licencia para operar. Era el único modo de poner fin al perverso juego de los maridos que hacían encerrar a sus esposas para poder disfrutar de sus amantes o de los hijos que recluían a sus padres para apoderarse de sus fortunas. En 1774, las indagaciones parlamentarias sobre estos confinamientos delictivos dieron lugar al Acta de Manicomios, que exigía a dichos negocios obtener un permiso y pasar una inspección por parte del Real Colegio de Médicos. Había que vigilar estrechamente a los «carceleros de la mente, pues si se topan con algún paciente que no esté loco, su opresiva tiranía lo enloquece».

Pocos años después se inicia el primer tratamiento moral de los enfermos mentales. En 1788, en Italia, el médico Vincenzo Chiarugi instituyó una serie de reformas que prohibían las cadenas y las palizas y las sustituían por otros tratamientos como el opio para calmar a los pacientes. Fue el inicio de un proceso, asociado a la Ilustración, en el que la locura sería reconceptualizada y se consideraría una pérdida de la razón más que un desequilibrio de humores. El concepto que se fue imponiendo es que hacían falta nuevos tratamientos que permitieran a aquellos desdichados recuperar su salud mental y su brújula moral.

PHILIPPE PINEL (1745-1826)

Pinel fue el gran reformador de los manicomios. Nació en Jonquières, en el sur de Francia, hijo y nieto de médicos. Tras una formación inicial en un colegio religioso, donde estudió Filosofía, Ciencias y Matemáticas, se licenció en la Facultad de Medicina de Toulouse. A continuación, estudió cuatro años más en la Facultad de Medicina de Montpellier, centrándose en la aplicación de las matemáticas y la estadística a la medicina. Llegó como aspirante a médico a París en 1778 y durante la siguiente década fue invitado a unirse a un conocido salón liberal, donde conoció a muchas personas que más tarde llegarían al poder con la revolución, causa con la que simpatizaba. Había trabajado en un sanatorio psiquiátrico privado, pero su gran interés por la locura comenzó tras la muerte por suicidio de un

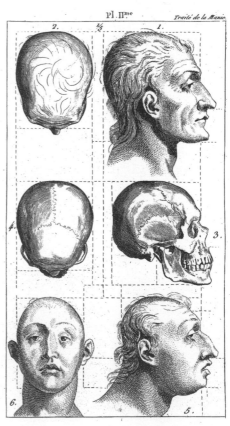

Izqda.: Philippe Pinel [*Centenaire de la Faculté de Médecine de Paris (1794-1894)*, A. Corlieu, 1894]. Dcha.: lámina con imágenes de cráneos y cabezas de enfermos mentales estudiados por Pinel [*Traité sur l'alienation mentale, ou La manie*; Philippe Pinel; 1801].

amigo cercano con problemas mentales. Dada su experiencia en medicina interna, su experiencia psiquiátrica y su amplio conocimiento de la nosología médica, en 1793 fue nombrado «médico de las enfermerías» del Hospital de Bicêtre, que entonces albergaba a cuatro mil hombres, doscientos de los cuales eran enfermos mentales.

Al incorporarse al hospital, Pinel, con la ayuda del gobernador Pussin cambió los tratamientos de los enfermos mentales, incluyó la introducción de la terapia moral y la eliminación de los dispositivos inhumanos de contención. Ordenó que a todos los pacientes se les quitaran las cadenas, se les diera una habitación decente y se les permitiera hacer ejercicio en los espacios libres. Creía que los internos se comportaban como animales por la crueldad con la que habían sido tratados, un planteamiento que retaba la idea generalizada de que era la locura la que generaba aquellos comportamientos incívicos.

En 1794, fue nombrado miembro del cuerpo docente de la Escuela de Sanidad de París y en 1795 de la Salpêtrière, puesto que conservó durante el resto de su vida. Además de su trabajo con los enfermos mentales y de las dos ediciones de su libro de texto, muy leído, Pinel publicó una clasificación autorizada de todas las enfermedades médicas en su *Nosographie Philosophique*, que tuvo seis ediciones entre 1798 y 1818 y contribuyó a su consolidación como uno de los principales nosologos europeos.

Pinel se inspiró en taxonomistas y enciclopedistas de la naturaleza del siglo xviii como Linneo y Buffon y clasificó a los enfermos mentales de los asilos parisinos, refiriéndose con frecuencia a «variedades» y «especies» de locura. Dividió la locura en melancolía, manía, idiotez y demencia y también postuló que algunos pacientes solo tenían locura parcial, eliminó tratamientos como las purgas y las sangrías y en su lugar impulsó la discusión con los pacientes y que se les proveyera de un programa de actividades.

Pinel rechazó las teorías etiológicas metafísicas y altamente especulativas en favor de un enfoque inductivo que utilizaba los datos obtenidos en la observación:

> *Debo mantenerme alejado de [...] toda discusión metafísica o hipótesis sobre la naturaleza, generación, asociaciones o sucesión de las funciones intelectuales o emocionales. Me mantengo estrictamente en la observación...*

Además, abogó por la repetición de las evaluaciones de los pacientes a lo largo del tiempo, algo factible debido a las largas estancias en el hospital. Se basaba en modelos filosóficos de la mente y de la locura y utilizó ampliamente el análisis de las facultades de los pacientes para comprender y clasificar las enfermedades mentales. Se anticipó a los desarrollos posteriores de la nosología psiquiátrica del siglo XIX y desafió los modelos intelectualistas de la locura entonces dominantes. A partir de una base humanista, enfatizó la importancia de los síntomas junto con los signos, argumentó que las pasiones podían ser la causa principal de la enfermedad mental, e intentó inferir las interrelaciones causales en los pacientes psiquiátricos entre las alteraciones del afecto y el entendimiento.

El avance social hizo que la situación de los hospitales psiquiátricos fuese algo inaceptable para las personas de buena posición. Gradualmente la locura se fue considerando como la pérdida de la razón de una persona, más que como un defecto de su alma o de su cuerpo. El paciente se podía recuperar mediante un «tratamiento moral»: disciplina suave, orden y un manejo respetuoso y bienintencionado. ¿Y qué mejor lugar para hacerlo que un pequeño manicomio privado, con buenos servicios y bien gestionado, con su atmósfera familiar y su entorno controlado? Los Tukes, una rica familia de comerciantes de té, crearon una institución que cambiaría la forma de afrontar la enfermedad de mental en Europa: el Retiro de York.

El detonante inicial fue que los cuáqueros sentían que aquellos de sus miembros que sufrían un problema mental eran maltratados en Bedlam y otros manicomios públicos. William Tuke estableció un centro que comparaba a un hogar para niños, pero en el que había una idea clara: que la enfermedad mental era un estado del que una persona afectada podía salir si recibía un tratamiento correcto, al igual que en otro hospital. Tuke creía que la paciencia, la benevolencia y los cuidados personales serían recompensados con mejoras en la salud mental de los pacientes. La nueva institución reflejaba un cambio sustancial: que había esperanza para aquellas personas. El Retiro de York se convirtió en una referencia para el abordaje de la enfermedad mental.

Su influencia se extendió más allá de sus propias paredes. En 1813 Samuel Tuke (1784-1857) envió un informe demoledor a una comisión del parlamento que había sido nombrada por el Gobierno británico para conocer la situación de los manicomios. Describía cómo el tratamiento en Bedlam era una sucesión de escándalos y mala gestión y lo comparaba con los métodos y filosofía del Retiro de York. Poco a poco se empezó a cambiar la mirada y la sociedad fue asumiendo que la enfermedad mental era una condición médica que necesitaba un personal bien formado y tratamientos adecuados.

JOHN HASLAM (1764-1844)

Años después, las cosas no habían cambiado mucho en Bedlam. Haslam nació en Londres y se formó como boticario en los United Borough Hospitals y, durante un par de años, en Edimburgo, donde asistió a clases de Medicina y Química en 1785 y 1786. Después trabajó durante años como boticario de Bedlam, en Londres, y consiguió tener un conocimiento práctico de las enfermedades nerviosas. Así se hablaba de él años más tarde:

> Uno de los más exitosos practicantes y hábiles escritores sobre esta rama de la práctica médica [la locura] es el Dr. Haslam. Toda su vida se ha dedicado a la investigación de la locura, y habiendo estado vinculado durante tantos años a un gran público y a un establecimiento privado para la cura de esta clase de enfermedades, se le considera un oráculo en la materia, y se le pide parecer en todos los casos en disputa de cualquier importancia. Este eminente «doctor de locos», como se le llama, es un pensador muy original. Sus obras son consideradas como las producciones más capaces que han aparecido en este o cualquier otro país, sobre el tema de la enajenación mental, y son ampliamente citadas y leídas por todos los que desean llegar a un correcto conocimiento de esta importante e interesante rama de la ciencia [...]. El Dr. Haslam está ahora en el ocaso de la vida [...]. En la vida privada es muy apreciado. Posee una disposición benévola y es muy querido por un gran círculo de amigos y parientes que lo admiran.

Sin embargo, esta buena imagen se truncó con la visita de inspección del Comité Selecto sobre Manicomios. Haslam explicó que «poseía extractos de los registros que se remontaban a 1577, que asistía al hospital con mucha regularidad e iba cada una de las galerías, y, si había un paciente que deseaba visitar en particular, veía a esa persona». También indicó que «llegaba al hospital a las once, se quedaba media hora, o a veces más, y nunca se había ausentado del hospital más de tres días, y siempre con licencia del Tesorero». Si surgía alguna emergencia, el Dr. Haslam era la única persona que podía ser llamada, pero como los pacientes estaban encerrados en sus celdas todas las noches, no había avisos nocturnos.

Las declaraciones de Haslam no estaban calculadas para aplacar la comisión, que iba con la idea de que aquello era un desastre y había que cambiar cosas. El Bethlehem Hospital era comparado desfavorablemente con otros manicomios más modernos, especialmente con el Retiro de York, y con el

St Luke's, bajo la dirección de William Battie y sus sucesores. Las respuestas de Haslam son algo arrogantes y nos dan algunas claves de su carácter. Tenía una buena opinión de sí mismo y declaró: «[Estoy] tan regido por mi propia experiencia que no he estado dispuesto a escuchar a aquellos que tenían menos experiencia que yo». La espinosa cuestión de la restricción de los pacientes se trató con cierta displicencia y Haslam mantuvo con firmeza que las sujeciones utilizadas en Bedlam eran por el bien de los pacientes. Sin embargo, fue despedido por los gobernadores en 1816, lo que fue para él una catástrofe profesional y personal.

Unos meses después, el 17 de septiembre de 1816 obtuvo un título de doctor en Medicina por la Universidad de Aberdeen y reconstruyó su carrera como médico en Londres. Para cumplir con las normas del Colegio de Médicos de Londres, se inscribió en el Pembroke College de Cambridge, donde cursó algunas asignaturas, pero no obtuvo ningún título.

Haslam se distinguió en la práctica privada por su sensibilidad clínica, mientras que sus publicaciones científicas y sus contribuciones a publicaciones periódicas le dieron una sólida reputación profesional. En una edición de 1809 de una obra sobre la locura, incluyó una descripción detallada del caso de James Tilly Matthews, que es uno de los registros más tempranos y claros de la esquizofrenia paranoide. Aunque se recicló como médico tras el despido de Bedlam, Haslam cayó en la ruina y se vio obligado a vender su biblioteca. Murió el 20 de julio de 1844, a la edad de 80 años.

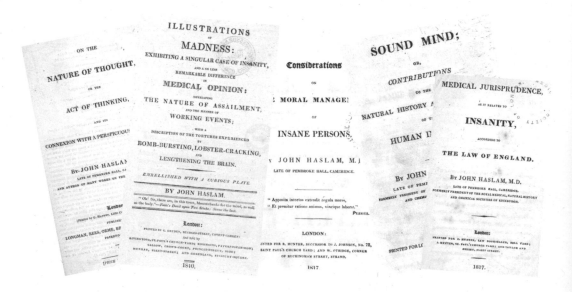

MARY WOLLSTONECRAFT (1759-1797)

Wollstonecraft nació en Spitalfields, Londres. Aunque su familia tenía una buena situación económica cuando ella era niña, su padre la fue dilapidando en operaciones especulativas. En consecuencia, la situación económica de la familia se volvió frágil y se vieron obligados a mudarse con frecuencia durante la juventud de Wollstonecraft. La situación financiera de la familia llegó a ser tan precaria que su padre la obligó a entregar el dinero que habría heredado al llegar a la madurez. Además, al parecer era un hombre violento que golpeaba a su mujer en sus borracheras. De adolescente, Wollstonecraft solía tumbarse ante la puerta de la habitación de su madre para protegerla y también desempeñó un papel maternal similar para sus hermanas, Everina y Eliza, a lo largo de su vida. En un momento decisivo, en 1784, convenció a Eliza, que sufría lo que probablemente era una depresión posparto, para que dejara a su marido y a su hijo; hizo todos los arreglos para que Eliza huyera y con ello demostró estar dispuesta a desafiar las normas sociales. Los costes humanos, sin embargo, fueron graves: su hermana sufrió la condena social y, al no poder volver a casarse, se vio condenada a una vida de pobreza y trabajo duro.

Mary Wollstonecraft. Grabado de James Heath según John Opie (ca. 1797) [Library of Congress].

Whispering in school [*Remember rhymes*, Arthur Alden Knipe, 1914].

Wollstonecraft es conocida por ser la madre de Mary Shelley, la muchacha que a los dieciocho años escribió *Frankenstein o el moderno Prometeo*. En su época, las mujeres tenían un estatus mucho más bajo que los hombres, incluso en los países más desarrollados y eso se debía, entre otros motivos, a que sus ocupaciones laborales eran de menor nivel, menor exigencia académica y menor remuneración. Ellas se encargaban de los aspectos más «sucios» y los que implicaban mayor contacto personal, por lo que fueron asumiendo el cuidado de los grupos más problemáticos, como los niños, los pobres, los inmigrantes y los enfermos. Poco a poco fueron ocupando los escalones inferiores de los trabajos sociales y sanitarios, y maestras y enfermeras se convirtieron en dos profesiones intrínsecamente femeninas, mientras que los puestos de mayor estatus y salario quedaban en manos de hombres.

Wollstonecraft escribió *A vindication of the rights of women* (1792), donde argumentaba que las mujeres tenían derecho a la educación y afirmaba:

> *... los libertinos exclamarán que las mujeres se volverían asexuadas al adquirir fortaleza de cuerpo y espíritu y que la belleza, esa belleza blanda y embrujadora, no adornará por más tiempo a las hijas del hombre. Soy de una opinión muy diferente puesto que creo, por el contrario, que veremos una belleza digna y con verdadera gracia.*

Uno de los aspectos en los que más incidió fue el derecho de las mujeres a la educación. Argumentó que, donde a los niños y niñas se les permitía estudiar juntos, se inculcaba una decencia que producía modestia y respeto sin las diferencias sexuales que echaban a perder la mente.

Seguía las ideas de Locke de que la mente era una *tabula rasa* donde la experiencia debe escribir, pero también creía que una mente correctamente educada podía descubrir cosas por sí misma por lo que la habilidad de deducir las implicaciones de lo que uno ha aprendido debería ser un objetivo principal de la educación. La capacidad de tener pensamiento independiente solo podía cultivarse por un sistema educativo que animase esta forma de comportamiento y no requiriese a los niños simplemente imitar a sus profesores y seguir de forma ciega sus instrucciones.

Wollstonecraft tenía una visión sofisticada de la relación entre emoción y razón. La emoción se consideraba un proceso corporal menos abstracto y «psicológico» que la razón. Un estereotipo común era que las mujeres eran más emocionales y los hombres más racionales. Si eso se extendía a que los perfiles emocionales eran más susceptibles de una alteración mental, empezaba a convertirse en peligroso. Sin aceptar este postulado, Wollstonecraft asumía que las mujeres estaban más influidas por sus sentimientos que los hombres, pero introdujo la idea de que las emociones no eran meramente agitaciones orgánicas y sugirió que un sentimiento podía proporcionar un punto de vista de una situación que complementaba el punto de vista generado únicamente desde la razón. Usaba el término «sensibilidad» para referirse a este aspecto de las emociones:

> *La sensibilidad no es un frío cálculo de lo que es correcto; es una calidez espontánea de una emoción virtuosa. Para usar las convenciones literarias, la razón es el trabajo propio de la cabeza, la sensibilidad es el trabajo propio del corazón.*

En los siglos xix y xx, la sociedad se sintió más cómoda con la idea de que la emoción proporcionaba información sobre nosotros mismos y los demás que no se podía obtener de otra manera, un argumento que se expresaba con frases como «estar en contacto con nuestros sentimientos». Al principio las emociones no tenían un estatus comparable al de la razón o la voluntad, pero el interés fue creciendo y la psicología de las emociones, gracias a las ideas de Wollstonecraft y otros, se convirtió en una parte central de la psicología.

Wollstonecraft se suele incluir en lo que se ha llamado la tradición utópica de la psicología. Muchos psicólogos han intentado activamente mejorar tanto el bienestar suyo como el de los demás cambiando la naturaleza de la sociedad en la que viven. Ese activismo social es parte clave de la psicología del siglo xx.

Un hombre desnudo inconsciente tendido sobre una mesa siendo atacado por pequeños demonios armados con instrumentos quirúrgicos (efectos del cloroformo) [Richard Tennant Cooper, 1912].

Retrato de Ernst Weber (detalle) [*Some apostles of physiology*, William Stirling, 1902].

DE LA FISIOLOGÍA A LA PSICOLOGÍA

ERNST WEBER (1795-1878)

Ernst Heinrich Weber era hijo de un teólogo y hermano de un físico y de un anatomista. Estudió Ciencias Naturales en Wittenberg, pero fue evacuado a Leipzig debido a las guerras napoleónicas y allí completó sus estudios, se doctoró y se habilitó, procedimiento necesario para el acceso a los puestos de profesor universitario. En 1818 se convirtió en profesor asociado de Medicina y Anatomía comparada y en 1821 obtuvo finalmente una plaza de profesor de Anatomía. Weber también participó en las tareas de organización de la Universidad de Leipzig y fue rector de su *alma mater* en dos ocasiones.

Weber fue uno de los primeros fisiólogos que aplicaron los métodos experimentales a problemas psicológicos. Realizó importantes estudios sobre la mecánica de la marcha y sobre el sentido de la presión, la temperatura y la localización de estas facultades en la piel humana y destacó también por su énfasis en las buenas técnicas y la calidad de los experimentos. Hasta entonces se pensaba que no era posible estudiar científicamente la mente porque no se podía describir en términos matemáticos. Su estudio sobre el tacto publicado en 1834 condujo a la investigación sobre la habilidad para percibir diferencias en las sensaciones, lo que constituyó un avance importante: la investigación sobre los órganos de los sentidos se había centrado en los más sofisticados, como la vista y el oído, pero él exploró nuevos campos en territorios más simples: la sensibilidad de la piel y las sensaciones musculares. Junto con Gustav Theodor Fechner (1801-1887), Weber fue uno de los fundadores de la psicología experimental y la psicofísica. La ley Weber-Fechner se basa en su trabajo y establece un valor que tendría mucho recorrido: la «diferencia apenas perceptible» (*just-noticeable difference*) que, por ejemplo, para discriminar entre pesos, era una cantidad equivalente a 1/30 del peso superior.

Uno de sus experimentos más conocidos es la exactitud en la discriminación entre dos puntos de la piel, es decir, en qué momento dos puntos que se van separando eran percibidos como dos estímulos diferentes. Fue la primera demostración experimental y sistemática del concepto de umbral, una idea que tendría gran importancia en el desarrollo de la psicología y que se aplicaría a temas muy diversos, tales como en qué momento las ideas inconscientes se hacen conscientes. En 1825 describió el llamado «experimento de Weber» para comprobar un trastorno auditivo. Fue el primero en establecer la lateralización (amplificación unilateral de la percepción del sonido) en determinadas circunstancias.

La investigación de Weber llevó a la formulación de la primera ley cuantitativa de la psicología. Quería determinar cuándo las diferencias se volvían detectables. Para ello se servía de pesos similares y exploraba cuándo se notaba por primera vez que eran diferentes. En sus experimentos encontró que la diferencia era una proporción constante 1:40. Un peso de 41 grados se notaba que era diferente de uno de 40, o uno de 82 de uno de 80, pero también vio que la discriminación era más sensible cuando la persona cogía los dos pesos por sí misma en vez de que se los pusieran en las manos. Planteó que cuando la persona levantaba los pesos intervenían sensaciones táctiles y musculares, pero cuando se le ponían ambos pesos en las palmas, solo intervenían las táctiles, lo que generaba una peor discriminación . Vio también que las diferencias variaban en la discriminación visual y planteó que la diferencia entre dos estímulos era consistente para cada uno de los sentidos, pero que difería entre ellos.

Los experimentos de Weber avivaron el interés por los aspectos psicológicos de la percepción y por otros fenómenos psicológicos y abrieron camino a una investigación que llega hasta nuestros días. Además, los estudios de Weber y Fechner eran la prueba de que Kant se equivocaba, la psicología podía ser una ciencia basada en la medición.

HERMANN VON HELMHOLTZ (1821-1894)

Helmholtz nació en Potsdam, donde su padre enseñaba en un Gymnasium, un centro de secundaria que preparaba a los alumnos para el ingreso en la universidad. Fue médico, fisiólogo y físico. Polímata, hizo importantes contribuciones a la óptica, la acústica, la electrodinámica, la termodinámica y la hidrodinámica. Formuló la ley de conservación de la energía, fue el primero en medir la velocidad de conducción nerviosa y su trabajo fue fundamental en el desarrollo de la teoría de los tres colores en la visión. Fue uno de los científicos más influyentes de su época y se le conocía como el «canciller de Física del Reich», en alusión al poder y el prestigio que, como Bismarck, ostentó en su ámbito.

Se dice que de su madre heredó la calma y la perseverancia, cualidades que le acompañaron durante toda su vida científica, mientras que de su padre recibió una importante formación cultural, pues le instruyó en el conocimiento de las lenguas clásicas, francés, inglés e italiano, además de formarle en la filosofía de Immanuel Kant y de Fichte.

La familia no tenía una situación económica boyante y Helmholtz estudió Medicina en el Instituto Médico-Quirúrgico Friedrich Wilhelm de Berlín, un centro que no cobraba matrícula a los alumnos si se comprometían a servir como cirujanos militares tras su graduación. De modo que tras su graduación Helmholtz se incorporó al Ejército durante siete años, tiempo en el que continuó sus estudios de Física y Matemáticas. El puesto de médico militar le dejaba bastante tiempo libre, por lo que habilitó un barracón para transformarlo en laboratorio. Sería ese modesto lugar el escenario de sus primeras investigaciones, como las que realizó sobre la producción de calor durante la contracción muscular. Su investigación demostró que el calor no era transportado por la sangre o los nervios, sino que era producido por los propios músculos. Así dedujo un equivalente mecánico del calor, hallando la formulación exacta del principio de la conservación de la energía, que incorporó en su disertación de 1847 *Über die Erhaltung der Kraft* (*Sobre la conservación de la energía*). Con este trabajo sugería que no existían unas «fuerzas vitales» que movían los músculos y rechazaba la tradición especulativa de la filosofía natural, corriente mayoritaria en la fisiología alemana del momento. En 1848, por recomendación de Alexander von Humboldt, que tenía un gran prestigio, fue liberado anticipadamente del compromiso militar y pasó a enseñar Anatomía en la Academia de Artes de Berlín.

En 1849 fue nombrado profesor de Fisiología y Patología en Königsberg. Sin embargo, su esposa, que padecía tuberculosis, no podía soportar el duro clima de Prusia Oriental y en 1855, de nuevo con el apoyo de Humboldt, Helmholtz se trasladó a Bonn para ocupar la cátedra vacante de Fisiología. Allí residió en la Villa Vinea Dominim, un palacio barroco en medio de viñedos. En 1858, Helmholtz aceptó una cátedra en Heidelberg, donde trabajó hasta 1870 como primer titular de la cátedra de Fisiología y donde tuvo como ayudante a Wilhelm Wundt.

Helmholtz, que tenía una productividad pasmosa, aportó en diversos campos del saber. En 1851, revolucionó la oftalmología con la invención del oftalmoscopio, un aparato que permitía examinar el interior del ojo humano, y del oftalmómetro, que se usaba para determinar los radios de curvatura de la córnea, lo que le hizo mundialmente famoso. En aquella época, los intereses de Helmholtz se centraban cada vez más en la fisiología de los sentidos. Su principal publicación, titulada *Handbuch der physiologischen Optik* (*Manual de óptica fisiológica*), proporcionaba teorías empíricas sobre la percepción de la profundidad, la visión del color y la percepción del movimiento, y se convirtió en la obra de referencia en su campo durante la segunda mitad del siglo XIX. En 1852, Helmholtz demostró que tres colores primarios son suficientes para producir todos los demás.

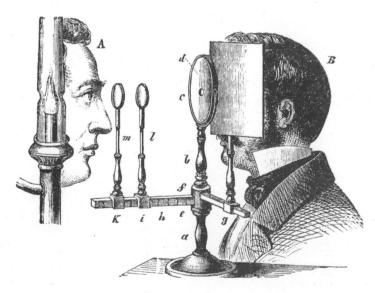

Ilustración del oftalmoscopio de Ruete en el *Manual de óptica fisiológica* de Helmholtz (1897).

Conjeturó que, por lo tanto, la retina debía tener tres tipos de células foto-rreceptoras dedicadas al color, tal y como se demostró posteriormente. En el tercer y último volumen de su obra, publicado en 1867, Helmholtz describió la importancia de las inferencias inconscientes para la percepción. Su fisiología sensorial fue la base del trabajo de Wilhelm Wundt.

Helmholtz suponía que la transmisión nerviosa entre los órganos sensoriales y la mente era un proceso pasivo. La distorsión del estímulo se produce físicamente en los órganos de los sentidos, que por tanto pueden ser tratados mediante analogías mecánicas. Los estímulos se convierten en percepciones conscientes a través de procesos mentales que son esencial-mente análogos a la inferencia consciente e inductiva y que, por tanto, son susceptibles, en principio, de investigación introspectiva. Esta visión de la función mental reflejaba la deuda intelectual de Helmholtz con el idealismo alemán, especialmente con las ideas filosóficas de J. G. Fichte, y fue la base del influyente concepto de las «inferencias inconscientes».

Helmholtz también fue un investigador clave en el estudio científico de la música. Johann Friedrich Herbart había adoptado un enfoque científico de la estética musical y de la percepción de la música que reevaluaba el proceso de escucha como un fenómeno altamente complejo y lógico. Al abrir la música a una investigación psicológica científica, Herbart influyó en la obra seminal de Helmholtz, *Sobre las sensaciones del tono* (1863), basada en la fisiología y la acústica, que el autor consideraba un requisito previo para la estética musical y la teoría de la música. En esta obra desarrolló una teoría matemática para explicar los armónicos, la teoría de la resonancia de la audición y postuló que las sensaciones tonales eran la base fisiológica de la música. A su vez, Helmholtz inspiró al filósofo y psicólogo Carl Stumpf para que siguiera investigando la percepción musical a partir de 1883. Para Stumpf, la música era un paradigma para la psicología experimental, ya que las funciones y los fenómenos mentales podían estudiarse en detalle en la experiencia musical.

En las discusiones epistemológicas, Helmholtz se ocupó de los problemas de contar y medir, así como de la validez general del principio de acción mínima. A partir de sus investigaciones sobre óptica y acústica, modificó el concepto clásico de percepción, y rechazó la existencia de formas fijas de percepción a diferencia de las ideas de Kant. El modelo de cuatro fases del proceso creativo (preparación, incubación, iluminación y verificación) se remonta a las observaciones de Helmholtz.

Helmholtz dejó una huella indeleble en la ciencia. Fue un predecesor del enfoque científico multidisciplinar y su contribución a la física (la ley de la sostenibilidad de la energía, la energía libre de Helmholtz, las ecuaciones de Gibs-Helmholtz, la teoría de Helmholtz del flujo de líquidos rotativos, el ciclo oscilatorio de Helmholtz, la ecuación de las ondas de Helmholtz) y a la medicina (el oftalmoscopio, la teoría de los colores de Young-Helmholtz, la de la visión, la medida de la velocidad de transmisión del impulso nervioso, el estudio del habla y el tono de voz, la transferencia del sonido a los nervios…) fue indispensable para el desarrollo científico de la psicofísica.

Uno de esos aspectos clave fueron los estudios sobre la velocidad del impulso nervioso. Llevó a cabo sus investigaciones con rigurosa precisión matemática, utilizó diferentes preparaciones biológicas y adaptó las tecnologías de la Revolución Industrial para que le proporcionaran información. Su apreciable habilidad técnica, combinada con una inteligencia igualmente formidable, le permitieron en 1850 averiguar la velocidad de propagación de las señales en los nervios, entonces un problema fundamental en el competitivo campo de la fisiología nerviosa y muscular. Sin embargo, sus contemporáneos no le creyeron.

Utilizó la preparación favorita del fisiólogo, un gran músculo de rana todavía unido a su largo nervio, y con ella concluyó que la velocidad de conductancia era de unos 27 metros por segundo. A una comunidad científica escéptica, familiarizada ya con las velocidades de la luz y el sonido, le pareció una lentitud improbable. Helmholtz desarrolló entonces otra habilidad: la comunicación científica. Decidió generar una prueba visible de

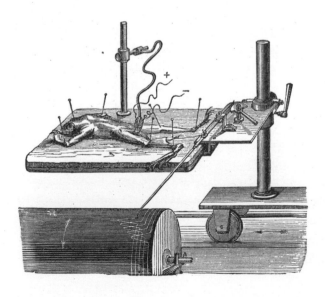

Helmholtz patentó un miógrafo (un dispositivo para la medición experimental de las contracciones musculares y el tiempo de reacción) que luego perfeccionó Marey con el que se muestra a la izquierda, de modo que podía «operar un músculo» sin que se desprendiera del animal y «mantener el órgano en las condiciones normales de su función». La rana se muestra fijada mediante alfileres a un trozo de corcho [*Animal mechanism: a treatise on terrestrial and aërial locomotion*, Étienne Jules-Marey, 1874].

El físico Hermann von Helmholtz (detalle) [Ludwig Knaus, 1881].

su afirmación y utilizó curvas dibujadas por el propio músculo de la rana, que se contraía tras la estimulación eléctrica de su nervio. Para ello, utilizó un tambor de cristal fabricado a partir de una copa de champán con la superficie ahumada y lo hizo girar lo suficientemente rápido como para que el estilete pudiera rayar en el hollín la forma y el curso temporal de una contracción muscular completa. Comparó las curvas que se producían cuando el nervio se estimulaba cerca o lejos del músculo. A partir del desplazamiento de la curva, calculó la velocidad de propagación de la señal en el nervio y obtuvo el mismo valor que había calculado con su método electromagnético.

Esas curvas originales nunca se publicaron y se creía que se habían perdido. Pero, en el verano del 2009, el historiador de la ciencia alemán Henning Schmidgen las encontró escondidas en los archivos de la Academia de Ciencias de París. A día de hoy, los tiempos de reacción siguen siendo una de las variables dependientes más populares en psicología experimental. Helmholtz vivió rodeado del afecto de sus contemporáneos y era apreciado y considerado por sus seguidores y compatriotas. Según Ostwald, «solía dar conferencias de forma tan clara y concisa que podrían haber sido, sin ningún cambio, publicadas en forma de libro de texto».

CARL STUMPF (1848-1936)

Stumpf nació en una familia de médicos en Wiesentheid, Baviera. Estuvo en contacto con la ciencia desde la infancia temprana, pero desarrolló un interés aún mayor por la música. A los siete años empezó a estudiar violín y llegó a dominar otros cinco instrumentos y, a los diez años, ya componía música. Stumpf era un niño enfermizo, por lo que su educación temprana se llevó a cabo en casa con su abuelo como tutor.

En la Universidad de Wurzburgo pasó un semestre estudiando Estética y otro estudiando Derecho. Luego, en su tercer semestre, conoció a Franz Brentano, quien le enseñó a pensar de forma lógica y empírica. Brentano también animó a Stumpf a seguir cursos de ciencias naturales porque consideraba que tanto la teoría como los métodos de la ciencia eran importantes para los filósofos. Después, se doctoró en la Universidad de Gotinga en 1868, fue tutor del escritor modernista Robert Musil en la Universidad de Berlín y trabajó con Hermann Lotze, famoso por sus trabajos sobre la percepción, en Gotinga. Stumpf es conocido por sus trabajos sobre la psicología de los tonos. Tuvo una importante influencia en sus alumnos Wolfgang Köhler y Kurt Koffka, responsables de la fundación de la psicología de la Gestalt, así como en Kurt Lewin, que también formó parte del grupo de la Gestalt y fue clave en el establecimiento de la psicología social experimental en América.

Stumpf comenzó su trabajo sobre la sensación y percepción de los tonos, titulado *Tonpsychologie* (*Psicología de los tonos*), en 1875. Se considera su mayor contribución a la psicología, para cuyo estudio emplea una combinación de análisis teórico y observaciones empíricas. Discute los intervalos y las series de notas, junto con los tonos individuales. Distinguió entre fenómenos y funciones mentales, sugiriendo que fenómenos como los tonos, los colores y las imágenes son sensoriales o imaginarios. Stumpf denominó «fenomenología» al estudio de estos fenómenos y realizó una amplia gama de estudios sobre las características fenomenológicas de los sonidos de los distintos instrumentos, los determinantes de la melodía, la fusión tonal y la consonancia y disonancia de los tonos. Esta investigación fue posible gracias a la excelente colección de aparatos acústicos de que disponía Instituto de física. El trabajo de Stumpf sobre la fenomenología influyó en Edmund Husserl, que es considerado el padre de la escuela de fenomenología.

Stumpf está también considerado uno de los pioneros de la musicología comparada y la etnomusicología, como se documenta en su estudio sobre los orígenes de la cognición musical humana titulado *Los orígenes de la música* (1911). Allí recogió grabaciones de música primitiva de países todo el mundo.

Stumpf (dcha.) grabando a unos músicos tártaros en Fráncfort, 1915 (detalle)
[a partir de Museo de Etnografía de Berlín; Jean-Pierre Dalbéra; CC BY 2.0].

Sus primeros trabajos se centraban en la percepción del espacio, pero su obra sobre la música lo situó solo por debajo de Helmholtz en sus estudios de acústica y fue probablemente el primero en la psicología de la música. Stumpf publicó una teoría de las emociones que reducía los sentimientos a sensaciones, una idea relevante para las teorías cognitivas de la época.

Ocupó puestos en los departamentos de Filosofía de las universidades de Gotinga, Wurzburgo, Praga, Múnich y Halle antes de obtener una cátedra en la Universidad de Berlín, el puesto más deseado en su época. Consiguió que su laboratorio, inicialmente formado por tres pequeñas habitaciones, se convirtiera en un importante instituto con unas excelentes instalaciones; y se le consideraba el principal rival de Wundt, aunque su investigación nunca alcanzó la amplitud y alcance del laboratorio de este otro. Stumpf recogió muestras de música de todo el mundo y en 1900 estableció el Archivo Fonográfico de Berlín, para alojar miles de cilindros de Edison, el primer sistema comercial de registro de sonidos, que había reunido con la ayuda de viajeros y que se convirtió en una de las principales colecciones de música del mundo. En América, Carl Seashore, uno de los primeros psicólogos científicos, desarrolló un amplio programa de pruebas para medir la aptitud musical. Las Medidas Seashore del Talento Musical se convirtieron en la herramienta estándar para el acceso a las mejores escuelas de música americanas. Stumpf fue uno de los psicólogos alemanes que, trabajando de forma independiente de Wundt, contribuyó a ampliar los límites de la psicología y abrir nuevos campos de experimentación y conocimiento.

GUSTAV FECHNER (1801-1887)

Fechner nació en Groß Särchen, en la Baja Lusacia, parte entonces del departamento de Dresde, y allí asistió a la Kreuzschule, pero fue despedido después de un año y medio con las palabras: «Tienes que irte, ya no puedes aprender nada con nosotros». Así fue como el joven de dieciséis años se matriculó como estudiante de Medicina en la Universidad de Leipzig, donde asistió a las clases de Ernst Heinrich Weber sobre Fisiología y de Carl Brandan Mollweide sobre Álgebra. Permaneció en Leipzig el resto de su vida.

Fechner no se consideraba muy talentoso como médico, especialmente para la labor asistencial, y se sentía poco inclinado hacia el ejercicio de la práctica médica por la poca confianza que tenía en sí mismo. Su escepticismo sobre la medicina se refleja en sus primeras publicaciones, con un claro toque satírico, como la titulada *Prueba de que la Luna está hecha de iodo*. Por eso, a pesar de aprobar el examen médico, que le habría permitido ejercer, se ganaba la vida traduciendo libros de texto de Física y Química del francés al alemán.

El profesor G. H. Fechner [*On life after death, from the german of Gustav Theodor Fechner*; Hugo Wernekke, 1914].

En 1828, Fechner fue nombrado profesor asociado y seis años más tarde, en 1834, se convirtió en profesor de Física en la Universidad de Leipzig. En 1835 fue designado director del recién inaugurado Instituto de Física, en la actualidad uno de los más antiguos de Alemania. Sin embargo, en 1839 tuvo que renunciar al puesto de profesor por razones de salud, pues el exceso de trabajo y la intensa experimentación lo condujeron a un agotamiento psíquico y físico; en particular, sus experimentos sobre los fenómenos subjetivos del color y la luz, en lo que tenía que mirar fijamente al sol durante largos intervalos de tiempo, dañaron su vista de por vida. A ello siguió una convalecencia de tres años en la que después de que fracasaran muchos tratamientos médicos diferentes y de que el régimen de reposo recomendado tampoco le aportara ningún avance significativo, empezó a realizar algunas actividades que le hacían sentirse mejor. En sus memorias describe detalladamente cómo pudo influir en su proceso de curación la atención orientada a objetivos y también cómo se dio cuenta de que podía desprenderse de los pensamientos obsesivos si prestaba especial atención a los sonidos de su entorno. Además observó que podía lograr resultados positivos exponiéndose brevemente a estímulos intensos. Describió toda su situación con estas palabras: «una especie de etapa larvaria, tras la que me sentí de nuevo rejuvenecido y con nuevos poderes para poder salir a esta vida».

Fechner empezó a ofrecer una serie de cursos informales sobre una amplia variedad de temas filosóficos, en consonancia con su credo personal:

Uno debe enseñarse a sí mismo y a otros [...] para conseguir tanto placer como sea posible y aprender tanto como sea posible sobre todo lo que pueda promover la felicidad en el mundo.

Fechner tuvo una carrera activa, diversa y fructífera. Fue fisiólogo durante siete años, físico durante quince, psicofísico durante catorce, esteta durante once y filósofo durante cuarenta, pese a que su discapacidad lo acompañó durante más de una década. En 1839, cuando Wundt tenía solo siete años, Gustav Fechner realizó los primeros experimentos que pueden identificarse como psicológicos. Se le considera el padre de la psicofísica, que establece la relación entre el objeto, el estímulo físico y la percepción y que es desde entonces una de las áreas más rigurosas de la investigación psicológica. En un primer momento, él pensó en denominarla «psicología matemática»; para él, el objetivo de la psicofísica era «describir la doctrina exacta de la relación funcional o de dependencia entre el cuerpo y el alma, en general entre el mundo corporal y el espiritual, el físico y el psíquico». Fechner distinguía entre la psicofísica externa, que trata de la relación entre el ambiente mental y el ambiente físico exterior y la psicofísica interna, que trata de la relación entre los sucesos mentales y el ámbito interior del cuerpo.

El 22 de octubre de 1850 Fechner tuvo una inspiración mientras estaba en la cama por la mañana. Pensó que podía establecer una conexión entre la mente y el cuerpo si establecía una relación cuantitativa entre una sensación mental y un estímulo material. Un aumento en la intensidad de un estímulo —argumentaba Fechner— no producía un incremento comparable en la intensidad de la sensación. Entonces pensó que quizá un incremento en el estímulo que siguiera una progresión geométrica se correspondería con un aumento aritmético en la sensación, idea basada en la ley de Weber. Lo que implicaba es que la cantidad de sensación (la calidad mental) dependía de la cantidad del estímulo (la calidad física) y, por tanto, para medir el cambio en la sensación debíamos medir el cambio en la estimulación. El resultado inmediato de esta idea inspirada de Fechner fue la reorientación de su investigación psicofísica hacia la búsqueda del establecimiento de la relación matemática entre el mundo mental y el material. Esta línea incluyó experimentos sobre pesos, brillo visual, distancia visual y distancia táctil, entre otros.

Entre 1851 y 1860, Fechner desarrolló tres métodos para hallar la diferencia entre dos sensaciones separadas: diferencias apenas perceptibles, casos correctos e incorrectos y error medio. Los métodos, documentados en *Elemente der Psychophysik*, siguen utilizándose hoy en día y preceden en más de veinte años a las exploraciones de Wundt. Su idea era medir los eventos mentales, pero hacerlo con aparatos científicos y en términos comprensibles para la física.

El método del error medio consistía en que los voluntarios ajustaran un estímulo variable hasta que lo percibieran igual que un estímulo estándar constante. Tras una serie de pruebas, la media y el valor de las diferencias entre el estímulo estándar y las medidas en los sujetos representaba el error de observación. Esta técnica es útil para medir los tiempos de reacción, así como las discriminaciones visual y auditiva. En sentido amplio, es fundamental para gran parte de la investigación psicológica; cada vez que calculamos una media estamos esencialmente usando el método del error medio.

El de los estímulos constantes es un método que incluye dos estímulos iguales y cuyo objetivo es medir la diferencia del estímulo requerida para conseguir una proporción dada de juicios correctos. Por ejemplo, los sujetos levantan un peso de 100 gramos y luego levantan otro de 88, 92, 96, 104 o 108 gramos. Los participantes deben valorar si el segundo peso es superior, inferior o igual al primero.

Pesos experimentales empleados por Fechner para valorar la percepción subjetiva de los individuos en respuesta a unos mismos estímulos [*Elemente der Psychophysik*; Stahnisch, F. W. (2015). Objectifying "Pain" in the Modern Neurosciences..., *Brain Sci*, 5(4); CC BY 4.0].

Los últimos trabajos de Fechner titulados *On the Matter of Psychopysics* (1877) y *Revision of Psychophysics* (1882) contenían sus réplicas a las discusiones y críticas sobre sus obras previas. En una carta a Wundt fechada en 1866 escribía:

> Es mi visión general que hay demasiada computación en la psicofísica moderna y demasiada poca experimentación [...]. Creo que el pensamiento matemático se ha desperdiciado en experimentos sin valor. Habría sido mejor recoger más y mejores resultados.

A Fechner le interesó también la estética. Usó diversas aplicaciones de sus métodos psicofísicos para el estudio de las preferencias artísticas y recogió información empírica sobre lo que la gente consideraba hermoso. También hizo una investigación sobre dos obras de Hans Holbein, la *Madonna* de Darmstadt y la de Dresde para ver si eran o no auténticas. Por entonces se creía que la autenticidad de las pinturas podría determinarse simplemente comparando la belleza de ambas. Es decir, mucha gente pensaba que si un cuadro podía juzgarse de algún modo más bello que el otro, ese cuadro sería la obra original de Holbein. Por supuesto, ambos cuadros podían ser originales, pero se consideraba improbable.

El debate continuó hasta que Fechner aprovechó la oportunidad para comparar directamente las dos obras en la misma exposición. Fechner organizó una encuesta entre el público, al que se pidió que decidiera cuál prefería en su conjunto y, en particular, qué rostro de la Virgen le gustaba más. Fechner consideró que no sería factible valorar otros aspectos de los cuadros (por ejemplo, el color, el estilo, la disposición y las proporciones de las figuras). De los miles de espectadores, solo 113 respondieron. De ellos, Fechner consideró que solo cuarenta y tres habían seguido sus instrucciones. De todas estas respuestas y comentarios orales, Fechner llegó a la conclusión de que el público prefería la *Darmstadter*. Sin embargo, esta conclusión se vio matizada por la reciente determinación de la autenticidad de la *Madonna* de Darmstadt que podría haber influido en la decisión del público. A Fechner le preocupaba incluso que las encuestas sobre la belleza no valieran la pena hasta que no se hubiera determinado la autenticidad de cada cuadro de forma independiente.

Fechner fue también el primer investigador de la sinestesia. Su estudio, publicado en 1871, incluía 73 sinéstetas que experimentaban las letras en colores. Los escritos filosóficos de Fechner se consideran llenos de contradicciones y especulaciones místicas. No obstante, contienen muchas ideas originales y pensamientos profundos sobre la unidad del ser humano con la naturaleza y el universo. En sus últimos años abogó por una teoría del todo animador del universo y una ley suprema, que él llamaba el «principio divino», y se le considera uno de los representantes más importantes de una cosmovisión panpsiquista.

En su autobiografía (*Lebenslauf*), Fechner habló así de su vida y su trabajo: «... no han dado lugar a ningún logro memorable». Esta afirmación, sin embargo, se contradice con lo que encontramos en sus diarios. En ellos tenemos la imagen de un erudito que vivió y trabajó durante siete décadas en un círculo de personas interesantes e inteligentes de una próspera ciudad universitaria. Nuestra comprensión del papel de Fechner estará probablemente siempre mediatizada por su trayectoria heterogénea, primero como científico natural y luego como filósofo, después de que su accidente y la pérdida de visión le obligaran a abandonar su cátedra de Física.

ESTRUCTURALISMO

El estructuralismo o psicología estructural es una corriente desarrollada inicialmente por Wilhelm Wundt y que amplió y desarrolló su alumno Edward Bradford Titchener. El estructuralismo, como escuela de la psicología, procura analizar la mente adulta —la suma total de experiencias desde el nacimiento hasta el presente— en términos de los componentes definibles más sencillos y, a continuación, determinar cómo encajan estos componentes para formar experiencias más complejas, así como su correlación con los acontecimientos físicos. Para ello, los psicólogos emplean la introspección, los autoinformes de sensaciones, opiniones, sentimientos y emociones.

El estructuralismo se basaba en tres teorías estrechamente relacionadas: el «atomismo», también conocido como «elementalismo», la idea de que todo conocimiento, incluso las ideas abstractas complejas, se construye a partir de constituyentes simples y elementales como si fueran piezas de un juego de construcción o como los átomos que forman la materia; en segundo lugar, el «sensacionalismo», el postulado de que los constituyentes más simples —los átomos del pensamiento— son las impresiones sensoriales elementales, y en último lugar, el «asociacionismo», el postulado de que las ideas más complejas surgen de la asociación de ideas más simples. Un ejemplo fue demostrar que la mente percibía el mundo a diferentes niveles para lo que se sirvieron de una prueba de memoria. Concretamente, pedían a unos voluntarios que mirasen un grupo de letras al azar y luego analizaban cuántas podían recordar. La gente recordaba de media cuatro letras, aunque con la práctica podía subir a seis. Cuando Wundt presentó palabras en vez de letras sueltas, los participantes en el estudio podían recordar un número similar de palabras. Sugirió que cuando la gente organizaba la información —letras— en unidades mayores —palabras— podía manejar más información. En conjunto, estas tres teorías dan lugar a la idea de que la mente construye todas las percepciones e incluso los pensamientos abstractos a partir de sensaciones de nivel inferior que se relacionan únicamente por estar estrechamente asociadas en el espacio y el tiempo.

Los arqueólogos (Giorgio de Chirico, 1929) [*The Arts*, 15; Arts Publishing Co.].

WILHELM WUNDT (1832-1920)

Wundt fue el fundador de la psicología como una disciplina académica formal. Estableció el primer laboratorio de psicología, editó la primera revista de psicología, escribió el primer libro de texto *Principios de psicología fisiológica* e inició el desarrollo de la psicología como una ciencia experimental. Wundt tenía unas ideas muy definidas sobre cómo debía ser esta nueva ciencia y determinó sus objetivos, temas, métodos y sujetos. Llevó a la psicología del ámbito de la filosofía al de la ciencia y fundó el nuevo saber como una de las pocas disciplinas que están realmente a caballo entre las humanidades y las ciencias experimentales. Nadie debería ser de ciencias o de letras, pero un profesional de la psicología menos que nadie, y Wundt fue el primero que se llamó a sí mismo con ese nuevo término: «psicólogo». Wundt es considerado el primero en las listas de los investigadores más importantes de la historia de la psicología, con William James y Sigmund Freud en unos distantes segundo y tercer puesto.

En el prefacio de sus *Principios*, Wundt escribió: «El trabajo que presento aquí al público es un intento para delimitar un nuevo dominio de la ciencia». La apertura por Wundt de su laboratorio en la Universidad de Leipzig se considera la fecha fundacional de la psicología. William James tenía, ya en 1875, un laboratorio, pero era para hacer demostraciones, mientras que Wundt quería trabajar, cuantificar y observar bajo condiciones controladas, la base de la experimentación moderna. Estudiantes de toda Europa y Estados Unidos realizaron estancias en ese laboratorio de la Universidad de Leipzig con el objetivo de aprender psicología y hacer avanzar la nueva ciencia. De hecho, Wundt dirigió 186 tesis en Leipzig entre 1876 y 1919, una tarea colosal. Su estilo de trabajo era adjudicar a sus estudiantes temas de investigación, preguntas sin resolver y herramientas de investigación y supervisarlos muy de cerca.

Wundt nació en 1832 en Neckarau, Baden, un pueblecito que ahora es parte de la ciudad de Mannheim. Era una época de gran prosperidad, su familia era un clan de servidores públicos que incluía historiadores, teólogos, economistas, geógrafos, médicos y dos rectores de la Universidad de Heidelberg, pero Wundt fue un mal estudiante y no tuvo fácil el ingreso en la universidad. De hecho, cuando estaba en la escuela recomendaron a sus padres que lo sacaran y abandonara los estudios reglados: quizá podría conseguir un puesto de cartero. Finalmente, y sin beca, empezó sus estudios superiores en la Universidad de Turingia, pero un año después se trasladó a la Universidad de Heidelberg y posteriormente completaría su formación en Berlín. Para su disertación de fin de carrera en Medicina estudió la sensibilidad táctil de pacientes histéricas que habían sido tratadas en la clínica de la universidad, pero tras un período corto como médico, decidió convertirse en fisiólogo y prosiguió su formación de posgrado con Johannes Müller y Emil Du Boys-Reymond. También trabajó con el químico orgánico Robert Wilhelm Bunsen, lo que le dejó un interés por la investigación que nunca le abandonaría. Bunsen y Wundt querían ver los efectos de una dieta con poca sal en la composición de la orina, pero como no pudieron encontrar un voluntario. Dado que Bunsen había perdido un ojo en una explosión y casi falleció por inhalar vapores de arsénico en otro experimento, Wundt hizo las pruebas en sí mismo.

A los veinticinco años, Wundt cayó gravemente enfermo y, años más tarde, explicaría que sus convicciones filosóficas y psicológicas se formaron durante la convalecencia. Wundt pensaba basar la filosofía en la ciencia y creía que la psicología era la disciplina que podría hacer esa transformación. Tras superar su enfermedad, se incorporó, sin sueldo fijo, a la plantilla de la Universidad de Heidelberg, donde se convirtió en ayudante del físico y fisiólogo Hermann von Helmholtz desde octubre de 1858 a marzo de 1865, con la responsabilidad de impartir el curso de laboratorio de Fisiología.

«Wilhelm Wundt (centro) y sus colegas en el Instituto de Leipzig, 1910» [a partir de Universität Leipzig, Psychologisches Institut, Wundt-Archiv; CC BY 4.0]

El problema fue que sus ingresos dependían de la matrícula de los estudiantes y solo cuatro optaron por sus cursos. Allí escribió *Contribuciones a la teoría de la percepción sensorial* (1858-62). En 1864 se convirtió en profesor asociado de Antropología y Psicología Médica y publicó un libro de texto sobre fisiología humana. Con todo, su mayor interés seguían siendo, según sus intervenciones, no el campo de la medicina, sino la psicología y los temas relacionados. Sus clases sobre psicología se publicaron como *Lecciones de psicología humana y animal* en 1863-64 y, a partir de ahí, Wundt se dedicó a escribir una obra que llegaría a ser de las más importantes de la historia de la nueva ciencia: *Principios de psicología fisiológica* (1874). Fue el primer libro de texto que se escribió perteneciente al campo de la psicología experimental y fue un gran éxito, con seis ediciones revisadas entre 1874 y 1911.

En sus experimentos, Wundt consideraba que «en psicología, el hombre se ve a sí mismo en cierta manera desde el interior e intenta explicar las relaciones entre los sucesos que se revelan por esta mirada». Esta visión interna contrastaba con lo que percibimos con nuestros sentidos y distinguía entre una percepción externa y una interna. Según él, la física, la química, la fisiología, todas las ciencias naturales se basan en la percepción externa, por el contrario, la psicología está basada en la percepción interna, algo que le llevó a la introspección.

Wundt no solía aceptar la introspección cualitativa en la que los participantes en el estudio simplemente describían sus experiencias internas. Él buscaba los juicios conscientes de esos sujetos sobre el tamaño, intensidad y duración de diversos estímulos físicos. Muchos de sus experimentos implicaban medidas objetivas proporcionadas por un sofisticado equipamiento de laboratorio y muchos de esos registros eran tiempos de reacción analizados cuantitativamente, siguiendo la estela de Helmholtz. Solo un pequeño número de sus estudios de laboratorio recogía datos subjetivos o de naturaleza cualitativa como la agradabilidad de un estímulo, la intensidad de una imagen o la calidad de una sensación.

Wundt investigó en áreas muy diferentes: sensación y percepción, atención, sentimiento, reacción y asociación. Analizó la capacidad de atención y midió a cuántas unidades discretas podía atender un sujeto, encontrando que la media era seis. También hizo experimentos sobre el tiempo de reacción. En uno de sus experimentos usaba cinco sílabas diferentes: *ka, ke ki, ko* y *ku*. En una fase de los experimentos, la «reacción a», a los sujetos se les iba presentando una sílaba; cuando era *ki*, tenían que reaccionar pronunciando esta sílaba. En otro tipo de experimento, la «reacción b», se les presentaba una sílaba, ahora seleccionada al azar de las cinco, y el sujeto tenía que responder pronunciando la misma sílaba que se le había presentado.

Izqda.: aparato utilizado por Wundt para medir la alternancia del tiempo psicológico, construido a partir de un reloj de péndulo [*Grundzuge der physiologischen Psychologie*, Wilhem Wundt, 1874]. Dcha.: portada deteriorada del *Illustrirte Zeitung* del 9 de agosto de 1912, dedicada a Wilhelm Wundt [The New York Public Library].

En un tercer tipo, la «reacción c», las sílabas se presentaban de la misma manera que en la segunda parte, pero el sujeto tenía que reaccionar pronunciando siempre *ki*. Así, sustrayendo el tiempo de «reacción a» del tiempo de «reacción c», obtenía el tiempo que se usaba para discriminar mentalmente entre las sílabas. De la misma manera pensaba que podía calcular el tiempo necesario para elegir una respuesta restando el tiempo de «reacción c» del de la «reacción b». A este grupo de experimentos lo denominó «cronometría mental» y fueron continuados por Franciscus Donders, que fue el primero en utilizar las diferencias en el tiempo de reacción humana para inferir diferencias en el procesamiento cognitivo. Probó tanto el tiempo de reacción simple como el tiempo de reacción de elección, tras lo que descubrió que la reacción simple era más rápida. Este concepto es ahora uno de los principios centrales de la psicología cognitiva: aunque la cronometría mental no es un tema en sí mismo, es una de las herramientas más utilizadas para hacer inferencias sobre procesos como el aprendizaje, la memoria y la atención.

A lo largo de dos décadas, Wundt publicó más de cien experimentos diferentes en la revista *Philosophische Studien*, que fundó él mismo. Entre otros temas analizó la visión en color y el contraste, la memoria de imágenes, las ilusiones visuales y muchos otros. Por poner un ejemplo, estaba intrigado por las «diferencias sistemáticas entre los astrónomos en sus medidas de paso de las estrellas a través de las líneas de las cuadrículas de los telescopios». Wundt se dio cuenta de que la diferencia se debía al procedimiento: si el observador primero miraba a la estrella obtenía una lectura, pero si antes se fijaba en la línea de la cuadrícula, hacía una lectura ligeramente diferente. Era imposible para el observador mirar a la estrella y a la cuadrícula exactamente en el mismo instante. Wundt modificó un reloj de péndulo de manera que presentase simultáneamente un estímulo visual y un estímulo auditivo. La parte visual era cuando el péndulo pasaba un punto fijo y el auditivo una campanilla. Llamó al instrumento *Gedankenmesser* o «medidor de pensamientos» y lo usó para cuantificar el proceso.

Desde que Wundt montó su laboratorio en 1879, muchos psicólogos han ampliado el uso del método experimental para nuevos campos de interés, lo que ha contribuido significativamente al desarrollo de una psicología científica y empírica. Algunos autores, como Per Saugstad, consideran que la principal contribución de Wundt fue convencer a muchos estudiantes interesados en el estudio de los problemas psicológicos de que el método experimental podía ser usado productivamente para aprender sobre la mente humana. Y, sin embargo, Wundt no era un experimentalista ni sugirió demasiadas ideas que fueran exitosas en la investigación experimental. En vez de eso, supo identificar, a partir de investigaciones ya iniciadas, preguntas concretas que eran apropiadas para ser abordadas en un laboratorio.

El último gran proyecto de Wundt, que ocupó las dos últimas décadas de su vida, fue su *Völkerpsychologie*, que publicó en diez volúmenes entre 1900 y 1920. La obra, que se ha traducido como *Psicología popular* o *Psicología cultural*, trata los distintos estados del desarrollo mental según se manifiestan en el lenguaje, el arte, los mitos, las costumbres sociales, las leyes y las normas morales. Con ello, Wundt abrió dos grandes líneas en la psicología: una experimental y otra social. Es otro ejemplo de la variedad de sus intereses y cómo parte de ellos no pueden ser estudiados usando un enfoque experimental o con la introspección.

El trabajo de Wundt no cambió tanto las cosas como cabría esperar. Dos décadas después de su muerte, la psicología en las universidades alemanas seguía siendo una subespecialidad de los departamentos de Filosofía. Ni las autoridades políticas ni las académicas veían suficiente interés práctico en establecer la psicología como disciplina independiente. Cuando la Sociedad para la Psicología Experimental tuvo su congreso de 1912 en Berlín y hubo un clamor general por reclamar mayor financiación, el mensaje del alcalde de la ciudad fue contundente: «Si la psicología necesita conseguir mayor apoyo, sus representantes tienen que probar su utilidad para la sociedad». La pelota volvía al campo de los psicólogos en forma de reto.

HERMANN EBBINGHAUS (1850-1909)

Ebbinghaus nació en Barmen, hoy un distrito de Wuppertal. Se le considera un pionero de la investigación cognitivo-psicológica. Fundó la investigación experimental de la memoria con su trabajo sobre la curva de aprendizaje y olvido y preparó el camino para la enseñanza empírica, el aprendizaje y la investigación educativa.

En 1870 sus estudios se vieron interrumpidos por la guerra franco-prusiana. Tras este servicio militar, Ebbinghaus se doctoró con una tesis sobre la *Filosofía del inconsciente* de Eduard von Hartmann que presentó el 16 de agosto de 1873, cuando tenía 23 años. Tras su doctorado, Ebbinghaus visitó Inglaterra y Francia y pasó allí siete años dando clases particulares a estudiantes para mantenerse. En Londres, encontró el libro *Elementos de psicofísica* de Gustav Fechner en una librería de segunda mano, lo que le llevó a realizar sus famosos «experimentos de memoria». Se habilitó en la Universidad Friedrich Wilhelms de Berlín y se convirtió en profesor allí en 1886. En esta universidad fundó el tercer laboratorio de pruebas psicológicas de Alemania, después de los de Wilhelm Wundt y Georg Elias Müller,

«Mire la figura [...] y pregúntese qué representa. Se dirá que un pájaro mirando hacia la izquierda. Pero imagine que es un conejo mirando hacia la derecha e inmediatamente dirá, como Polonio [*Hamlet*]: "verdaderamente, es un conejo"; y, según su imaginación, verá uno u otro tantas veces como quiera» [*Abriss der Psychologie*, Hermann Ebbinghaus, 1908].

y comenzó sus estudios sobre la memoria en 1879. En 1890, junto con Arthur König, fundó la revista psicológica *Die Psychologie und Physiologie der Sinnesorgane* (*La Psicología y Fisiología de los Órganos de los Sentidos*).

Antes de Ebbinghaus se estudiaba el aprendizaje observando cómo se formaban las asociaciones. Él, en cambio, centró su estudio en la formación inicial de las asociaciones. De esta manera podía controlar las condiciones bajo las que se formaban las cadenas ide ideas y hacer más objetivo el estudio del aprendizaje.

En 1885 publicó su monumental obra *Sobre la memoria. Investigaciones en psicología experimental*, que es considerada la investigación definida más brillante de la historia de la psicología. Además de abrir un nuevo campo de estudio, es un ejemplo de habilidad técnica, perseverancia e ingenuidad científica. No hay en la historia de la psicología un investigador que por sí solo haya realizado un régimen tan exigente de experimentación de este calado. Se le sigue citando más de un siglo después. Fue el descubridor de la curva de aprendizaje y la curva de olvido. Inventó los tres métodos psicológicos para medir el rendimiento de la memoria que siguen siendo válidos hoy en día: el método de reconocimiento, el método de reproducción y el método de ahorro. Su enfoque experimental de aprender sílabas sin sentido para minimizar los errores derivados de la experiencia y el contenido era totalmente novedoso. Ebbinghaus fue el primero en utilizar los trigramas KVK, secuencias de tres letras formadas por una consonante, una vocal y una consonante, para realizar experimentos de memoria independientemente del vocabulario del sujeto.

En 1896 llevó a cabo una especie de prueba de finalización de frases con escolares para investigar el efecto de la fatiga en el rendimiento. Hizo que los profesores evaluaran la aptitud de los niños y luego asignaran los resultados a un tercio inferior, medio y superior. Encontró una relación significativa entre los resultados de las pruebas y el juicio del profesor, sin poder establecer una correlación con los medios disponibles en ese momento. Esta puede haber sido la primera prueba de inteligencia verbal en un grupo.

En 1894 se le negó el ascenso a director del Departamento de Filosofía, presumiblemente debido a la falta de publicaciones, y Carl Stumpf fue nombrado en su lugar. Disgustado, Ebbinghaus dejó Berlín y se fue a la Universidad de Breslavia, donde la cátedra de Theodor Lipp había quedado vacante. Allí trabajó en un equipo que analizó la disminución de la atención durante una jornada escolar, aunque los detalles de cómo medían estas capacidades mentales se han perdido. Sin embargo, los resultados obtenidos por la comisión sirvieron de base para futuras pruebas de inteligencia. En Breslavia, Ebbinghaus fundó otro laboratorio de psicología.

La «ilusión de Ebbinghaus» está formada por dos círculos de idéntico tamaño situados cerca el uno del otro, uno de los cuales está rodeado de círculos grandes mientras que el otro está rodeado de círculos más pequeños, de modo que el primer círculo central parece más pequeño que el segundo círculo central. Esta ilusión se ha utilizado ampliamente en la investigación de la psicología cognitiva para conocer mejor las vías perceptivas de nuestro cerebro. En el mundo anglosajón, los círculos fueron publicados por Edward Bradford Titchener en 1901 en un libro sobre psicología experimental, de ahí su nombre alternativo de «círculos Titchener».

En 1902, Ebbinghaus publicó su obra *Die Grundzüge der Psychologie*, que se convirtió en un éxito inmediato y siguió siéndolo mucho después de su muerte. Su última publicación, *Abriss der Psychologie*, apareció en 1908: un éxito de ventas que tuvo ocho ediciones. Fue un referente en el desarrollo inicial de la psicología. Hans Jürgen Eysenck cita en su libro *Sigmund Freud. Decadencia y fin del psicoanálisis* una supuesta afirmación de Ebbinghaus en relación con las ideas de Sigmund Freud sobre el inconsciente: «Lo que es nuevo en estas teorías no es cierto y lo que es cierto no es nuevo».

Ebbinghaus no hizo contribuciones teóricas a la psicología, pero hay quien le considera más influyente que al propio Wundt. Su investigación produjo objetividad, cuantificación y experimentación sobre el aprendizaje, un tema que será central en la psicología del siglo xx.

Ejercicios de Ebbinghaus con un trabajador que ha recibido varias puñaladas, una en la parte superior de la médula espinal, y presenta insensibilidad *total* de la mano y el antebrazo derechos. Conserva los músculos, pero no la fuerza ni la función. Fruto de esto, p. ej., no puede formar un anillo con los dedos con los ojos cerrados; los órganos centrales no cooperan: el «alma», según él, ya no ofrece esa «sensación» o respuesta inconsciente [*Abriss der Psychologie*, Hermann Ebbinghaus, 1908].

FRANZ BRENTANO (1838-1917)

Franz Clemens Honoratus Hermann Josef Brentano nació en el entonces ya disuelto monasterio de Marienberg, cerca de Boppard am Rhein. A los dieciséis años entró en el seminario para formarse para el sacerdocio. Estudió en las universidades de Berlín, Múnich y Tubinga y recibió un grado en Filosofía de esta última en 1864. En 1866 defendió su tesis de habilitación, *Die Psychologie des Aristoteles, insbesondere seine Lehre vom Nous Poietikos* (*La psicología de Aristóteles, en particular su doctrina del intelecto activo*) publicada en 1867, y comenzó a dar clases en la Universidad de Wurzburgo. Entre sus alumnos de esta época se encuentran Carl Stumpf y Anton Marty. Brentano abandonó su puesto en la Universidad y la Iglesia en protesta por la proclamación del dogma de la infalibilidad del papa por el Concilio Vaticano I. Tuvo una influencia duradera en la joven generación de filósofos como profesor aconfesional en Viena. Entre los asistentes a sus clases estuvieron Edmund Husserl, Tomáš Masaryk y Sigmund Freud.

Brentano es más conocido por su reintroducción del concepto de intencionalidad —un tema derivado de la filosofía escolástica— en la filosofía contemporánea y por su obra *Psychologie vom empirischen Standpunkt* (*Psicología desde un punto de vista empírico*). Aunque a menudo se resume de forma simplista como la relación entre los actos mentales y el mundo exterior, Brentano lo definió como la principal característica de los fenómenos mentales, crucial porque era la que permitía distinguirlos de los fenómenos físicos. Todo fenómeno mental, todo acto psicológico tiene contenido, está dirigido a un objeto —el objeto intencional—. Toda creencia,

Un hombre rechaza la llamada de la conciencia [Frederick James Shields, 1910].

deseo, etc., tiene un objeto al que se dirige: lo creído, lo deseado. Brentano utilizó la expresión «inexistencia intencional» para indicar el estado de los objetos del pensamiento en la mente. La propiedad de ser intencional, de tener un objeto intencional, era el rasgo clave para distinguir los fenómenos psicológicos de los físicos, porque, tal como lo definió Brentano, los fenómenos físicos carecían de la capacidad de generar una intencionalidad original, y solo podían facilitar una relación intencional de segunda mano, que él denominó intencionalidad derivada.

Brentano se oponía a la idea de Wundt de que la psicología debía estudiar la experiencia consciente. Argumentaba que el verdadero tema debía ser la actividad mental, como la acción mental de ver en vez de analizar el contenido mental de lo que una persona ve. En su *Psychology from an Empirical Standpoint* (1874), Brentano afirma:

> *Todo fenómeno mental incluye algo como objeto dentro de sí mismo, aunque no todos lo hacen de la misma manera. En una presentación se presenta algo, en un juicio se afirma o se niega algo, en el amor se ama, en el odio se odia, en el deseo se desea, etc. Esta inexistencia intencional es característica exclusivamente de los fenómenos mentales. Ningún fenómeno físico presenta nada parecido. Podríamos, por tanto, definir los fenómenos mentales diciendo que son aquellos que contienen un objeto intencional dentro de sí.*

Brentano introdujo una distinción entre la psicología genética (*genetische psychologie*) y la psicología descriptiva (*beschreibende* o *deskriptive psychologie*). La psicología genética es el estudio de los fenómenos psicológicos desde el punto de vista de una tercera persona, que implica el uso de experimentos empíricos y satisface, por tanto, los estándares científicos que hoy esperamos de una disciplina empírica. Este concepto equivale aproximadamente a lo que hoy se denomina psicología empírica, ciencia cognitiva o «heterofenomenología». El objetivo de la psicología descriptiva, en cambio, es describir la conciencia desde el punto de vista de la primera persona. Este último enfoque fue desarrollado por Husserl y la tradición fenomenológica.

Brentano vinculó estrechamente la filosofía con la psicología, que para él era la ciencia básica por excelencia. Fue el fundador de la psicología del desnudo, que también influyó en Edmund Husserl, Alexius Meinong, William McDougall, Sigmund Freud y Carl Stumpf, que son considerados parte de la escuela de Brentano. La obra de Brentano ejerció una fuerte influencia sobre el joven Martin Heidegger y se le considera asimismo precursor intelectual de la Gestalt y de la psicología humanista.

OSWALD KÜLPE (1862-1915)

Külpe nació en Kandau, una de las posesiones bálticas de Rusia. Sin embargo, su padre, notario, y su madre eran alemanes y también era alemana su lengua materna. Enseñó Historia y otras asignaturas en una escuela masculina durante un año y medio antes de trasladarse a Leipzig, donde, en 1881, se matriculó en la universidad. Centró sus estudios sobre todo en historia, aunque también asistió a las clases de Wilhelm Wundt. Después, amplió su formación, como era habitual en la época, en las universidades de Berlín y Gotinga.

Külpe se doctoró con una tesis titulada *Zur Theorie der sinnlichen Gefühle* (*La teoría del sentimiento sensual*), un tema que le interesó durante toda su vida y que influyó en sus posteriores estudios sobre estética. En el mes de octubre de 1894, se incorporó a la Universidad de Wurzburgo como

Wurzburgo. Puente principal y fortaleza Marienberg (Samuel Prout, ca. 1860) [Kiefer].

professor ordinarius, el rango más alto que se puede tener como profesor en Alemania y dos años después, en 1896, fundó allí un laboratorio psicológico, que se convertiría en un referente.

Külpe formó parte originalmente de los alumnos de Wundt, pero luego se opuso a sus ideas ante lo que veía como una limitación de la ambición de la psicología wundtiana y durante el resto de su carrera exploró áreas y temas que el grupo de Wundt ignoraba y se convirtió en la cabeza visible de la escuela de Wurzburgo. Vivió gran parte de su vida con dos primas mayores y solteras, Ottillie y Marie Külpe, en Leipzig, Wurzburgo, Bonn y Múnich. Nunca se casó, dedicó gran parte de su vida a su trabajo y bromeaba diciendo que la ciencia era su novia.

En su *Resumen de la psicología*, Külpe aceptó la teoría de Wundt de que los procesos mentales superiores no se podían abordar experimentalmente, pero pocos años más tarde llegó a la conclusión opuesta. Después de todo, Ebbinghaus estudiaba la memoria y obtenía resultados interesantes y si este proceso mental se podía abordar en el laboratorio, ¿por qué no los demás?

Külpe consiguió ampliar el tamaño del laboratorio y mejorar el equipamiento repetidas veces hasta que el departamento de Wurzburgo se convirtió en el instituto de psicología más destacado de Alemania, solo por detrás del de Leipzig. Durante toda su estancia en esta ciudad fue un profesor y gestor comprometido y la mayor parte de su prestigio se debe a su dedicación a sus alumnos y al claro interés con que llevaba a cabo sus tareas docentes. Allí formó a numerosos e influyentes psicólogos, como Max Wertheimer, fundador de la Gestalt.

Tras quince años al frente del laboratorio de Wurzburgo, Külpe estableció institutos psicológicos de primer nivel en la Universidad de Bonn y en la Universidad de Múnich. Sus innovadores métodos de psicología experimental y el éxito en la creación de estos institutos psicológicos hicieron que Külpe sea considerado el segundo fundador de la psicología experimental en Alemania.

A diferencia de la perspectiva de Leipzig, la escuela de Wurzburgo desarrolló una visión innovadora y holística, en la que se centraba en el estudio tanto del acto como del contenido. Esta investigación estableció una sólida base para los psicólogos de la Gestalt que vendrían después. No fue la única contribución notable a la psicología realizada por la escuela de Wurzburgo: el énfasis en la motivación y el papel que desempeña en los resultados del pensamiento se subrayó en este grupo de investigación y sigue siendo relevante hoy en día, en que está ampliamente aceptado que la motivación es una variable que afecta a los resultados del pensamiento. Otra contribución de la escuela fue la teoría de que el comportamiento del «yo» no solo dependía del elemento que se encontraba en la conciencia del pensador, sino que también había determinantes inconscientes del comportamiento. Esta es otra idea notable nacida de la escuela de Wurzburgo que sigue siendo útil y ampliamente aceptada en la psicología actual. Buena parte de los experimentos menos replicables en psicología tienen que ver con este impacto del «inconsciente» en el comportamiento y la cognición.

En la escuela de Wurzburgo, un área clave de atención fue el desarrollo y la formación de conceptos. Külpe y sus alumnos ampliaron el uso de la introspección y fueron los primeros en investigar los procesos de pensamiento utilizando métodos experimentales. Al hacerlo, desarrollaron y mejoraron el proceso de lo que se conoció como introspección experimental sistemática, que era un informe retrospectivo de las experiencias

Celebración del 70.º cumpleaños de Wilhelm Wundt (sentado en el centro), 1902.
Sobre él, de pie, Oswald Külpe [Archiv der Universität Wien].

de un sujeto después de realizar una tarea compleja que implicaba pensar, recordar o juzgar. Los experimentos de abstracción fueron especialmente importantes para distinguir los rasgos relevantes de los objetos para los individuos en diferentes etapas de desarrollo.

El enfoque era sistemático porque la experiencia total podía ser descrita con precisión mediante su división en períodos temporales definidos. Las mismas tareas se repetían muchas veces para conseguir que los informes retrospectivos pudieran ser corregidos, corroborados y ampliados. Estos informes solían ir acompañados de preguntas adicionales que permitían dirigir la atención de los sujetos hacia puntos específicos.

Aunque Külpe y Wundt diferían en cuestiones de principios. Wundt, por ejemplo, pensaba que toda experiencia estaba formada por sensaciones e imágenes, mientras que Külpe defendía un postulado opuesto, que el pensamiento podía ocurrir sin contenido sensorial o de imágenes. Külpe tenía en alta estima a Wundt y publicó tres obras en homenaje a él. En sus últimos años, empezó a centrarse menos en cuestiones psicológicas y más en sus intereses filosóficos, como la estética, que era al parecer su verdadera pasión. Justo antes de la Navidad de 1915, Külpe sufrió una gripe. Se recuperó hasta el punto de poder volver a sus clases tras las vacaciones navideñas, pero poco después desarrolló una infección cardíaca y falleció tras unos días de enfermedad.

Estos pioneros alemanes de la psicología variaban en sus objetivos, tema de estudio y métodos. Sin embargo, sus trabajos cambiaron el estudio de la naturaleza humana. Edna Heidbreder en su libro *Seven Psychologies* (1933) explica que la psicología ya no era más «un estudio del alma, sino un estudio, por observación y experimentación, de ciertas reacciones del organismo humano que no estaban incluidas en la materia objeto de ninguna otra ciencia»:

> *Los psicólogos alemanes, a pesar de sus muchas diferencias, estaban en gran medida implicados en una empresa común; y su habilidad, su esfuerzo y la dirección común de sus tareas hicieron que los desarrollos en las universidades alemanes se convirtieran en el centro de un nuevo movimiento en la psicología.*

EDWARD BRADFORD TITCHENER (1867-1927)

Titchener nació en Chichester en una familia con un historial aristocrático y una cuenta corriente muy plebeya, así que tuvo que conseguir becas y premios para avanzar en su formación académica. Estudió en la Universidad de Oxford, donde eligió como materias fundamentales la Filosofía y los Clásicos, pero también trabajó con John Scott Burdon-Sanderson, un fisiólogo, para aprender la metodología científica básica.

Titchener conoció la psicología wundtiana mientras estaba en Oxford, pero nadie más compartió su interés por el trabajo de ese profesor alemán, así que, como muchos otros jóvenes europeos y norteamericanos, decidió trasladarse a Leipzig para hacer allí su doctorado. La relación entre maestro y discípulo fue muy estrecha y Titchener residió a menudo en la casa de los Wundt, de hecho, pasó al menos unas navidades con ellos en una cabaña de montaña. Tras acabar el doctorado, Titchener intentó regresar a Oxford, donde sería el pionero de esa nueva ciencia, la psicología.

Psicólogos reunidos en la Universidad Clark de Worcester (Massachusetts) en 1909. En primera fila, segundo por la izquierda, E. B. Titchener; séptimo, Sigmund Freud [Wellcome Collection].

Sin embargo, sus colegas no mostraron ningún interés por aquella mezcla antinatura de ciencia y filosofía, así que Titchener decidió buscar un terreno más fértil y emigró a Estados Unidos, donde obtuvo un puesto en la Universidad Cornell, en el que permanecería el resto de su vida. Fundó un laboratorio y dirigió más de cincuenta tesis doctorales, la mayoría de las cuales amplían y defienden sus ideas estructuralistas. Titchener elegía los temas para las tesis de sus estudiantes y así pudo orientar el desarrollo de la psicología entre esos jóvenes investigadores. De hecho, consideraba el estructuralismo «la única psicología científica digna de tal nombre».

Titchener era considerado un profesor excepcional y los alumnos no cabían en sus clases. Aunque era autoritario, siendo inglés parecía el típico profesor alemán, era amable y servicial con sus estudiantes y colegas siempre y cuando le mostrasen lo que él consideraba el debido respeto. Hay historias de que los estudiantes le lavaban el coche, no porque él lo ordenase, sino por admiración al maestro.

Reunió un grupo de psicólogos y estudiantes que se autodenominaban «los experimentalistas de Titchener» y que se juntaban, en un ambiente cargado del humo de los puros y con la prohibición expresa de la asistencia de mujeres, para discutir los resultados de sus experimentos. Aunque tuvo críticas y enfrentamientos por no admitir mujeres en sus reuniones, su primer estudiante de posgrado fue Margaret Floy Washburn, la primera doctora en Psicología, y un tercio de sus doctorandos fueron mujeres.

Titchener estaba muy influido por las ideas de Wundt de «asociación» y «apercepción» (las combinaciones pasivas y activas de los elementos de la consciencia, respectivamente). Trató de clasificar las estructuras mentales del mismo modo que un químico descompone una molécula en los átomos que la forman. Así, para Titchener, al igual que el hidrógeno y el oxígeno eran las estructuras básicas que forman el agua, también las sensaciones y los pensamientos eran las estructuras básicas que forman la mente. Una sensación —según Titchener— tenía cuatro propiedades: intensidad, calidad, duración y extensión. Cada una de ellas estaba relacionada con alguna cualidad correspondiente del estímulo y eran mensurables, aunque algunos estímulos eran insuficientes para provocar algún aspecto relevante de la sensación.

La principal herramienta que Titchener utilizó para tratar de determinar los diferentes componentes de la consciencia fue la introspección. A diferencia del método de Wundt, Titchener tenía unas pautas muy estrictas para realizar un análisis introspectivo y los observadores, que normalmente actuaban por parejas, eran rigurosamente entrenados para describir los elementos de su estado de consciencia más que en registrar lo que observaban con un nombre familiar. Titchener se dio cuenta que todo el mundo describía su experiencia en términos del estímulo y que eso en la vida cotidiana era beneficioso y necesario; sin embargo, en el laboratorio de psicología esa práctica debía ser desaprendida y Titchener lo denominaba el «error del estímulo». Al sujeto se le presentaba un objeto, por ejemplo, un lápiz. El sujeto era instruido para no decir el nombre «lápiz», porque eso no describía los datos crudos de lo que el sujeto estaba experimentando, sino para informar de las características básicas de ese objeto: color, material, longitud, etc.

Titchener tradujo los libros de Wundt del alemán al inglés. Sin embargo, no era una tarea fácil. Cuando terminó la traducción de la tercera edición de los *Principios de psicología fisiológica*, Wundt había concluido ya la cuarta edición. Titchener se puso con ella, pero al terminar recibió la noticia de que el incansable Wundt ya había publicado una quinta edición. Además, escribió sus propios libros entre los que destacan *An Outline of Psychology* (1896), *Primer of Psychology* (1898) y los cuatro volúmenes de *Experimental Psychology: a Manual of Laboratory Practice* (1901-1905). Esta obra se convirtió en una referencia para una generación de psicólogos experimentales en Estados Unidos y en Europa y en ella Titchener detalló con precisión los procedimientos de sus métodos introspectivos. Como sugiere el título, el manual pretendía abarcar toda la psicología experimental a pesar de centrarse en la introspección. Para Titchener, no podía haber experimentos psicológicos válidos fuera de la introspección, y abría la sección «Instrucciones para los estudiantes» con la siguiente definición: «Un experimento psicológico consiste en una introspección o una serie de introspecciones realizadas en condiciones estándar». Estos manuales tenían el objetivo de uniformizar los procedimientos y conseguir un enfoque científico de la psicología. Sostenía que todas las mediciones eran simplemente «convenciones acordadas» y suscribía la creencia de que los fenómenos psicológicos también podían y debían ser medidos y estudiados sistemáticamente. Fue una época rutilante de la psicología. Frederick Lewis Allen escribió sobre esa década prodigiosa de los años 1920:

> *De todas las ciencias, fue la más joven y la menos científica la que cautivó en mayor medida al público general y la que tuvo el mayor efecto desintegrador sobre la fe religiosa. La psicología era el rey [...]. Uno solo tenía que leer los periódicos para encontrarse con que te decían con una seguridad absoluta que la psicología tenía la llave a los problemas de rebeldía, divorcio y crimen.*

Luego, el exceso de confianza se iría enfriando.

Para Titchener, el tema principal de la psicología era la experiencia consciente ya que es algo que depende de la persona que la está viviendo, siendo a la vez un fenómeno general y una experiencia individual. Para él, esto era único en psicología porque la luz o el sonido podían ser analizados por psicólogos, pero también por físicos. Usaba como ejemplo la temperatura. La temperatura de una habitación puede medirse y ser de veinte grados, aunque no haya nadie en su interior; ahora bien, dos personas que entren en esa habitación pueden diferir mucho en su experiencia consciente y uno sentir frío y el otro calor. Todo el conocimiento humano deriva de las experiencias que vivimos y no hay, para Titchener, otra fuente de conocimiento. Él definió la consciencia como la suma de nuestras experiencias según se producen en un momento determinado. La mente sería la suma de nuestras experiencias acumuladas a lo largo de toda la vida.

Titchener propuso tres problemas clave de la psicología de su época:

1. Reducir los procesos conscientes a sus componentes más simples.
2. Determinar las leyes por las cuales estos elementos de la consciencia se combinan entre sí.
3. Conectar los elementos con sus condiciones fisiológicas.

Propuso abordar la observación introspectiva de la psicología con un enfoque experimental y lo explicó así:

> *Un experimento es una observación que puede ser repetida, aislada y modificada. Cuanto más repitas una observación, más posible es que veas claramente lo que hay allí y describas con exactitud lo que has visto. Cuanto más estrictamente puedas aislar una observación, más fácil se vuelve tu tarea de observar y hay menos peligro de que te confundas por circunstancias irrelevantes o pongas el énfasis en un punto equivocado. Cuanto más puedas modificar una operación, más claramente resaltará la uniformidad de la experiencia y es mayor tu posibilidad de descubrir sus leyes.*

Los experimentalistas de Titchener siguen reuniéndose en la actualidad, pero muchos psicólogos empezaron a considerar la psicología estructural como un intento vano de aferrarse a unos principios y métodos anticuados. La influencia del trabajo de Titchener se fue apagando y aunque él pensaba que estaba estableciendo los cimientos de la psicología, su esfuerzo fue solo una fase en su historia y el método estructuralista se fue desvaneciendo. El estructuralismo prácticamente desapareció con la muerte de Titchener.

Green split [Wassily Kandinsky, 1925].

FUNCIONALISMO O
PSICOLOGÍA FUNCIONAL

Este movimiento surgió en EE. UU. a finales del siglo XIX en respuesta directa al estructuralismo de Edward Titchener, que se centraba en los contenidos de la conciencia más que en los motivos e ideales del comportamiento humano. El funcionalismo no se centra tanto en la instrospección, que tiende a investigar el funcionamiento interno del pensamiento humano en lugar de comprender los procesos biológicos de la consciencia humana. Para esta escuela de pensamiento, la introspección no es ni el único método ni el más importante.

Esta escuela es considerada una consecuencia directa del pensamiento darwiniano, que centra la atención en la utilidad y el propósito del comportamiento, algo que se ha modificado a lo largo de los milenios de existencia humana. A finales del siglo XIX existía una discrepancia entre los psicólogos que se interesaban por el análisis de las estructuras de la mente y los que dirigían su atención al estudio de la función de los procesos mentales, lo que dio lugar a una batalla entre el estructuralismo y el funcionalismo. La psicología estructural se ocupaba de los contenidos mentales, mientras que el funcionalismo se ocupa de las operaciones mentales. En el libro *A history of Psychology*, D. Brett King *et al.* afirman: «El término "funcionalismo" es difícil de definir, pero, mientras el estructuralismo se centra en preguntas sobre el qué, el funcionalismo explora las cuestiones del cómo». Titchener lo comparaba con la diferencia entre anatomía (estructura) y fisiología (función) y opinaba que, sin saber cuál era la estructura, difícilmente se podría descubrir nada sobre la función. Hay quien ha dicho que la psicología estructural emanó de la filosofía y permaneció estrechamente ligada a ella mientras que el funcionalismo forjó una estrecha alianza con la biología, pero es también un poco cuestionable. La filosofía pragmatista fue un antecedente fundamental de este tipo de psicología y el propio James, como veremos, era más cercano a la filosofía que a la psicología experimental.

No fue un movimiento jerárquico y organizado. El referente era sin duda William James, pero no se consideraba a sí mismo como un funcionalista ni le gustaba realmente la forma en que la psicología se dividía en escuelas. El movimiento fue liderado discretamente por Edward L. Thorndike, al que complementaron compañeros de Columbia como James McKeen Cattell y Robert S. Woodworth. Muchas de sus aplicaciones surgieron del trabajo de la escuela de Chicago liderada a su vez por John Dewey, apoyado por George Herbert Mead, Harvey A. Carr y, especialmente, James Rowland Angell. Los funcionalistas mantuvieron el énfasis en la experiencia consciente.

Aunque el funcionalismo acabó convirtiéndose en una escuela formal, se basó inicialmente en la preocupación del estructuralismo por la anatomía de la mente y condujo a una mayor preocupación por las funciones mentales. Fue, en cierta manera, un enfoque precursor del conductismo.

«Conforme te llevas una cucharada de sopa (A) a la boca, esta tira de la cuerda (B), lo que hace que el cucharón (C) se mueva y lance la galleta (D) por delante del loro (E). El loro salta tras la galleta y la percha (F) se inclina, volcando las semillas (G) en el cubo (H). El peso adicional en el cubo empuja el cordón (I), que abre y activa el encendedor automático (J), disparando un cohete (K) que hace que la hoz (L) corte la cuerda (M) y permita que el péndulo con la servilleta adjunta se balancee hacia adelante y hacia atrás limpiándote la barbilla. Después de la comida, sustituye la servilleta por una armónica y podrás entretener a los invitados con un poco de música». *La servilleta automática*, viñeta de Rube Goldberg (detalle) [*Collier's*, 26 de septiembre de 1931].

WILLIAM JAMES (1842-1910)

James nació en Astor House, un hotel de lujo en Nueva York. Uno de sus hermanos fue el novelista Henry James. Su padre era el segundo hombre más rico de los Estados Unidos y dio prioridad, aunque de una forma poco consistente, a la educación de sus hijos. Parte de la formación de William tuvo lugar en Inglaterra, Francia, Alemania, Italia y Suiza, además de en los Estados Unidos. Una de las ideas de su padre era que, ante una enfermedad, era mejor enviar a ese miembro de la familia a Europa que a un hospital, y su madre, a su vez, solo se ocupaba de sus hijos cuando estaban enfermos. William James tuvo una salud muy frágil: depresión, insomnio, alteraciones de la vista, problemas digestivos y dolores de espalda durante gran parte de su vida.

A los dieciocho años decidió ser artista, pero seis meses en el estudio de un pintor le convencieron de que su habilidad técnica era buena, pero le faltaba talento para hacer una obra que realmente mereciese la pena. Pensó también en alistarse en el Ejército —el país estaba en plena guerra civil—, pero su padre se lo prohibió con el argumento de que ningún Gobierno ni ninguna causa merecían que sacrificase su vida. Instado por su padre a convertirse en médico en lugar de en pintor, William James siguió tres estratagemas de evasión. En primer lugar, para evitar tener que trabajar como médico, declaró que quería especializarse en fisiología y, partiendo de esta premisa, se marchó a Alemania en la primavera de 1867. El segundo paso fue abandonar la fisiología general y anunciar que se especializaría en el sistema nervioso y la psicología. Para ello, declaró que iría a Heidelberg a estudiar con Helmholtz y Wundt. Sin embargo, aplazó su viaje una y otra vez y cuando, por fin, un influyente amigo de su padre le instó a acompañarle a Heidelberg, empleó una tercera estrategia: simplemente huyó. Regresó a su país después de tres cursos en Europa sin haberse matriculado en ninguna universidad. No hay pruebas de que hubiera aprendido nada allí sobre psicología o psicología experimental, excepto, posiblemente, mediante la lectura autodidacta de libros. El «fiasco de Heidelberg» de James fue el modo de evadirse de la influencia de su padre. Finalmente se matriculó en Medicina en Harvard, pero, al poco de su ingreso en la universidad, su salud y la confianza en sí mismo se derrumbaron y lo convirtieron en el neurótico que sería el resto de su existencia. Sintió que la medicina de la época tenía poco que ofrecer y así lo describió:

Hay mucho engaño en esto [...]. Con la excepción de la cirugía, que a veces consigue algo positivo, un doctor hace más con el efecto moral de su presencia junto al paciente y su familia que por cualquier otra cosa. También les saca dinero.

James es el punto de conexión entre el tronco de la filosofía y la rama de la psicología. Era un gran constructor de metáforas y así describía la experiencia, una actividad que él consideraba que era siempre personal y siempre cambiante, aunque continua:

Cada imagen definida en la mente está empapada y teñida en el agua libre que fluye a su alrededor. Con ella va el sentido de sus relaciones, cercanas y remotas; el eco moribundo de de dónde vino a nosotros, el sentido naciente de hacia dónde va a conducir.

Grabado de Grandville en *Pequeñas miserias de la vida humana* [Old Nick y Grandville, 1848].

William James, fotografiado por J. Notman (1880) [Houghton Library, Harvard University].

Describía el flujo de la conciencia como más alto al final que al principio «porque la forma final de sentir el contenido es más completa y más rica que su modo inicial». En otra metáfora en *The principles of psychology* (1890), la famosa obra que tardó doce años en escribir, lo expresaba así:

> *Al tomar [...] una visión general de la maravillosa corriente de nuestra conciencia, lo que nos llama la atención en primer lugar es este diferente ritmo de sus partes. Como la vida de un pájaro, parece estar hecha de una alternancia de vuelos y posados.*

Fue el primer educador que ofreció un curso de psicología en los Estados Unidos y se le considera el padre de la psicología americana. John Dewey dijo de James que era «con mucho, el más grande los psicólogos americanos... o de cualquier país... y quizá de todos los tiempos». John B. Watson, el fundador del conductismo, se refería a James como «el psicólogo más brillante que el mundo ha conocido». Hay varias razones para esa preeminencia. Primero, escribía maravillosamente, con claridad, espontaneidad y encanto. En segundo lugar, se opuso al objetivo planteado por Wundt para la psicología, el análisis de los elementos de la conciencia, lo que abrió un camino propio. Tercero, ofreció una forma alternativa de explorar la mente, una visión congruente con una aproximación funcional a la psicología, el estudio de cómo las personas concretas se adaptan a sus circunstancias.

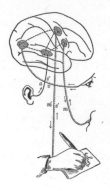

«No existe un "centro del habla" en el cerebro, como tampoco existe una facultad del habla en la mente. En un hombre que utiliza el lenguaje, todo el cerebro, más o menos, está trabajando». Ilustración de Ross sobre las partes del cerebro y los órganos implicados en el lenguaje y la comunicación, según James [*Principios de psicología*, William James, 1890].

James definió la psicología como «la ciencia de la vida mental, tanto de sus fenómenos como de sus condiciones». Con «fenómenos» se refería a los sentimientos, deseos, cogniciones y otros. Con «condiciones de la vida mental», hacía alusión a los procesos corporales y sociales que influían sobre los procesos mentales. Por tanto, los estudios psicológicos se debían centrar en los procesos mentales, pero esos procesos llevaban al psicólogo a sus dimensiones comportamentales, fisiológicas y culturales. No siempre era tan académico; en una carta a un amigo le decía: «La psicología es un tema maldito y todo lo que uno puede querer saber se encuentra totalmente fuera de ella».

James también enfatizó los aspectos irracionales de los seres humanos. Las personas son criaturas de movimiento y pasión, tanto como de pensamiento y razón. Hizo notar que el intelecto puede verse afectado por la condición física, que las creencias están moduladas por factores emocionales y que la formación de un concepto depende de los deseos y necesidades de cada persona. También le criticaron por su interés en la telepatía, la clarividencia, el espiritismo, la comunicación con los muertos y otros aspectos de lo que ahora llamamos parapsicología.

Junto con Charles Sanders Peirce, James estableció la escuela filosófica conocida como pragmatismo, y también es considerado como uno de los fundadores de la psicología funcional o funcionalismo. Una encuesta publicada en American Psychologist en 1991 clasificó la reputación de James entre los psicólogos en segundo lugar, tan solo por detrás de Wilhelm Wundt. Cuando falleció el New York Times publicó un obituario con el siguiente titular: «Muere William James, gran psicólogo, hermano del novelista y primer filósofo estadounidense, a los 68 años. El profesor de Harvard, virtual fundador de la moderna psicología americana y exponente del pragmatismo, se interesó por los fantasmas».

EDWARD LEE THORNDIKE (1879-1949)

Thorndike nació en Williamsburg, Massachusetts. Se graduó en la Universidad de Wesleyan, y posteriormente en 1897 obtuvo un máster en la Universidad de Harvard, donde trabajó con William James. Durante su estancia en Harvard se interesó por cómo aprenden los animales, siendo uno de los precursores de lo que después se conocería como etología. Fue el primer psicólogo americano que realizó toda su formación en los Estados Unidos, sin trasladarse a Alemania a completar sus estudios.

Thorndike había planeado iniciar su investigación con niños, pero había habido un escándalo con un antropólogo que aflojaba las ropas de los niños para tomar sus medidas corporales y finalmente decidió trabajar con pollos. Construía laberintos utilizando torres de libros y medía el tiempo que tardaban los animales en encontrar la salida. Al parecer no conseguía un lugar para estabular a los pollos y su casera le prohibió meterlos en su dormitorio, por lo que al final pidió ayuda a William James. James intentó sin éxito conseguirle un espacio en el laboratorio o en el museo de la universidad, así que al final decidió alojar a Thorndike y las aves en el sótano de su casa, para delicia de los hijos de James.

No terminó su formación en Harvard pues tras la frustración de ver que cierta joven dama no hacía caso a sus acercamientos decidió, para alejarse de Boston y de la chica, irse a trabajar con James McKeen Cattell en la Universidad de Columbia, en Nueva York. Cuando Cattell le ofreció una beca, Throndike se llevó a sus dos pollos mejor entrenados a Nueva York. Posteriormente, se interesó por el «animal hombre», a cuyo estudio dedicó su vida. Su tesis se considera a veces el documento esencial de la psicología comparada moderna. Al graduarse, Thorndike volvió a su interés inicial, la psicología educativa. En 1898 completó su doctorado en la Universidad de Columbia bajo la supervisión de Cattell y al año siguiente, en 1899, empezó a trabajar de profesor de Psicología en el Teachers College de la Universidad de Columbia, donde permaneció el resto de su carrera, y desarrolló su trabajo sobre el aprendizaje humano, la educación y las pruebas mentales. En 1937 Thorndike se convirtió en el segundo presidente de la Sociedad Psicométrica, siguiendo los pasos de Louis Leon Thurstone, que había creado la sociedad y su revista *Psychometrika* el año anterior.

Al comienzo de su carrera, compró una amplia extensión de terreno alrededor del Hudson y animó a otros investigadores a establecerse a su alrededor y construir sus casas. Pronto se formó allí una colonia con él como jefe de la «tribu». Thorndike fue pionero no solo en el análisis de la

Retrato a carboncillo y tiza de Edward Thorndike, obra de Samuel Johnson Woolf (1931) [National Portrait Gallery, Smithsonian Institution, cco].

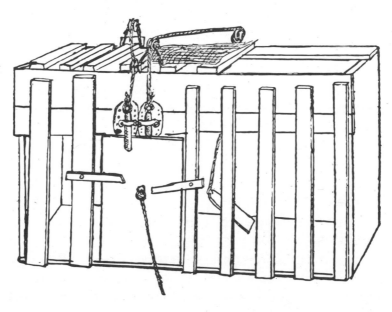

Representación original de Thorndike de su «caja rompecabezas» [*Animal intelligence : an experimental study of the associative processes in animals*, Edward L. Thorndike, 1898].

conducta y en el estudio del aprendizaje, sino también en la utilización de animales en experimentos clínicos. Su tesis doctoral, titulada *Inteligencia animal: Un estudio experimental de los procesos asociativos en los animales* fue la primera en psicología en la que los sujetos no eran humanos y sirvió para plantear una teoría del aprendizaje. Thorndike estaba interesado en saber si los animales podían aprender tareas a través de la imitación o la observación. Para comprobarlo, creó las llamadas «cajas rompecabezas». Estas jaulas tenían una puerta que se abría con un peso atado a una cuerda que corría sobre una polea y estaba sujeto a una palanca o una barra dentro de la caja. Cuando el animal presionaba la barra o tiraba de la palanca, la cuerda hacía que el peso se levantara y la puerta se abriera. Una vez que el animal, normalmente un gato, había tenido la respuesta deseada se le permitía escapar y se le daba una recompensa, generalmente comida. Para ver si los gatos podían aprender a través de la observación, les hacía observar a otros animales que escapaban de la caja. Luego comparaba los tiempos de los que llegaban a observar a otros escapando en comparación con los que no lo hacían, de modo que descubrió que no había diferencia en su ritmo de aprendizaje. Thorndike vio los mismos resultados con otros animales y observó que no había ninguna mejora ni siquiera cuando colocaba las patas de los animales en las palancas, botones o barras correctas para iniciar el proceso.

Estos fracasos le llevaron a una explicación del aprendizaje basada en el método de ensayo y error. Descubrió que después de pisar accidentalmente el interruptor una vez, los animales lo pulsaban más rápido en cada ensayo sucesivo. Tras observar y registrar los tiempos de fuga, Thorndike pudo hacer un gráfico de los tiempos que tardaban los animales en escapar en cada ensayo, lo que daba lugar a una curva de aprendizaje. La curva también sugería que diferentes especies aprendían de la misma manera, pero a diferentes velocidades.

Las cuidadosas observaciones de Thorndike sobre la huida de gatos, perros y pollos de los laberintos lo llevaron a concluir que lo que al observador humano ingenuo le parece un comportamiento inteligente puede ser estrictamente atribuible a simples asociaciones. Según Thorndike, la inferencia de la razón, la perspicacia o la conciencia de los animales es innecesaria y engañosa.

A partir de su investigación con las cajas rompecabezas, Thorndike pudo crear su propia teoría del aprendizaje. Los experimentos con cajas rompecabezas estuvieron motivados en parte por la aversión de Thorndike a las afirmaciones de que los animales hacían uso de facultades extraordinarias en su resolución de problemas: «En primer lugar, la mayoría de los libros no nos dan una psicología, sino un elogio de los animales. Todos hablan de la inteligencia animal, nunca de la estupidez animal».

Thorndike pretendía distinguir claramente si los gatos que escapaban de las cajas de rompecabezas utilizaban o no la inteligencia. Pensó que si los animales tenían perspicacia, su tiempo para escapar caería repentinamente hasta un periodo insignificante, lo que también se mostraría en la curva de aprendizaje como una caída abrupta; mientras que los animales que utilizaban un método más ordinario de ensayo y error mostrarían curvas graduales. Su conclusión fue que los gatos mostraban un aprendizaje gradual de forma sistemática.

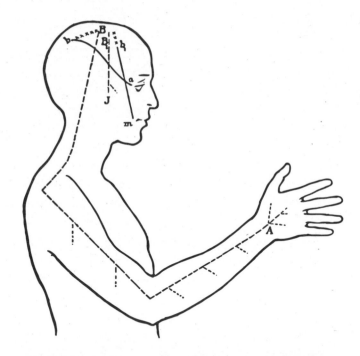

«Se supone que esta imagen representa muy a grandes rasgos lo que sucede al hacer dos cosas que hacemos automáticamente, es decir, sin pensar en cómo hacerlas. Las dos cosas son tocar el piano y mascar chicle. Al tocar el piano, algo sucede en el ojo que envía algún tipo de una corriente o conmoción o explosión hasta el cerebro, como muestro por la línea *a b*. Esto da como resultado que se envíe algún tipo de corriente o conmoción a los músculos que mueven el antebrazo y los dedos, como he mostrado con la línea de puntos *B A*. [...] Al masticar chicle, la presencia del chicle en la boca estimula a los músculos de la mandíbula a actuar de la misma manera...», dice el señor Tasker en *The Human Nature Club; an introduction to the study of mental life*, Edward Thorndike, 1901.

Thorndike puso su experiencia al servicio del Ejército de los Estados Unidos durante la Primera Guerra Mundial, y participó en el desarrollo de la prueba Beta del Ejército, un test utilizado para evaluar a los reclutas analfabetos, sin estudios o que no hablaban inglés. Creía que la instrucción debía perseguir «objetivos específicos y socialmente útiles». Sostenía que la capacidad de aprendizaje no disminuía hasta los 35 años, y solo entonces a un ritmo del 1 % al año, lo que iba en contra del pensamiento de la época de que «no se pueden enseñar trucos nuevos a perros viejos». Más tarde se demostró que la velocidad del aprendizaje, y no su potencia, disminuía con la edad. Thorndike también enunció la ley del efecto, que dice que los comportamientos que van seguidos de buenas consecuencias se reforzarán y probablemente se repetirán en el futuro mientras que si van seguidos de un «estado de cosas molesto» se debilitarán. Thordinke puso en marcha un ambicioso programa de investigación usando seres humanos como sujetos y vio que al recompensar una respuesta se reforzaba, pero que el castigo no producía un efecto negativo comparable. Revisó sus postulados para enfatizar la recompensa como herramienta de fomento del aprendizaje.

Thorndike identificó las tres áreas principales del desarrollo intelectual. La primera es la inteligencia abstracta, que trata de la capacidad de procesar y comprender conceptos diferentes. La segunda es la inteligencia mecánica, que es la capacidad de utilizar y manipular objetos físicos. Por último, la inteligencia social es la capacidad de manejar las interacciones entre los seres humanos. Estableció una serie de postulados sobre el aprendizaje:

— El aprendizaje es INCREMENTAL.

— El aprendizaje es AUTOMÁTICO.

— Todos los animales aprenden DE LA MISMA MANERA.

— LA LEY DEL EJERCICIO DE THORNDIKE TIENE DOS PARTES: la ley del uso y la ley del desuso.
  — LEY DEL USO: cuanto más a menudo se utiliza una asociación, más fuerte se vuelve.
  — LEY DEL DESUSO: cuanto más tiempo pasa sin utilizarse una asociación, más débil se vuelve.

— LEY DE LA CERCANÍA TEMPORAL: la respuesta más reciente es la más probable que se repita.

— RESPUESTA MÚLTIPLE: resolución de problemas mediante ensayo y error. Un animal probará múltiples respuestas si la primera no conduce a un estado de cosas específico.

— CONJUNTO O ACTITUD: los animales están predispuestos a actuar de una manera específica.

— PREPOTENCIA DE LOS ELEMENTOS: un sujeto puede filtrar los aspectos irrelevantes de un problema y centrarse y responder solo a los elementos significativos de un problema.

— RESPUESTA POR ANALOGÍA: las respuestas de un contexto relacionado o similar pueden utilizarse en un nuevo contexto.

— TEORÍA DE LA TRANSFERENCIA POR ELEMENTOS IDÉNTICOS: el grado de transferencia de la información aprendida en una situación a otra viene determinado por la similitud entre las dos situaciones. Del mismo modo, si las situaciones no tienen nada en común, la información aprendida en una situación no tendrá ningún valor en la otra. Esta idea es especialmente relevante desde un punto de vista histórico. Muchas de las investigaciones modernas intentan precisamente ver si existen efectos de lo que se conoce como far-transfer. Tras entrenar una habilidad concreta, ¿hasta qué punto mejoran otras relacionadas? Ser bilingüe, hacer ejercicio físico, practicar con videojuegos… ¿fortalece otras capacidades cognitivas? Es un tema candente, con firmes defensores y una comunidad escéptica cada vez mayor. Todo esto se remonta a Thorndike.

— DESPLAZAMIENTO ASOCIATIVO: es posible desplazar cualquier respuesta de un estímulo a otro. El desplazamiento asociativo sostiene que una respuesta se produce primero en la situación A, luego en la AB y finalmente en la B, por lo que se desplaza de una condición a otra.

— LEY DE LA DISPOSICIÓN: cualidad de las respuestas y las conexiones que da lugar a la disposición para actuar. Thorndike reconoce que las respuestas pueden diferir en cuanto a su disposición. Afirma que comer tiene un mayor grado de disposición que vomitar, que el cansancio disminuye la disposición para jugar y aumenta la disposición para dormir. La conducta y el aprendizaje están influidos por la preparación o falta de preparación de las respuestas, así como por su fuerza.

— IDENTIFICABILIDAD: según Thorndike, la identificación o ubicación de una situación es una primera respuesta del sistema nervioso. Luego se pueden hacer conexiones entre sí o con otra respuesta, y estas conexiones dependen de la identificación original. Por lo tanto, una gran parte del aprendizaje se compone de cambios en la identificabilidad de las situaciones.

— DISPONIBILIDAD: la facilidad de obtener una respuesta específica. Por ejemplo, es más fácil para una persona aprender a tocarse la nariz o la boca que dibujar una línea de quince centímetros de largo con los ojos cerrados.

Thorndike llamaba a su enfoque experimental para el estudio de la asociación el «conexionismo». Su método para analizar la mente animal inició un siglo de productiva investigación sobre cómo aprendemos. La psicología educativa de Thorndike inició una tendencia hacia la psicología conductista que buscaba utilizar pruebas empíricas y un enfoque científico para la resolución de problemas. Fue uno de los primeros psicólogos en combinar la teoría del aprendizaje, la psicometría y la investigación aplicada a temas relacionados con la escuela para impulsar la psicología de la educación. Una de sus influencias en el mundo educativo se aprecia en sus ideas sobre la comercialización masiva de exámenes y libros de texto en aquella época. Thorndike se opuso a la idea de que el aprendizaje debía reflejar la naturaleza, que era el pensamiento principal de los científicos del desarrollo en aquella época. En su lugar, pensaba que la escuela debía mejorar la naturaleza. A diferencia de muchos otros psicólogos de ese periodo, Thorndike adoptó un enfoque estadístico de la educación en sus últimos años y recopiló información cualitativa y cuantitativa destinada a ayudar a los profesores y educadores a abordar problemas prácticos.

JOHN DEWEY (1859-1952)

John Dewey aparece en las listas de los mejores filósofos del siglo XIX y XX, de los principales reformadores de la educación y de los pioneros de la psicología. Se le considera uno de los fundadores del funcionalismo. Nació en Burlington (Vermont) y creció en un ambiente que valoraba por encima de todo las libertades y los derechos individuales, el amor por la sencillez y el desprecio por la ostentación y el compromiso con la democracia.

El padre de Dewey regentaba tenía una verdulería y valoraba por encima de todo la satisfacción de sus clientes. Se dice que no hubo tendero en Burlington que vendiera más ni que recogiera menos billetes. Su madre era la que impulsaba una mayor ambición en sus hijos y se empeñó en que todos fuesen a la universidad, algo que consiguió. El joven John sufrió la estricta cultura puritana de Nueva Inglaterra y una educación autoritaria, que luego describió como una «sensación de opresión dolorosa».

Dewey se matriculó en la Universidad de Vermont, que solo tenía trece profesores, y se graduó allí en 1879. Después se puso a trabajar en un instituto de secundaria donde dio clases de todas las asignaturas y quedó convencido de la necesidad de una reforma educativa. Se enteró de que el rector de Johns Hopkins planeaba convertir la universidad en un centro de calidad en los posgrados, así que pidió prestados quinientos dólares y viajó

Sello postal estadounidense protagonizado por John Dewey (1968) [USPS].

a Baltimore para enrolarse como estudiante de posgrado, tanto en Filosofía como en Psicología. Obtuvo su doctorado en 1884. Entre sus maestros se encontraban Granville Stanley Hall, uno de los fundadores de la psicología experimental americana, y Charles Sanders Peirce. Dewey enseñó filosofía en las universidades de Michigan (1884–88 y 1889–94). Tras graduarse, aceptó un puesto como profesor en el Departamento de Filosofía de la Universidad de Michigan. Allí, escribió una serie de artículos y libros, incluyendo su *Psicología*, publicada en 1887. En este libro intentó combinar filosofía y la nueva ciencia natural, la psicología, pero no tuvo éxito y quedó eclipsado cuando William James publicó sus *Principios*.

En 1894 se convirtió en director de los departamentos de Filosofía, Psicología y Educación de la Universidad de Chicago, que había sido inaugurada apenas cuatro años antes, pero tenía el apoyo de John D. Rockefeller, que había donado 80 millones de dólares, una cantidad que le permitía ofrecer salarios mejores y unas condiciones más atractivas para profesores y alumnos. En 1894 publicó uno de sus escasos estudios experimentales, una valoración del desarrollo del lenguaje en dos niños pequeños. Dewey fue contando la frecuencia relativa de las palabras que usaban y encontró que la mayoría eran sustantivos. Los sujetos del estudio no fueron identificados pero sus edades y el hecho de que fueran observados durante un tiempo bastante largo sugiere que eran los hijos de Dewey.

En Chicago publicó el artículo que se ha convertido en un clásico de la psicología y en el punto de inicio del funcionalismo. El artículo se titulaba *The Reflex Arc Concept in Psychology* y fue publicado en la revista *Psychological Review* de 1896. Se considera el primer trabajo importante de la escuela funcionalista o escuela de Chicago. Allí se juntarían Dewey, James Hayden Tufts y George Herbert Mead, junto con su alumno James Rowland Angell, todos ellos influidos claramente por los *Principios de psicología* (1890) de William James. El grupo comenzó a reformular la psicología e hizo hincapié en el impacto del entorno social sobre la actividad de la mente y el comportamiento en lugar de la psicología fisiológica de Wilhelm Wundt y sus seguidores.

Su nuevo estilo de psicología, más tarde denominado psicología funcional, hacía hincapié en la acción y la aplicación. En su artículo sobre el arco reflejo razona en contra de la concepción tradicional de estímulo-respuesta en favor de una explicación «circular» en la que lo que sirve de «estímulo» y lo que sirve de «respuesta» depende de cómo se considere la situación, y defiende la naturaleza unitaria del circuito sensorial motor. Aunque no niega la existencia del estímulo, la sensación y la respuesta, no está de acuerdo con que sean acontecimientos separados y yuxtapuestos que se suceden como eslabones de una cadena. Dewey desarrolló la idea de que existe una coordinación por la que el estímulo se enriquece con los resultados de las experiencias anteriores; en otras palabras, la respuesta está modulada por la experiencia sensorial.

Dewey estaba influido por las teorías evolutivas de Darwin. De 1899 a 1900 fue presidente de la Asociación Americana de Psicología y en 1911 de la Asociación Americana de Filosofía. Desde 1904 fue profesor en la Universidad de Columbia en Nueva York, donde se jubiló en 1930. Dewey luchó por la democratización de todas las áreas de la vida. Fue uno de los miembros fundadores de la Unión Estadounidense de Libertades Civiles, el Instituto de China en Estados Unidos y la Nueva Escuela de Investigación Social. A mediados de la década de 1930 formó parte de la comisión que investigó las acusaciones contra Trotsky en el juicio ficticio de Moscú y en 1940 hizo campaña para que Bertrand Russell no perdiera su puesto docente en Nueva York, pues se había solicitado su expulsión

Portada de la edición original de *La escuela y la sociedad* (1899).

por ser «moralmente inadecuado» por sus opiniones sobre la sexualidad. El enfoque de Dewey está fundamentado en la opinión de que la forma democrática de gobierno es un estilo de vida esencial de los ciudadanos. Para él, la constitución democrática de los EE. UU. se desarrolló a partir de una vida comunitaria de individuos libres e iguales: «La clara conciencia de una vida comunitaria, con todo lo que está relacionado con ella, constituye la idea de la democracia».

Dewey entendía la democracia como una práctica de conexión de la comunidad humana. Por eso, para él, los temas económicos, políticos y educativos están íntimamente relacionados con la acción colectiva. Las experiencias ordinarias de las personas forman el punto de partida para posibles cambios, en lugar de utopías lejanas, ideas guía o modelos teóricos. Dicho de otro modo: las teorías suelen fallar en la vida real de las personas si no se vinculan con la vida que llevan en la práctica.

John Dewey ha sido considerado el filósofo de la progresividad y el profeta del liberalismo del siglo XX. Pensaba que las tensiones del final del siglo XIX marcaban el nacimiento de una forma de vida moderna, radicalmente nueva: «Uno difícilmente puede creer que haya habido en toda la historia una revolución tan rápida, tan extensa, tan completa». La ciencia había acabado con la idea de Dios, pero Dewey alertaba contra un nuevo riesgo: «El tanto tiempo disputado pecado contra el Espíritu Santo ha sido encontrado [...]; el rechazo a cooperar con el principio vital de la mejora».

Dewey también se interesó por los trabajos sobre la psicología de la percepción visual realizados por el profesor de Investigación de Dartmouth Adelbert Ames Jr. Sin embargo, tuvo grandes problemas con la investigación sobre la percepción auditiva, ya que no podía distinguir los tonos musicales.

El principal logro de Dewey fue quizá su reforma educativa. Fue el principal propulsor de una educación progresista, que enfatiza la función o acción de la mente sobre el aprendizaje. Sabía por propia experiencia que las prácticas habituales en su época de repetir y repetir acababan con la creatividad del niño y propuso que los niños aprendían mejor si ponían en práctica lo que se les había enseñado. Después de veinte años, ese movimiento —«aprender haciendo»— se había convertido en un factor importante en la educación estadounidense de finales de los años treinta, y en 1941 el Departamento de Educación del estado de Nueva York aprobó un experimento de seis años en escuelas que encarnaban la filosofía de Dewey, en el cual los centros tenían que proporcionar materiales educativos que desarrollasen el pensamiento crítico y la creatividad del niño.

La educación progresista fue durante mucho tiempo el centro de la controversia entre los educadores, y a principios de los años cuarenta las críticas eran cada vez más abiertas. La revuelta contra Dewey y el pragmatismo en la educación fue especialmente fuerte en Chicago, escenario de sus primeros y mayores triunfos. En la Universidad de Chicago, donde Dewey fue jefe del Departamento de Filosofía y durante dos años director de la Facultad de Educación, el presidente Robert Hutchins patrocinó un sistema de «educación para la libertad» que pretendía separar la enseñanza de las disciplinas «intelectuales» de las «prácticas». En respuesta a los ataques de Hutchins, Dewey dijo:

> El presidente Hutchins aboga por la educación liberal para un pequeño grupo de élite y la educación profesional para las masas. No puedo pensar en ninguna idea más completamente reaccionaria y más fatal para toda la perspectiva democrática.

Encajaba con ideas que había expresado anteriormente. Mientras era profesor de Filosofía en la Universidad de Michigan en 1893, Dewey escribió:

> Si se me pidiera que nombrara la más necesaria de todas las reformas en el espíritu de la educación, diría: «Dejar de concebir la educación como mera preparación para la vida posterior, y hacer de ella el pleno significado de la vida presente». Y añadiría que solo en este caso se convierte realmente en una preparación para la vida posterior no es la paradoja que parece. Una actividad que no tiene suficiente valor para ser llevada a cabo por sí misma no puede ser muy efectiva como preparación para algo más.

HOW WE THINK

BY

JOHN DEWEY

PROFESSOR OF PHILOSOPHY IN COLUMBIA UNIVERSITY

JAMES ROWLAND ANGELL (1869-1949)

Angell nació en Burlington, Vermont, el mismo pueblo de Dewey, aunque frente al humilde origen de este, aquel lo hizo en una de las familias académicas con una de las trayectorias más notables de la historia de Estados Unidos. Su abuelo materno, Alexis Caswell, fue catedrático de Matemáticas y Astronomía en la Universidad de Brown, de la que posteriormente fue presidente, lo que en Europa equivaldría a rector. También fue miembro fundador de la Academia Nacional de Ciencias. El padre de James, James Burrill Angell, fue presidente de la Universidad de Vermont y, posteriormente, de la Universidad de Michigan. Su primo, Frank Angell, fundó los laboratorios de psicología de las universidades de Cornell y Stanford. El propio James sería presidente de la Universidad de Yale durante dieciséis años.

Angell se licenció en la Universidad de Michigan en 1890. Trabajó estrechamente con John Dewey, obteniendo un máster bajo su supervisión en 1891. A continuación, fue a la Universidad de Harvard, donde obtuvo un segundo máster en Psicología en 1892, con William James. Estudió el doctorado en Filosofía en Berlín y Halle. Su tesis sobre el tratamiento de la libertad en Kant fue aceptada, pero requería cambios estilísticos, que nunca completó, por lo que nunca obtuvo un doctorado. No obstante, recibió veintitrés doctorados *honoris causa* a lo largo de su vida.

En 1895, John Dewey, que se había trasladado desde Michigan el año anterior, le ofreció un puesto en la Universidad de Chicago. Allí Angell publicó el libro de texto *Psychology: An Introductory Study of the Structure and Functions of Human Consciousness* en 1904, que se convirtió en la principal declaración del enfoque funcionalista de la psicología. Angell señaló que el objetivo de la psicología era estudiar cómo la mente ayudaba al organismo a ajustarse al entorno y que el funcionalismo era un método para estudiar la conciencia y para mejorar la relación del organismo con su medio. En 1905, un año después de que Dewey dejara Chicago para ir a la Universidad de Columbia, Angell se convirtió en el director del recién creado Departamento de Psicología de Chicago. Uno de sus alumnos más famosos fue John B. Watson que rompería con esta escuela de pensamiento y sería uno de los fundadores del conductismo.

Angell estableció las diferencias entre la psicología funcional y la estructural en un famoso artículo titulado *The relation of Structural and Functional Psychology to Philosophy*, que atacaba algunas de las ideas principales del estructuralismo señalando que no era un camino ni útil ni riguroso para entender los procesos mentales. Intentar entender los diversos componentes de la actividad mental sin identificar su propósito era un ejercicio sin sentido, dijo, porque las partes no se podían entender sin hacer relación al todo. Aunque no eran ideas novedosas, Angell estaba intentando definir las líneas básicas del funcionalismo.

Fue elegido como el 15.º y más joven presidente de la Asociación Americana de Psicología. En su discurso de asunción del cargo Angell expuso sus tres puntos principales sobre el funcionalismo:

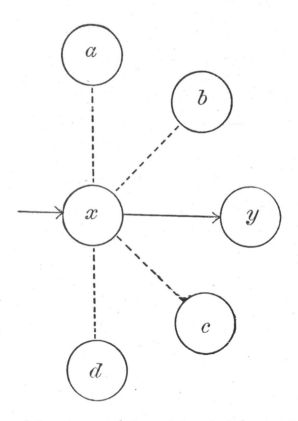

«... una idea determinada llega a la mente un día con cierto conjunto de acompañamientos, y en otra ocasión se presenta con una escolta totalmente diferente [...]; la posibilidad de cualquier actividad cortical especial, como x, relacionada con el pensamiento x^l, de despertar cualquier otra actividad cortical, como y, relacionada con el pensamiento y^l, es proporcional a la *permeabilidad* de la vía que une las áreas del cerebro involucradas en la producción de x e y [...]; cuanto más frecuentemente se hayan asociado dos ideas entre sí, más posibilidades habrá de que, si la primera aparece en la conciencia, la segunda la acompañe. [...] Aunque existen vías que conectan el proceso cerebral x con los procesos cerebrales a, b, c, d e y, si la vía de x a y es más permeable que las demás, es probable que a la actividad de x le siga la actividad de y» [*Psychology*, James Rowland Angell, 1904].

1. La psicología funcional se interesa por las operaciones mentales a través de la actividad mental y su relación con las fuerzas biológicas más amplias. Angell creía que los psicólogos funcionales deben considerar la evolución de las operaciones mentales en los seres humanos como una forma particular de hacer frente a las condiciones de su entorno. Las operaciones mentales por sí mismas tienen poco interés, pues para la psicología funcional no son elementos conscientes.

2. Los procesos mentales ayudan a la cooperación entre las necesidades del organismo y su entorno. Las funciones mentales ayudan a la supervivencia del organismo mediante su implicación en los hábitos de comportamiento del organismo y las situaciones desconocidas.

3. La mente y el cuerpo no pueden separarse por cuanto el funcionalismo es el estudio de las operaciones mentales y de su relación con el comportamiento.

James Angell recibió críticas por sus puntos de vista. Su posición de dejar de lado el modelo del estructuralismo en los estudios y tener una visión completamente funcionalista no sentó bien entre algunos de sus compañeros. También hubo una revisión crítica de sus trabajos y la suposición de que se contradecía en su visión de lo que era la conciencia y su función. Algunos piensan que retrataba la conciencia como una entidad *deus ex machina* debido a su afirmación de que la función de la conciencia era aparecer cuando el organismo estaba en problemas y luego desaparecer poco después de que el problema hubiera pasado.

En 1908, Angell fue nombrado decano en Chicago y dejó la dirección del Departamento de Psicología a otro de sus antiguos alumnos, Harvey Carr. Durante 1917, Angell trabajó para el ejército bajo la supervisión de Walter Dill Scott. Al año siguiente, regresó a Chicago para ejercer como presidente interino. Sin embargo, la universidad no lo nombró presidente de forma permanente porque no era baptista. En 1919 dejó Chicago para presidir el Consejo Nacional de Investigación y en 1920, dirigió la Carnegie Corporation de Nueva York. En 1921 la Universidad de Yale rompió con doscientos años de tradición y nombró a Angell presidente, aunque no había sido antiguo alumno. Mantuvo ese puesto hasta su jubilación. Angell fue un ejemplo llamativo de las interconexiones entre la Universidad, la industria, la filantropía y la política científica en los EE. UU.

MARY WHITON CALKINS (1863-1930)

Calkins nació en Hartford, Connecticut, y fue la mayor de ocho hermanos. En 1880, se trasladó con su familia a Newton, Massachusetts, para comenzar su educación y permaneció allí toda su vida. Ingresó en el Smith College como estudiante de segundo año y estudió en esa universidad durante un curso. Tras la muerte de su hermana en 1883, se tomó un año libre y continuó su formación de forma autodidacta. Volvió al Smith College en 1884 para graduarse en Lenguas Clásicas y Filosofía.

Tras su graduación, Calkins y su familia hicieron un viaje de dieciocho meses a Europa, donde visitó Alemania, Italia y Grecia. Cuando regresó a Massachusetts, su padre concertó una entrevista con el presidente del Wellesley College, una universidad exclusivamente femenina, para intentar conseguir para ella un trabajo de tutora en el Departamento de Griego. Un profesor del Departamento de Filosofía se percató de las buenas cualidades de Calkins para la docencia y le ofreció un puesto para enseñar Psicología, que era una asignatura nueva en el plan de estudios. Aceptó la oferta con la condición de poder estudiar Psicología durante un año. Valoró los programas de Psicología de la Universidad de Michigan con John Dewey, de la Universidad de Yale con George Trumbull Ladd, de la Universidad Clark con Granville Stanley Hall y de la Universidad de Harvard con William James. Intentó la admisión en Harvard, probablemente por la proximidad a su casa en Newton, pero esta universidad no permitía que las mujeres estudiaran en su institución, aunque sí pudo asistir a las clases como invitada, no como estudiante matriculada, después de que su padre y el presidente de Wellesley enviaran cartas solicitando su admisión. Las clases y el contacto personal con James la influyeron notablemente. Lo recordaba así:

> Lo que obtuve de la página escrita, y aún más de la discusión de tú a tú, fue, me parece al mirar atrás, más allá de todo lo demás, un vívido sentido de la concreción de la psicología y de la realidad inmediata de las mentes individuales finitas con sus pensamientos y sentimientos.

Calkins trabajó en diversas áreas de la psicología. Mientras estudiaba con James, propuso la atención como tema para uno de sus trabajos, sin embargo, James lo desaprobó ya que —dijo— estaba harto del tema. El estudio de la asociación fue elegido arbitrariamente y se convirtió en uno de los principales intereses de su carrera en psicología. Desarrolló también la técnica de asociaciones entre parejas para estudiar la memoria, en lo que fue una pionera. Argumentó en contra de que hombres y mujeres tuvieran diferencias significativas en su psicología, un tema en el que han trabajado recientemente los psicólogos evolucionistas, y su máxima contribución al funcionalismo fue su intento de unirlo con el estructuralismo bajo lo que se conoce como la psicología del «sí mismo» (*selbst* en alemán o *self* en inglés). Afirmaba que, en última instancia, las doctrinas de James sobre los sentimientos transitivos de relación, los sentimientos de «y si», «y pero» y el concepto de la conciencia como tendente a la forma personal fueron las bases de su pensamiento. Calkins pensaba que el propósito de los procesos mentales no podía comprenderse en su totalidad a menos que se identificaran las partes de ese proceso. Además, pensaba que tanto la estructura como la función de la vida mental se podían entender mejor si las consideramos al servicio del yo personal, lo que ponía al individuo en el centro de la psicología.

Aunque Calkins estaba influida por la filosofía de James y este la había iniciado en el campo de la psicología, James no era un experimentalista, y ella quería desarrollarse en ese ámbito. Así que empezó a trabajar junto con Edmund Sanford, de la Universidad de Clark, quien más tarde la ayudó a crear el primer laboratorio de psicología dirigido por mujeres en el Wellesley College. Sanford formó a Calkins en los procedimientos experimentales de laboratorio, además de ayudarla en la creación y montaje de numerosos instrumentos para el laboratorio psicológico de Wellesley.

Psicólogos estadounidenses en Cambridge (1919). Mary Whiton Calkins aparece en la segunda fila, segunda por la izquierda [University of British Columbia].

Bajo la tutela de Sanford, Calkins llevó a cabo un proyecto de investigación que consistía en estudiar el contenido de los sueños de los dos durante un periodo de siete semanas. Ella recogió información de 205 sueños y Sanford de 170. Se despertaban mediante el uso de despertadores a diferentes horas de la noche y anotaban el contenido de sus sueños en ese momento. Dormían con un cuaderno de notas junto a su cama para poder tomar nota de cualquier sueño lo más rápidamente posible. Cada mañana, estudiaban todos los registros, tanto si les parecían triviales como si estaban más cargados de contenido. También tuvieron en cuenta los diferentes tipos de sueños y la presencia en ellos de las diversas emociones.

Como parte del proyecto, también consideraron la relación del sueño con la vida consciente, de vigilia, distinguiendo los individuos y los lugares que aparecían en sus experiencias oníricas. Calkins explica en su autobiografía que el sueño «se limita a reproducir en general las personas y los lugares de la percepción sensorial reciente y que rara vez se asocia con lo que es de importancia primordial en la experiencia de vigilia». La investigación de Calkins fue citada por Sigmund Freud en su interpretación de los sueños.

«El sueño de la bailarina» [*Rose Mortimer, or The ballet-girl's revenge*;
A comedian of the T. R. Drury Lane; The London Romance Company; 1865].

En 1903, James McKeen Cattell pidió a diez psicólogos que clasificaran a sus colegas estadounidenses según sus méritos y Calkins ocupó el duodécimo lugar en la lista de los cincuenta psicólogos mejor clasificados. En 1905 fue elegida presidenta de la American Psychological Association, la primera mujer en ocupar este cargo. Calkins publicó cuatro libros y más de cien artículos a lo largo de su carrera, tanto en el campo de la psicología como en el de la filosofía. Avanzó, como hemos visto, en diversos campos del conocimiento, pero es especialmente conocida por su lucha para abrir la psicología a las mujeres. Siguió trabajando y luchando toda su vida por la igualdad y el acceso a las universidades de las mujeres.

Las autoridades de Harvard se negaron a aprobar la recomendación unánime del Departamento de Filosofía y Psicología de conceder a Calkins su título de doctora. Había completado todos los requisitos para el doctorado, que incluían la aprobación de los exámenes y la realización de una disertación, y todos sus profesores de Harvard la habían recomendado para el título. Sin embargo, debido únicamente a su sexo, se le negó el título de doctora. James quedó asombrado y describió su presentación como «el examen más brillante para el doctorado» que habían tenido en Harvard.

Un ejemplo de su lucha a favor de justicia social para las mujeres fue su rechazo a un doctorado de Radcliffe, una universidad para mujeres asociada a Harvard. En 1902, Radcliffe ofreció el doctorado a Calkins y a otras tres mujeres que habían completado sus estudios en Harvard, pero a las que no se les había concedido el doctorado debido a su género. Las otras tres mujeres aceptaron el título, pero Calkins rechazó la propuesta, y declaró en una carta a la junta directiva de Radcliffe que eso no servía para defender los mejores ideales de la educación.

El funcionalismo empezó a perder influencia a comienzos del siglo xx y para 1920 el conductismo era la corriente más popular dentro de la psicología norteamericana, al menos en los ámbitos académicos. En cierta manera, era «culpa» del propio funcionalismo, porque sus seguidores siempre habían resaltado la importancia de los comportamientos.

Puesto que el funcionalismo era más un método que una teoría, fue progresivamente absorbido por otros sistemas. Su influencia más obvia fue en las pruebas de análisis de las habilidades mentales, ya que los psicólogos defendían que estas evaluaciones tenían un papel importante en determinar la capacidad de las personas para triunfar en la escuela y en el mercado laboral. La mayoría de los psicólogos estaban de acuerdo en que era importante entender el propósito de los procesos mentales y que la mente y el cuerpo se influían el uno al otro. Muchas de las ideas y los métodos de los funcionalistas subsisten todavía hoy en día.

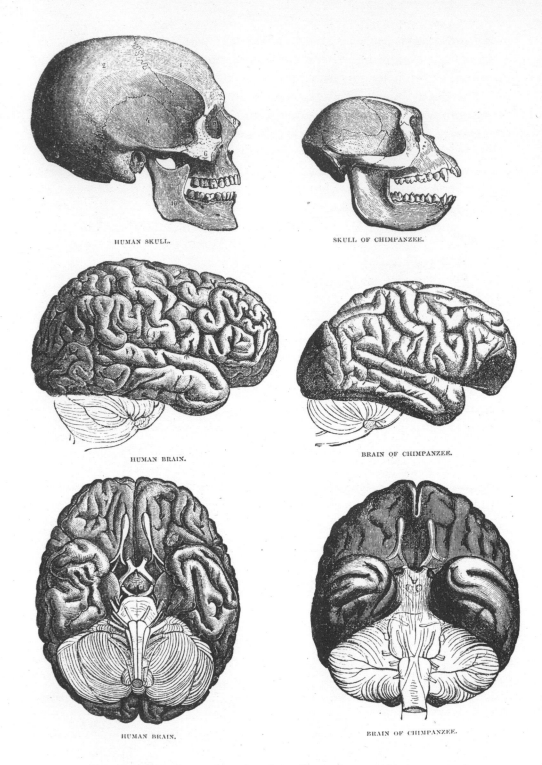

HUMAN SKULL.

SKULL OF CHIMPANZEE.

HUMAN BRAIN.

BRAIN OF CHIMPANZEE.

HUMAN BRAIN.

BRAIN OF CHIMPANZEE.

«El simio comparado con el hombre» [*Cassell's popular natural history*, 1, 1865].

PSICOLOGÍA EVOLUCIONISTA

El término «psicología evolutiva» es un poco confuso, pues en el ámbito anglosajón se usa para una corriente de pensamiento que examina la estructura mental bajo el prisma de la evolución, mientras que en el ámbito hispanohablante hace referencia al desarrollo de la persona, lo que en inglés se conoce como *developmental psychology*. Para evitar esta confusión, llamaré a la primera, la que nace de las ideas de Darwin, «psicología evolucionista», y a la otra, centrada en la evolución a lo largo de la vida, «psicología del desarrollo».

La psicología evolutiva trata de identificar qué rasgos psicológicos humanos son adaptaciones evolutivas, es decir, los productos funcionales de la selección natural o sexual en la evolución humana. Si Theodosius Dobzhansky dijo «Nada en biología tiene sentido sino es a la luz de la evolución», la psicología evolucionista plantea que eso es también aplicable a la mente y la conducta. Los psicólogos evolucionistas argumentan que la organización modular de la mente es similar a la del cuerpo y que las diferentes adaptaciones cognitivas sirven para diferentes funciones. Esta línea de pensamiento sostiene que gran parte del comportamiento humano es el resultado de adaptaciones psicológicas que evolucionaron para resolver problemas recurrentes en los entornos ancestrales humanos. Y en eso seguimos.

La psicología evolucionista se enfoca en estudiar cómo la evolución ha influido en el desarrollo y el comportamiento humanos. Algunas ideas básicas de esta disciplina incluyen:

— La teoría de la selección natural, que sostiene que las características que permiten a los individuos sobrevivir y reproducirse con éxito se transmiten a las generaciones siguientes.

— La adaptación, que se refiere a la capacidad de los organismos para adaptarse a su entorno a través de la selección natural.

— La modularidad, es decir, la idea de que el cerebro humano está compuesto por módulos o sistemas especializados para procesar la información.

— El aprendizaje innato, que sostiene que algunos comportamientos y patrones de pensamiento son innatos, es decir, están presentes desde el nacimiento.

— La etología evolutiva, que se enfoca en el estudio del comportamiento animal y cómo este se ha desarrollado a lo largo de la evolución.

La psicología evolucionista no es simplemente una subdisciplina de la psicología, sino que considera que la evolución puede proporcionar un marco teórico general que integre todo el campo de la psicología del mismo modo que la biología evolutiva lo ha hecho con la biología. Los psicólogos evolucionistas consideran que cualquier tema de la psicología puede abordarse desde la perspectiva de la evolución, que el fundamento básico es la teoría publicada por Darwin en 1859 y en la que el propio Darwin indicaba que la evolución actuaba sobre los patrones de comportamiento de manera similar a como lo hacía con la anatomía o la fisiología.

Los psicólogos evolucionistas sostienen que los comportamientos o rasgos que se dan de forma universal en todas las culturas son buenos candidatos para las adaptaciones evolutivas, lo que incluye las habilidades para inferir las emociones de los demás, discernir entre los parientes y los no parientes, identificar y preferir a los compañeros más saludables y cooperar con los demás. Se han hecho descubrimientos basados en la evolución sobre el comportamiento social humano en relación con el infanticidio, la inteligencia, los patrones de emparejamiento, la promiscuidad, la percepción de la belleza, las dotes nupciales y las inversiones de los padres, entre muchos otros temas. Las teorías y descubrimientos de la psicología evolucionista se aplican en muchos campos, que incluyen la economía, el medio ambiente, la salud, el derecho, la gestión, la psiquiatría, la política y la literatura.

Las críticas a la psicología evolucionista se centran en cuestiones de comprobabilidad, supuestos cognitivos y evolutivos (que incluyen cosas como el funcionamiento modular del cerebro y la gran incertidumbre sobre los comportamientos de nuestros ancestros y el entorno en el que vivían), la importancia de las explicaciones no genéticas y no adaptativas, así como cuestiones políticas y éticas debidas a las interpretaciones de los resultados de la investigación que pueden llevar a una visión biologicista de la conducta humana.

CHARLES DARWIN (1809-1882)

Darwin nació en Shrewsbury, Inglaterra. No fue un niño modélico. Hacía bromas pesadas, robaba y mentía. Uno de sus primeros recuerdos era haber intentado romper el cristal de la ventana de la habitación donde había sido encerrado por su mal comportamiento. Era un estudiante pésimo y su padre temía que este hijo deshonrara el famoso apellido y la reputación de la familia. Por otro lado, le gustaba la naturaleza, coleccionaba conchas, minerales y monedas, le encantaban los perros y cazar ratas con una escopeta. Uno de sus biógrafos contaba así su vida:

> Fue uno de los hombres más afortunados que han existido. Sus abuelos eran dos de los hombres más famosos de Inglaterra. Gracias a ellos, se acostumbró desde sus primeros años a la compañía de personas inteligentes y artistas. Creció en una casa confortable, rodeado de afecto y en la que su imaginación era libre para volar. Su padre era un hombre rico y al final de su adolescencia se dio cuenta de que nunca tendría que hacer nada que no quisiera hacer. Durante el resto de su vida hizo exactamente lo que le apetecía. Y al final de sus días seguía rodeado de la misma atmósfera de amor y protección que había conocido de niño.

Su buena situación económica fue decisiva en su famoso viaje en el HMS Beagle. Henslow, uno de sus profesores, le propuso ir como naturalista en un buque de la armada que zarpaba en una expedición para cartografiar la costa de América del sur. El capitán Robert FitzRoy, comandante del buque, hacía hincapié en que era un puesto para un caballero y no para «un mero coleccionista» pues quería alguien con el que compartir sus comidas en la soledad de su camarote. El barco debía zarpar en cuatro semanas y Robert Darwin, el padre de Charles, se opuso al viaje de dos años, considerándolo una pérdida de tiempo, pero su cuñado, Josiah Wedgwood II, le convenció para que aceptara y financiara la participación de su hijo.

Una falsa caracterización psicológica estuvo a punto de truncar esos planes. FitzRoy se preciaba de su habilidad para juzgar el carácter de la gente por sus características faciales y la nariz de Darwin le hizo sospechar que el candidato tenía poca resistencia mental y cierta tendencia a la vagancia. Nada más alejado de la realidad. Por otro lado, FitzRoy era una persona profundamente religiosa y uno de sus objetivos personales en el viaje era conseguir evidencias que apoyasen la Creación tal como la describe la Biblia. Desde luego, en ese aspecto, no eligió al hombre adecuado.

Panel de Charles Darwin expuesto en el Museo de Anatomía Humana de Turín (ca. 1890).

Fig. 18. Chimpanzee disappointed and sulky. Drawn from life by Mr. Wood.

Fig. 21. Horror and Agony. Copied from a photograph by Dr. Duchenne.

«Chimpancé decepcionado y malhumorado» y «Horror y agonía», grabados en *The expression of the emotions in man and animals* [Charles Darwin, 1872].

Al final de su vida, Darwin se describía a sí mismo:

> *Mi éxito como hombre de ciencia en la cantidad que sea ha sido determinado, según puedo juzgar, por unas cualidades y condiciones mentales complejas y diversificadas. De esas, la más importante ha sido mi amor a la ciencia, una paciencia sin límites para reflexionar largo y tendido sobre cualquier tema, laboriosidad a la hora de observar y coleccionar datos y una cantidad adecuada de creatividad, así como de sentido común. Poseyendo unas habilidades tan modestas es verdaderamente sorprendente que pueda haber influido en una medida notable en las creencias de algunos científicos sobre algunos temas importantes.*

El viaje del Beagle no duró dos años, sino casi cinco. Darwin tuvo un inmediato reconocimiento a su vuelta, pues Henslow había publicado un cuadernillo con sus cartas sobre geología, su colección de fósiles atrajo un gran interés y su recolección del viaje del Beagle le convirtió en un divulgador y explorador de prestigio. Por otro lado, Darwin tuvo décadas de mala salud, no se lanzaba a publicar sus resultados y tuvo muchas dudas sobre qué debía hacer. Aun así, contó con el afecto de su familia y el respeto de muchos de los mejores científicos de su época.

Darwin cambió el foco de la psicología de la estructura a la función y se considera un protagonista fundacional de una escuela de pensamiento que ya hemos mencionado: el funcionalismo, el cual aspira a saber cómo funciona la mente o cómo la usa un organismo para adaptarse a su ambiente. No busca conocer cuáles son los elementos básicos de la mente o cómo están organizados sus componentes, sino que considera que la mente es un conglomerado de funciones y procesos que llevan a una serie de consecuencias prácticas en el mundo real y eso es lo que desea averiguar.

La obra de Darwin abrió nuevas fronteras en la psicología. Algunos de los aspectos clave fueron un nuevo interés en la psicología de los animales, que sería la base de una psicología comparada; un énfasis en las funciones más que en la estructura de la consciencia; la aceptación de una metodología y unos datos de fuentes muy diversas y una preocupación constante por la descripción y medida de las diferencias individuales. La teoría darwinista implicaba que los psicólogos tendrían que estudiar a las personas en función de su desarrollo tanto genético como filogenético, su posición dentro del mundo animal y los medios por los que se adaptan al ambiente.

Esas ideas permitieron nuevos desarrollos. Wundt usaba técnicas derivadas principalmente de la fisiología, pero los métodos de Darwin no se parecían nada a los experimentos fisiológicos y sus datos provenían de ámbitos tan diversos como la geología, la arqueología, la demografía, la observación de plantas y animales salvajes y domesticados o la investigación sobre cruzamientos y descendencia. Darwin era un observador y no un experimentador. La ciencia fue distinta después de él.

Tras Darwin, los psicólogos se dieron cuenta que podían aprender mucho sobre la mente humana estudiando las reacciones de diferentes animales. El estudio del comportamiento animal se convirtió en algo fundamental para explicar el comportamiento humano y los laboratorios de psicología aprovecharon las ventajas de los modelos animales para avanzar con mayor rapidez en su conocimiento de la mente.

La teoría de la evolución también cambió los temas y objetivos de la psicología. Los estructuralistas se habían centrado en analizar la consciencia y sus elementos básicos, pero el trabajo de Darwin inspiró, sobre todo a psicólogos estadounidenses, para considerar la función, para qué valían esas actividades mentales y cómo se producían y se modulaban. Así, de una forma gradual, la psicología se fue reorientando para analizar cómo el funcionamiento de hombres y animales se adapta a su ambiente, si la supervivencia es también la de los mejor adaptados mentalmente y qué comportamientos y características individuales ayudan en ese proceso.

Indignación (1 y 2) y desamparo o impotencia (3 y 4), fotografías de simulación de emociones en *The expression of the emotions in man and animals* [Charles Darwin, 1872].

La teoría de Darwin sobre la cognición humana y animal se desarrolla a lo largo de sus dos grandes obras sobre el tema: *La descendencia del hombre y la selección en relación con el sexo* y *La expresión de las emociones en el hombre y en los animales*. En el tercer capítulo de la *Descendencia*, titulado «Comparación de las facultades mentales del hombre y de los animales inferiores», Darwin afirma: «... no hay ninguna diferencia fundamental entre el hombre y los mamíferos superiores en sus facultades mentales». Su argumento no es simplemente que las capacidades humanas podrían haber evolucionado gradualmente a partir de precursores en ancestros comunes con los simios, sino que, yendo más allá, Darwin sostiene la afirmación mucho más arriesgada de que todas las causas psicológicas del comportamiento humano están presentes en otras especies. Afirma que los humanos y los «animales superiores» comparten los mismos sentidos, emociones y «facultades de imitación, atención, deliberación, elección, la memoria, la imaginación, la asociación de ideas y la razón, aunque en grados muy diferentes». Es decir, aunque Darwin admite que hay diferencias significativas entre los humanos y los animales, estas diferencias son más cuantitativas que cualitativas:

> *Debemos admitir que hay un intervalo mucho más amplio en el poder mental entre uno de los peces más bajos, una lamprea o un anfioxo, y uno de los simios superiores, que entre un simio y el hombre; sin embargo, este intervalo se completa con innumerables gradaciones.*

La obra de Charles Darwin *El origen de las especies* y *El origen del hombre*, publicadas hace 150 años, sentaron las bases de los estudios científicos sobre el origen y la evolución del ser humano. Tres de sus ideas han sido reforzadas por la ciencia moderna. La primera es que compartimos muchas características (genéticas, de desarrollo, fisiológicas, morfológicas, cognitivas y psicológicas) con nuestros parientes más cercanos, los simios antropoides. Darwin desarrolla una filosofía que sigue las ideas de Hume sobre la mente humana, de la que infiere una continuidad significativa entre las mentes de los animales no humanos y humanos. La segunda es que los humanos tienen un talento para la cooperación de alto nivel reforzado por la moral y las normas sociales. La tercera es que hemos ampliado enormemente la capacidad de aprendizaje social que ya vemos en otros primates. El énfasis de Darwin en el papel de la cultura merece una atención especial porque durante un entorno prehistórico cada vez más inestable, la acumulación cultural permitió cambios en la historia evolutiva: una mayor cognición y la aparición del lenguaje, las normas sociales y las instituciones. La evolución abría nuevos caminos y daba nuevas ideas para entender la psicología humana.

LOS MOVIMIENTOS EUGENÉSICOS

La época tras el fallecimiento de Darwin estuvo marcada por un impresionante progreso científico, el auge de las ideologías totalitarias y crisis sociales sin precedentes por su profundidad y extensión. En las décadas anteriores al ascenso del fascismo en Italia y del nacionalsocialismo en Alemania se debatía en círculos cultos de los países desarrollados sobre la selección artificial de la especie humana y el fortalecimiento de las «razas», definidas en el sentido más amplio por el color de la piel y los rasgos físicos. Al fin y al cabo, los riesgos de degeneración de las estirpes familiares y de herencia de enfermedades ya se discutían en el siglo XIX con el alienista B. A. Morel.

La eugenesia contribuyó a terribles atrocidades del siglo XX, como la persecución y asesinato por los nazis de millones de judíos en la Segunda Guerra Mundial y la esterilización e institucionalización masivas de pueblos marginados en numerosos países, como producto de mentalidades racistas y colonialistas. Las propias categorizaciones raciales fueron una construcción colonial diseñada para separar y jerarquizar a las personas.

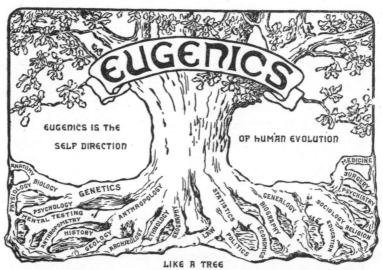

«La eugenesia es la autodirección de la evolución humana». Ilustración conmemorativa del Segundo Congreso Internacional de Eugenesia (Nueva York, septiembre-octubre de 1921) [*The Second International Exhibition of Eugenics...*, Harry H. Laughlin, 1923].

En la cima de la jerarquía estaban las potencias coloniales europeas blancas, que disponían de los recursos humanos y materiales de los países colonizados según su propio interés. Estas jerarquías y principios eugenésicos se han aplicado a grupos minoritarios de todo el mundo hasta hace incluso poco tiempo, como puede ser la esterilización forzosa de mujeres indígenas en el Perú de Fujimori, mujeres negras y nativas americanas en Estados Unidos y comunidades romaníes en Europa. La eugenesia también contribuye a los debates actuales en torno a la migración y las nociones supremacistas de «suicidio racial» o «teorías de sustitución», según las cuales las nuevas poblaciones migrantes «superan» a la población local y se apoderan de su país. Aunque estas nociones siguen conformando elementos del discurso racial en Estados Unidos, se han extendido para incluir, por ejemplo, a los musulmanes que llegan a Europa.

La naturaleza perniciosa de la eugenesia fue añadir argumentos científicos a los debates morales y dar justificaciones biológicas y psicológicas a las injusticias. Se dejó de lado la idea de que la ventaja o la desventaja social determinaban estos factores y los eugenistas, cuya metodología estadística no distinguía entre factores causales y asociados, o entre naturaleza y crianza, asumieron la primacía de la genética en muchos problemas psicológicos y psiquiátricos.

Su objetivo era «mejorar la calidad biológica de una población», modulando la reproducción con el uso medios educativos, legales y médicos justificados mediante un enfoque científico. En cuanto a la función mental, a escala internacional, los eugenistas proponían esterilizar a las personas con discapacidad o enfermedades mentales crónicas consideradas hereditarias para evitar que se produjeran afecciones similares en generaciones futuras. También proponían la esterilización cuando consideraban que el estado mental de la persona la incapacitaba para criar a sus propios hijos. Sin embargo, los responsables médicos, sociales y gubernamentales de los distintos países siguieron prácticas diferentes. Por ejemplo, en EE. UU., el estado de Indiana aprobó en 1907 la primera ley de esterilización basada en la eugenesia. En el Reino Unido, se propuso un proyecto de ley de esterilización en el Parlamento en 1931, pero fue rechazado y no se convirtió en ley. En Suecia, en cambio, desde 1935 hasta 1975, se permitió la esterilización por recomendación de los profesionales médicos y sin el consentimiento del paciente.

El panorama también era diferente en Alemania, donde, en 1920, el catedrático de Psiquiatría Alfred Hoche y el abogado Karl Binding propusieron «la destrucción de la vida indigna», que era la eliminación de las personas consideradas una carga para el Estado. Aunque debatido, su llamamiento cayó en suelo fértil —incluso dentro de la profesión médica— y germinó en el contexto de agitación social, política y económica tras la Primera Guerra Mundial. En 1937, Ernst Rüdin, también catedrático de Psiquiatría en Alemania. se dirigió a un congreso internacional de psiquiatría sobre eugenesia y justificó la esterilización obligatoria de las personas con enfermedades mentales crónicas: «... la salud hereditaria de las personas debe ser lo primero y el especialista mental tiene el deber absoluto de reconocerlo». La audiencia se opuso a Rüdin con «unanimidad de opiniones», citando argumentos científicos y sociales. Sin embargo, bajo el régimen nazi, el esquema de Rüdin se transformó en un proceso organizado de aniquilación, con el atroz resultado que todos conocemos.

Hubo también una «eugenesia positiva», que intentaba favorecer el acervo genético mediante la reproducción selectiva de los mejor dotados más que la eliminación de los débiles mentales. En América Latina se instituyeron los concursos del niño sano como estrategia médica y sociopolítica para proteger la infancia y asegurar así el futuro de la «raza» y de la nación.

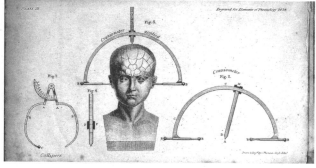

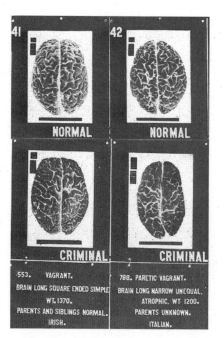

Izqda.: comparación de cerebros «criminales» y «normales» del Dpto. de Enfermedades Mentales de Massachusetts (detalle); el determinismo biológico asoció el comportamiento con los genes y los eugenesistas propugnaron «mejorar» la especie humana mediante la esterilización, no solo de criminales, sino también de discapacitados mentales e «inadaptados» [NLM]. Dcha.: medición con craneómetro en un tratado de frenología, la doctrina que *localizaba* las facultades psíquicas en zonas concretas del cerebro, según la forma del cráneo y las facciones; igualmente, la eugenesia se valió de ella para trazar una línea «evolucionista» en la diferenciación de las razas humanas [*Elements of phrenology*, George Combe, 1824].

Estos concursos mezclaban la degeneración, las teorías raciales y el intervencionismo estatal y cobraron impulso en la década de 1930. En España, los eugenistas más famosos de esta época fueron Antonio Vallejo Nágera y el burgalés Misael Bañuelos García (1887-1954), que dieron un barniz supuestamente científico a lo que era básicamente un planteamiento ideológico.

La idea común a todas las escuelas vinculadas a la eugenesia era la de la construcción social, a través de la ciencia, de una categoría, la «anormalidad», tratando de poner un límite al «declive de la raza» y proponer medidas para regenerarla. Este movimiento eugenésico atraviesa todas las fronteras ideológicas, incluyendo sectores tradicionalistas y católicos. La gran mayoría de estos define a la sociedad como un gran organismo y propone políticas de Estado que evitarían la «degeneración de la raza», motivada, en gran medida, por el hacinamiento en las grandes urbes, con sus consecuentes problemas de salud y miseria. En este contexto, retoman y profundizan el concepto de «Hispanidad», acuñado por el obispo Zacarías de Vizcarra y desarrollado, entre otros, por el pensador Ramiro de Maeztu, el cual se basa en la noción de raza.

En la optimista Norteamérica de principios de los años 60, un padre de la biología moderna —y desde luego no un eugenista— como Ernst Mayr, en *Especies animales y evolución*, todavía expresaba las evocadoras tesis del darwinismo social cuando afirmaba:

> *Quizá no sea descabellado pensar que una persona que ha obtenido buenos resultados en determinadas áreas del comportamiento humano tiene, por término medio, una combinación genética más deseable que otra cuyos resultados son menos espectaculares. En la sociedad actual, la persona superior es penalizada por el Gobierno de muchas maneras, con impuestos y otras medidas que le hacen más difícil formar una familia numerosa.*

Aunque la eugenesia apenas se nombra en la actualidad, sigue influyendo en la sociedad y el discurso político. En todo el mundo, la eugenesia, de una forma u otra, está implicada en la esterilización obligatoria, la legislación sobre deficiencias mentales, la legislación sobre inmigración y las políticas racistas, la noción de inteligencia natural, la normalización de la segregación por raza, capacidad y clase, el tratamiento diferente e injusto a las personas en riesgo de vulnerabilidad, los derechos de las minorías y los neurodivergentes o la definición de quién es capacitado o discapacitado.

EDWARD O. WILSON (1929-2021)

Edward Osborne Wilson fue un biólogo, naturalista y escritor estadounidense. Su especialidad era la mirmecología —el estudio de las hormigas—, en la que se le consideraba el mayor experto del mundo. De hecho, se le apodaba Ant Man, «el Hombre Hormiga».

Nació en Birmingham, Alabama, y fue hijo único. Su padre era un alcohólico que lo arrastró a una vida nómada y problemática, que se divorció cuando él tenía siete años y que terminó suicidándose. Hasta entonces le permitía llevar a casa arañas viuda negra y tenerlas en el porche. Pasó por diecisiete escuelas en once años, lo que le hizo tener muy pocos amigos, pero pudo disfrutar en cambio de la naturaleza, los pantanos y los campos. Una vez escribió: «Los adultos olvidan las profundidades de la languidez en la que la mente adolescente se sumerge con facilidad. Son propensos a infravalorar el crecimiento mental que se produce durante la ensoñación y el vagabundeo mental sin rumbo». El mismo año del divorcio de

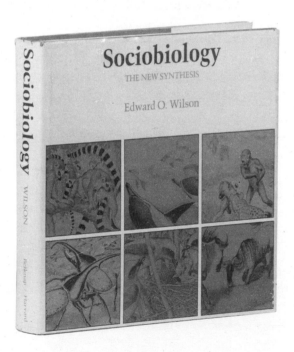

Sociobiología: la nueva síntesis [Edward O. Wilson, 1975].

sus padres, Wilson tuvo un accidente de pesca. Tiró con demasiada fuerza cuando atrapó un pececillo, este voló hacia su cara y una de las espinas de la aleta le atravesó el ojo derecho, dejándolo parcialmente ciego. Según escribe Wilson en su autobiografía, la atención de su ojo superviviente «se dirigió al suelo» y eso hizo que desarrollara una obsesión por las hormigas que duraría toda su vida.

Wilson ha sido llamado «el padre de la sociobiología» y «el padre de la biodiversidad» por su defensa del medio ambiente y sus ideas laico-humanistas y deístas en materia religiosa y ética. Consideraba que la mejor esperanza para la supervivencia del planeta era una alianza entre los grupos científicos y los religiosos. Su teoría de la biogeografía insular sirvió de base para el diseño de áreas de conservación y protección. Mientras desarrollaba esta teoría, también investigaba otra cuestión profunda: ¿Cómo evolucionaron los comportamientos de las distintas especies? Como experto en insectos, estudió cómo la selección natural y otras fuerzas podían producir algo tan extraordinariamente complejo como una colonia de hormigas. Luego defendió este tipo de investigación como una forma de dar sentido a todo el comportamiento, incluido el nuestro.

Wilson utilizó los principios evolucionistas para explicar el comportamiento de los insectos sociales y, posteriormente, para entender el comportamiento social de otros animales, incluidos los humanos, y estableció así un nuevo campo científico. La visión sociobiológica es que todo el comportamiento social de los animales se rige por reglas dictadas por las leyes de la evolución. Esta teoría e investigación resultó ser fundamental, controvertida e influyente. Wilson argumentó que la unidad de selección es un gen, el elemento básico de la herencia y el objetivo de la selección suele ser el individuo portador de un conjunto de genes determinados.

Si podía explicar el comportamiento de las hormigas, razonó Wilson, debería ser capaz de explicar el comportamiento de otros animales: iguanas, tritones, gaviotas... quizá incluso de las personas. Él y sus colegas llegaron a referirse a este proyecto con una palabra que había estado flotando en el mundo del comportamiento animal desde la década de 1950: «sociobiología». En 1975, Wilson publicó *Sociobiología: la nueva síntesis*, que se convertiría en su libro más controvertido. «El organismo no es más que la forma que tiene el ADN de hacer más ADN», declaró Wilson provocativamente; y argumentó que todo el comportamiento humano era producto de la predeterminación genética, no de las experiencias aprendidas. A continuación, describió una enorme gama de comportamientos y mostró cómo podrían ser producto de la selección natural.

Al principio, *Sociobiología* recibió una lluvia de elogios y atención, pero luego, recordó más tarde Wilson en sus memorias, «todo se salió de madre». Evidentemente no habría habido ningún problema si se hubiese limitado a los insectos, pero Wilson extendió la sociobiología a los humanos. La teoría estableció un argumento científico para rechazar la doctrina común de la *tabula rasa*, que sostiene que los seres humanos nacen sin ningún contenido mental innato y que la cultura funciona para aumentar el conocimiento humano y ayudar a la supervivencia y el éxito biológico. Wilson invitó a sus lectores a considerar cómo la naturaleza humana podría estar modulada por presiones evolutivas y les advirtió que no sería fácil, pues es complejo separar los efectos de la cultura humana de los de la selección natural. «Tenemos emociones de la Edad de Piedra, instituciones medievales y tecnología de dioses», dijo. Y lo que es peor, en aquel momento nadie había relacionado ninguna variante genética con un comportamiento humano concreto. Wilson sostenía que nuestra especie tenía una propensión a comportarse de determinadas maneras y a formar ciertas estructuras sociales y llamó a esa tendencia «naturaleza humana». En otras palabras, la selección natural podría ayudar a explicar la psicología humana. La agresión, por ejemplo, puede haber sido adaptativa para los primeros humanos. «La lección para el hombre es que la felicidad personal tiene muy poco que ver con todo esto», escribió. «Es posible ser infeliz y muy adaptativo».

Wilson fue acusado de racismo, de misoginia y de tener simpatía por la eugenesia. Varios colegas de Wilson, incluidos compañeros de Harvard como Richard Lewontin y Stephen Jay Gould, escribieron «Contra *Sociobiología*», una carta abierta en la que criticaban la «visión determinista de la sociedad humana y la acción humana» de Wilson. Denunciaron la sociobiología como un intento de revigorizar viejas teorías de determinismo biológico, teorías que, según ellos, «proporcionaron una base importante para la promulgación de leyes de esterilización y leyes de inmigración restrictivas en Estados Unidos entre 1910 y 1930 y también para las políticas eugenésicas que llevaron a la creación de cámaras de gas en la Alemania nazi». Según Wilson, sus críticos demostraron un asombroso desprecio por lo que había escrito y utilizaron la sociobiología como una oportunidad para promover sus propias agendas. Más de treinta años después, en una entrevista en 2011, Wilson dijo: «Creo que Gould era un charlatán. Pienso que estaba... buscando reputación y credibilidad como científico y escritor, y lo hizo sistemáticamente distorsionando lo que decían otros científicos e ideando argumentos basados en esa distorsión».

Wilson declaró que la sociobiología no ofrecía ninguna excusa para el racismo o el sexismo. Rechazó los ataques contra él como obras de «justicieros» y «vigilantes» y siguió profundizando en la evolución del comportamiento humano. Su legado en el estudio de la naturaleza humana es una historia inacabada. En las décadas transcurridas desde la publicación de *Sociobiología*, los investigadores han identificado miles de genes que influyen en el comportamiento humano. Los humanos comparten muchos de estos genes con otras especies y también influyen en el comportamiento de esos animales. Algunos investigadores han tratado de construir elaborados relatos evolutivos sobre cómo los genes individuales ayudaron a dar lugar a la psicología de los seres humanos pero, una y otra vez, muchas de estas explicaciones han resultado ser simplistas hasta el punto de resultar engañosas. Los genes son relativamente pocos, pero interaccionan entre sí en redes muy complejas. Los científicos están muy lejos del sueño del Wilson de una explicación de la naturaleza humana basada en la evolución.

La Real Academia Sueca, que otorga los premios Nobel, concedió a Wilson el premio Crafoord, un galardón destinado a cubrir áreas no cubiertas por los premios Nobel. Ganó en dos ocasiones el premio Pulitzer de no ficción general, con *Sobre la naturaleza humana*, en 1979, y *Las hormigas*, en 1991, y fue reconocido como uno de los científicos más importantes y personas más influyentes del mundo por publicaciones como *Time* y la *Enciclopedia Británica*.

En *Consilience: The Unity of Knowledge* (1998), Wilson escribió:

> *Nos estamos ahogando en información, mientras nos morimos de hambre de sabiduría. En adelante, el mundo estará dirigido por sintetizadores, personas capaces de reunir la información adecuada en el momento oportuno, pensar críticamente sobre ella y tomar decisiones importantes sabiamente.*

«El cuervo y el cántaro» [*The book of fables, chiefly from Aesop*; Horace E. Scuder, 1882].

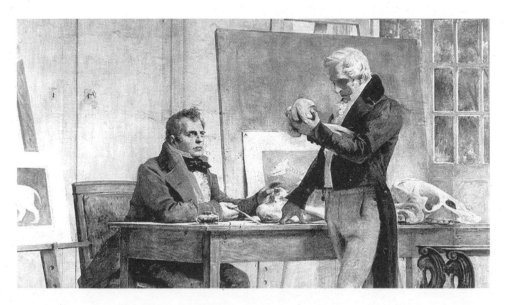

Cuvier reúne los documentos para su trabajo sobre los huesos fósiles (detalle) [Théobald Chartran, 1849-1907].

PSICOLOGÍA COMPARADA

La psicología comparada consiste en el estudio científico del comportamiento y los procesos mentales de los animales no humanos, especialmente en lo que se refiere a la historia filogenética, el significado adaptativo y el desarrollo de los comportamientos. En cierta manera, es un desarrollo directo de la psicología evolucionista y no una escuela de pensamiento diferente. No es solo un tipo de investigación en el que se comparan sin más las similitudes y diferencias de distintas especies, incluida la nuestra, sino que asume que detrás de estas similitudes y diferencias hay una historia interrelacionada sobre cómo la vida mental y el comportamiento han ido evolucionando a través del paso de una generación a las siguientes y mediante el proceso de especiación, la formación de nuevas especies.

El comportamiento animal es un campo de estudio compartido académicamente por varias ciencias. En las últimas décadas, ha pasado a denominarse «psicología comparada» en las facultades de psicología y «etología» en las de biología. Los psicólogos comparados recurren con frecuencia a experimentos de laboratorio, mientras que los etólogos se decantan por los estudios de campo. El resultado ha sido a veces competencia, a veces mezcla, a veces una antipatía rayana en el desprecio a la verdad y a veces, afortunadamente, una colaboración y división del trabajo en beneficio de todos.

Muchos comportamientos asociados con el término «inteligencia animal» también se incluyen en la cognición animal y su estudio ha podido demostrar que la conciencia no es una actividad exclusiva de los seres humanos y que muchas de las actividades que no hace mucho se consideraban exclusivas de los seres humanos están también presentes en otras especies.

Los investigadores han examinado la cognición animal en mamíferos (especialmente primates, cetáceos, elefantes, perros, gatos, cerdos, caballos, ganado, mapaches y roedores), aves (incluyendo loros, aves de corral, córvidos o palomas, entre otros), reptiles (lagartos, serpientes y tortugas), peces e invertebrados (incluyendo cefalópodos, arañas o insectos).

Aristóteles, en su biología, planteó la hipótesis de una cadena causal en la que los órganos sensoriales de un animal transmitían información a un órgano capaz de tomar decisiones y luego a un órgano motor. A pesar del cardiocentrismo de Aristóteles —la creencia errónea de que la cognición se producía en el corazón—, esto se aproximaba a algunas concepciones modernas del procesamiento de la información. Las primeras inferencias no eran necesariamente precisas o exactas. No obstante, el interés por las capacidades mentales de los animales y las comparaciones con los humanos aumentaron con la mirmecología temprana, el estudio del comportamiento de las hormigas, y con la clasificación de los humanos como primates a partir de Linneo.

El erudito del siglo IX al-Yahiz escribió sobre la organización social y los métodos de comunicación de las hormigas. Dos siglos más tarde, el escritor árabe Ibn al-Haytham (Alhazen) publicó el *Tratado sobre la influencia de las melodías en las almas de los animales*, uno de los primeros libros sobre los efectos de la música en los seres no humanos. En el tratado, demuestra cómo se puede acelerar o ralentizar el paso de un camello con el uso de la música, junto con otros ejemplos de cómo la música puede afectar al comportamiento animal, tras experimentar con caballos, aves y reptiles. Hasta el siglo XIX, la mayoría de los eruditos occidentales seguían creyendo que la música era un fenómeno exclusivamente humano, pero los experimentos realizados desde entonces han confirmado la opinión de Ibn al-Haytham de que la música afecta también a los animales.

Otros autores, como Descartes, han especulado sobre la presencia o ausencia de la mente animal o de la existencia de un alma en los animales. Estas especulaciones llevaron a realizar muchas observaciones del comportamiento animal antes de que la ciencia moderna y el estudio experimental estuvieran disponibles. Esto dio lugar a la creación de múltiples hipótesis sobre la inteligencia animal. Junto con ello hubo observaciones directas: una de las fábulas de Esopo es «El cuervo y el cántaro», en la que un cuervo deja caer guijarros en un recipiente con agua hasta que es capaz de beber. El naturalista romano Plinio el Viejo fue el primero en atestiguar que dicha historia reflejaba el comportamiento de los córvidos en la vida real y es algo que se sigue estudiando en la actualidad.

El estudio comparado de las especies tiene un momento estelar en el ambiente intelectual de la Francia de principios del siglo XIX. Las ideas dominantes eran las del infatigable barón Cuvier, el gran apóstol de la inmutabilidad de las especies: las catástrofes geológicas que permitían a Dios recrear la naturaleza y la anatomía comparada que estudiaba las interrelaciones entre estos seres creados. Su influencia al frente de la Académie des Sciences era enorme, sofocante, y literalmente mantenía a los que pensaban diferente alejados de los altos cargos científicos. Entre ellos estaba Lamarck y luego un brillante evolucionista primitivo, Étienne Geoffroy Saint-Hilaire, en otro tiempo colaborador de Cuvier, cuyo pensamiento central era la unidad del plan de composición de todas las especies animales. Cuvier siempre hizo hincapié en los hechos descubiertos en el laboratorio mientras que el énfasis de Geoffroy Saint-Hilaire estaba en las tendencias tal como se ven en la naturaleza.

Cuvier aplastó las sugerencias tiernas y sin fundamento de su antiguo discípulo con montañas de datos. Geoffroy Saint-Hilaire tenía razón en principio, pero se equivocaba en los hechos. Cuvier tenía razón en sus hechos, pero estaba equivocado en sus ideas básicas. A mediados de siglo, cuando Cuvier, partidario del análisis de laboratorio, fundó la psicología comparada, el bando de Geoffroy Saint-Hilaire, que hacía hincapié en la observación naturalista, fundó la etología.

En el siglo XVII, un etólogo era un actor o imitador que representaba personajes humanos en el escenario, los diferentes caracteres de una obra teatral. En el siglo XVIII, un etólogo era alguien que estudiaba la etología o la ciencia de la ética. Este uso fue codificado en Inglaterra para una nueva ciencia por John Stuart Mill en el segundo volumen de su *Lógica* de 1843, donde escribió:

> *Si empleamos el nombre de psicología para la ciencia de las leyes elementales de la mente, etología servirá para la ciencia ulterior que determina el tipo de carácter producido en conformidad con esas leyes generales, por cualquier conjunto de circunstancias físicas y morales. Según esta definición, la etología es la ciencia que corresponde al acto de educar, en el sentido más amplio del término, incluida la formación de carácter nacional o colectivo, así como individual.*

La psicología comparada se fundó de forma algo diferente y, como término, tuvo un éxito más rápido. El protegido de Cuvier, Pierre Flourens, se había hecho famoso a principios del siglo XIX con sus estudios sobre la estructura del cerebro en relación con el comportamiento. La extirpación precisa de partes del cerebro era preferible a los «experimentos de la naturaleza» tales como las lesiones aleatorias o los daños causados por enfermedad o accidentes, que eran la principal fuente de evidencia anteriormente. Al extirpar los lóbulos cerebrales de una paloma y ver que perdía sus «facultades» de voluntad, percepción e inteligencia logró el experimento más comentado de su época. Esa paloma con los lóbulos cerebrales extirpados se quedaba quieta hasta morir de inanición, no volaba si no se la lanzaba al aire, no se movía a menos que fuera estimulada.

Después de que, en 1859, Darwin publicara *El origen de las especies*, el mayor conjunto de pruebas que nadie había reunido para explicar los cambios en las especies, Flourens, líder de la ciencia francesa, atacó la teoría de la evolución en un libro de mala calidad publicado en 1864. Unos meses después reescribió ese trabajo anterior; añadió, entre otras cosas, un nuevo primer capítulo y retituló el libro como *Psychologie Comparée*. Fue el primer intento de fundar la psicología comparada como una nueva ciencia.

Voltaire opinaba que los animales tienen ideas, memoria e inteligencia. Según él, si los animales fueran meras máquinas, esto sería una razón de más para pensar que también el hombre lo es. Hume en su *Tratado sobre la naturaleza humana* lo expresó aún con más contundencia:

> *Ninguna verdad me parece más evidente que el hecho de que las bestias están dotadas de pensamiento y razón al igual que el hombre. Los argumentos al respecto son tan obvios que no escapan ni al más estúpido e ignorante.*

Desde la década de 1970, los psicólogos han intentado demostrar cómo los animales «codifican, transforman, computan y manipulan representaciones simbólicas de los aspectos espaciales, temporales y causales del mundo real con el propósito de organizar su comportamiento de una forma adaptativa».

Acuñado por el psicólogo británico del siglo XIX C. Lloyd Morgan, el llamado «canon de Morgan» sigue siendo un precepto fundamental de la psicología comparada. En su forma desarrollada, establece que «en ningún caso debe interpretarse una actividad animal en términos de procesos psicológicos superiores si puede interpretarse de manera justa en términos de los procesos que se encuentran en una escala inferior de evolución y desarrollo psicológico». En otras palabras, Morgan creía que los enfoques antropomórficos del comportamiento animal eran falaces, y que la gente solo debería valorar el comportamiento como racional, intencional o afectivo, si no hay otra explicación en términos de los comportamientos de formas de vida más primitivas a las que no atribuimos esas facultades.

GEORGE ROMANES (1848-1894)

Romanes fue un científico británico, el más joven de los amigos académicos de Darwin, que estableció una relación entre la biología evolutiva y la psicología, siendo para muchos el verdadero fundador de la psicología comparada. Predijo similitudes entre los procesos cognitivos en humanos y animales y acuñó el término «antropomorfismo» para referirse al proceso de atribuir cualidades humanas a otros animales.

Romanes nació en Kingston (Ontario, Canadá) y fue el tercer hijo de un ministro presbiteriano escocés. Cuando tenía dos años, su familia se trasladó a Inglaterra, donde vivió el resto de su vida. Como muchos naturalistas ingleses, estaba a punto de estudiar Teología para seguir los pasos de su padre, pero decidió estudiar Medicina y Fisiología en la Universidad de Cambridge, donde también aprendió neurofisiología. Aunque provenía de una familia con una buena situación, su educación no era muy sólida. En 1871 se graduó con una licenciatura en Artes en el Gonville and Caius College, donde hoy le recuerda una vidriera en la capilla.

Romanes conoció a Darwin en Cambridge y se convirtió en su ayudante durante los últimos ocho años de vida del maestro. Darwin le dijo: «Qué suerte tengo de que seas tan joven»; y mantuvieron la colaboración y la amistad hasta su muerte. Cuando el evolucionista alemán Ernst Haeckel desestimó parte de la teoría de Darwin diciendo que era una «nada etérea», Darwin respondió que confiaba en que Romanes «algún día... espero, convertiría una "nada etérea" en una teoría sustancial». En 1886, *The Times* de Londres elogió a Romanes como «el investigador biológico sobre el que ha descendido más claramente el manto de Darwin».

Romanes era un científico victoriano con buena reputación y medios económicos que le convertían en un ideal de la época: un caballero que emprendía sus investigaciones científicas con el verdadero espíritu del aficionado. Su familia y sus amigos más íntimos le apodaban el Filósofo y fue clave para que el término «filosófico», en lugar de «profesional», se convirtiera en el mayor elogio que se podía otorgar a un científico. De hecho, era conocido por mirar con cierto desdén a los «filósofos de papel», cuyo intelecto público no podía compensar su falta de gracia social. Sus temas de interés eran amplios e incluían la psicología comparada, la fisiología, la zoología, la teoría darwiniana, la teología y la filosofía. También intervino en debates importantes en su época como la calidad del ocio o la educación de las mujeres.

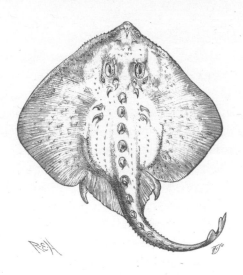

«*Raia radiata*, representado el tamaño natural del individuo más joven en el que se han encontrado fibras musculares desarrollándose hasta convertirse en células eléctricas» [*Darwinism illustrated*, George J. Romanes, 1892].

Romanes amplió las teorías de la evolución y la selección natural de Darwin al desarrollar una teoría del comportamiento basada en la psicología comparada. En su obra *Inteligencia animal*, Romanes mostró las similitudes y diferencias entre las funciones cognitivas y físicas de varias especies. En *Mental Evolution in Animals* (1883) ilustró la evolución de las funciones cognitivas y físicas asociadas con la vida animal. En *Man and Brute* escribió:

> *Daré por sentado que se ha demostrado que los principios de la evolución se aplican a los fenómenos de la mente tal como los encontramos en los animales inferiores; de modo que en toda la gama del reino animal, con excepción del hombre, tenemos pruebas satisfactorias de que estos fenómenos se deben a procesos de desarrollo natural y continuo, cuya causalidad está ahora en gran medida comprobada.*

Romanes pensaba que la inteligencia animal se desarrolla a través del condicionamiento conductual o del refuerzo positivo. Mostró cómo la noción misma de inteligencia estaba relacionada con la adaptación individual a la novedad ambiental. Según Romanes, esta capacidad debía incluirse entre los factores de la evolución. Darwin y Romanes compartían básicamente la misma concepción de la relación entre instintos e inteligencia, que explicaba no solo la necesidad de continuidad filogenética, sino también las discontinuidades debidas a la divergencia adaptativa. Romanes publicó más tarde *Mental Evolution in Man*, que se centró en la evolución de las funciones cognitivas y físicas humanas. En *Animal Intelligence* escribió sobre los criterios para considerar que un animal tenía mente:

> *El criterio de la mente, por lo tanto, que propongo, y al que me adheriré a lo largo del presente volumen, es el siguiente: ¿Aprende el organismo a hacer nuevos ajustes, o a modificar los antiguos, de acuerdo con los resultados de su propia experiencia individual? Si lo hace, el hecho no puede deberse meramente a un acto reflejo en el sentido antes descrito, ya que es imposible que la herencia pueda haber previsto de antemano innovaciones o alteraciones de su maquinaria durante la vida de un individuo en particular.*

Tras la muerte de Darwin, Romanes fue quizá el principal defensor de la selección natural, que intentó enriquecer con sus propias ideas. Darwin legó a Romanes sus notas sobre la conducta animal, para que hiciera «por la evolución de la mente lo que él había hecho por la evolución del cuerpo». La intención de Romanes era recopilar todas las observaciones posibles sobre el comportamiento animal de Darwin y de otras personas «de reconocida competencia» para sistematizarlas y realizar a partir de ellas inferencias teóricas sobre la mente de los animales, hasta llegar a elaborar una teoría de la evolución psicológica. Sin embargo, aunque Romanes hizo un esfuerzo considerable y reunió cantidad de anécdotas respecto a las conductas de animales que parecen comportarse inteligentemente, el principal resultado que consiguió su trabajo fue el de instigar la crítica por parte de sus sucesores. Por eso, además de como el primer psicólogo comparado, a Romanes se le recuerda hoy por su «inadecuado» método anecdótico de investigación y por su tendencia antropomórfica a la hora de interpretar los datos recogidos con dicho método. Sin embargo, Romanes no se limitaba a recolectar ciegamente anécdotas sobre las supuestas habilidades de perros y gatos, muy populares en la época, sino que hasta cierto punto cuidaba la fiabilidad de sus fuentes de información y procuraba dar prioridad a los datos confirmados por varios observadores independientes. Lo describe así en *Animal Inteligence*:

Solo me queda añadir unas palabras sobre los principios que he establecido para guiarme en la selección y ordenación de los hechos. Considerando deseable echar una red lo más amplia posible, he pescado en los mares de la literatura popular, así como en los ríos de los escritos científicos. La interminable multitud de supuestos hechos que me he visto obligado a leer, me ha resultado, como puede imaginarse, excesivamente tediosa: y como en su mayor parte están registrados por observadores totalmente desconocidos, el trabajo de leerlos habría sido inútil sin algunos principios fiables de selección. El primer y más obvio principio que se me ocurrió fue el de considerar solo aquellos hechos que se apoyaban en la autoridad de observadores bien conocidos como competentes; pero pronto descubrí que este principio cons-

George John Romanes. Fotograbado de Synnberg Photo-engraving (1898) [Wellcome Collection].

tituía una malla demasiado estrecha. Cuando uno de mis objetivos era determinar el límite superior de la inteligencia alcanzada por tal o cual clase, orden o especie de animales, por lo general me encontré con que los casos más notables de la demostración de la inteligencia fueron registrados por personas con nombres más o menos desconocidos para la fama. Esto, por supuesto, es lo que podríamos esperar de antemano, ya que es obvio que las probabilidades deben ser siempre en gran medida en contra de que los individuos más inteligentes entre los animales caigan bajo la observación de los individuos más inteligentes entre los hombres. Por lo tanto, pronto me di cuenta de que tenía que elegir entre descuidar toda la parte más importante de la evidencia y, en consecuencia, en la mayoría de los casos, sentirme seguro de que había fijado el límite superior de la inteligencia a un nivel demasiado bajo, o complementar el principio de mirar solo a la autoridad con algunos otros principios de selección, que, si bien abarcan la enorme clase de supuestos hechos registrados por observadores desconocidos, podrían cumplir los requisitos de un método razonablemente crítico. Por lo tanto, adopté los siguientes principios como filtro para esta clase de hechos. En primer lugar, no aceptar nunca un supuesto hecho sin la autoridad de algún nombre. En segundo lugar, en el caso de que el nombre fuera desconocido, y el supuesto hecho de suficiente importancia para ser considerado, considerar cuidadosamente si, de todas las circunstancias del caso tal como está registrado, había alguna oportunidad considerable para una mala observación; este principio generalmente exigía que el supuesto hecho, o acción por parte del animal, fuera de un tipo particularmente marcado e inequívoco, mirando al fin que se dice que la acción ha logrado. En tercer lugar, tabular todas las observaciones importantes registradas por observadores desconocidos, con el fin de determinar si alguna vez han sido corroboradas por observaciones similares o análogas realizadas por otros observadores independientes.

En cuanto al antropomorfismo, el primatólogo Frans De Waal ha reivindicado el valor heurístico del antropomorfismo moderado, basado en el hecho de que es inevitable realizar conjeturas sobre los procesos psicológicos de los animales, ya que vivimos en el mismo mundo que ellos y formamos parte de la misma naturaleza. El fundamento de esas conjeturas es nuestra relación práctica con los animales, una relación que Romanes ejemplificó en una escala evolutiva para el desarrollo cognitivo.

ROBERT M. YERKES (1876-1956)

Yerkes nació en Breadysville, cerca de Filadelfia. Su infancia fue la activa vida de un niño en una granja: le gustaba trabajar con caballos y vacas y tenía muchos animales salvajes como mascotas, además de coleccionar huevos de tortuga y serpiente. Sin embargo, al crecer se dio cuenta de lo duro que era el trabajo de la granja y decidió hacerse médico. Su tío, médico en la cercana Collegeville, le ayudó para que pudiera estudiar en el Ursinus College. Al graduarse, recibió una oferta inesperada de un préstamo de mil dólares para hacer el doctorado en Harvard que lo llevó a Cambridge (Massachussets), donde pudo conocer a los filósofos como George Santayana, psicólogos como William James, Hugo Münsterberg, Robert MacDougal o Edwin B. Holt y biólogos como C. B. Davenport y W. E. Castle. Su tesis en Harvard versó sobre las reacciones sensoriales y la fisiología del sistema nervioso de una medusa.

Yerkes, en su despacho en la Universidad de Harvard (1900-05) [Robert Mearns Yerkes Papers (MS 569). Manuscripts and Archives, Yale University Library].

Permaneció en Harvard veinte años, de 1897 a 1917. Describió estas dos décadas como un periodo feliz, lleno de acontecimientos. No obstante, los primeros años de esa carrera estuvieron muy influidos por las deudas que contrajo para pagar sus estudios. Tras graduarse en Harvard, se incorporó a la universidad como instructor y profesor adjunto de Psicología Comparada. Durante varios años tuvo que complementar sus ingresos durante el verano dando clases de Psicología General en el Radcliffe College. Otro trabajo a tiempo parcial que aceptó fue el de director de investigación psicológica en el Boston Psychopathic Hospital, en Boston, Massachusetts.

Yerkes creó y desarrolló el estudio de la psicología comparada en Harvard, y también encontró tiempo para otras actividades científicas. Durante una breve excedencia adquirió conocimientos de técnicas neuroquirúrgicas en la Universidad Johns Hopkins con el gran neurocirujano Harvey Cushing. Más tarde trabajó con monos con uno de sus antiguos alumnos, G. V. Hamilton, un investigador médico con un laboratorio privado en California, para esclarecer problemas de comportamiento y psicopatología humana. Durante cinco años dedicó la mitad de su tiempo a la dirección del servicio psicológico en el Hospital Estatal de Boston, en colaboración con el notable grupo de jóvenes estudiantes. Fue durante este periodo cuando desarrolló la escala de Yerkes para medir la capacidad mental.

En 1913, con un antiguo alumno, D. W. LaRue, publicó su *Esbozo de un estudio del yo*. Su interés por la relación de los rasgos familiares con la personalidad, el tema de este libro, también se atestigua por el hecho de que envió a la National Academy of Sciences, que tenía un registro eugénico sobre cada miembro, un informe completo sobre él y su familia cercana. Bajo el epígrafe «Gustos especiales, dones, peculiaridades de mente o cuerpo, carácter, actividades favoritas, diversiones, etc.», escribió de sí mismo, en 1912: «Estudiante aplicado desde la juventud. Amante de la investigación. Zurdo. Mala memoria mecánica».

Uno de los principios más conocidos de la psicología moderna hace referencia a Yerkes y a uno de sus estudiantes de doctorado de Harvard, John D. Dodson. La ley de Yerkes-Dodson, en su formulación original, indica que niveles moderados de motivación son lo mejor para el aprendizaje y la memoria. Inicialmente, los dos pensaban que los niveles más altos de motivación conseguirían los niveles más altos de aprendizaje. Usaron un estímulo doloroso como efecto motivador y encontraron que al aumentar la intensidad del *shock* se producía inicialmente un alto nivel de aprendizaje, pero cuando la intensidad superaba un nivel moderado, interfería de hecho con el aprendizaje. Los resultados eran una curva de aprendizaje en forma de U invertida. El principio explicado con esta ley se ha probado en rendimiento atlético, respuesta al estrés, realización de exámenes y otros escenarios. El nivel de moderado se ha traducido por óptimo y en vez de motivación se habla a menudo de *arousal* o «estado de alerta». Los niveles óptimos de alerta para tareas físicas difíciles suelen ser más altos que para tareas intelectuales. También se ha visto que el nivel depende de las características de las personas, los individuos ansiosos tienden a tener mejores resultados que los no ansiosos cuando la prueba es fácil, pero peor cuando el test es más difícil.

A sus cuarenta años, en la primavera de 1917, aceptó una llamada para dejar Harvard e ir a la Universidad de Minnesota para reorganizar la investigación psicológica allí y dirigir el laboratorio de psicología. Sin embargo, la declaración de guerra a Alemania hizo que le pareciera inapropiado ir a Minnesota y nunca llegó a residir allí. Ese mismo año fue elegido presidente de la Asociación Americana de Psicología y debido a su energía y capacidad organizativa pensó que la psicología podía ayudar al país en guerra y la guerra podía ayudar a dar conocer a la psicología a la sociedad, así que se puso rápidamente en marcha. Fue responsable de movilizar a casi toda la psicología americana de la época y ponerla al servicio de la nación. Con un grupo de colegas, organizó y se convirtió en jefe del servicio psicológico en el ejército, una tarea hercúlea. Al principio se le confirió el grado de mayor y más tarde fue ascendido a teniente coronel. Como presidente del Comité de Examen Psicológico de Reclutas, desarrolló los tests de inteligencia Alfa y Beta del ejército, las primeras pruebas de grupo no verbales. Bajo su dirección 115 oficiales y más de 300 soldados entrenados evaluaron a 1 726 966 personas. El trabajo realizado por este equipo se describe en el gran informe titulado *Examen psicológico* en el Ejercito de los Estados Unidos, que él editó y que fue publicado por la Academia Nacional de Ciencias en 1921.

Aunque Yerkes afirmaba que las pruebas medían la inteligencia nativa, y no la educación o la formación, esta afirmación es difícil de sostener a la vista de las propias preguntas, que hacían referencia, por ejemplo, a personajes de anuncios publicitarios. Yerkes utilizó los resultados de este tipo de pruebas para argumentar que los inmigrantes recientes (especialmente los del sur y el este de Europa) obtenían puntuaciones considerablemente más bajas que las oleadas de inmigración previas (del norte de Europa), por lo que se consideraron como razas menos inteligentes. Más tarde se criticaría que los resultados solo medían claramente la aculturación, ya que las puntuaciones de las pruebas se correlacionaban casi exactamente con el número de años de residencia en Estados Unidos. No obstante, los efectos del trabajo de Yerkes tuvieron una repercusión duradera en la xenofobia estadounidense y el sentimiento contra los inmigrantes de pelo oscuro. Su trabajo se utilizó como una de las motivaciones eugenésicas de las severas y racistas restricciones a la inmigración en contra de los europeos del sur y del este.

Debido a su trabajo en la guerra, Yerkes vio, posiblemente con más claridad que cualquier otro psicólogo de su generación, el lugar real y la importancia de la psicología al servicio de una nación moderna. Tras el fin de las hostilidades, en lugar de ir a Minnesota, como era su plan original, decidió quedarse en Washington para colaborar en la organización de la ciencia en general y de la psicología en particular, en una nación en paz. Se implicó en el desarrollo del notable Servicio de Información sobre la Investigación, una parte del Consejo Nacional de Investigación. Esta oficina ofrecía, entre otros servicios, los siguientes: un catálogo del personal investigador del país, una lista de los laboratorios de investigación de los establecimientos industriales, una lista de investigaciones científicas, un índice de bibliografías publicadas de ciencia, un catálogo de los principales equipamientos científicos, una lista de doctorados, etc. Yerkes participó también en la organización del Science Service, la institución sin ánimo de lucro para la correcta divulgación de la ciencia, que todavía sigue siendo útil para que la información científica de los periódicos y revistas estadounidenses sea rigurosa y eficaz.

En 1924, después de este periodo en Washington, y siete años después de dejar Harvard, aceptó una cátedra en el Instituto de Psicología de Yale, el predecesor del Instituto de Relaciones Humanas de esa universidad. El gran desarrollo de estos institutos fue alentado por James R. Angell, psicólogo y entonces presidente de Yale.

Un estudio de las publicaciones de Yerkes, desde su primer artículo sobre la reacción a la luz de ciertos crustáceos en 1899, muestra la asombrosa diversidad de sus intereses científicos y su interés en que la ciencia fuese parte de la vida cotidiana estadounidense. Yerkes sostenía: «Aunque relativamente pocos de nosotros podemos ser científicos, todo el mundo puede y debe ser científico en espíritu y comprensión».

Muchos de sus trabajos tratan los procesos sensoriales y neuronales de una gran variedad de organismos. Prestó especial atención a la velocidad de reacción, al comportamiento innato y al proceso de aprendizaje. Entre las más importantes de estas primeras contribuciones se encuentran las que tratan de la formación de hábitos en el cangrejo, el sentido del oído en la rana y la nomenclatura objetiva en psicología comparada y comportamiento animal. Un libro, *The Dancing Mouse*, y un artículo con S. Morgulis sobre el método de Pavlov fueron especialmente valorados. Este último, publicado en 1909, fue clave en la introducción de la idea del reflejo condicionado a los lectores de habla inglesa.

En 1911 publicó, junto con John B. Watson, una monografía enormemente citada sobre los métodos de estudio de la visión en los animales; al año siguiente, su estudio sobre la inteligencia de las lombrices de tierra y en 1913, su trabajo sobre la herencia del salvajismo y la fiereza en las ratas, que abrió una nueva línea de investigación en psicología sobre la agresividad y sus condicionamientos genéticos. También por esa época publicó un estudio sobre la visión de los colores en las aves.

Yerkes puso de manifiesto que el psicólogo comparado bien formado tiene a su disposición muchas técnicas especialmente útiles en psicotecnología, lo que en algún momento se denominó «ingeniería humana» y ahora entra en lo que llamamos psicología aplicada. En su caso, esta tendencia queda ilustrada por su estudio sobre los aspectos psicológicos de la ingeniería de la iluminación y sus experimentos sobre la psicología de la publicidad.

El estudio de los chimpancés fascinó a Yerkes durante mucho tiempo. En 1916 publicó una notable monografía sobre la vida mental de monos y simios. Empezó comprando dos: Chim, un bonobo macho, y Panzee, una

Chim y Panzee, los chimpancés de Robert Yerkes, cuya figura se intuye detrás (1924-25; detalle) [Robert Mearns Yerkes Papers (MS 569). Manuscripts and Archives, Yale University Library].

chimpancé común, en un zoo. Los llevó a casa y los mantuvo en una habitación donde comían con tenedor en una mesa en miniatura. Chim hizo las delicias de Yerkes y el verano que pasaron juntos el chimpancé y el psicólogo se recoge en *Casi humanos* (1924). Ese mismo año, visitó la gran colonia de primates que había establecido Rosalía Abreu en Cuba, la primera persona que consiguió criar chimpancés en cautividad. Desgraciadamente, Chim murió durante la visita. Yerkes regresó de esta visita con el consejo de Abreu de que criara y observara chimpancés por su cuenta. En 1926, el científico ruso Ilya Ivanov se puso en contacto con Abreu y le preguntó si alguno de sus chimpancés macho estaría dispuesto a inseminar a una hembra humana voluntaria para crear un híbrido humano-simio. En un principio, Abreu accedió a proporcionar un animal para el «experimento», pero tras recibir amenazas del Ku Klux Klan se retractó.

Después de trasladarse a Yale en 1924, los trabajos de Yerkes empezaron a mostrar una especial preocupación por las conexiones entre la psicología, la biología y la medicina, que centraba en la vida del chimpancé y de los otros grandes simios. Posiblemente la publicación más importante de su carrera es *The Great Apes: A Study of Anthropoid Life*. En referencia a esta obra escribe en su autobiografía:

> En 1905, comencé una nueva etapa en mi carrera de psicobiólogo, una asociación con Ada Watterson (Yerkes), la cual compaginaba perfectamente nuestras vidas y aumentaba incalculablemente nuestra utilidad profesional y social. Los matrimonios de éxito parecen en estos tiempos no ser dignos de mención. Desde 1905 mi autobiografía profesional ya no es solo mía. En este momento nuestra asociación publica conjuntamente, como resultado de seis años de trabajo preparatorio, un libro sobre la vida: Los grandes simios.

Una vez instalado en New Haven, Yerkes se lanzó a montar un laboratorio especial para el estudio psicobiológico de los grandes simios. Allí fundó los Laboratorios de Biología de Primates de la Universidad de Yale en New Haven, seguidos de su Estación de Cría y Experimentación de Antropoides en Orange Park, Florida, con fondos de la Fundación Rockefeller. Allí se desarrolló un lenguaje de los primates que se bautizó como Yerkish. Cuenta todo el proceso en su libro *Chimpancés: una colonia de laboratorio*, publicado en 1943, que describe la historia del estudio científico del chimpancé y el desarrollo de los laboratorios. Los animales eran para él modelos con los que contrastar la especificidad psicológica de las personas. No le interesaban por sí mismos, sino como vía de acceso al estudio de la naturaleza humana. Eso sí, paradójicamente eso le llevó a defender a capa y espada la psicología comparada frente a los recortes de fondos con que su universidad la castigaba en favor de la investigación con sujetos humanos. Él argumentaba que ambas, psicología animal y humana, debían ir de la mano porque sin la primera no se entendía la segunda.

Aunque Yerkes coincidía con los conductistas en su enfoque experimental, discrepó de ideas importantes de autores como Thorndike y Watson, por sus tendencias mecanicistas. Frente a ellos, que reducían toda la complejidad de las funciones psicológicas a un aprendizaje único y general —como el condicionamiento—, Yerkes defendía la existencia de una escala filogenética de funciones psicológicas de complejidad creciente. Reconocía en los animales funciones relativamente complejas, como las que permiten asociar imágenes e ideas o realizar juicios simples. Para estudiar estas funciones diseñó diversos aparatos en los que sometía a diferentes a animales a pruebas y tareas que debían resolver.

Yerkes se retiró de su cargo de director en 1942, cuando fue sustituido por Karl Lashley. Para entonces, había demostrado la importancia científica de ese centro de primates en Florida, único por su clima subtropical. Yerkes describió los resultados de este trabajo en cinco apartados:

1. El laboratorio había demostrado ser capaz de reproducir y criar con éxito animales experimentales de ascendencia e historia conocidas.

2. Habían solucionado problemas prácticos relacionados con la alimentación, el alojamiento y la higiene de estos animales grandes, inteligentes pero muy destructivos.

3. Habían estructurado gran parte de la información básica relativa a la anatomía, fisiología y psicología de los individuos de la colonia.

4. Habían establecido un sistema de registros de laboratorio y de la colonia, que incluía una biografía de cada animal.

5. Habían realizado estudios especiales sobre crecimiento, maduración, ciclo sexual, los procesos auditivos, visuales y perceptivos, los correlatos conocidos del comportamiento, el aprendizaje discriminativo, el desarrollo de herramientas; estudio del simbolismo, la ideación y la perspicacia; estudio de la expresión y la capacidad lingüística, de los rasgos emocionales, del comportamiento social, de la drogadicción y muchos otros problemas.

Tras su muerte, el laboratorio se trasladó a la Universidad Emory de Atlanta (Georgia) y pasó a llamarse Centro Nacional Yerkes de Investigación de Primates. En abril de 2022, la Universidad de Emory retiró el nombre de Yerkes del Centro Nacional de Investigación de Primates, después de que una revisión de su Comité de Honores recomendara sustituirlo debido al apoyo de Yerkes a la eugenesia.

Gracias al trabajo de Yerkes, la primatología fue una de las áreas donde se mantuvo algo del espíritu de la psicología comparada clásica frente al predominio de la psicología animal conductista durante las décadas centrales del siglo xx. A diferencia de la psicología animal conductista, centrada en el laboratorio y casi en una sola especie —la rata blanca—, la primatología siguió utilizando la observación de los animales en su medio natural y, al menos, abría el espectro de especies a los simios. La investigación sobre primatología se popularizó merced al trabajo —auspiciado inicialmente por el paleoantropólogo anglokeniata Louis Leakey (1903-1972)— de Jane Goodall (1934), Diane Foosey (1932-1985) y Biruté Galdikas, quienes estudiaron *in situ* el comportamiento social de, respectivamente, chimpancés, gorilas y orangutanes.

«Ioni [Joni] combinando colores» (en el laboratorio de Nadezhda N.
Ladygina-Kohts en Moscú, Rusia [*Almost human*, Robert M. Yerkes, 1925].

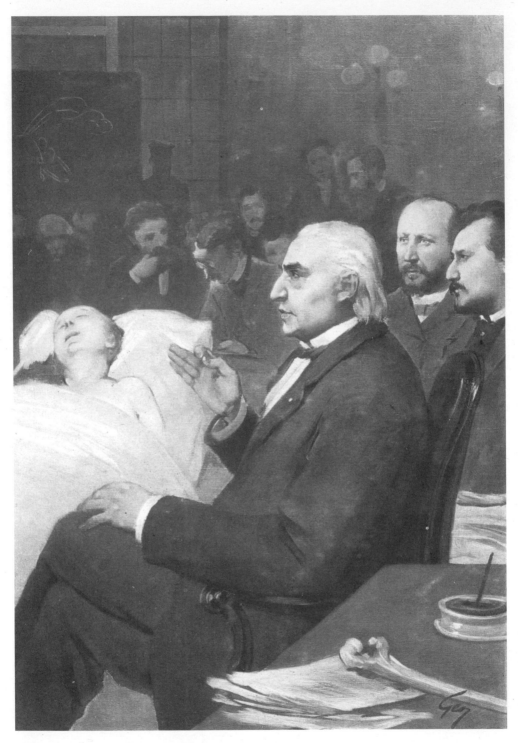

Lección clínica con el doctor Jean-Martin Charcot en la Salpêtrière [escuela framcesa, siglo XIX].

PSICOANÁLISIS

El psicoanálisis es una teoría psicológica que incluye una forma de trata
miento psicoterapéutico y un método de autoconocimiento. Fue creado en
torno a 1890 por el neurólogo vienés Sigmund Freud y se basa en sus teorías sobre la psicodinámica del inconsciente. De acuerdo con las definiciones que Freud formuló en el *Handwörterbuch der Sexualwissenschaft*
(*Diccionario de la ciencia sexual*), publicado por Max Marcuse en 1923,
se distingue entre el psicoanálisis como teoría, con afirmaciones sobre el
desarrollo, la estructura y la función de la psique humana; como método,
donde se usa para investigar los procesos y las enfermedades mentales; y
como procedimiento terapéutico, que se emplea para afrontar distintos
tipos de trastornos mentales. Como teoría de los procesos psíquicos, el psicoanálisis no se limita al individuo, sino que pretende desarrollar una concepción integral de lo mental y lo físico, que incluye los aspectos sociocul-
turales. En la actualidad el psicoanálisis es muy criticado por no seguir el
método científico, por evidencias sobre falsificación de datos por parte de
sus fundadores y por problemas éticos en el tratamiento de los pacientes.

*　　　*　　　*

Familia Freud. Sigmund, tercero por la izqda. en la fila trasera (ca. 1876) [Wellcome Collection].

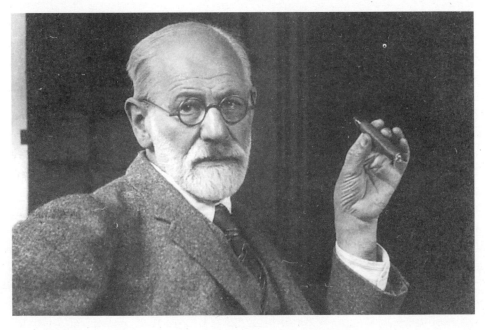

Sigmund Freud, retratado por Max Halberstadt ca. 1929 (detalle) [Bonhams].

SIGMUND FREUD (1856-1939)

Sigmund Freud nació en Freiberg, entonces una ciudad del Imperio austrohúngaro y en la actualidad parte de Chequia. Su bisabuelo era rabino y Sigmund fue criado en las tradiciones y creencias del judaísmo, aunque posteriormente describiría su actitud hacia la religión como «críticamente negativa». La situación económica de su familia era delicada, pero fue un buen estudiante y se graduó en el instituto *summa cum laude*. Se manejaba con fluidez en alemán, inglés, italiano, español, hebreo, latín y griego.

Freud tuvo muchas dudas sobre hacia dónde orientar su carrera profesional pues sus preferencias (le atraía el mundo militar) chocaban con el antisemitismo de la época, que limitaba muchas opciones. Finalmente, aunque posteriormente admitiría que no tenía «ninguna predilección particular por la carrera de médico» decidió estudiar Medicina y se matriculó en la Universidad de Viena. Siendo un buen estudiante, es sorprendente que tardara tres años más que un estudiante medio en obtener el título, pero el retraso fue causado por un año de servicio militar, el tiempo que dedicó a traducir y editar una de las obras de John Stuart Mill y una investigación anatómica sobre el sistema nervioso de los cangrejos y el sistema reproductivo de las anguilas que realizó bajo la dirección de Ernst Brücke.

El 21 de abril de 1884, Freud, de 28 años entonces, aprovechó un rato de calma en su jornada en el Hospital General de Viena para escribir una carta a su prometida, Martha Bernays. Además de las típicas ñoñerías de la correspondencia entre una pareja de enamorados, le hablaba sobre su trabajo, sus inquietudes, sus estudios y le mencionaba su interés por una sustancia química poco conocida: la coca y la cocaína: «He estado leyendo sobre la cocaína, el ingrediente activo de la hoja de coca que algunas tribus indias mastican para hacerse resistentes a las privaciones y las fatigas».

Las sucesivas cartas a Bernays describen la gran cantidad de experimentos que Freud hizo consigo mismo durante los siguientes meses. Tomó cantidades variables de la droga y comentó a Martha que parecía ser útil para aumentar la concentración en el trabajo y para aliviar algunos episodios de depresión y ansiedad e, incluso, problemas estomacales: «Tomo pequeñas cantidades regularmente contra la depresión y contra la indigestión, y he obtenido resultados espectaculares». Freud empezó también a publicar sobre estas posibles aplicaciones de la cocaína y recomendó su consumo a sus pacientes, amigos y hasta a sus propias hermanas. Freud envío este derivado de la planta de la coca a Martha para «fortalecerla y dar color a sus mejillas». Le decía: «Cuando llegue, te besaré toda ruborizada y te alimentaré hasta que estés rellenita. Y... tú verás quién es más fuerte, una niña pequeña y dulce que no come lo suficiente o un hombre grande y salvaje que tiene cocaína en su cuerpo». También describía sus efectos euforizantes: «... una pequeña dosis me sube a las alturas de una forma maravillosa. Estoy ahora ocupado recogiendo la literatura científica —en alemán, francés e inglés— para un canto de alabanza a esta sustancia mágica».

Este canto de alabanza fue *Über Coca* (*Sobre la coca*), una monografía publicada en Viena donde Freud recoge una gran cantidad de información sobre la historia de la planta de coca, su llegada a Europa, los efectos sobre los usuarios y en animales de experimentación y los usos y posibilidades como una nueva herramienta terapéutica. Esta publicación es interesante no solo por su contenido sino por su forma de presentarlo. A pesar de ser una publicación académica, Freud incorpora sus sentimientos, sensaciones y experiencias personales junto con sus observaciones científicas. Frente a sus anteriores artículos, que eran fría ciencia, incorpora un personaje literario a su descripción sobre el uso de esta sustancia química: él mismo. La inclusión de las experiencias personales (las suyas y las de sus pacientes) abrirá una puerta que desembocará en la creación del psicoanálisis.

En octubre de 1885, Freud marchó a París para realizar una estancia de tres meses con Jean-Martin Charcot, el neurólogo más famoso de su época y un defensor del uso de la hipnosis. Aunque, con el tiempo, Freud decidió no usar el hipnotismo, esos meses en París actuaron de estímulo para que se centrara en la práctica de la psicopatología médica y se alejara de una carrera menos prometedora en la investigación neuroanatómica. Al año siguiente abrió una consulta en Viena y puso en marcha una hipnosis diferente a la de los franceses, en la que no usaba la sugestión. Se enteró, por su amigo y colega de más edad Josef Breuer, de una paciente a la que este había tratado con éxito unos años antes, hipnotizándola repetidamente y consiguiendo que recordara lo que estaba ocurriendo cuando empezaron sus síntomas. Ella tenía muchas alteraciones, pero Freud se convenció a sí mismo de que cada síntoma estaba causado por un acontecimiento emocionalmente perturbador y de que, uno a uno, irían desapareciendo si conseguía que ella recordara y expresara las emociones que lo acompañaban y que había reprimido hasta ese momento. El tratamiento de esta paciente, Anna O., le abrió una nueva perspectiva sobre los traumas ocultos y el desempeño cotidiano de la vida psicológica.

Los resultados irregulares de los primeros trabajos clínicos de Freud le llevaron a abandonar finalmente la hipnosis, tras concluir que se podía conseguir un alivio más consistente y efectivo de los síntomas tras animar a los pacientes a hablar libremente, sin censura ni inhibición, sobre cualquier idea o recuerdo que se les ocurriera. Junto con este procedimiento, que denominó «asociación libre», Freud descubrió que los sueños de los pacientes podían analizarse, según él, de forma fructífera, y que ello revelaba la compleja estructura del inconsciente y la acción de la represión que, en su opinión, subyacía al desarrollo de los síntomas de sus pacientes. En 1896 ya utilizaba el término «psicoanálisis» para referirse a su nuevo método clínico y a las teorías en las que se basaba.

No fue una época fácil para Freud. El desarrollo de estas nuevas teorías coincidió con un periodo en el que experimentó arritmias cardíacas, pesadillas y periodos de depresión, una «neurastenia» que relacionó con la muerte de su padre en 1896 y que impulsó un «autoanálisis» de sus propios sueños y recuerdos de la infancia. La exploración de sus sentimientos de hostilidad hacia su padre y los celos por el afecto de su madre le llevaron a revisar su teoría sobre el origen de las neurosis. En un principio pensaba que el problema eran recuerdos inconscientes de acoso sexual en la primera infancia, la llamada «teoría de la seducción de Freud», pero luego, aunque mantenía que los escenarios sexuales infantiles seguían teniendo una función causal, reconoció que podían ser reales o imaginarios y que, en cualquier caso, solo se volvían patogénicos cuando estaban reprimidos. Fue la base para su posterior formulación de la teoría del complejo de Edipo.

En 1899 publicó *La interpretación de los sueños*, en la que, tras una revisión crítica de las teorías existentes, Freud ofrece interpretaciones detalladas de sus propios sueños y de los de sus pacientes en términos de realización de deseos sometidos a la represión y censura del «trabajo onírico». Freud postuló que los sueños, al igual que los síntomas, tienen un significado, un sentido que se puede descubrir de la misma manera, es decir, mediante la técnica de la asociación. Para él, los sueños tienen que ver con los deseos, y consideraba que un sueño es una fantasía en la que se cumplen uno o varios de los deseos de la infancia del soñador. Freud consideraba esta insensatez su descubrimiento más valioso.

A continuación, expuso el modelo teórico de la estructura mental —el inconsciente, el preconsciente y el consciente— en el que se basa su análisis. En 1901 publicó una versión abreviada, *Sobre los sueños*. En obras que le harían ganar un público más general, Freud aplicó sus teorías fuera del ámbito clínico: *La psicopatología de la vida cotidiana* (1901) y *Los chistes y su relación con el inconsciente* (1905). En *Tres ensayos sobre la teoría de la sexualidad* (1905), elaboró su teoría de la sexualidad infantil, describiendo sus formas «perversas polimorfas» y la importancia de las «pulsiones» en la formación de la identidad sexual. Ese mismo año publicó *Fragmento del análisis de un caso de histeria*, que se convirtió en uno de sus estudios de casos más famosos y controvertidos. Freud es conocido por sus teorías sobre cuestiones como el inconsciente, la sexualidad infantil, la libido, la represión y la transferencia, que aún influyen sobre la psicología actual en distintos grados.

Freud le daba significado a todo sin aportar una sola evidencia científica de que estaba en lo cierto. Hizo lo mismo con los deslices y errores de la vida cotidiana. Utilizando la técnica de la asociación libre, planteó que estos fenómenos cotidianos son el resultado de pensamientos y sentimientos parcialmente reprimidos que interfieren en el funcionamiento mental. Para él, los deslices y los errores tienen un significado oculto. Los lapsus y los errores son cotidianos y normalmente triviales. Ciertamente, nadie antes de él les había prestado mucha atención, pero Freud lo hizo. Escribió un libro sobre ellos, que llamó *La psicopatología de la vida cotidiana* (1901), y aún hablamos de un «lapsus freudiano».

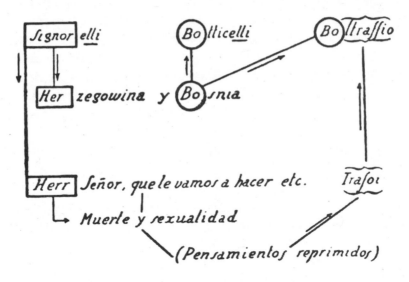

Freud no lograba recordar un nombre propio, el de Signorelli. Intrigado, investigó el porqué de este hecho y de los sustitutivos que empleaba (Botticelli y Boltraffio). Terminó por trazar el siguiente esquema. El olvido ocurrió mientras hablaba en el tren a un extraño sobre los turcos en Bosnia y Herzegovina, que, al parecer, se resignaban ante la muerte y exclamaban «Señor, qué le vamos a hacer» —se daba una serie de asociaciones entre los primeros caracteres de los términos—; él había oído también que sí caían en desesperación ante la pérdida del placer sexual y afirmaban «Señor [...], cuando eso no es ya posible, pierde la vida todo su valor», pero reprimió su intención de contarlo, por escabroso, y desvió su atención del tema «muerte y sexualidad». Semanas antes, en Trafoi, había sabido que un paciente se había suicidado por «una incurable perturbación sexual»; no había pensado en ello en todo el viaje. El olvido del nombre no era casual: había tratado de olvidar algo [*Psicopatología de la vida cotidiana*; Sigmund Freud, trad. Luis López-Ballesteros y de Torres; 1929].

La fama de Freud le hizo ir reuniendo un grupo heterogéneo de seguidores y discípulos a los que él trataba, según Hothersall, como «su líder, maestro y profeta». En 1902 se reunían cinco hombres, Freud, Alfred Adler, dos médicos, Max Kahana y Rudolf Reitler y un neurológo, Wilhelm Stekel, en la sala de espera de la consulta de Freud en Viena. Decidieron juntarse todos los miércoles por lo que el grupo fue denominado la Sociedad Psicoanalítica del Miércoles. Seis años más tarde, el grupo tenía más de veinte miembros y cambió su nombre a Sociedad Psicoanalítica Vienesa. Cuando Adler criticó las ideas de Freud sobre la histeria y el hipnotismo, se produjo un alejamiento entre los dos. Adler fue obligado a abandonar el grupo y nueve miembros más se fueron con él. Juntos fundaron la escuela de «psicología individual», que enfatizaba los factores sociales y la unidad de la salud y un comportamiento armonioso. Otra ruptura tormentosa tuvo lugar entre Freud y Carl Jung.

Freud aparece constantemente en la lista de los pensadores más influyentes del siglo xx, pero, científicamente, sus teorías están desprestigiadas. No hay ningún dato que apoye la idea de que los niños deseen sexualmente a sus madres y odien a sus padres; sus ideas sobre la envidia del pene por parte de las mujeres se consideran al mismo tiempo cómicas y trágicas. También postuló la existencia de la libido, una energía transformada por las estructuras mentales, que genera fijaciones eróticas y una tendencia hacia la muerte y que se convierte en la fuente de las repeticiones compulsivas, el odio, las agresiones y la culpa neurótica. Freud dejó la ciencia de lado y desarrolló una aproximación subjetiva, sin ningún tipo de evidencia ni experimentación, basada en sus intuiciones y en lo que los pacientes le decían sobre su vida interior. No hay evidencias que confirmen que el desarrollo humano pasa por fases oral, anal, fálica y genital y su teoría de que la homosexualidad era un fallo para reconciliar la fase anal es un sinsentido más. Tampoco tiene fundamento considerar la esquizofrenia o la depresión como trastornos narcisistas y decir que el autismo es un problema de la maternidad, como algún freudiano llegó a decir casi medio siglo después; es escandaloso e insultante.

El psicoanálisis sigue siendo influyente en la psicología y psiquiatría a pesar de la carencia de evidencias científicas en su favor y ha ampliado su ámbito de actuación de ser una forma de terapia para las enfermedades mentales a permear en gran parte de las humanidades. Sin embargo, las últimas décadas, a pesar de algunos intentos para vincularse a la ciencia experimental como el llamado neuropsicoanálisis, han visto arreciar las críticas sobre su eficacia y su estatus, siendo considerado por la mayoría de los investigadores del cerebro más una seudociencia, basada en postulados no demostrados, que una verdadera disciplina científica.

JOSEF BREUER (1842-1925)

Nació en Viena y fue médico, internista, fisiólogo y filósofo. Es considerado, junto con Freud, fundador del psicoanálisis. Su padre, Leopold Breuer, enseñaba religión en la comunidad judía de Viena y su madre murió cuando él era niño. Fue criado por su abuela materna y educado por su padre hasta la edad de ocho años. Se graduó en el Akademisches Gymnasium de Viena en 1858 y luego se matriculó en la Facultad de Medicina de la Universidad de Viena, donde trabajó bajo la influencia de Ernst Wilhelm von Brücke y profundizó en el conocimiento de la fisiología. Aprobó los exámenes finales de Medicina en 1867 y pasó a trabajar como internista. Un año después se casó con Mathilde Altmann (1846-1931), con quien tuvo cinco hijos.

Bajo la dirección de Ewald Hering en la escuela de medicina militar de Viena, fue el primero en demostrar el papel del nervio vago en la naturaleza refleja de la respiración. Esto supuso un avance importante en la fisiología respiratoria y modificó la forma en que los científicos veían la relación de los pulmones con el sistema nervioso. El mecanismo se conoce ahora como «reflejo de Hering-Breuer». De forma independiente, en 1873 Breuer y el físico y matemático Ernst Mach descubrieron cómo funciona el sentido del equilibrio, modulado por la información que el cerebro recibe del movimiento de un fluido en los canales semicirculares del oído interno.

Josef Breuer (ca. 1905) y Bertha Pappenheim (1882) [a partir de Institute for the History of Medicine; Sanatorium Bellevue; *Physiologie und Psychoanalyse...*, Albrecht Hirschmüller, 1978].

Breuer es quizás más conocido por su trabajo en la década de 1880 con Anna O. (seudónimo de Bertha Pappenheim), una mujer que sufría «parálisis de los miembros y anestesias, así como alteraciones de la visión y el habla». Breuer observó que sus síntomas se reducían o desaparecían después de que ella se los describiera. Anna O. llamó con humor a este procedimiento «el deshollinador», mientras que Breuer lo denominó el «método catártico».

Breuer era entonces mentor del joven Sigmund Freud y le había ayudado a abrir su consulta. Ernest Jones recordaba:

> *Freud se interesó mucho al oír el caso de Anna O, que [...] le causó una profunda impresión, y, en sus «Cinco conferencias sobre psicoanálisis» de 1909, [...] señaló generosamente: «Yo era estudiante y trabajaba para mis exámenes finales en la época en que [...] Breuer, por primera vez (en 1880-82), hizo uso de este procedimiento [...]. Nunca antes nadie había eliminado un síntoma histérico por ese método...».*

Freud y Breuer documentaron sus discusiones sobre Anna O. y otros estudios de casos en su libro de 1895 titulado *Estudios sobre la histeria*. Anteriormente habían publicado juntos *Über den psychischen Mechanismus hysterischer Phänomene* (1893) (*Sobre los mecanismos psíquicos de los fenómenos histéricos*). Este trabajo (y la historia clínica subyacente) fue identificado por el propio Freud como la raíz y el punto de partida del psicoanálisis.

Los dos hombres se distanciaron cada vez más. Desde el punto de vista freudiano, «mientras Breuer, con su inteligente y amorosa paciente Anna O., había sentado involuntariamente las bases del psicoanálisis, fue Freud quien sacó las consecuencias del caso de Breuer». Sin embargo, Berger señala que Breuer, aunque valoraba las contribuciones de Freud, no estaba de acuerdo con que las cuestiones sexuales fueran la única causa de los síntomas neuróticos; escribió en una carta de 1907 a un colega: «Freud es un hombre dado a las formulaciones absolutas y exclusivas: se trata de una necesidad psíquica que, en mi opinión, conduce a una excesiva generalización». Más tarde, Freud se volvió contra Breuer, dejó de reconocer su primacía en muchas de las ideas ligadas al psicoanálisis y ayudó a difundir el rumor de que Breuer no había sido capaz de manejar la atención erótica de Anna O. y había abandonado su caso, aunque investigaciones más recientes indican que esto nunca ocurrió y que Breuer siguió implicado en su cuidado durante varios años mientras ella seguía bajo tratamiento.

Tras la muerte de su maestro Oppolzer, se estableció como médico general y conocidos colegas de la Facultad de Medicina de Viena y numerosas figuras de la sociedad vienesa fueron sus pacientes.

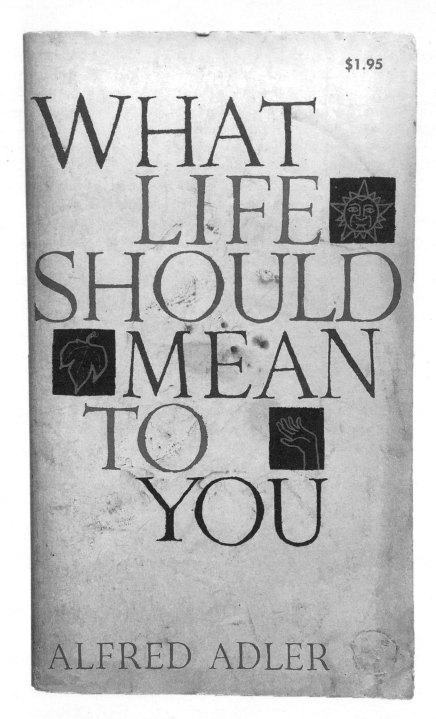

«Todos los fracasos (neuróticos, psicóticos, criminales, borrachos, niños problemáticos, suicidas, pervertidos y prostitutas) son fracasos porque carecen de sentimiento de compañerismo e interés social. Abordan los problemas de ocupación, amistad y sexo sin la confianza de que puedan resolverse mediante la cooperación» [*What life should mean to you*, Alfred Adler, 1931 (aquí 1956)].

ALFRED ADLER (1870-1937)

Adler nació en un suburbio de Viena y pertenecía también a una familia judía. Contaba que su infancia había sido infeliz pues se sentía rechazado por su madre y con una gran rivalidad con su hermano mayor, aunque contaba con la protección de su padre. Obtuvo su título de médico en 1895 y tras leer *La interpretación de los sueños* contactó con Freud.

Mientras que Freud basaba su explicación de las neurosis en la sexualidad, Adler partía del hecho de que el niño depende de otros para satisfacer sus necesidades y dominar su ambiente. Eso generaba, según él, un sentimiento de minusvaloración que el niño trata de superar y compensar. Cuando el sistema no funcionaba se formaba un complejo de inferioridad. Para Adler, el niño generaba gradualmente un estilo de vida que, puesto que se definía en la primera infancia, estaba marcado por pensamientos demasiado simples e infantiles. Si las circunstancias no eran favorables, los pensamientos quedaban desajustados y el niño sentía que no encajaba en la sociedad. Adler también indicaba que el sentimiento de comunidad es una característica fundamental de los seres humanos; rechazaba la idea de Freud de que la envidia del pene es una fuerza en el desarrollo de las niñas y pensaba que el verdadero estímulo es frecuentemente una demanda de igualdad con los hombres. En las terapias, Adler preguntaba a sus pacientes sobre su infancia, las dificultades, sus sueños, sus deseos y planes. Su estrategia era presentar a sus pacientes con una visión sobre la naturaleza de sus problemas y entonces plantearles si querían cambiar su estilo de vida.

Adler intentó obtener un puesto en la Universidad de Viena, pero fue rechazado. De hecho, Freud, Jung y Adler trabajaron en sus consultas privadas, pero no dirigieron ninguna clínica universitaria. Los psicoanalistas han estado en muchos aspectos fuera de la comunidad científica. Finalmente, Adler, que daba cursos a maestros en escuelas y en jardines de infancia, fue nombrado profesor del Instituto Pedagógico de Viena en 1924. Propugnaba una educación menos autoritaria y defendía una igualdad de derechos entre hombres y mujeres. Era consciente de los peligros de los regímenes que se estaban incubando en Alemania y en la Unión Soviética, pero falleció en 1937 durante una visita a Inglaterra, antes de la tragedia que sucedería dos años después.

CARL JUNG (1875-1963)

Jung nació en Kesswil, en Suiza, y pasó su infancia y juventud en un pueblo a las afueras de Basilea. Su padre era pastor en la Iglesia Reformada Suiza y el joven Carl se opuso desde muy pronto a las creencias de su padre y buscó respuestas fuera de la tradición cristiana. También pensaba que desde niño sentía que tenía dos personalidades, una la normal y otra de una época anterior. Estudió Medicina y después se especializó en psiquiatría. Su tesis doctoral fue el examen de un médium y mantuvo un interés en la parapsicología durante toda su vida. Hizo una estancia en París con Pierre Janet y después retornó al Hospital Burghölzli, donde había hecho la especialidad y donde fue contratado como médico jefe. El hospital estaba dirigido por Eugen Bleuer, un pionero en el estudio de la esquizofrenia, que animó a Jung a hacer un estudio de asociación de palabras con la esperanza de poder construir una prueba diagnóstica.

El contacto con Freud fue inicialmente por correo; se inició en 1906 y se mantuvo durante siete años. Al principio Jung escribía como un estudiante pleno de admiración por el maestro, luego fue una especie de príncipe heredero, merecedor de heredar el cetro del psicoanálisis, y viajó con Freud a Estados Unidos en 1909 si bien, finalmente, se produjo un enfrentamiento entre los dos, inicialmente porque Freud se negó a compartir un sueño que había tenido la noche anterior, cuando los dos tenían un acuerdo para analizar los sueños del otro cada mañana. Aquella pelea le convirtió en un proscrito para Freud pero no abandonó el psicoanálisis. Jung dimitió de su puesto en el hospital, comenzó una práctica privada y se centró en el movimiento psicoanalítico. Llamaba a su línea de pensamiento «psicología analítica» o «psicología profunda».

Jung fue un escritor prolífico y dedicó años a estudiar su propio inconsciente. En 1921 publicó un libro, *Tipos psicológicos*, sobre diferentes perfiles de personalidad, que tuvo un gran impacto. Postulaba que había tres dimensiones en la personalidad: en una estaban los sentimientos, que se oponían al pensamiento; en otra, la intuición, opuesta a la sensación y, en la tercera, la extroversión, opuesta a la introversión. No pensaba que hubiese personas extrovertidas e introvertidas, sino distintos puntos en un espectro que iba de un extremo a otro. También pensaba que había un inconsciente personal y un inconsciente colectivo. El último es un repositorio de las experiencias psicológicas de la raza humana y la fuente de nuestros sentimientos e ideas más poderosas e importantes. El material del inconsciente colectivo se organiza en arquetipos, las verdades básicas de la experiencia humana en una forma simbólica. Para él, los arquetipos crean nuestra infraestructura psicológica y, por ejemplo, el arquetipo de la madre es representado, entre otros, por la Madre Naturaleza y por la Virgen María. Las estructuras de la personalidad son también arquetipos: el ego, la persona, la sombra, etc.

El objetivo de nuestra vida es el crecimiento psicológico, que Jung llamaba «individualización». Tenemos una pulsión innata por desarrollar completamente nuestro potencial como persona, por tanto, es un proceso dinámico que dura toda la vida. También de forma natural hay obstáculos que debemos afrontar y superar, entre las estrategias que podemos usar para ayudar a ese crecimiento está el trabajo con un terapeuta, el análisis de los sueños y el desarrollo de las relaciones interpersonales.

Jung daba una gran importancia a la sexualidad, pero al contrario que Freud no concebía la libido como una fuerza general que fuera el sustrato de todos los fenómenos de la vida mental. También rechazaba las ideas de Freud sobre el desarrollo psicosexual y postulaba que la personalidad se desarrolla a lo largo de toda la vida y no está determinada solamente por los sucesos de la infancia. En su terapia, Jung insistía en que los seres humanos deben usar todo su potencial, lograr una actitud realista sobre la vida y dirigir el pensamiento sobre el futuro. La terapia, según Jung, era un trabajo cooperativo entre el profesional y el paciente. La obra de Jung tiene una influencia mayor en personas interesadas en la cultura, en el aspecto creativo del arte, en la historia de la religión y en el uso de los símbolos que en la propia psicología.

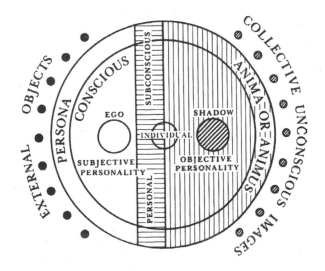

Modelo de la psique de Jung [a partir de *Analytical Psychology: Notes of the Seminar given in 1925 by C. G. Jung*; McGuire, W. (Ed.), 1989].

ANNA FREUD (1895-1982)

Anna Freud nació en Viena y fue la sexta y más pequeña de los hijos de Sigmund Freud y Martha Bernays. Fue la más leal de los seguidores de su padre y «una joven algo problemática que se quejaba a su padre en cándidas cartas de cómo la atormentaban todo tipo de pensamientos y sentimientos irracionales». Es posible que sufriera una depresión que le causaba trastornos alimenticios por lo que «fue enviada repetidamente a granjas de salud para que descansara a fondo, diera saludables paseos y ganara algunos kilos de más para rellenar su silueta demasiado delgada».

No estudió Medicina, sino que fue educada por su padre en el psicoanálisis de una manera que ella describió como «cuidadosamente irregular, si no desorganizada». En 1914 aprobó su examen de Magisterio y comenzó a trabajar como aprendiz de maestra en su antigua escuela, el Cottage Lyceum. Para el año escolar 1917-18, comenzó «su primera aventura como *klassenlehrerin* ["profesora responsable"] del segundo grado» y fue analizada por su padre de 1918 a 1922.

Anna y Sigmund Freud en el VI Congreso Internacional de Psicoanálisis
(La Haya, 1920) [Autor desconocido; Freud Museum].

La relación entre padre e hija se basaba en la esperanza de Freud de que Anna no sería como otras niñas, pero ella tenía una lucha interna entre «tener éxito» como un hombre y «bailar y ser generosa» como una mujer. Anna Freud desarrolló la aplicación de las técnicas psicoanalíticas para niños y métodos innovadores como la terapia de juego. Su trabajo enfatizaba la importancia del ego y sus «líneas de desarrollo» normales, además de incorporar un énfasis distintivo en el trabajo colaborativo en una serie de contextos analíticos y de observación. Estableció la primera guardería de día en Viena y dedicó su vida a su padre. Soltera, fue su confidente, secretaria y acompañante. Marchó al exilio con Freud en 1938 y estableció en Londres la Hampstead Child Therapy Clinic. Una vez, uno de los muchachos en su centro le preguntó cuántos niños tenía y ella respondió: «Tengo muchos, muchos niños».

Anna Freud trabajó sobre las estrategias de defensas del ego que ya había planteado su padre, pero ella las articuló y las organizó en una obra notable, titulada *The Ego and Mechanisms of Defense* (1936), en la que usó un lenguaje directo y comprensible, lo que hizo que mucha de esta terminología pasara al uso común. Dos muestras de ella pueden ser «represión», un mecanismo que saca una idea o un suceso que genera ansiedad fuera del conocimiento consciente, y «sublimación», un proceso que redirige unos sentimientos hostiles o sexuales que se perciben como inaceptables hacia una expresión tolerable, como —ejemplo, en nuestra opinión, dudoso— una persona refocaliza su agresividad transformándose en cirujano. Los mecanismos de defensa pueden tener un impacto positivo al ayudarnos a mantener nuestros equilibrios, pero también nos pueden impedir afrontar nuestros conflictos internos.

Fue en sus años londinenses cuando Anna Freud escribió sus trabajos psicoanalíticos más renombrados, incluyendo *About Losing and Being Lost*. Su descripción en esta obra de «los impulsos simultáneos de permanecer leal a los muertos y de volverse hacia nuevos lazos con los vivos» quizás refleje su propio proceso de duelo tras la muerte de su padre, acaecida en septiembre de 1939.

LOU ANDREAS-SALOMÉ (1861-1937)

Louise von Salomé nació en San Petersburgo, aunque los nazis la consideraron una «judía finlandesa». Su padre era un general de la corte imperial rusa que fue ascendido a consejero privado del zar. Su madre provenía de una familia de comerciantes de Hamburgo. Cuando ella nació, su padre, que tenía 57 años y cinco hijos varones, la recibió con alegría, aunque con poco tiempo para ocuparse de ella. Su madre, que tenía 19 años menos, pensó que esa hija la causaría dificultades, algo en lo que probablemente acertó.

En su autobiografía, Lou Andreas-Salomé no contó mucho sobre su infancia, salvo que había sido solitaria; además, declaraba que experimentó el trauma del nacimiento como una pérdida. Sus primeros relatos hablan habitualmente de mujeres jóvenes que sufrían experiencias traumáticas que terminaban en catástrofe. En uno de ellos, *La hora sin Dios* (1922), explicaba lo terrible que era para una joven sorprender a sus padres teniendo relaciones sexuales. Louise se refugió en un mundo de fantasía y creó un Dios con el que podía conversar sobre cualquier cosa. Compartía

Lou Andreas-Salomé y sus pretendientes Paul Ree y Friedrich Nietzsche [Jules Bonnet, 1882].

con Él sus preocupaciones y le contaba los sucesos de su vida cotidiana. Sin embargo, cuando le pidió que le respondiera al menos una vez y no obtuvo una señal, se convenció de que el destino de todos los seres humanos era vivir esa privación y generalizó su experiencia de soledad para no volver a sentirse sola. Esta actitud, o «sentimiento básico», como ella lo llamó, modeló toda su vida y fue confirmada por el psicoanálisis. Mantuvo, eso sí, activa su imaginación, y el que se contara sus historias a sí misma fue la base de su trabajo posterior como autora.

A los 17 años conoció al ministro neerlandés Hendrik Gillot, que la educó en privado sobre religión y filosofía. Lou y su mentor quedaron fascinados el uno con el otro. Gillot le retaba a superar su mundo de fantasía y le proponía retos intelectuales. Juntos estudiaron a Kant, Kierkegaard, Spinoza y las principales religiones. Con sus reuniones con este «hombre divino», se dio cuenta: «... ahora la soledad ha terminado». Gillot que estaba casado y tenía dos hijos de la edad de Lou, pidió el divorcio y se declaró a Lou. Ella sintió que su mundo se derrumbaba. No tenía interés en él como hombre, sino que era más bien una especie de padre ideal para ella. Decidió que la única solución era alejarse de Gillot y de San Petersburgo. Necesitaba un pasaporte, pero para eso tenía que hacer la confirmación, algo que hizo Gillot con una ceremonia que pareció una boda. Lou pensó que nunca sería capaz de querer a nadie, algo que sufrirían varias de las personas que la conocerían, incluido su propio marido Friedrich Carl Andreas.

Su madre decidió acompañar a la muchacha de 19 años a la Universidad de Zúrich, una de las pocas instituciones de educación superior que admitían mujeres. Comenzó sus estudios con gran interés, pero un año después enfermó gravemente y su médico le recomendó cambiar de clima. Lou estaba convencida de que no viviría mucho tiempo. Primero estuvo en Roma, donde conoció al filósofo Paul Rée, que le habló tanto de ella a su amigo Friedrich Nietzsche que este viajó a Italia a conocerla. Los dos le propusieron matrimonio, que ella también rechazó. Finalmente se casó con el orientalista Friedrich Carl Andreas, aunque, al parecer, con un acuerdo para no compartir cama.

En un viaje a Múnich, Lou Andreas-Salomé, que entonces tenía 36 años, conoció a Rainer Maria Rilke, que tenía 21. Él la conquistó con el entusiasmo de su juventud y es posible que fuera su primera pareja sexual. Ella le animó a cambiar su estilo de escritura romántico y emocional por algo menos barroco y más original, le animó a cambiar su nombre de René a Rainer, le enseñó ruso y le incitó a leer a Tolstói —a quien conocería más tarde— y a Pushkin. Ella inspiró uno de los poemas de amor más hermosos en lengua alemana, «Apágame los ojos»:

Apágame los ojos y te seguiré viendo,
cierra mis oídos, y te seguiré oyendo,
sin pies te seguiré,
sin boca continuaré invocándote.
Arráncame los brazos, te estrechará
mi corazón, como una mano.
Párame el corazón, y latirá mi mente.
Lanza mi mente al fuego
y seguiré llevándote en la sangre.

En 1937, Freud dijo de la relación de Salomé con Rilke que ella «era a la vez la musa y la madre atenta del gran poeta».

En la primavera de 1899, Lou, su esposo y Rilke viajaron a Rusia. El viaje, especialmente la participación en un servicio religioso ortodoxo durante la noche de Pascua, impactó en Rilke negativamente. Rilke y Andreas-Salomé empezaron a distanciarse y el escritor mostró claros síntomas de enfermedad mental que aterrorizaron a los dos. Ella pensó que el problema residía en que él no conseguía descargar su energía creativa a través de la literatura.

«En la terraza de Wolfratshausen, 1897» (detalle). De izqda. a dcha., Friedrich Carl Andreas, el arquitecto August Endell, Rilke y Lou [*Rainer Maria Rilke*, Lou Andreas-Salomé, 1928].

Al mismo tiempo, ella se convenció de que su amistad interfería con la obra del escritor y decidió terminar la relación con la esperanza de que Rilke retomara el trabajo y se diera cuenta de su talento. Sus intentos de ayudarle a superar el bloqueo del escritor se parecían al nuevo método inventado, por Freud, el psicoanálisis.

Lou había conocido a Freud durante el invierno de 1895-96, pero no fue más allá en el primer momento. En 1911, sin embargo, Lou Andreas-Salomé, que entonces tenía 50 años se interesó por una «nueva fuente» de significado para su vida, el psicoanálisis. Se convirtió en una de las primeras psicoanalistas femeninas, y decidió convertirse en una experta en el estudio de las necesidades humanas y la sexualidad de la infancia. Tras un intenso estudio autodidacta de la literatura psicoanalista y el contacto con el psicoanalista berlinés Karl Abraham escribió a Sigmund Freud la siguiente carta:

> *Estimado profesor Freud:*
> *Desde que tuve la oportunidad de asistir el pasado otoño al Congreso de Psicoanálisis en Weimar, el estudio del psicoanálisis ha captado toda mi atención y, cuanto más aprendo sobre este campo, con más intensidad me atrae. Parece ahora que mi deseo de ir a Viena durante unos pocos meses será posible. ¿Puedo pedirle permiso para asistir a su seminario y ser admitida a las reuniones de las noches de los miércoles? La única razón para mi estancia es dedicarme exclusivamente a todos los aspectos del psicoanálisis.*
> *Sinceramente suya,*
> *Lou Andreas-Salomé.*

Ella cumplió su promesa. Pasó los siguientes seis meses en Viena, se incluyó en el grupo de seguidores de Freud y rápidamente se sintió cómoda entre ellos, como en una hermandad. El propio Freud la analizó brevemente y ella aprovechó la oportunidad para asistir a clases en la universidad y se implicó en las controversias teóricas entre los analistas vieneses. Fue una observadora independiente de la controversia entre Freud y Alfred Adler y el duro conflicto entre Freud y Carl Gustav Jung. Durante su breve estancia en Viena desarrolló una amistad con Victor Tausk, cuyos conflictos internos sin resolver eran parecidos a los suyos. Podían hablar con libertad sobre gran número de temas: la naturaleza del narcisismo, la homosexualidad, las relaciones entre hombres y mujeres, la sexualidad y el ego, la defensa de la sublimación, etc. Lou acompañó también a su nuevo amigo en sus vistas a la Clínica Neurológica de Viena, donde se familiarizó con la práctica del psicoanálisis y tuvo un primer contacto personal con los pacientes psiquiátricos.

En 1913, Lou Andreas-Salomé empezó a psicoanalizar pacientes en la pequeña ciudad universitaria de Gotinga. A pesar de la oposición de los médicos de la localidad, trató a personas con una variedad de condiciones nerviosas, tanto adultos como adolescentes y niños. Algunos eran enviados por Freud y otros psicoanalistas prestigiosos; a mendo viajaban desde zonas alejadas y tenían que vivir en Gotinga hasta que el tratamiento había sido completado. Incluso en aquella época, en la que el arsenal terapéutico de los médicos era muy limitado, las teorías de Freud sobre la etiología sexual de las neurosis eran consideradas escandalosas y anticientíficas por la comunidad médica. Un psiquiatra recomendó a una paciente que debía terminar inmediatamente el tratamiento con Andreas-Salomé en cuanto se mencionara la palabra «sexualidad» o si tenía algún tipo de sentimiento erótico durante el análisis. Ambas posibilidades ocurrieron rápidamente y la paciente abandonó inmediatamente el tratamiento, aunque eso no desanimó a Andreas-Salomé.

Se decía de ella que era capaz de combinar la «empatía más profunda e íntima con el intelecto más frío». Aplicaba las reglas del psicoanálisis con más flexibilidad de lo que es costumbre hoy. Según la época, las sesiones se hacían en su estudio privado, en una balconada de su casa o en el jardín. Cuando encontraba una dificultad, escribía a Sigmund Freud o más tarde a su hija Anna. Las dos mujeres se hicieron amigas íntimas durante un período en el que Andreas-Salomé vivió en casa de Freud en 1921. Más de 400 cartas son prueba de la estrecha relación entre la joven de 26 años Anna Freud y su amiga de 60. Con respecto a Sigmund, su personalidad y, en particular, «su cara paternal», la guio hasta el final de sus días. Freud, por su parte, la veía como una «mujer altamente significativa», que poseía «una inteligencia peligrosa» y era «excepcionalmente capaz de comprender». Él tenía gran interés en las ideas de ella sobre las mujeres y como «hombre viejo y enfermo», disfrutaba del sentido de «afirmación de la vida» de ella y de sus confidencias. Cuando ella tuvo dificultades económicas, Freud no solo le mandó a sus propios pacientes, sino que le envió también dinero. Ella permaneció fiel al pensamiento freudiano toda su vida y para ella, como para Freud, era una ciencia que animaba y estimulaba un pensamiento independiente. Cuando reflexionaba sobre su larga trayectoria, Lou Andreas-Salomé decía que durante «toda su vida había esperado el psicoanálisis».

Sus principales escritos psicoanalíticos también reflejaban sus ideas sobre el feminismo y la emancipación de la mujer. En *Psicoanálisis y feminismo* planteaba que, como la ciencia y la cultura en general, el psicoanálisis estaba dominado por las perspectivas masculinas, que asumían que solo los hombres eran verdaderos seres humanos. Lou Andreas-Salomé enfatizaba una perspectiva femenina y la positividad del destino de la mujer. En este sentido, difería radicalmente del movimiento de su época, que se centraba en denunciar la inferioridad de las mujeres y buscaba más igualdad con los hombres, puesto que ella estuvo siempre convencida de que las mujeres podían conseguir lo mismo que los hombres. La pasividad femenina se convertía, para ella, en una experiencia importante a través de un acto de rendición. El modelo para esta experiencia era, por supuesto, el acto físico del amor. Para Andreas-Salomé, la rendición física no era un acto de sumisión pasiva, sino un suceso activo, a través del cual la mujer descubría su propia valía. La rendición solo podía convertirse en una experiencia formativa para las mujeres que estuvieran convencidas de que sus propias vidas eran valiosas. Ni unos logros excepcionales ni el reconocimiento de otros podían reemplazar el propio sentido del valor de una mujer. La ansiedad, la vergüenza y la infelicidad se desarrollaban en mujeres que adoptaban modelos de ambición y éxito que eran masculinos y no femeninos. El «juego de la mente y los sentidos» que tenía lugar a menudo en las mujeres producía la fuerza necesaria para la emancipación.

Junto al detalle del retrato de Lou Andreas en el Salón Elvira de Múnich (ca. 1897) [Hofatelier Elvira], una muestra de sus correspondencia con Sigmund Freud (1918) [Sigmund Freud Papers, Library of Congress].

Fue una célebre novelista y ensayista por derecho propio, con diez novelas y más de cincuenta ensayos, la mayoría sobre temas psicoanalíticos. Tras dedicarse al análisis y la intervención, Lou Andreas-Salomé perdió el contacto con el mundo de la literatura. En épocas de dificultades económicas, escribía artículos para la prensa o publicaba una novela. Creía que su trabajo como terapeuta utilizaba las mismas energías inconscientes que su obra literaria así que fue abandonando su trabajo como autora para no restar esas energías al trabajo con los pacientes. Desapareció de sus propias obras como sujeto autónomo que habla, mientras que reaparecía en las obras de otros como una influencia silenciosa y tácita. Hay quien considera que sus obras revelan un género específico que hasta ahora ha pasado desapercibido: la narración de la vida compartida. Andreas-Salomé desarrolló este género de narraciones de vidas compartidas en un intento de adaptar sus nociones teóricas sobre el narcisismo a una posición comunicativa práctica que no es ni subjetivista ni objetivista.

Se la ha considerado una mujer fatal, oportunista, feminista, radical, liberal, pero también una importante pieza en el desarrollo del pensamiento psicoanalítico. Ha habido dos enfoques biográficos: un enfoque psicoanalítico, centrado en la pérdida de la figura paterna y sus posteriores relaciones difíciles con hombres famosos, y un enfoque feminista, que acusa a los psicoanalistas de no contribuir a una visión completa, sino de menospreciar la posición legítima de Andreas-Salomé en la historia del psicoanálisis. La integración de estos dos puntos de vista puede aportar una comprensión más certera de su puesto dentro de la disciplina.

Cuando ya fue incapaz de viajar y su vida entraba en su última etapa miró hacia atrás y escribió su autobiografía como forma de despedirse de sus viejos amigos. Sospechaba que Rilke estaba muriendo de leucemia desde dos años antes de su fallecimiento, en 1926, y se ofreció para ayudarle, pero Rilke, que había intentado conseguir ayuda de otros psicoanalistas, no quiso aceptar su ofrecimiento. Aunque Hitler estuvo en el poder en Alemania desde 1933 sus cartas con Freud no incluyen referencias a la situación política de esos años convulsos. Lou murió en Gotinga en 1937, dos años antes de que Freud muriese en el exilio en Londres.

ERICH FROMM (1900-1980)

Fromm nació en Fráncfort, el hijo único de una familia de judíos orto-doxos. Describió a sus padres como «altamente neuróticos» y a sí mismo como un «niño neurótico, probablemente bastante insoportable». Aunque al principio quería dedicarse a estudiar el Talmud, el libro sagrado de los judíos, Fromm abandonó el judaísmo para centrarse en otras formas de explorar el alma humana, un enfoque que realizaba como una doble apor-tación entre la mente y las condiciones sociales.

Inicialmente estudió Derecho en la Universidad de Fráncfort y obtuvo su doctorado con su tesis, *La ley judía: una contribución a la sociología de la diáspora del judaísmo*. A partir de 1930 trabajó para el Instituto de Investigación Social de Fráncfort como jefe del Departamento de Psicología Social. Al mismo tiempo, perteneció al círculo de psicoanalistas marxistas de Berlín, en torno a Wilhelm Reich y Otto Fenichel, y contribuyó al desa-rrollo de las teorías freudomarxistas con una serie de publicaciones.

Tras la subida de Hitler al poder, Fromm abandonó Alemania, primero se mudó a Ginebra y en mayo de 1934 emigró a los Estados Unidos, donde trabajó en la Universidad de Columbia en Nueva York. Recibió la ciudada-nía estadounidense el 25 de mayo de 1940.

Erich Fromm es considerado un ejemplo de un psicoanalismo posi-tivo. En general, se ha asociado al psicoanálisis con una visión pesimista del ser humano, según la cual nuestro comportamiento y pensamientos están dirigidos por unas fuerzas inconscientes que no podemos controlar y que nos anclan a nuestro pasado. Fromm desarrolló una orientación del psicoanálisis con una profunda visión humanista, que ponía énfasis en la capacidad del ser humano para mejorar e ir volviéndose más libre y autó-nomo mediante el desarrollo personal.

Desarrolló el concepto de carácter social y diseñó un puente esencial entre la sociología, la psicología social y la psicología diferencial. En 1941, en *Escape from Freedom (El miedo a la libertad)*, explicó los rasgos esenciales de la psicodinámica del miedo y la huida de la libertad: autoritarismo, destruc-tividad, retraimiento, autoinflación y conformidad autómata, acuñando así el concepto psicoanalítico-social-psicológico del carácter autoritario.

En la encuesta de trabajadores y empleados (1929-30), un censo laboral de la época, Fromm intentó averiguar cómo de habituales eran ciertas for-mas de carácter social. Pasó un cuestionario a alrededor de 700 personas, algo que no era muy común en la Alemania de esa época. En la evalua-ción clasificó a los entrevistados como autoritarios, radicales o revolucionarios en lo que es considerado el primer estudio empírico sobre el carácter y la personalidad autoritarias, algo que tendría un impacto en la década siguiente con la llegada al poder de los nacionalsocialistas.

Todavía en la década de 1950, la mayoría de los estudiosos de las humanidades seguían lo que se conocía como relativismo sociológico: estaban convencidos de que los seres humanos eran casi infinitamente maleables y podían vivir en casi cualquier condición. Sacaron dos conclusiones de esto: la primera, que una sociedad que básicamente funciona es saludable, y la segunda, que los errores en el individuo son responsables de los trastornos mentales, que se dan porque los afectados simplemente no son lo suficientemente adaptables.

Fromm, por su parte, representó un humanismo normativo: para él, las personas no solo tienen necesidades físicas sino también tienen necesidades psicológicas básicas que están arraigadas en su existencia. La vida, decía, está inevitablemente sujeta a las experiencias de frustración, dolor y malestar, pero nosotros podemos decidir hasta qué punto nos van a afectar. El proyecto más importante de cada persona consistiría, según este psicoanalista, en hacer que esos momentos de turbación e incomodidad encajen en la construcción de nosotros mismos, en nuestro desarrollo personal.

Erich Fromm [Arturo Espinosa, PIFAL; CC BY 2.0 DEED].

De aquí se deduce que hay criterios universales para la salud mental humana, que la propia sociedad puede promover o suprimir. De esta manera, es posible examinar el estado de salud de un sistema social. Es cierto que el hombre puede vivir bajo muchas condiciones, pero cuando estas son contrarias a su naturaleza, responde cambiando las condiciones existentes o renunciando a sus habilidades racionales, es decir, «embotándolas», por así decirlo. Las necesidades mentales básicas son de naturaleza puramente psicológica y resultan de la personalidad humana como un todo y de su práctica de vida empírica. Entonces, a diferencia de la libido de Freud, no tienen un origen físico.

En principio, las personas tienen dos opciones para satisfacer sus necesidades, porque desde un punto de vista humanista las personas no son inherentemente buenas o malas. La existencia humana contiene ambos caminos como posibilidad de desarrollo. Las pasiones opuestas, como el amor y el odio, por lo tanto, no son entidades independientes, sino que deben verse como respuestas alternativas a la misma pregunta. La única diferencia es que ambos caminos no pueden conducir a la felicidad de la misma manera.

La unión con otras personas sirve como medio principal del individuo para regular la aleatoriedad y la soledad de su existencia. Por lo tanto, desarrollar un sentimiento de relación con uno mismo y con los demás no es solo una necesidad humana básica, sino un requisito para la salud mental. La máxima realización en este sentido es el amor, la única manera de «llegar a ser uno con el mundo mientras se alcanza un sentido de integridad e individualidad». En el amor, el ser humano se une a otro ser humano, pero al mismo tiempo conserva la integridad de sí mismo, es decir, su individualidad. En palabras de Fromm «en el amor existe la paradoja de que dos seres se vuelven uno y, sin embargo, siguen siendo dos».

El amor entre dos personas surge constantemente a través de la polaridad trascendente de separación y unión. Además, en el amor el egoísmo personal está tan reducido que las necesidades del otro se sienten tan importantes como las propias. El amor contrasta con el narcisismo secundario, en el que el individuo no ha podido superar el narcisismo primario del niño, y el entorno sigue siendo un mero medio para satisfacer sus necesidades. Los narcisistas tienden a relacionarse con quienes los rodean ganando poder sobre ellos. Sin embargo, esto solo les permite crear cierta unidad superficial mientras destruyen cualquier amago de integración genuina.

Otra vía para unirse con el mundo es a través de la sumisión a un grupo o a una creencia. A través de este proceso de acatamiento, el individuo puede superar la sensación de aislamiento y desarrollar la idea de ser parte de ese gran grupo. Para el individuo moderno, su existencia se ha convertido en una especie de mercancía que adquiere valor en el eco social: «Su cuerpo, mente y alma son su capital y su propósito en la vida es invertirlos rentablemente, conseguir el beneficio de formarse a uno mismo». Esto puede manifestarse, por ejemplo, en el deseo de atención que se observa constantemente en los medios de comunicación. El hombre desarrolla el impulso de adquirir un sentido secundario de autoestima al despertar el interés de otras personas. Fromm ve en ello un motivo para el aumento de los suicidios. Si ves tu vida principalmente como una especie de empresa en la que tienes que invertir tus habilidades físicas y mentales de la manera más sensata posible, entonces la vida fracasa cuando el balance está por debajo del valor esperado: «uno se suicida, igual que un hombre de negocios se declara en bancarrota, cuando las pérdidas superan a las ganancias».

Para Fromm, el hombre moderno puede describirse como un «receptor pasivo de impresiones, pensamientos y opiniones»; aunque se ha vuelto más inteligente a lo largo de los siglos, ha sufrido graves pérdidas en lo que se refiere a la razón moralmente guiada y, además, utiliza su inteligencia como herramienta para manipularse a sí mismo y a los demás. El cuestionamiento razonable de las circunstancias, el juicio y la actuación de acuerdo con principios bien fundados, a menudo, se descuidan en favor de la conformidad.

Las aportaciones de Fromm al psicoanálisis, la psicología de la religión y la crítica social lo convirtieron en uno de los pensadores más influyentes del siglo xx, aunque a menudo fue infravalorado desde el mundo académico. Muchos de sus libros se convirtieron en superventas, en particular *El arte de amar* (1956) y *Tener o ser* (1976). Sus ideas también tuvieron una amplia difusión fuera del mundo profesional de la psicología.

ORVAL HOBART MOWRER (1907-1982)

La reunión de 1947 de la Asociación Americana para el Avance de la Ciencia celebrada en Chicago, Illinois, se promocionó como la mayor reunión de científicos jamás celebrada en el mundo. Se reservó espacio en siete hoteles y dos universidades para 2400 ponentes. Sin embargo, un discurso pronunciado por un delgado psicólogo de 41 años, Orval Hobart Mowrer, recibió una atención desproporcionada en la prensa.

Mowrer, probablemente, no podía imaginar ese impacto en la audiencia. Sin duda, el tema era controvertido: la relación entre psicología y religión. Numerosos psicoanalistas creían que muchas personas estaban dominadas por un superego excesivamente represivo e implacable, que conducía a una culpa neurótica y perjudicial. Mowrer sostuvo lo contrario: las personas sufrían de ansiedad y neurosis porque reprimían la culpa, una culpa surgida de que realmente habían actuado mal. La clave de la salud mental era sencilla: vivir una vida ética y responsable. Además, señalaba, el Viejo Testamento era una guía notablemente útil para la salud mental. Su discurso, más bien seco, captó la atención de los periodistas presentes, que mandaron crónicas sobre su conferencia a *Time*, al *Washington Post* y otras publicaciones.

Mowrer nació en 1907 en una granja a las afueras de Unionville, Missouri. Era el menor de tres hermanos, y sus padres pertenecían a la clase media blanca protestante del pueblo. Su infancia fue feliz y sin sobresaltos, pero a los 13 años su vida cambió radicalmente cuando su padre murió. Después de esto, su madre cayó en una grave depresión y nunca volvió a estar muy presente en su vida. Poco más de un año después, experimentó el primero de muchos episodios de problemas psicológicos cuando se despertó una mañana con una sensación de irrealidad sobre sí mismo y el mundo exterior. Más tarde, atribuyó este episodio no a la muerte de su padre, sino a lo que llamó una «fea perversión sexual» que le causó una culpa y una ansiedad extremas durante toda su adolescencia. Se guardó para sí sus problemas sexuales y luchó contra la depresión durante el instituto.

Mowrer comenzó sus estudios en la Universidad de Missouri en 1925. Al llegar al campus, escribió a su periódico local para asegurar a los preocupados padres que la educación universitaria no suponía una amenaza para la fe cristiana. Sin embargo, tras una asignatura de Retórica impartida por un joven profesor ateo e inteligente, Mowrer llegó a la conclusión de que la ciencia había dejado obsoleta a la religión. En el segundo semestre ya había abandonado su fe. Debido a sus conflictos internos se interesó por el funcionamiento de la mente humana y se especializó en psicología.

Mowrer se doctoró en 1932. Luego consiguió un puesto fijo en la Universidad de Yale como profesor del Departamento de Psicología e investigador asociado en el Instituto de Relaciones Humanas (IRH). Este instituto inauguró un programa de investigación destinado a integrar el conductismo y el psicoanálisis, algo que sería un punto definitorio en la carrera de Mowrer. El objetivo era que la teoría psicoanalítica pudiera traducirse a la terminología estímulo-respuesta del conductismo y hacerla comprobable experimentalmente. Dado que estos investigadores eran conductistas en primer lugar, el grupo centró su atención en las ideas freudianas que podían ser simplificadas y adaptadas al paradigma conductista.

Mowrer abandonó sus líneas propias de investigación y asumió las del IRH. Una de ellas, que continuaría durante toda su vida, estaba dedicada a la ansiedad. En su primer trabajo sobre la ansiedad observó un fenómeno interesante: él y otros experimentadores habían comprobado que, cuando se presentaba a sujetos humanos o animales una serie de estímu-

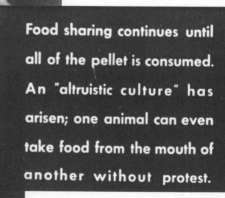

Fotogramas de las filmaciones de tres experimentos con ratas dirigidos por Orval Hobart Mowrer, encaminados a probar cómo diversas situaciones sociales modelaban el comportamiento de estas (1938-40) [Psychological Cinema Register; National Library of Medicine].

302

los dolorosos recurrentes, como descargas a intervalos regulares o después de una señal, se podía discernir un patrón claro. Los sujetos que esperaban una descarga sufrían una ansiedad creciente hasta que sentían la descarga, momento en el que la tensión disminuía inmediata y rápidamente. Mowrer observó que el dolor de la descarga parecía un alivio; el verdadero malestar provenía del estado de tensión y expectación, un reflejo de su ansiedad. Moore vio en este experimento el enlace que buscaba entre conductismo y psicoanálisis.

Mowrer es recordado por la llamada «teoría bifactorial de la ansiedad», sobre la permanencia en el tiempo de las fobias y los miedos, según la que se produce un proceso en dos fases. La primera sería un condicionamiento clásico: un estímulo en principio neutro se asocia con un estímulo que genera *per se* sensaciones de dolor o sufrimiento (estímulo incondicionado) y, a través de dicha asociación, acaba adquiriendo las características propias de este y pasa de ser neutro a condicionado, con lo que se termina por generar la misma respuesta que se daría en presencia del estímulo aversivo original, tras lo que se produce entonces una respuesta condicionada. En una segunda fase aparece un bloqueo a la aparición del condicionamiento instrumental: el miedo no puede extinguirse dado que lo que en el fondo hacemos es evitar el elemento condicionado, que hemos relacionado con el malestar, y no el malestar en sí. Lo que se evita no es el elemento aversivo, sino el estímulo que avisa de que este puede estar cerca.

Mowrer también destacó la similitud de estos resultados con la teoría revisada de Freud sobre la ansiedad. Freud escribió que la ansiedad surgía cuando una situación se asemejaba a una experiencia traumática anterior y el ego generaba ansiedad como señal de advertencia. El ego, que se había visto obligado a experimentar pasivamente el trauma previo, recreaba ahora una versión menor de este trauma para obligar al sistema a tomar precauciones contra el peligro que se avecinaba. Era otro importante punto de acuerdo entre el conductismo y el psicoanálisis.

Tras la conferencia sobre psique y religión, una portada del New York Post describía a Mowrer como un hereje que «llevaría a la humanidad hacia adelante» y afirmaba: «... podría haber puesto patas arriba toda la teoría del psicoanálisis». La cobertura entusiasta que recibió reflejaba una preocupación generalizada de que el psicoanálisis y la psicología clínica estaban «vaciando» conceptos tradicionales, como la culpa, de su significado y validez religiosos. Muchos se oponían a un enfoque terapéutico que enmarcaba los eternos problemas humanos en términos puramente psicológicos y médicos y que parecía poner en duda la idea tradicional de la culpa, la responsabilidad, el pecado y el alma.

Mowrer (izqda.) observa un folleto en manos del Dr. Morgenson, de la
Universidad Wilfrid Laurier. Canadá, 1962 [University of Waterloo Library].

Mowrer recibió aún más atención cuando declaró más tarde que la psicología y la psiquiatría habían corrompido a la religión y la cultura y que el pecado era responsable de casi todas las enfermedades mentales. Para él, la psicoterapia secular había sido un fracaso y lo que se necesitaba era un retorno a la religión, que no debía estar adulterada por la psicología y sus terapias. También se oponía al uso de psicofármacos para tratar las patologías. Creía que la enfermedad mental era causada por el pecado y, por lo tanto, los enfermos mentales eran pecadores, eran culpables. Mowrer fue un elemento clave en los debates entre liberalismo y conservadurismo, religión y laicidad, terapéutica y antiterapéutica. En la actualidad, la relación entre religión y psicología ha mostrado lo que se conoce como una tendencia «neoarmonista», que «rechaza la vieja idea de que ciencia y religión están en conflicto» y plantea que la religión y la psicología deben trabajar juntas.

Las ideas de Mowrer volvieron a recibir amplia atención cuando se publicó su libro de bolsillo de venta masiva *The Crisis in Psychiatry and Religion* (1961), pero sus ideas habían cambiado. Esta colección de artículos y charlas fue un éxito. Un abogado de Minnesota encargó por adelantado 1500 ejemplares y la primera edición se agotó en menos de dos meses, pero el libro demostró que Mowrer era cada vez más crítico y obsesivo. Un porcentaje significativo de los problemas mentales, argumentaba, era atribuible a la culpa y al pecado, incluso enfermedades como la esquizofrenia. También planteaba conclusiones radicales, como la idea de que tal vez el castigo, en forma de descargas electroconvulsivas, podría usarse como tratamiento para los problemas psicológicos. El odio de Mowrer hacia Freud alcanzó proporciones asombrosas, y partes del libro eran abiertamente antisemitas. Mowrer argumentaba que Freud estaba «muy probablemente influido, consciente o inconscientemente, por una singular y de hecho algo siniestra variedad de misticismo judío», a saber, la Cábala. Según él, Freud no solo repudiaba las concepciones tradicionales de Dios, sino que también «se identificaba con el Diablo».

Nos puede parecer un fanático religioso, pero eso sería subestimar a Mowrer, a sus argumentos y a la importancia de la religión en particular en los Estados Unidos. Como investigador, fue uno de los psicólogos experimentales más destacados y productivos del mundo y fue elegido presidente de la Asociación Americana de Psicología (APA), todo ello mientras luchaba contra su enfermedad mental y la ansiedad por su sexualidad. A pesar de ello, acabó desilusionándose con la psicología convencional y el psicoanálisis y, de intentar conciliar posturas, pasó a una política de enfrentamiento y denuncia. Era evidente su creciente simpatía y asociación con el movimiento antipsiquiátrico, afirmaba que los terapeutas persistían en la dudosa práctica de la psicoterapia porque era lucrativa y pidió el inmediato desmantelamiento de los grandes hospitales psiquiátricos. En un artículo mostraba su preocupación por la generalización de la psicofarmacología: «La psiquiatría está cautivada ahora por los "tranquilizantes" químicos, pero también atacaba a la religión pues consideraba que había traicionado sus propios valores al aceptar la psicología y se preguntaba: "¿Ha vendido la religión evangélica su derecho de nacimiento por un plato de lentejas psicológico?"». La respuesta de Mowrer a su propia cuestión fue un rotundo sí. Antes de suicidarse en 1982, Mowrer expresó su simpatía por la eugenesia y el ecologismo.

«El conocimiento romperá las cadenas de la esclavitud»
(Aleksei Aleksandrovich Radakov, 1920) [GIZ].

LA PSICOLOGÍA SOVIÉTICA

La psicología soviética en las primeras décadas del siglo XX se caracterizó por su enfoque en la aplicación práctica, la formación de trabajadores y la educación del pueblo. Estaba fuertemente influenciada por las ideas marxistas-leninistas, y se centraba en el estudio de la conducta en relación con las condiciones sociales y económicas. La psicología soviética también se enfocó en la formación de personas para ser productivas en la economía soviética, y en la educación para la formación de ciudadanos leales al régimen. En los primeros años, la psicología soviética se desarrolló principalmente en instituciones educativas y de investigación estatales y luego sufrió la política cambiante del Estado soviético en relación con la investigación científica y la libertad académica. Algunas de las principales figuras de la psicología soviética en las primeras décadas del siglo XX son las siguientes:

— SERGUÉI RUBINSTEIN. Se especializó en psicología social y política, y fue uno de los primeros en estudiar el papel de la psicología en la construcción de una sociedad comunista. También desarrolló una teoría de la personalidad basada en el materialismo histórico-dialéctico y la psicología marxista.

— LEV VYGOTSKY. Considerado como uno de los principales teóricos de la psicología soviética, desarrolló la teoría del desarrollo cognitivo y cultural, señalando que el aprendizaje se da, decididamente, en un contexto social y cultural.

— ALEXANDER LURIA. Es conocido por su trabajo en neuropsicología, en el que estudió el cerebro y la mente humana en relación con la conducta. También desarrolló la teoría de la actividad, en la que sostenía que la conducta humana es el resultado de una actividad consciente y planificada.

— A<small>LEXANDER</small> G<small>UKOVSKY</small>. Se especializó en psicología de la educación, y desarrolló un planteamiento enfocado en la formación de la personalidad y la enseñanza.

— B<small>LUMA</small> Z<small>EIGARNIK</small>. Investigadora en psicología experimental, es conocida por su trabajo en la memoria y la percepción, especialmente en relación con la atención y la memoria a corto plazo.

— A<small>LEXANDER</small> Z<small>APOROZHETS</small>. Especialista en psicología infantil, puso en práctica un enfoque personal para la educación de los niños y el desarrollo cognitivo.

Tras el libro [Aleksey Mikhaïlovich Korin, 1900].

SERGUÉI RUBINSTEIN (1889-1960)

Nació en Odesa en 1889 en una familia de clase media. Entre 1909 y 1913 estudio Filosofía, Sociología, Matemáticas, Lógica y Psicología en las universidades de Friburgo y Marburgo, en Alemania. Tras graduarse regresó a Odesa para trabajar en un centro de secundaria como psicólogo y profesor de Lógica. En 1914 defendió su doctorado en Filosofía con una tesis titulada *Eine Studie zum Problem der Methode* (*Un estudio sobre el problema del método*) sobre los problemas metodológicos, aplicados específicamente a la filosofía hegeliana. En 1919, por invitación de Nikolai Lange, Rubinstein se incorporó al Departamento de Psicología y Filosofía de la Universidad de Odesa, pero tuvo una relación conflictiva con los profesores de más edad y abandonó la universidad. De 1922 a 1930 fue director de la Biblioteca Científica de Odesa, y después trabajó en el Instituto Pedagógico Estatal Hertzen de Leningrado (1930-1942).

Durante la Segunda Guerra Mundial, Rubinstein se negó a ser evacuado y permaneció en Leningrado para mantener en lo posible la labor del instituto en medio del asedio alemán. Ayudó como psicólogo al esfuerzo bélico y brindó asistencia psicológica a la población, además de participar en un operativo para proteger los monumentos históricos de la ciudad y evitar su destrucción por los bombardeos nazis. También realizó un estudio sobre la psicología del fascismo. Rubinstein recibió el Premio Stalin de 1941 (concedido en 1942) por su monumental obra *Principios de psicología general* (1940).

Desde 1948 y hasta poco después de la muerte de Stalin, como parte de la campaña antisemita en la Unión Soviética, Rubinstein fue perseguido por los dirigentes soviéticos. Como se hacía habitualmente, se organizaron una serie de «debates» públicos, en los que dirigentes del partido comunista y los estudiantes de la facultad «hacían la crítica» a diversos profesores, y Rubinstein fue uno de los principales acusados. Como resultado de aquellos juicios públicos, en abril de 1950 fue tachado de antipatriota, «cosmopolita desarraigado» —una acusación antisemita típica— y seguidor de las teorías psicológicas «burguesas». Fue apartado de todos sus puestos académicos y solo pudo recuperar su antiguo estatus tras la muerte de Stalin. En 1956, Rubinstein fue nombrado de nuevo presidente del sector de Psicología del Instituto de Filosofía de la Academia de Ciencias de la URSS. Se le considera el fundador de la tradición marxista en la psicología soviética.

Rubinstein sentó las bases de esa psicología marxista soviética con la publicación de su primer artículo psicológico titulado «Problemas de la psicología en las obras de Karl Marx», sobre cuestiones terminológicas y metodológicas de la psicología presentes en las obras y el legado intelectual de Karl Marx y Friedrich Engels. Este artículo salió a la luz en 1934 y estableció algunos principios básicos de la investigación psicológica marxista:

— El estudio de la personalidad como la prioridad de la investigación.

— El principio de la unidad de la conciencia y la actividad, un enfoque que aparentemente supera las deficiencias de las tres filosofías dominantes en la psicología de la época, a saber, el psicoanálisis, el conductismo y la «psicología del espíritu» (*Geisteswissenschaftliche Psychologie*), asimilable a la llamada psicología existencial y humanista.

— La unidad inseparable del sujeto y del objeto (en el sentido filosófico de los términos).

Rubinstein fue también el iniciador de la tradición de investigación psicológica sobre la actividad humana que finalmente dio lugar a la llamada teoría de la actividad, la rama de la psicología rusa más conocida internacionalmente. A diferencia de este movimiento intelectual, y explícitamente en contraste con el conductismo, Rubinstein siempre insistió en considerar la actividad como inseparable de la conciencia, lo que también estaba en clara oposición a la tradición freudiana con su énfasis en las profundidades de la psique humana y los procesos psicológicos inconscientes.

«Sometiéndome al uso común de las palabras, a veces hablo de *personalidad*. Pero esta palabra, a decir verdad, no resulta muy atractiva para mis oídos: en ella escucho algo pretencioso, arrogante y aislado, un deseo de no entrar en contacto con los demás. Prefiero la palabra *persona* [*hombre, humano*], sencilla, modesta y orgullosa. Para mí, contiene todo lo que es importante y lo que se necesita» [*Serguéi Leonidovich Rubinstein: ensayos, memorias, materiales: en el centenario de su nacimiento*; Сергей Леонидович Рубинштейн, Наука; 1989].

La teoría de la actividad indica que la aparición y el desarrollo de la mente están determinados por las actividades en las que participa un animal o un ser humano. Las principales propuestas de la teoría de la actividad según fueron formuladas por Rubinstein entre 1920 y 1940 son las siguientes:

— La psique es un atributo del mundo material, engendrado en el curso de la interacción del individuo con el entorno. La actividad es generada por sus propias necesidades y cada persona elige y persigue sus propios objetivos, velando por el cumplimiento de sus propios propósitos: es, por tanto, un agente autodeterminado y autoactualizado.

— La psique sirve para que esta interacción con el entorno sea más eficaz para el individuo, sirva a sus necesidades y promueva su supervivencia. Así, la psique no es una entidad independiente, sino una procreación del mundo material (monismo filosófico y materialismo).

— La configuración psíquica está formada por el patrón específico de la interacción del individuo con el entorno. La estructura psíquica está determinada por las necesidades internas del individuo; por lo tanto, para revelar una psique, hay que analizar las necesidades de cada persona. La investigación de la interacción entre el individuo y el entorno es la forma correcta de analizar y explorar la psique.

— La psique es el resultado de la interiorización de los procesos de la actividad exterior. Es un derivado del proceso exterior o, en otras palabras, es el proceso exterior interiorizado.

— La estructura de los procesos psíquicos es isomorfa a la estructura de la actividad exterior de la que la psique es un derivado. El principio del isomorfismo se basa en que el orden en que se experimentan los fenómenos psicológicos puede considerarse como una verdadera representación de un orden correspondiente en la actividad de la que depende la experiencia.

Estos postulados de Rubinstein sentaron las bases de la psicología rusa del periodo soviético. Durante la mayor parte del siglo XX, la teoría de la actividad en Rusia fue la base metodológica indiscutible de toda la investigación psicológica y la única que llevaba la etiqueta oficial de psicología marxista «correcta». Después de 1923, ninguna psicología que no fuera marxista era legítima en Rusia.

LAS *PSIKHUSHKAS* DE LA UNIÓN SOVIÉTICA

De 1930 a la muerte de Stalin en 1953, el Gobierno de la Unión Soviética estableció una agencia destinada a la organización de campos de trabajos forzados por todo el país. Su nombre ha quedado para la historia universal de la infamia: el Gulag. Gulag eran las siglas de la Dirección de Campos de Trabajo, pero los prisioneros que pasaron por esos reductos de iniquidad lo denominaron «el triturador de carne». La obra de Aleksandr Solzhenitsyn *Archipiélago Gulag* hizo llegar a Occidente la tragedia por la que pasaron catorce millones de delincuentes comunes y presos políticos. Otros seis o siete millones fueron deportados a áreas remotas y otros cuatro o cinco millones pasaron por «colonias de trabajo». Por poner un ejemplo de las condiciones de vida en los campos del Gulag, de los entre 10 000 y 12 000 jóvenes polacos enviados a Kolyma en 1940-41, solo 583 seguían vivos en 1942.

Hospital psiquiátrico ordinario de Kashchenko, Moscú [Peter Reddaway photograph collection 1968-1988 MS Russ 78 -2306 Houghton Library, Harvard University].

En 1954, los nuevos dirigentes del Presídium Supremo de la URSS comenzaron las rehabilitaciones de los presos del Gulag que habían sobrevivido, pero pronto surgió un nuevo sistema de represión política: las *psikhushkas* o «psicoprisiones». El punto de partida era claro: cualquier pensamiento «desviado» —la disidencia— era un síntoma inequívoco de desequilibrio mental. El propio Nikita Khruschev dijo, en 1959: «Podemos decir con claridad de aquellos que se oponen al comunismo que su estado mental no es normal». Los pensamientos de la jerarquía política se extendieron con rapidez y rotundidad al ámbito sanitario. De una forma implícita primero y explícita después, los conceptos, definiciones y criterios diagnósticos de las enfermedades mentales se ampliaron para poder incluir bajo ese amplio paraguas teórico y práctico la desobediencia política.

Esta política de patologización de la disidencia se camufló mediante la manipulación de los conocimientos científicos y los servicios sanitarios públicos para unos fines bastardos. Un alto oficial de la KGB, Andrey Vyshinsky, organizó el uso de la psiquiatría con un doble objetivo: aplastar la oposición y mandar una poderosa advertencia a cualquiera que tuviera dudas. La base teórica de los responsables del Politburó era muy sencilla: cualquier persona que se opusiera al régimen soviético no podía estar bien de la cabeza puesto que ningún ciudadano en sus cabales se opondría al mejor sistema político del mundo.

El tratamiento psiquiátrico de los disidentes coincidió con el aumento del poder de la KGB, la policía secreta del Estado soviético. Tras el final de la Segunda Guerra Mundial y la incautación de información sobre los campos nazis y sus terribles experimentos se avivó el interés por el posible uso político de la medicina. La ventaja de la psiquiatría es que tiene una capacidad de control sobre la vida personal mucho mayor que cualquier otra especialidad médica. El diagnóstico de enfermedad mental permitía excluir la opinión del supuesto paciente sobre su diagnóstico y tratamiento, despreciar sus protestas e imponer cualquier tipo de terapia mientras se proclamaba que todo era en el mejor interés de la persona y las necesidades de la sociedad en su conjunto.

El sistema convirtió la psiquiatría en un arma contra los «contrarrevolucionarios». Los servicios de salud mental se organizaron en un sistema doble, una parte en la cual la psiquiatría se utilizaba para la represión política, cuya cabeza era el Instituto Nacional Serbsky para la Psiquiatría Social y Forense de Moscú, y un sistema más homologable con el occidental, con una psiquiatría más «normal», que lideraba el Instituto Psiconeurológico de Leningrado. Ambas instituciones eran la cabeza, a su vez, de una red de cientos de hospitales psiquiátricos.

Hospital psiquiátrico especial de Talgar, Alma-Ata [Peter Reddaway photograph collection 1968-1988 MS Russ 78 -2306 Houghton Library, Harvard University].

Los profesores Andrei Snezhnevsky y Marat Vartanyan, psiquiatras del Instituto Serbsky, describieron la disidencia como «una forma progresiva de esquizofrenia que no deja síntomas en el intelecto o el comportamiento hacia el exterior, pero que causa un comportamiento que es antisocial o anormal». Los disidentes de la nueva generación tras la época del Gulag se denominaban a sí mismos «prisioneros de conciencia» y empezaron a ser internados en hospitales psiquiátricos en las décadas de 1960 y de 1970. El internamiento les privaba de derechos y también les desacreditaba y les privaba de apoyos tanto en el interior del país como en los países occidentales. ¿Quién podía oponerse a la hospitalización de un enfermo?

De este modo, todos aquellos que se oponían al régimen recibían un diagnóstico de enfermedad psiquiátrica y un tratamiento basado normalmente fármacos poderosos, como tranquilizantes y antipsicóticos, lo que se denominó «camisa de fuerza química». Aquellos que seguían mostrando señales de resistencia o, como decían los responsables, de «desadaptación», recibían dosis aún más potentes o inyecciones de insulina que causaban un coma hipoglucémico y un estado de choque. Otros eran atados a la cama o envueltos en sábanas empapadas que, al secarse, causaban un fuerte dolor.

Finalmente, hay informes del uso desmedido de electrochoques o de punciones lumbares. De ese modo, ciudadanos perfectamente sanos pero desafectos al régimen comunista, que eran considerados un problema social, una carga y una amenaza, fueron diagnosticados como enfermos mentales, puestos bajo la tutela del Estado, retirados de la vida comunitaria e internados durante años, manipulados farmacológicamente y, literalmente, torturados. El resto de la población desconocía la situación o podía ver hacia dónde llevaba la disidencia con el régimen.

Por poner un ejemplo, Konstantin Päts, el presidente de Estonia en la ocupación soviética, fue deportado a Leningrado en 1940 y condenado a prisión en 1941 por sabotaje contrarrevolucionario y propaganda antisoviética. En 1952 fue sometido a una hospitalización forzosa en un psiquiátrico por su «persistente declaración de ser el presidente de Estonia». Fue trasladado a distintos hospitales para enfermos mentales hasta su muerte el 18 de enero de 1956.

El terrible sistema de las psicoprisiones se puso en cuestión cuando el exterior empezó a saber lo que estaba pasando dentro de las fronteras de la Unión Soviética. En 1965, Valery Tarsis escribió su autobiografía, titulada *Pabellón 7: una novela autobiográfica*; y, en 1971, Vladímir Bukovsky, disidente, biólogo, neurofisiólogo y autor, junto con otro psiquiatra represaliado —Semyon Gluzman—, de un *Manual de psiquiatría para disidentes*, consiguió sacar a escondidas un informe de 150 páginas denunciando los abusos que se estaban cometiendo junto con seis historias clínicas, pidiendo a «psiquiatras occidentales» que las revisaran y comunicaran si estaban de acuerdo con el régimen de aislamiento impuesto a esos pacientes. Cuarenta y cuatro psiquiatras europeos mandaron una carta a *The Times* expresando sus serias dudas sobre el tratamiento de esas seis personas. La primera condena oficial de estos abusos tuvo lugar el 30 de agosto de 1977, cuando la Asamblea general de la Organización Psiquiátrica Mundial (WPA) condenó el «abuso sistemático de la psiquiatría con motivos políticos en la URSS».

Estas publicaciones y el alcance internacional de activistas como Alexander Solzhenitsyn y Andrei Sakharov desembocaron no en una eliminación de las *psikhushkas* sino en una nueva etapa de represión. Yuri Andropov, el jefe de la KGB que posteriormente ascendería al puesto de primer ministro, reclamó una lucha renovada contra «los disidentes y sus amos imperialistas». Para ello puso en marcha un nuevo plan iniciado en 1969 que continuó aprovechando la psiquiatría como herramienta de represión. Específicamente, publicó un decreto sobre *Medidas para prevenir el comportamiento peligroso por parte de personas con enfermedades mentales*. Los psiquiatras fueron dotados de amplios poderes a cambio de diagnosticar e internar a cualquiera que encajase en la descripción de un agitador político. Eso convirtió a los médicos no solo en responsables de los arrestos sino también de los interrogatorios. El diagnóstico psiquiátrico aceleraba el proceso represivo y evitaba «molestias» como los procesos judiciales o las sentencias públicas.

Al mismo tiempo, el sistema construía su propio armazón de mentiras. El encarcelamiento en un hospital psiquiátrico de un disidente debía seguir de la forma más parecida posible el modelo de tratamiento de cualquier otro enfermo mental. Un grupo de psiquiatras del régimen facilitaba la tarea proporcionando listas de síntomas que podían utilizarse para la elaboración de un diagnóstico. El más ampliamente utilizado fue una característica denominada «esquizofrenia indolente», un trastorno psicológico definido por el mismo Andrei Snezhnevsky anteriormente citado. Este diagnóstico calificaba la disidencia política como un fallo para valorar correctamente la realidad, algo que podía aplicarse a cualquiera que no siguiera la línea oficial. Específicamente, la situación mental del disidente fue descrita como «un tipo continuo de esquizofrenia que se define como refractaria y que cursa con una progresión que puede ser rápida (maligna) o lenta (indolente) y que tiene mal pronóstico en ambos casos». Era, por tanto, un trastorno sutil, pernicioso, que no podía ser curado. Además, se dijo a los psiquiatras que buscaran otros síntomas como psicopatías, hipocondría o ansiedad y toda otra serie de señales donde la intencionalidad política era aún más evidente, identificando rasgos socialmente reprobables como el pesimismo, la mala adaptación social, el conflicto con la auto-

«Demencia precoz catatónica (a partir de Morel. *Études cliniques*)». La esquizofrenia era inicialmente llamada de esta manera [*Précis de psychiatrie*, Emmauel Régis, 1914].

ridad, los «delirios de reformas», la perseverancia en los errores y las supuestas ideas de «lucha por la verdad y la justicia». Se hizo saber también que los síntomas de esta esquizofrenia indolente eran difíciles de detectar y que para el ojo poco entrenado podían pasar por personas «casi sanas».

El número de personas afectadas está por determinar. En los archivos de la Asociación Internacional sobre el Uso Político de la Psiquiatría se ha identificado un mínimo de 20 000 ciudadanos que fueron hospitalizados por razones políticas, pero ese número se considera muy inferior a la realidad. De hecho, con la subida al poder de Mijaíl Gorbachov en la década de 1980, se fue abandonando esta práctica y se fueron liberando de las psicoprisiones a numerosos prisioneros políticos. El año 1986 se liberó a 19, a 64 el año siguiente, pero en 1988 se anunció que de los 5,5 millones de ciudadanos soviéticos que aparecían en los registros psiquiátricos, más del 30 % serían eliminados de las listas. Un año más tarde se volvieron a revisar estos archivos y se encontró que el número se acercaba a más de 10,2 millones de personas inscritos en «dispensarios psiconeurológicos» para los que había un total de 335 200 camas hospitalarias.

Este capítulo de la historia de la Unión Soviética es un ejemplo espeluznante de los extremos a los que llegan los regímenes totalitarios. Según un superviviente de las *psikhushkas*, Viktor Nekipelov, las personas implicadas en estos procesos «no eran mejores que los médicos criminales que realizaron experimentos inhumanos en los prisioneros de los campos de concentración nazis». Al final, también nuestra definición de enfermedad mental va cambiando y en cualquier sociedad es dependiente de los valores, las costumbres y las leyes. Un ejemplo puede ser la criminalización de la homosexualidad, presente en el DSM hasta 1973, o las diferencias en el catálogo de patologías entre distintos países o entre distintas épocas del mismo país.

En la actualidad se mantiene el debate sobre los derechos individuales y la capacidad de injerencia y «normalización del ciudadano» por las entidades políticas. Algunas personas piensan que la autoridad debe actuar sobre aquellos individuos que son una amenaza para sí mismos y que causan una carga para la sociedad, como los fumadores o los jugadores, mientras que otros defienden el derecho individual a la libertad, incluso para actos autolesivos. Vamos también convirtiendo en patológicas cosas que han estado siempre presentes como la melancolía o la obesidad y hay quien teme que podamos ir más allá y convirtamos en diagnóstico de enfermedad mental cosas como la timidez, la religiosidad extrema, el sexismo o el racismo. Al final es una discusión sobre dónde acaban los límites de lo normal, qué cosas están dentro de esos límites y hasta qué punto la sociedad debe uniformizar e imponer normas y pautas de conducta a todos sus miembros.

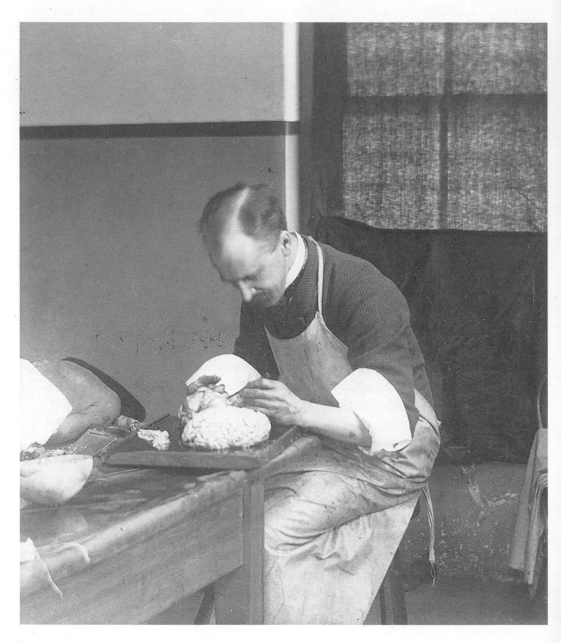

William Osler realizando una autopsia en la morgue de Blockley, en Filadelfia, 1886 o 1889 [con permiso de la Osler Library of the History of Medicine, McGill University; CUS_044-001BC3_P].

NEUROPSICOLOGÍA

La neuropsicología es una rama interdisciplinar de la psicología y la neurociencia. En un sentido más estricto, es una parte de la psicología biológica que se ocupa de la variación de los procesos fisiológicos, especialmente en el sistema nervioso central, y sus efectos en los procesos mentales. Se ocupa de cómo la cognición y el comportamiento de una persona están relacionados con el cerebro y el resto del sistema nervioso. Los profesionales de esta rama de la psicología suelen centrarse en cómo las lesiones, las enfermedades del cerebro o los tratamientos experimentales afectan a las funciones cognitivas y conductuales.

Los orígenes de la neuropsicología se sitúan en la segunda mitad del siglo XIX: por un lado, en el desarrollo de la investigación anatómica, fisiológica y neurológica del sistema nervioso y, por otro, en el desarrollo de la psicología experimental. La psicofísica y la psicología fisiológica son los precursores de la neuropsicología moderna. El término fue acuñado por primera vez en 1913 por el fisiólogo, internista y patólogo canadiense sir William Osler, en una conferencia pronunciada en la inauguración del Hospital Johns Hopkins de Baltimore (Maryland, EE. UU.).

En el desarrollo de la neuropsicología han ido cambiando las observaciones, los instrumentos y los enfoques en el ámbito de la evaluación. En la literatura de los siglos XVII y XVIII, que trata sobre todo de los trastornos del lenguaje tras un trastorno cerebral, se encuentran observaciones de los médicos sobre disociaciones llamativas de facultades mentales en las que algunas estaban deterioradas mientras que otras permanecían intactas. A mediados del siglo XIX, neuropsiquiatras como Carl Wernicke comenzaron a desarrollar procedimientos para evaluar componentes más específicos del funcionamiento mental. Los médicos alemanes Conrad Rieger y Theodor Ziehen desarrollaron las primeras baterías de pruebas neuropsicológicas. Kurt Goldstein, inspirado por la naciente teoría de la Gestalt, argumentó que lo importante no es la puntuación de la prueba, sino la estrategia utilizada por el paciente para realizar una tarea. Alexander Luria también promovió un enfoque de la evaluación basado principalmente en el juicio subjetivo. Los estudios sobre las diferencias individuales condujeron al desarrollo de una batería de pruebas de inteligencia por parte de Alfred Binet. Esta batería se transformó posteriormente en los test Alpha y Beta del Ejército estadounidense para la selección y evaluación de soldados. Los componentes de estas pruebas de inteligencia han sobrevivido en el kit de pruebas del neuropsicólogo moderno. Esta tradición también estimuló el desarrollo del análisis psicométrico de los test. Dos pioneros en el campo de la evaluación neuropsicológica fueron Shepherd Ivory Franz, que favoreció un enfoque clínico, y Ward Halstead, que impulsó un enfoque fuertemente psicométrico.

La primera colaboración interdisciplinar entre médicos, pedagogos y psicólogos se produjo durante la Primera Guerra Mundial, cuando muchos jóvenes con lesiones en la cabeza tuvieron que ser rehabilitados con las limitadas técnicas de la época. Los hospitales de lesiones cerebrales fundados durante la guerra continuaron después de 1918 pero, en general, se perdió la participación de educadores y psicólogos. Después, la colaboración entre la neurociencia y la psicología fue muy limitada hasta la década de 1980.

La neuropsicología es una disciplina relativamente joven, como la psicología científica en su conjunto. En la práctica, se dedica, entre otras cosas, a las consecuencias de los traumatismos craneoencefálicos o a los resultados obtenidos en los experimentos con animales. Entre las subdisciplinas se encuentran, por ejemplo, la farmapsicología, la neuropsicología clínica y la neuroquímica. En el aspecto metodológico, las intervenciones fisiológicas se consideran variables independientes y los cambios psicológicos resultantes son las variables dependientes.

El desarrollo de la neuropsicología clínica se impulsó tras la Segunda Guerra Mundial, especialmente en Inglaterra y Estados Unidos, en instituciones y programas de investigación para veteranos de guerra. A partir de 1950, los neurólogos y psiquiatras de la Europa continental que estaban implicados en la atención a lesionados cerebrales contactaron con neuropsicólogos de países anglosajones y se fue logrando una colaboración entre la investigación y las experiencias clínicas. A partir de 1966, las investigaciones del soviético Alexander Luria tuvieron una importante influencia también en los países occidentales.

El objetivo de la neuropsicología es describir y explicar el comportamiento y la experiencia a partir de los procesos fisiológicos. Este enfoque se basa en las variaciones del sistema nervioso, así como en su representación. Las variaciones del sistema nervioso se pueden estudiar tras una lesión, tras un tratamiento farmacológico o tras una estimulación.

Entre los métodos utilizados en neuropsicología están los siguientes:

PRUEBAS NEUROPSICOLÓGICAS ESTANDARIZADAS

Estas tareas han sido diseñadas para que el rendimiento en la prueba pueda relacionarse con procesos neurocognitivos específicos. Estas pruebas están estandarizadas, lo que significa que han sido administradas a un grupo (o grupos) específico de individuos y armonizadas antes de ser utilizadas en casos clínicos individuales. Los datos resultantes de la estandarización se conocen como datos normativos. Una vez recogidos y analizados estos datos, se utilizan como estándar comparativo o baremo con el que se pueden comparar los resultados individuales. Algunos ejemplos de pruebas neuropsicológicas son: la escala de memoria de Wechsler (WMS), la escala de inteligencia para adultos de Wechsler (WAIS), la prueba de denominación de Boston, la prueba de clasificación de tarjetas de Wisconsin, la prueba de retención visual de Benton y la asociación oral controlada de palabras.

ESCÁNERES CEREBRALES

El uso de escáneres cerebrales para investigar la estructura o la función del cerebro es común, ya sea simplemente como una forma de evaluar mejor las lesiones cerebrales con imágenes de alta resolución, o para examinar las activaciones relativas de diferentes áreas cerebrales en tiempo real. Incluyen técnicas de imagen como la TC (tomografía computarizada), la RMN (resonancia magnética), la RMF (resonancia magnética funcional), la SPECT (tomografía computarizada por emisión de fotón único) y la PET (tomografía por emisión de positrones).

PROYECTO DEL CEREBRO GLOBAL

El proyecto del cerebro global es una iniciativa internacional de investigación neurocientífica que busca comprender el cerebro humano y los mecanismos subyacentes a la mente y la conducta. El objetivo es desarrollar una comprensión completa y detallada del cerebro, desde la estructura molecular hasta la cognición y los comportamientos complejos. El proyecto busca integrar información de diferentes disciplinas, que incluyen la neurociencia, la psicología, la informática, la ingeniería y la física, para abordar preguntas fundamentales sobre el cerebro y la mente. El proyecto también se enfoca en aplicaciones prácticas, como el desarrollo de tratamientos para enfermedades neurológicas y psiquiátricas y la mejora de la educación y la productividad en el trabajo. El proyecto del cerebro global es una iniciativa a largo plazo y actualmente hay varios países y organizaciones involucrados en su desarrollo y ejecución.

Se han desarrollado modelos experimentales basados en el cerebro del ratón y el mono a partir de la neurociencia teórica relacionada con la memoria de trabajo y la atención, al tiempo que se mapea la actividad cerebral a partir de constantes temporales validadas por mediciones de la actividad neuronal en varias capas corticales. Estos métodos también cartografían los estados de decisión del comportamiento en tareas simples que implican resultados binarios.

ELECTROFISIOLOGÍA

La electrofisiología es una técnica utilizada en neuropsicología para medir la actividad eléctrica del cerebro. Se basa en la idea de que la actividad cerebral se refleja en patrones de actividad eléctrica, y se utiliza para estudiar la función cerebral en relación con la conducta y la cognición.

Las técnicas de electrofisiología más comunes utilizadas en neuropsicología son el electroencefalograma (EEG) y el potencial evocado (EP). El EEG mide la actividad eléctrica del cerebro en tiempo real y se utiliza para estudiar la actividad cerebral durante diferentes estados mentales, como el sueño, la atención o el aprendizaje. El EP mide la actividad eléctrica del cerebro en respuesta a un estímulo específico, como un sonido o una imagen. Se utiliza para estudiar el procesamiento sensorial y cognitivo en el cerebro.

La electrofisiología también se utiliza en la evaluación y tratamiento de trastornos neurológicos y psiquiátricos. Por ejemplo, el EEG se utiliza para diagnosticar trastornos del sueño, como el insomnio o el trastorno afectivo estacional. Los EP también son utilizados para evaluar el daño cerebral en pacientes con trastornos neurológicos, como la esclerosis múltiple o el traumatismo craneoencefálico. Otras técnicas menos comunes son NIRS o NIR (espectroscopia de infrarrojo cercano), EDA (actividad electrodérmica) y MEG (magnetoencefalografía).

La idea es el uso de tareas experimentales diseñadas, a menudo controladas por ordenador y que suelen medir el tiempo de reacción y la precisión en una tarea concreta que se considera relacionada con un proceso neurocognitivo específico. Un ejemplo son la Batería Automatizada de Pruebas Neuropsicológicas de Cambridge (CANTAB) o los signos vitales del SNC (CNSVS).

Entre los neuropsicólogos más conocidos están Paul Broca, Carl Wernicke, Stanislas Dehaene, Kurt Goldstein, Lutz Jäncke, Alexander Romanovich Luria y António Damásio. Más recientemente, Norman Geschwind, Oliver Zangwill y Henri Hécaen y Stanislas Dehaene tuvieron un papel crucial en el desarrollo de esta parte de la psicología.

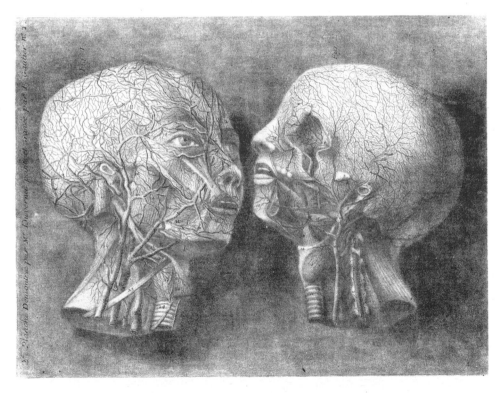

Representación de los vasos sanguíneos de la cabeza y el cuello, en una lámina de Gautier d'Agoty [*Anatomie de la tête*; Duverney, J. G. y D'Agoty, G.; 1748].

PAUL BROCA (1824-1880)

Broca es uno de los grandes de la neuropsicología y un hombre comprometido. Su padre, Benjamin, fue médico rural, pero anteriormente había sido cirujano en el ejército napoleónico hasta su derrota en Waterloo, donde estuvo presente y es probable que las ideas sobre la sociedad civil, el servicio público, la separación Iglesia-Estado que «le petit caporal» extendió por Europa, permearan al padre y de él al joven Paul. Su madre, conocida por su gran inteligencia y por una memoria prodigiosa, era hija de un pastor protestante, algo que también contribuyó en gran medida a su educación. Tras la restauración monárquica, estas ideas de hugonotes y bonapartistas eran muy controvertidas y la Iglesia católica, las monarquías de Luis Felipe I y Napoleón III intentaron «limpiar» Francia de los ideales revolucionarios y republicanos.

El joven Broca decidió seguir la carrera de su padre y estudiar Medicina. Muy pronto demostró su pericia como cirujano, además de su talento para los idiomas, la pintura y la música, convirtiéndose en un profesional respetado y valorado. Su primer gran descubrimiento fue la demostración de que las células cancerígenas pueden dispersarse a través de la sangre, lo que explicaba la presencia de metástasis, la generación de tumores en zonas alejadas del tumor inicial. En 1848, Paul Broca fue nombrado catedrático de Anatomía en la Universidad de París. Su moderna visión de la medicina basada en la firme creencia de que el trabajo del laboratorio y la clínica deben unir fuerzas para mejorar la atención al enfermo le abren las puertas del potente sistema de hospitales de París. En 1859 funda la Sociedad de Antropología de París, lo que hizo que tanto la Iglesia como el Estado estuviesen aún más en su contra, ya que rechazaban los estudios antropológicos y los consideraban como algo nocivo y materialista.

Broca apoya la teoría de la evolución de Darwin, quien publicaba ese mismo año *El origen de las especies,* a pesar de sus sólidas creencias cristianas. Se le cita diciendo: «Prefiero ser un mono transformado que el hijo degenerado de Adán»; ideas por las que fue denunciado por materialismo y, como Sócrates, por corromper a la juventud. En las reuniones de dicha sociedad antropológica, la Gendarmería enviaba un agente a escuchar a los conferenciantes para controlar si decían algo contra la religión, la sociedad o el Gobierno.

En el momento en que Paul Broca se convierte en una figura pública, el debate sobre la localización cerebral de las funciones superiores (inteligencia, lenguaje, sentimientos, planificación…) estaba muy polarizado. Por un lado, esta discusión tenía una parte más puramente académica sobre el funcionamiento del sistema nervioso central que discutía si el cerebro actuaba como un todo (holismo) o estaba dividido en zonas con funciones específicas. Por otro, estos aspectos científicos se conectaban inmediatamente con la controversia sobre la unidad y la inmaterialidad del espíritu humano, del alma. Si el alma era equiparable a la mente, no tenía sentido que sus acciones estuvieran compartimentadas, separadas en sectores estancos. Si las funciones estaban en compartimentos estancos, la idea del alma tal como la sostenía la Iglesia católica debería replantearse. El debate sobre la localización cerebral adquirió dimensiones sociales y políticas. Hartos de las interferencias en la vida cotidiana del clero católico y los monárquicos, los intelectuales franceses, librepensadores y republicanos, pensaron que la ciencia era su aliada natural y que si conseguían demostrar que las doctrinas religiosas eran erróneas, basadas en la superstición y la incultura, la Iglesia y sus aliados políticos, el clero y los clericales, perderían autoridad y tendrían que dejar paso a nuevas ideas, a una nueva sociedad. El camino era demostrar que el cerebro tenía distintas zonas encargadas de funciones diferentes.

En 1879, Broca [*Harper's New Monthly Magazine*, sept. 1899] será nombrado senador vitalicio de la Tercera República y en la prensa aparecerá esta caricatura con la leyenda «El nuevo senador vitalicio Broca, en la tribuna, dará ahora ejemplo de actitud acorde con sus teorías» [*Le Triboulet*, 15/02/1879].

Broca era el candidato ideal para este estudio. Era un neuroanatomista excepcional y llevó a cabo importantes estudios sobre la región límbica. Dos zonas en el cerebro llevan su nombre: la llamada banda diagonal, una región del telencéfalo muy implicada en la enfermedad de Alzheimer y el área de Broca, una pequeña región en la tercera convolución del lóbulo frontal izquierdo de la que ahora hablaremos.

Broca estaba predispuesto a considerar al cerebro como un órgano con funciones localizadas en sectores diferentes y su éxito llegó con el lenguaje. El 4 de abril de 1861, en un encuentro de la Société d'Anthropologie, Broca asistió a la presentación de Ernest Aubertin, una conferencia novedosa sobre la localización cerebral del lenguaje articulado. Bouillaud había publicado un artículo que usaba observaciones clínicas para apoyar las teorías de Gall, el frenólogo, de que la facultad del lenguaje articulado residía en los lóbulos frontales del cerebro. Durante cuarenta años, Bouillaud había conseguido mantener esta hipótesis viva; reunió más de cien casos, pero distintos motivos —incluido el desprestigio de la frenología— habían impedido convencer a sus colegas. En aquella reunión, Aubertin prometió creer estas ideas si se daba un solo caso de pérdida del habla sin que hubiese lesión en el lóbulo frontal. Intrigado, Broca decidió estudiar aquella hipótesis de Aubertin.

En 1861, le presentan un paciente de 51 años llamado Louis Leborgne, al que apodan «Tan» porque es la única sílaba que es capaz de pronunciar. Aunque tiene afasia, pérdida del habla, sus labios y su lengua no están paralizados y entiende lo que se le dice. Leborgne muere seis días después y cuando Broca le hace la autopsia se encuentra que tiene una lesión en el lóbulo frontal izquierdo. Sin embargo, no es algo concluyente porque hay también áreas lesionadas en los lóbulos parietotemporales. Seis meses más tarde llega un segundo caso de afasia, Monsieur Lelong. De nuevo, la autopsia revela daño en las circunvoluciones posteriores de los lóbulos frontales.

Broca fue, de esta manera, uno de los primeros en estudiar la relación entre la lesión cerebral y los trastornos cognitivos y conductuales. El caso de Tan se convierte en un elemento clave, en el caso crucial que persuade a muchos especialistas de que hay funciones localizadas en zonas específicas de la corteza, algo que hasta entonces había sido un anatema. Basándose en todas sus observaciones clínicas, Broca plantea que existe un centro en el cerebro para el funcionamiento del habla y que está localizado en esa zona, cerca de la tercera circunvolución. Ahora la llamamos el área de Broca. Aunque otros investigadores como Aubertin y Bouillaud ya habían presentado incluso un número superior de casos, Broca es el que consigue el apoyo general porque se juntan una serie de razones:

— Broca proporciona mucha más información: una historia clínica detallada, el énfasis sobre el lenguaje articulado (frente a otros defectos del habla) y la búsqueda en la autopsia del sitio preciso de la lesión.

— Broca demuestra que su localización no coincide con la de los frenólogos, cuyo desprestigio sigue muy vívido en la memoria de todos. Gall había situado el habla detrás de la órbita del ojo; Broca, por el contrario, lo localiza en la tercera circunvolución frontal, una localización más caudal y lateral.

— El espíritu de la época ha cambiado y los especialistas distinguen con claridad entre el desacreditado sistema de «bultos en el cráneo» de Gall y Spurzheim para la localización de funciones y un conjunto riguroso de observaciones basadas en el daño cerebral y los trastornos neurológicos resultantes.

— El propio prestigio de Broca, considerado un científico de primer nivel, cirujano excelente, médico prudente, fundador de una sociedad bien valorada y un hombre comprometido y con visión.

«Cerebro del hombre llamado Leborgne, conocido como Tan; afasia producida por un reblandecimiento crónico y progresivo de la segunda y tercera circunvolución frontal izquierda. Profesor Broca *Soc. Anat*, 2.ª serie t. VI página 343, 1861; depositado por Broca en 1861 en el Museo Dupuytren; publicado por Houel en 1878» [Collections d'anatomie pathologique Dupuytren; Selbymay, CC BY-SA 4.0 DEED].

Pero había otro dato importante: la gran mayoría de los casos de Broca mostraban una relación entre la afasia y el daño en el lado izquierdo del cerebro. Cuatro años después de la publicación de su ensayo *Du siège de la faculté du langage articulé*, Broca establece las correlaciones entre la anatomía y la clínica y concluye: «... la habilidad para el lenguaje articulado está alterada únicamente en lesiones del hemisferio izquierdo [...]; esto nos lleva a la conclusión de que las dos mitades del cerebro no tienen las mismas propiedades». Es el descubrimiento de la lateralización o asimetría cerebral, la separación de funciones entre el hemisferio cerebral derecho y el izquierdo, lo que desmontaba las teorías holísticas. También fue una de las primeras indicaciones de que existían funciones específicas cerebrales en lugares particulares del cerebro, y que hay una conexión entre anatomía y función, como ponían de manifiesto las lesiones causadas por un ictus o un trauma.

Broca también estudió la relación entre el cerebro y la inteligencia y sugirió que la inteligencia no es el resultado de una sola área del cerebro, sino de la actividad de múltiples áreas. También hizo contribuciones importantes en el campo de la antropología física y fue uno de los primeros en estudiar la relación entre la estructura craneal y la capacidad cognitiva. Broca fue asimismo un pionero en la neuroimagen, el estudio de la localización de la actividad funcional del cerebro, para lo que inventó una «corona termómetro» un artilugio con el que pensaba que podía medir las variaciones de temperatura de la superficie del cráneo debido a los cambios en la actividad cerebral. Un artículo publicado en 1861 por el Boletín de la Academia de Medicina señala que, cuando realizamos una tarea que requiere concentración a un participante, es posible observar un aumento en la temperatura del cráneo situado sobre los lóbulos frontales. En la actualidad medimos y visualizamos los aumentos en la sangre oxigenada que llega a una región cerebral que está mostrando un incremento de su actividad.

Se dice de Broca que «nunca hizo un enemigo y nunca perdió un amigo». Fue una persona tranquila, amante sobre todo la serenidad y la tolerancia. Falleció a los 56 años.

CARL WERNICKE (1848-1905)

Wernicke nació en Tarnowitz, un pequeño pueblo en la Alta Silesia. Estudió Medicina en la Universidad de Breslavia y recibió su doctorado en 1870. Entre 1870 y 1871 participó como médico en la guerra franco-prusiana y luego trabajó en el Allerheiligen Hospital de Breslavia bajo la dirección del oftalmólogo Ostrid Foerster y el psiquiatra Heinrich Neumann. Desde allí partió a hacer una estancia de seis meses con Theodor Meynert, que dirigía la Clínica Psiquiátrica de la Universidad de Viena e investigaba los fundamentos anatómicos de la «actividad mental», un enfoque que luego continuó el propio Wernicke.

En *El síndrome afásico, un estudio psicológico sobre una base anatómica* (1874), Wernicke, de 26 años, describió lo que más tarde se denominaría «afasia sensorial» (imposibilidad para comprender el significado del lenguaje hablado o escrito), distinguiéndola de la afasia motora (dificultad para recordar los movimientos articulados del habla y de la escritura), descrita por primera vez por Broca. La afasia de Broca está causada por una lesión de la tercera circunvolución frontal, mientras que la afasia de Wernicke es producida por una lesión de la primera circunvolución temporal. Wernicke basó su modelo del lenguaje en el arco fisiológico reflejo, algo que sirvió de paradigma para todos los procesos psicológicos y para elaborar una teoría general de los trastornos mentales. Sus discípulos Liepmann y Lissauer, por ejemplo, aplicaron este modelo para describir y explicar la apraxia y la agnosia.

La obra sobre la afasia fue descrita como «un estudio psicológico sobre bases anatómicas» y se considera un hito en la historia de la medicina, tanto por las observaciones contenidas en ella como por la potencia de los resultados que de ella emanan. Wernicke se basó en los puntos de vista de Theodor Meynert sobre la estructura, la actividad y los sistemas de conducción del cerebro, tanto los sistemas de proyección como los sistemas de asociación.

De 1875 a 1878 fue asistente en el hospital psiquiátrico y mental del hospital de la Charité en Berlín bajo la dirección de Carl Westphal, con quien completó su habilitación. Wernicke, a quien se consideraba «idiosincrático y poco dispuesto a comprometerse», tuvo un conflicto con la dirección y abandonó la clínica empezando a trabajar como neurocirujano privado en Berlín. Entre 1881 y 1883 publicó su gran libro de texto *Lehrbuch der Gehirnkrankheiten* (*Tratado de las enfermedades del cerebro*). Esta obra incluye un buen número de descripciones anatómicas, patológicas y clínicas originales. El primer volumen estaba dedicado a localizar los focos de enfermedades neurológicas mientras que los volúmenes segundo y tercero se centraban en la patología cerebral.

Wernicke es considerado uno de los pioneros de la neuropsicología. Uno de los elementos centrales de su pensamiento fue que las enfermedades mentales no podían ser definidas por sus síntomas solamente, sino que ese síntoma, o grupo de síntomas, debía responder a una alteración estructural, localizable, anatómica, encefálica y, con más precisión, cortical. Karl Bonhoeffer contaba de su época como asistente de Wernicke en 1893, que vivían «con la esperanza de encontrar la base anatómica de las psicosis a través de la histopatología de la corteza».

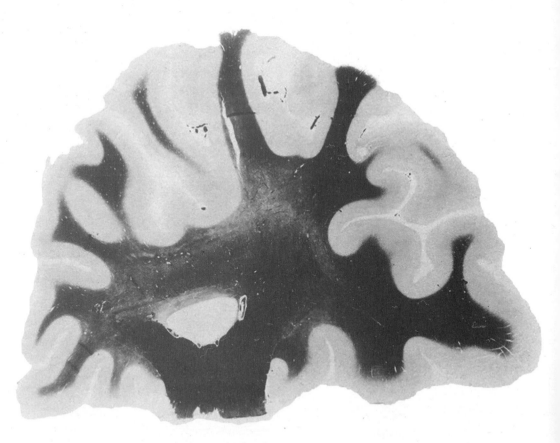

Sección frontal de un hemisferio cerebral con ilustración de la corteza, sobre la base de un original fotográfico de Wernicke [a partir de *Atlas des Gehirns*, Carl Wernicke, 1897].

Wernicke asumió que la gravedad de un trastorno se reflejaba en el «tamaño» o la extensión de los conceptos. Un concepto, que indicaba un significado asociado a una imagen verbal, consistía para Wernicke esencialmente en el conjunto de imágenes (representaciones) asociadas a una imagen denominativa y se encuentra dispersa en la corteza cerebral, en áreas sensoriales y motoras. Por ejemplo, el concepto «perro» está representado por las representaciones de forma, olor y sonido de los perros que hemos conocido anteriormente y que se encuentran localizadas en zonas diferentes de la corteza cerebral. Si se altera una porción mayor de la corteza, se verán afectadas más partes de una representación conceptual y, por tanto, perturbarán el concepto asociado a esa imagen verbal. Así, los pacientes se ven afectados en su pensamiento sobre ciertos conceptos, en la determinación de similitudes y diferencias entre conceptos, o pueden tener problemas para diferenciar y generalizar. Para investigar esta capacidad, elaboró una lista de preguntas tales como cuál es la diferencia entre una escalera y un escalón, entre una colina y una montaña, entre un toro y una vaca e incluso otras más difíciles, como cuál es la diferencia entre Iglesia, religión y creencia, o entre nación, pueblo y Estado. La subprueba Similitudes de la Escala de Inteligencia para Adultos de Wechsler se parece mucho a este test de Wernicke.

En la 59.ª conferencia de Breslavia de 1892, Karl Kahlbaum describió la paranoia basándose en un estudio de caso que Wernicke conocía. Wernicke lo utilizó como ejemplo de lo que llamó el «síntoma elemental», que es la noción de que hay un único síntoma fundamental y todos los demás síntomas se derivan de este. En general, la teoría del síntoma elemental fue rechazada y no es un concepto que se utilice hoy en día debido a la falta de pruebas que apoyen la teoría. Aunque la teoría en sí misma no se apoya en la nosología y la etiología modernas, tiene una influencia general en las prácticas psicofarmacológicas con su noción de síntoma objetivo. La psicofarmacología clínica suele tratar síntomas particulares en lugar de trastornos en su conjunto y la psiquiatría moderna se basa en la suposición de que algunos síntomas son el resultado de otros síntomas, algo que tiene un paralelo con la teoría de Wernicke.

El propio Wernicke no siguió investigando la teoría del síntoma elemental debido a su devoción por las afasias. Uno de los problemas fundamentales de la teoría del síntoma elemental es que Wernicke describió la ansiedad como el síntoma elemental de muchos trastornos, algo que era problemático porque la ansiedad, en mayor o menor medida, se observa en casi todos los trastornos psiquiátricos. Esto hizo que el síntoma elemental fracasara a la hora de ayudar a categorizar las descripciones clínicas y los

tratamientos adecuados. Otra dificultad para Wernicke y los neuropsicólogos fue determinar qué síntoma era el elemental y darle prioridad sobre
otros cuyo tratamiento podría ser igual de importante y que podrían no ser
resultados derivados de otro síntoma. Por último, Wernicke fue incapaz de
distinguir entre las causas físicas y psicológicas de los síntomas y no usó el
enfoque de Kraepelin de caracterizar los diferentes síndromes y trastornos.

En 1885, Carl Wernicke había sido nombrado profesor asociado de
Psiquiatría y Enfermedades Nerviosas en Breslavia, y en 1890, profesor
titular. En 1904 aceptó una llamada a Halle, donde fue designado director
del hospital psiquiátrico, pero apenas trabajó allí nueve meses. En un paseo
en bicicleta por el bosque de Turingia, sufrió un accidente que le causó
varias costillas rotas, un esternón fracturado y un neumotórax. Murió a
causa de estas heridas.

Retrato de Carl Wernicke, ca. 1885 [Biblioteka Cyfrowa, Uniwersytetu Wrocławskiego].

KURT GOLDSTEIN (1878-1965)

Goldstein nació en Kattowitz, en la Alta Silesia, la parte más oriental del Imperio alemán. Su padre, Abraham, era un judío agnóstico que tenía un almacén de maderas y que valoraba sobremanera la educación, por lo que todos sus hijos cursaron estudios universitarios. De niño, Kurt fue descrito como una persona tímida, tranquila y aficionada a los libros en medio de un entorno bullicioso. Su afición a la lectura le valió el apodo de «profesor» en la escuela pública a la que asistía.

Su primera intención fue estudiar Filosofía, pero su padre consideraba que no era una ocupación con futuro y envió a Kurt a trabajar en la empresa de un familiar. Tras un breve periodo en ese negocio, su padre le permitió a regañadientes matricularse en la Universidad de Breslavia. Permaneció allí solo un semestre antes de trasladarse a la Universidad de Heidelberg, donde se matriculó en Filosofía y Literatura. Un año después, Goldstein regresó a Breslavia para empezar Medicina, para satisfacción de su padre, y allí se formó con Carl Wernicke. Goldstein lo explicaba años más tarde:

> *La medicina me pareció lo más adecuado para satisfacer mi profunda inclinación a tratar con seres humanos y poder ayudarlos. Los vagos conocimientos que tenía de medicina se referían sobre todo a las enfermedades del sistema nervioso, que me parecían especialmente necesitadas de atención.*

Bajo la instrucción de Wernicke, que le introdujo en el mundo de la afasia, centró sus estudios en la neurología y la psiquiatría y obtuvo su título de médico a los 25 años. En 1903, Ludwig Edinger lo invitó a incorporarse al Senckenbergisches Neurologisches Institut de la Universidad de Fráncfort y allí se convirtió en su ayudante durante un año. Ese mismo año pasó el examen médico estatal y recibió su doctorado, dirigido por Wernicke, *La composición de las columnas posteriores. Aportes anatómicos y revisión crítica.* En 1906, se mudó a Königsberg, donde trabajó en psiquiatría y neurología y se familiarizó con la escuela de psicología experimental de Wurzburgo.

Ocho años más tarde, en 1914, Goldstein volvió a trabajar con Edinger en el Instituto Neurológico de Fráncfort como primer asistente y se focalizó en la neuroanatomía y la neuropatología comparadas. Durante la Primera Guerra Mundial, trabajó como médico en varios hospitales militares de Fráncfort, destacando el hospital de reserva 214, especializado en soldados con lesiones cerebrales y trastornos nerviosos. Distinguió el examen general —una evaluación de las funciones cognitivas— del examen específico: si se detectaba una deficiencia grave en las áreas de lenguaje oral, lectura, escritura o matemáticas, Goldstein realizaba una evaluación específica. Aquí pudo desarrollar su interés en el cuidado holístico de los soldados con daño cerebral. Trabajó intensamente en la terapia y rehabilitación de los pacientes junto con el psicólogo de la Gestalt Adhémar Gelb, cuñado de Köhler.

Tras la muerte de Edinger en 1918, Goldstein se convirtió en director en funciones del Instituto Neurológico. Entre 1917 y 1927, aportó aspectos conceptuales sobre las afecciones neurológicas, que incluían las alteraciones del tono, la agnosia, la afasia, la apraxia y los cambios generales de com-

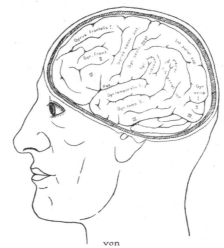

Portada del libro *Esquemas para dibujar lesiones en la cabeza y el cerebro* (o *Schemata zum Einzeichnen von Kopf- und Gehirnverletzungen*), publicado por el profesor Kurt Goldstein, «jefe de departamento del Instituto Neurológico de la Universidad de Fráncfort del Meno» (1916).

portamiento tras una lesión cerebral. En julio de 1922, fue nombrado profesor asociado de Neurología y director del Instituto Neurológico. En 1923, asumió el cargo de catedrático de Neurología.

En 1926, Fritz Perls se convirtió en asistente de Goldstein durante un año. Perls se casó con Laura Posner en 1930 y ambos se convertirían en impulsores de la terapia Gestalt. La investigación y la teoría de Goldstein tuvieron una influencia considerable en la formación de esta nueva corriente psicológica. Ese mismo año, Goldstein aceptó un puesto en la Universidad de Berlín y la dirección del servicio de neurología del Hospital General de Berlín-Moabit.

Todo se vino abajo con la llegada de Hitler al poder. Moabit tenía fama de ser un hospital judío (el 70 % de sus médicos lo eran) y socialista, por lo que fue un objetivo obvio para el nuevo Gobierno. Un camión cargado de hombres de las SA se presentó el 1 de abril de 1933 para detener a Goldstein y a los demás profesionales judíos. Cuando este se demoró en seguirles porque no había ningún médico que se hiciera cargo de sus pacientes, un hombre de las SA le gritó: «¡Todos pueden ser sustituidos, incluido usted!». Goldstein y muchos de sus colegas fueron llevados al llamado campo de concentración «salvaje» de la General-Pape-Straße, una «operación de limpieza» donde fueron maltratados y algunos asesinados.

Mientras, su ayudante (y más tarde esposa) Eva Rothmann (1897-1960) solicitaba al alto cargo nazi Matthias Heinrich Goering (1879-1945), que era psicólogo de formación, su liberación. Esta le fue concedida con la condición de que Goldstein abandonara Alemania para siempre, una exigencia que cumplió rápidamente. De 1933 a 1934 ocupó un puesto creado *ad hoc* en la Universidad de Ámsterdam, gracias a una beca Rockefeller, y escribió su obra maestra, *Der Aufbau des Organismus (El organismo)*. En ella exponía:

> *Se ha descubierto que, incluso en casos de daños corticales circunscritos, las alteraciones apenas se limitan a un único campo de actuación* [...]. *La relación entre los rendimientos mentales y las áreas definidas del cerebro constituyen un problema mucho más complicado de lo que la llamada teoría de la localización ha supuesto.*

Goldstein estaba impactado por la manera en que sus pacientes con daño cerebral eran capaces de movilizar su energía para afrontar las trabas que su discapacidad acarreaba y terminó planteando que los seres humanos tienen una fuerza que les motiva para su desarrollo y crecimiento. Llamó a esta capacidad innata «autoactualización» o «autorrealización», que él definía como la fuerza motriz que maximiza y determina la trayectoria de un individuo. Habla de un esfuerzo del organismo por darse cuenta de su unicidad y por abordar las tareas que su medio le presenta. Estas ideas influirían en la jerarquía de necesidades de Abraham Maslow.

A finales de septiembre de 1934, Goldstein emigró a los Estados Unidos y se hizo ciudadano estadounidense en 1941. La llegada de varios neurocientíficos exiliados como K. Goldstein, F. Quadfasel y H. L. Teuber explica el florecimiento de la neuropsicología en la posguerra en Estados Unidos. Goldstein comenzó una nueva carrera profesional en la Universidad de Columbia, el Instituto de Psiquiatría de Nueva York y el Hospital Montefiori. En 1938, viajó a Boston para impartir las conferencias William James y de 1940 a 1945, trabajó como profesor de Neurología en la Universidad de Tufts, Massachusetts. Luego regresó a Nueva York debido a la grave depresión de su esposa, Eva Rothmann. Sus últimos años estuvieron marcados por la tragedia: su mujer se suicidó tras una larga enfermedad y para él Estados Unidos seguía siendo un país extraño. Murió en 1965 tras una caída que le provocó afasia, la enfermedad que tanto había investigado.

Aunque era médico de formación, Goldstein aportó muchos avances importantes en psicología. Como pionero de la neuropsicología, estudió los efectos del daño cerebral en la capacidad de abstracción y su trabajo le llevó a concluir que, aunque las áreas físicas del cerebro, como los lóbulos frontales o los ganglios subcorticales, puedan estar dañadas, el trauma psicológico es más acuciante. Sus conclusiones sobre la esquizofrenia presentaban la enfermedad más como un mecanismo de protección contra la ansiedad que como un defecto orgánico.

Goldstein se centró en comprender la situación neurológica y psicológica de los soldados que regresaban traumatizados de la experiencia sufrida en los frentes de la Primera Guerra Mundial. En aquella época, los médicos pensaban que los soldados simplemente fingían una enfermedad para recibir una pensión de por vida y había pocas investigaciones al respecto. Goldstein y su equipo trataron de ver la cuestión desde una perspectiva holística al teorizar que todas las redes neuronales estaban interconectadas entre sí y con el mundo exterior. Por tanto, el trauma por la experiencia bélica tendría un impacto directo en las redes neuronales.

Posteriormente, Goldstein intentó rehabilitar a los pacientes que sufrían traumas de guerra. En aquella época, los veteranos afectados eran internados en centros penitenciarios y manicomios. Goldstein intentó devolver a los pacientes su funcionalidad normal introduciendo equipos de atención multidisciplinar formados por médicos, ortopedistas, fisiólogos, psicólogos y terapeutas ocupacionales. Aquel enfoque multidisciplinar tuvo un espectacular éxito en la rehabilitación de muchos soldados: el 73 % de los pacientes pudo volver a sus antiguos trabajos, mientras que solo el 10 % permaneció hospitalizado. Goldstein también desarrolló pruebas para la evaluación de las secuelas del daño cerebral.

Goldstein se opuso a una visión reduccionista del hombre centrada en la localización cerebral de las funciones cerebrales individuales. En los años 30, concibió un enfoque holístico del cerebro, en el que postulaba que la función de una zona dañada podía ser compensada por otras zonas. Es un testimonio de su intuición el que las ideas de Goldstein sobre la neurología, la psicología y la rehabilitación no solo sigan siendo pertinentes, sino que se reivindiquen en el siglo XXI. Le interesaron las reacciones compensatorias de las regiones intactas del cerebro en sus pacientes con lesiones cerebrales y, por lo tanto, el desarrollo de una «neurología holística». El estudio de pacientes con lesiones cerebrales puso de manifiesto el cambio general subyacente a los síntomas y manifestaciones específicas. Según él, un deterioro de la «actitud abstracta» de los pacientes y un cambio en los modos de comportamiento «concretos», afectan a todos los campos de rendimiento. La «actitud abstracta» se define, básicamente, como la capacidad del hombre para razonar, planificar y dar cuenta de sus acciones, para identificar objetos o eventos particulares como parte de una clase. Al perder esta capacidad de generalización, el individuo queda a merced de la situación inmediata del estímulo sensorial o mnemotécnico y no puede superarlo.

En su obra principal, Goldstein pidió un método holístico que investigara los procesos de la vida y los aplicara al organismo como un todo. Los puntos centrales de su obra son, entre otras cosas, el llamado equilibrio organísmico y la crítica de la teoría conductista basada en estímulo-respuesta. Afirmó:

> Una observación más precisa enseña que la reacción a un estímulo no solo puede variar, sino que el proceso nunca se agota en la reacción aislada, sino que siempre otras áreas, incluso el organismo completo, participan en la reacción, están implicados.

Sus teorías se alejaron del modelo localizacionista de su maestro Wernicke y fueron precursoras de un concepto conexionista que se desarrollaría y ampliaría en las siguientes décadas.

ALEXANDER LURIA (1902-1977)

Alexander Romanovich Luria es frecuentemente considerado el padre de la neuropsicología moderna. Nació en una familia judía en Kazán, una ciudad al este de Moscú. Su familia era de médicos: su padre, Roman Albertovich Luria, era profesor en la Universidad de Kazán y, después de la Revolución rusa, se convirtió en fundador y jefe del Instituto de Educación Médica Avanzada de Kazán. Su madre, Evgenia, era dentista y su hermana, Lydia, se hizo psiquiatra.

En 1921, Luria se licenció en la Universidad Estatal de Kazán. Mientras estudiaba, creó la Sociedad Psicoanalítica de Kazán e intercambió brevemente cartas con Sigmund Freud, en una de las cuales este le dio permiso para traducir sus obras al ruso. En 1922, Luria escribió su primer libro al que tituló *Principios de una psicología real*, que no fue publicado y permaneció inédito en los archivos de Luria hasta 2003. Es realmente llamativo que un psicólogo de veinte años, recién graduado de la universidad, formulara en este libro los principios básicos de un estudio psicológico:

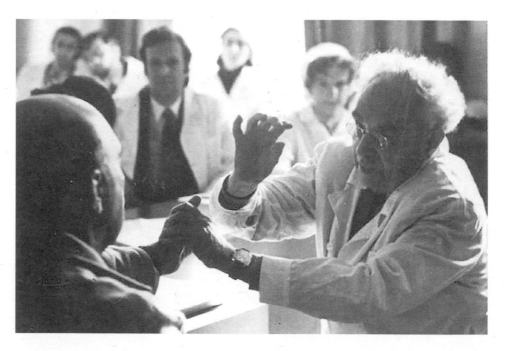

Luria realiza ejercicios con un paciente (detalle). Años 60-70 [University of California San Diego].

— Tratar la personalidad concreta, el ser humano vivo, como una unidad biológica, social y psicológica.

— Estudiar las regularidades individuales, las secuencias determinadas de forma única; es decir, combinar la descripción de los procesos individuales, únicos, con el estudio de los procesos regulares, que siguen leyes.

— Estudiar una mente humana individual como un todo y los fenómenos mentales particulares como funciones, elementos de ese todo, que se desarrollan en esa personalidad humana concreta, con la posibilidad de cambio a través de la transformación de las condiciones sociales.

— Estudiar los valores individuales de los fenómenos psicológicos examinados para la vida de la personalidad concreta.

A finales de 1923 Luria se trasladó a Moscú, donde le habían ofrecido un puesto en el Instituto Estatal de Psicología Experimental. En 1924 conoció a Lev Vygotsky, que le influiría enormemente y con el que trabajaría en diferentes proyectos. La unión de los dos psicólogos dio lugar a lo que posteriormente se ha llamado el Círculo Vygotsky o Círculo Vygotsky-Luria.

Juntos iniciaron sus primeros experimentos con pacientes con daños cerebrales. Vygotsky desarrolló dos tipos de pruebas de cartografía cerebral. Una se basaba en la reflexología y la otra era una batería de pruebas similar a la que posteriormente desarrollaría Wechsler. Ambos métodos no eran satisfactorios para los objetivos de Luria y Vygotsky: no podían explicar los mecanismos de las deficiencias cognitivas que se derivaban de los defectos neurológicos, pero esa investigación convirtió a Luria en un referente en lesiones cerebrales, algo que tendría importancia en su carrera posterior.

También junto con Vygotsky lanzó un proyecto para desarrollar una psicología radicalmente nueva. Este enfoque fusionaba la psicología «cultural», la «histórica» y la «instrumental» y hacía hincapié en el papel mediador de la cultura, en particular del lenguaje, en el desarrollo de las funciones psicológicas superiores durante la ontogenia y la filogenia. Luria estudió un grupo de poblaciones nómadas uzbekas, con bajo nivel educativo, y los comparó con las características de sus compatriotas con mayor formación, que vivían en las granjas colectivas soviéticas, los *koljoses*.

Estos estudios sobre los pueblos indígenas sumaron el campo de la multiculturalidad a sus amplios intereses, un trabajo que continuaría con expediciones a Asia Central. Bajo la supervisión de Vygotsky, Luria inves-

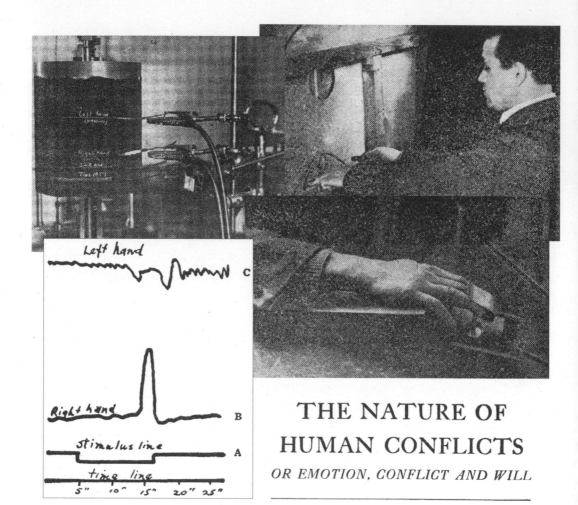

THE NATURE OF HUMAN CONFLICTS

OR EMOTION, CONFLICT AND WILL

Experimento con el método motor combinado. El sujeto está sentado cómodamente frente a una mesa, con los dedos de ambas manos apoyados en sendos dispositivos especiales. Se le propone una palabra-estímulo y él debe contestar mientras acciona el bulbo neumático de la mano derecha. El tambor de grabación, mediante el cierre de una llave y un sistema operado por la voz del sujeto, registra el más mínimo temblor de la mano: al aumentar la presión de los dedos, la curva asciende; al disminuir, desciende. La otra mano apoyada resta estabilidad al sujeto y permite tomar como indicador la excitación neurodinámica por un exceso de temblor. A la palabra *retrato*, él responde *pintar*; no sabemos la estructura del proceso de reacción: quizás ha asociado *retrato-pincel-pintura* o quizá antes ha pensado en alguien al que querría pintar y no desea nombrar. «La introspección del sujeto y las respuestas correspondientes pueden a veces revelar tal estructura de reacciones asociativas; cuando la inhibición de la primera reacción sugiere un carácter afectivo y está relacionada con algún malestar que compromete su impresionabilidad (tal caso es para nosotros el más interesante), no tenemos ninguna base para esperar que nuestro sujeto sea sincero y la estructura del período latente se nos oculta. En caso de que tengamos ante nosotros a un criminal que no admite su crimen o a un histérico que oculta sus complejos afectivos, esta puerta se cierra aún más herméticamente ante nosotros y la esperanza de investigar la estructura del período latente mediante un análisis subjetivo desaparece por completo» [*The Nature of Human Conflicts*, A. R. Luria, 1932].

tigó las diferencias psicológicas en la percepción, la resolución de problemas, la memoria y la oralidad dentro del marco cultural de las minorías.

Ambos investigadores desarrollaron la idea de que los procesos cognitivos surgen a partir de la compleja interacción e interdependencia entre los factores biológicos, que constituyen la mente individual y que forman parte de la naturaleza física, y los factores culturales, que aparecieron en la evolución del ser humano. Luria también estudió gemelos idénticos y fraternos en grandes residencias para determinar la interacción entre diversos factores de la genética y del desarrollo cultural. Este enfoque sociohistórico de la neuropsicología busca los orígenes de la conciencia humana y la actividad mental no en el cerebro ni en los mecanismos de los procesos nerviosos, sino en la vida social.

Independientemente de Vygotsky, Luria desarrolló el «método motor combinado», que ayudaba a diagnosticar los procesos emocionales y cognitivos ocultos o sometidos de los individuos. Esta investigación se publicó en Estados Unidos en 1932 con el título de *La naturaleza de los conflictos humanos* y le dio fama internacional. En 1937, Luria presentó el manuscrito en ruso y lo defendió como tesis doctoral en la Universidad de Tiflis (no se publicó hasta 2002).

Sus primeros trabajos neuropsicológicos de finales de la década de 1930, se centraron en la afasia, en particular en la relación entre el lenguaje, el pensamiento y las funciones corticales, y en el desarrollo de funciones compensatorias. En una época marcada por la purga política de genetistas por parte del lysenkoísmo, Luria decidió cursar la carrera de Medicina, que completó con honores en el verano de 1937. A la edad de treinta y cuatro años, se convirtió en uno de los catedráticos de Psicología más jóvenes del país.

Más tarde, Luria fue nombrado doctor en Ciencias Médicas en 1943 y profesor en 1944, en plena Segunda Guerra Mundial. El Gobierno le asignó el cuidado de casi 800 pacientes hospitalizados que sufrían lesiones cerebrales traumáticas causadas por la actividad bélica y empezó a tratar en ellos una amplia gama de disfunciones emocionales y cognitivas. Llevaba notas meticulosas sobre estos pacientes y discernía en ellos tres posibilidades de recuperación funcional: desinhibición de una función temporalmente bloqueada, compensación por el potencial vicario del hemisferio opuesto y reorganización del sistema de funciones mentales. Luria postuló en 1948 la teoría de la rehabilitación neuropsicológica: utilizar los componentes conservados («puntos fuertes del paciente»), complementarlos con apoyos externos y reconstruir la actividad mental sobre la base de un nuevo sistema funcional. Estas ideas y los resultados de su trabajo los describió en un libro titulado *Functional Recovery from Military Brain*

Wounds (*Recuperación funcional de lesiones cerebrales militares*,1948). En 1947 escribió un segundo libro titulado *Traumatic Aphasia* (*Afasia traumática*), en el que formuló una concepción original de la organización neural del habla y sus trastornos. Poco después del final de la guerra, se le asignó un puesto permanente en Psicología General en la Universidad Estatal Central de Moscú, donde permanecería durante el resto de su vida y dirigiría los departamentos de Patología y Neuropsicología.

Durante su trabajo clínico con víctimas de lesiones cerebrales de la Segunda Guerra Mundial, Luria desarrolló una extensa y original batería de pruebas neuropsicológicas. Con la cooperación de colegas norteamericanos se convirtieron en la Batería Neuropsicológica Luria-Nebraska, que aún continúa en uso. Analizó en profundidad el funcionamiento de diversas regiones cerebrales y los procesos integradores del cerebro en general. La obra magna de Luria, *Higher Cortical Functions in Man* (1962), es un libro de texto de psicología muy utilizado que se ha traducido a muchos idiomas y que completó con *The Working Brain* en 1973.

Aparte de su trabajo con Vygotsky, Luria es ampliamente conocido por dos estudios de casos psicológicos que tuvieron una gran repercusión popular: *The Mind of a Mnemonist* (*La mente de un mnemonista*), sobre Salomón Shereshevsky, un hombre que tenía una memoria excepcional, y *The Man with a Shattered World* (*El hombre con el mundo destrozado*), sobre Lev Zasetsky, un hombre con una grave lesión cerebral.

Los trabajos de Luria fueron más allá de los temas neuropsicológicos más específicos; y exploró temas psicológicos muy variados, donde aportó al desarrollo infantil, las intervenciones educativas y de rehabilitación, los métodos de instrucción, la discapacidad intelectual, los fenómenos lingüísticos y el procesamiento cognitivo a nivel individual. El eje que guía esa obra tan diversa era su deseo de crear una teoría histórico-cultural más completa para la psicología y contrarrestar algunos de los paradigmas dominantes en la psicología de la época.

La influencia de Luria en la neuropsicología puede agruparse, a grandes rasgos, en sus teorías y conceptualizaciones por un lado, y sus enfoques metodológicos por otro. Conceptualmente, aunque muchas de las ideas concretas de Luria han sido cuestionadas, los temas que abordó han abierto campos nuevos dentro de la neuropsicología. Estos temas incluyen el desarrollo cultural-histórico de las funciones psicológicas superiores (basado en las teorías de Vygotsky), la localización y organización cerebral de la función mental, el análisis cualitativo de los factores neurodinámicos, el análisis de los síndromes y la regulación verbal del comportamiento.

También son dignos de mención los estudios neurolingüísticos de Luria, la clasificación de las afasias, sus enfoques farmacológicos y cognitivos en la rehabilitación de individuos después de una lesión cerebral o sus discusiones sobre los fallos en la actividad reguladora asociada a los daños en el lóbulo frontal. La neuropsicología contemporánea ha apoyado en general la conceptualización del sistema funcional de la mente propuesto por Luria, que utiliza términos como modularidad, somatotopía, redes, procesamiento paralelo y distribuido y modelos de rutas múltiples.

En sus evaluaciones neuropsicológicas Luria distinguió tres unidades fundamentales: la atención (tronco cerebral), la percepción (parte posterior del cerebro) y la organización y planificación de la conducta (parte anterior del cerebro). Para cada una de las modalidades sensoriales creía que había tres niveles de procesamiento: nivel primario (imagen), secundario (interpretación) y terciario (integración multimodal). Lo consideraba un sistema flexible: en todas las formas de comportamiento, todas las unidades de comportamiento desempeñan un papel y pueden desplegar múltiples subsistemas para realizar una tarea, dependiendo de la estrategia que siga cada persona en cada momento. Afirmaba que cada una de sus numerosas pruebas neuropsicológicas examinaba una parte específica del cerebro.

La conceptualización de Luria de las tres unidades funcionales del cerebro ha sido importante como herramienta de enseñanza en la neuropsicología contemporánea. Aunque obviamente es un modelo simplificado, esta conceptualización ayuda a los estudiantes y a los profesionales a utilizar un esquema simple de cerebro-conducta en el trabajo clínico y de investigación, y proporciona el tipo de marco conductual que puede incorporar hallazgos específicos de diversas perspectivas neuropsicológicas. Este modelo simplificado es útil, por ejemplo, para enseñar la diferencia entre pacientes con déficits neuropsicológicos focales clásicos (agnosia, apraxia, etc.) causados por un accidente cerebrovascular circunscrito y los pacientes con dificultades de control de la conducta generadas por un traumatismo craneal.

El 1 de junio de 1977, el Congreso Psicológico de toda la Unión inició sus trabajos en Moscú. Como organizador del mismo, Luria presentó la sección de neuropsicología. Sin embargo, no pudo asistir a la reunión del día siguiente pues su esposa Lana Pimenovna, que estaba muy enferma, fue operada ese día. Durante los siguientes dos meses y medio, Luria hizo todo lo posible por salvar o al menos confortar a su esposa. Murió de un infarto de miocardio el 14 de agosto y su mujer falleció seis meses después.

Experimento con un pájaro en una bomba de aire [Joseph Wright de Derby, 1768].

Educación obligatoria (a partir de C. Maciver Grierson, 1889) [Wellcome Collection].

CONDUCTISMO

El conductismo es un enfoque sistemático que busca entender el comportamiento de los seres humanos y otros animales. Asume que el comportamiento es un reflejo evocado por el emparejamiento de estímulos en el entorno y la historia de ese individuo. En el conductismo tienen importancia las recompensas y los castigos, el estado motivacional del individuo y los estímulos de control. Aunque los conductistas suelen aceptar el importante papel de la herencia en la conducta, se centran en los acontecimientos ambientales pues son ellos sobre los que todavía podemos actuar.

Frente a los estructuralistas, los conductistas pensaban que la psicología debía basarse en datos objetivos, fiables y mensurables. Eso implicaba dejar de lado la introspección, que parecía subjetiva y limitada, y centrarse en el análisis de las conductas. Los conductistas acometieron experimentos que medían los estímulos (entradas) y las respuestas (salidas). En el medio estaba el individuo, su cerebro o su mente, pero eso era considerado una caja negra de la que era imposible, y quizá innecesario, conocer los procesos internos.

Los hallazgos más notables del conductismo hacen referencia al aprendizaje y a cómo seres humanos y animales son capaces de aprender la asociación entre un estímulo y una respuesta a través de la repetición y la recompensa. El conductismo ha sido una de las líneas de pensamiento claves en la psicología moderna. En la actualidad se rechazan algunas ideas de los conductistas, como que es imposible explicar científicamente la estructura de la mente, pero su desarrollo marcó para bien la psicología moderna con nuevos campos como el énfasis en registrar medidas objetivas en experimentos controlados, el estudio de los fenómenos psicológicos en animales y en humanos y el interés de los psicólogos por el aprendizaje.

Antes de los trabajos de Watson y otros conductistas, la psicología avanzó gracias al trabajo, en muchos casos con animales, de pioneros como Jacques Loeb, Robert Yerkes, Iván Pavlov o Vladímir Bekhterev. Han sido considerados, aunque su influencia permea a diferentes corrientes de pensamiento, precursores del conductismo.

Ivan Petrovich Pavlov, fotografiado por Deschiens [Wellcome Collection].

El profesor Pavlov en el Departamento de Fisiología de la Academia Médica Militar, tras la demostración de uno de sus experimentos (1912) [*Iskra*, 24 de marzo de 1913].

IVAN PETROVICH PAVLOV (1849-1936)

Pavlov nació en Riazán. Su padre era pope en una de las veinte iglesias ortodoxas rusas de la ciudad. De 1860 a 1864 asistió a la escuela parroquial y los cinco años siguientes, al seminario. Aunque todo hacía pensar que seguiría las huellas de su padre en la carrera eclesiástica, a los diecisiete años, Pavlov ya había leído *Los reflejos del cerebro* (1863) del fisiólogo Ivan Mijaílovich Setzhenov, que inspiró sus posteriores investigaciones sobre la actividad nerviosa superior de los animales. Lo que apreciaba especialmente de sus profesores de entonces era que le permitían seguir sus inclinaciones personales, leer y estudiar lo que quería.

En 1870 Pavlov se trasladó a San Petersburgo, junto con su hermano Dmitri, para estudiar en la universidad. Al principio se inscribió en la Facultad de Derecho, pero a los diecisiete días se cambió a la Facultad de Física y Matemáticas. Los hermanos costearon sus estudios dando clases particulares. Su primer examen se lo puso Mendeleev, que había descubierto la tabla periódica en 1869. En 1875, Pavlov se graduó en Ciencias Naturales y se matriculó en la Academia Médica Militar Imperial, con objeto no de convertirse en médico, sino de hacer carrera académica. Uno de sus maestros, Konstantin Nikolayevich Ustimovich, fisiólogo experimental, le ayudó para que pudiera ampliar su formación con Rudolf Heidenhain en Alemania y en 1883 se doctoró con una tesis titulada *Los nervios centrífugos del corazón*.

Tras su doctorado, Pavlov estudió en Alemania de 1884 a 1886 con los fisiólogos Carl Ludwig, en Leipzig, y Rudolf Heidenhain, en Breslavia. En 1891, aceptó una invitación para crear y dirigir el nuevo Laboratorio de Fisiología del Instituto Imperial de Medicina Experimental de San Petersburgo. Bajo su dirección y hasta su fallecimiento en 1936, este laboratorio se convirtió en uno de los centros más prestigiosos de investigación fisiológica del mundo.

Tras la Revolución de Octubre, Pavlov tuvo que sobrevivir entre 1919-20 sin financiación estatal para él y sus colaboradores, período en el que rechazó una oferta de Suecia para crear un instituto de investigación en Estocolmo. Finalmente, en 1921, fue reconocido por Lenin como un activo valioso de la patria, lo que aseguró su futuro, aunque siempre mantuvo una actitud crítica hacia el sistema soviético. Cuando los hijos de los sacerdotes fueron expulsados de la Academia Médica Militar en 1924, renunció a la cátedra de Fisiología en señal de protesta, diciendo que él mismo era hijo de un sacerdote. En 1927 envió una carta de protesta a Stalin por el maltrato a los intelectuales e intercedió por otros conocidos tras el asesinato de Kirov, lo que en aquel momento era jugarse la vida. Su Instituto de Fisiología lleva ahora su nombre.

Pavlov estaba convencido de que el comportamiento puede basarse en los reflejos y descubrió el principio del condicionamiento clásico. Distinguió entre los reflejos incondicionados, también llamados reflejos naturales, y los reflejos condicionados, que se adquieren mediante el aprendizaje.

Probablemente el experimento más conocido sea el del llamado perro de Pavlov: un proyecto de investigación que surgió directamente de sus estudios fisiológicos, galardonados con el Premio Nobel. En estos estudios, Pavlov descubrió que la secreción salival de un perro no comienza con el acto de comer, sino ya al ver la comida. Incluso otro estímulo, por ejemplo, un toque de una campana o un timbre puede desencadenar la secreción de saliva y otros jugos digestivos si precede regularmente a la alimentación. Pavlov explicó lo que ocurre por la coincidencia repetida del estímulo con la alimentación posterior. Tras una serie de repeticiones, el estímulo previamente neutro es suficiente para desencadenar la secreción salival. Pavlov llamó a este aprendizaje reflejo condicionado y su logro fue no solo haber identificado y descrito con precisión este tipo de reflejo, sino también haber comprendido las leyes de los procesos de inhibición y excitación en el sistema nervioso y su papel en el análisis del entorno externo y los órganos internos. Descubrió cómo surgen algunas alteraciones del sistema nervioso y así pudo generar y tratar experimentalmente las neurosis en los perros. De ahí extrajo conclusiones para explicar el mecanismo de una serie de enfermedades mentales y su posible estrategia de tratamiento.

Todo empezó en 1921 con el trabajo de una de sus estudiantes, Natailya R. Shenger-Krestovnikova. Al principio de su carrera, Pavlov había sido reacio a admitir mujeres en el laboratorio, pero posteriormente se dio cuenta de su capacidad intelectual, de su seriedad en el trabajo y desde 1905 cambió su proceder. Hubo más de veinte mujeres entre sus discípulas directas. Shenger-Krestovnikova entrenaba a un perro para que discriminara entre un círculo y una elipse. Al principio, las figuras eran muy diferentes y el perro aprendió con facilidad a discriminar entre ambas siluetas. La conducta de discriminación era reforzada con una recompensa o su ausencia: el círculo señalaba la aparición de comida y la elipse indicaba la ausencia de comida. Los animales aprendían a salivar ante el círculo y no lo hacían ante la elipse. Entonces Shenger-Krestovnikova fue presentando a los animales una elipse cuya forma era cada vez más circular; es decir, el eje mayor y el eje menor cada vez eran más parecidos. El perro conseguía discriminar entre un círculo y una elipse cuyos dos ejes tenían una proporción de 8 a 7, lo que indicaba una capacidad de diferenciar ambas figuras de una agudeza excelente, pero cuando Shenger-Krestovnikova dio un paso más y le presentó al perro un círculo y una elipse con una proporción 9 a 8, el comportamiento del animal presentó una alteración dramática. Lo describió así:

> *Todo el comportamiento del animal sufrió un cambio abrupto. El hasta ahora tranquilo perro comenzó a chillar en su soporte, se retorcía, arrancaba con sus dientes el aparato para la estimulación mecánica de la piel, y mordía los tubos que conectaban la sala de los animales con el observador, un comportamiento que no había ocurrido con anterioridad. Al ser llevado a la sala de experimentación, el perro ladraba violentamente, lo que también era contrario a su costumbre habitual; en resumen, presentaba todos los síntomas de una neurosis aguda.*

Pavlov razonó que el desempeño «neurótico» del perro se debía a una «colisión» entre los procesos excitadores e inhibidores, lo que producía una respuesta cerebral alterada. Pensó que esos resultados tenían implicaciones para las enfermedades mentales de los seres humanos.

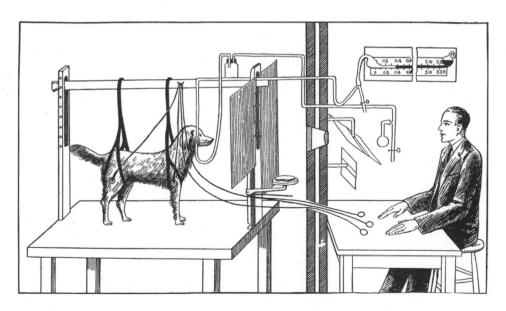

Diagrama ilustrativo del experimento del perro, en una edición de 1940 de *Lectures on conditioned reflexes* [Wellcome Collection, CC BY 4.0 DEED].

Un segundo incidente reforzó el interés de Pavlov por los comportamientos neuróticos. En septiembre de 1924, el río Neva se desbordó en Leningrado, el nuevo nombre de San Petersburgo, y el nivel del agua subió hasta casi cuatro metros. La crecida inundó el laboratorio de Pavlov y los perros estuvieron a punto de perecer ahogados dentro de sus jaulas. Afortunadamente estas eran grandes y muchos pudieron nadar para mantener sus cabezas por encima del agua. Después del rescate, los perros se mantenían juntos en pequeños grupos sin mostrar los gruñidos, mordiscos o juegos que se producían habitualmente cuando se juntaban varios animales. Los comportamientos de juego y agresividad se habían inhibido al parecer por el trauma que había supuesto estar a punto de morir ahogados y la sensación de angustia según el nivel de las aguas iba subiendo. Cuando se les volvió a llevar al aparato de condicionamiento su comportamiento había cambiado. Sus reflejos condicionales eran erráticos y se alteraban con facilidad; eran, además, muy sensibles a algunos estímulos, especialmente a ver y oír agua. Cuando había simplemente un goteo de agua en la sala de experimentación, el perro se mostraba alterado y luchaba por escaparse del arnés que se usaba para sujetarle durante el experimento de condicionamiento. Después de esa experiencia de pánico, el agua se había convertido en un estímulo excitador extremadamente potente.

Dos americanos, W. H. Gantt y H. S. Liddell, recogieron el testigo de esos experimentos, los ampliaron a una gran variedad de especies y escribieron ampliamente sobre sus implicaciones para la salud mental humana. El campo de la medicina psicosomática se estaba iniciando y muchos pensaron que era posible conectar la teoría psicoanalítica con las neurosis experimentales para explicar las enfermedades psicosomáticas. Esas experiencias dieron lugar al desarrollo de las neurosis experimentales y fueron clave en el nacimiento de las terapias del comportamiento. La terapia de conducta es una aplicación clínica de la ciencia de la psicología y se basa en principios y procedimientos validados empíricamente. Los continuos avances en la terapia del comportamiento fueron impulsados en gran medida impulsado por los principios y teorías del condicionamiento y la metodología experimental iniciada por Pavlov.

En la etapa final de su vida Pavlov centró su interés en las posibles causas de los trastornos psicológicos de los seres humanos, en particular las neurosis. Su última gran conferencia, realizada en el Congreso Internacional Neurológico celebrado en Londres en julio de 1935, fue sobre neurosis y psicosis.

VLADÍMIR M. BEKHTEREV (1857-1927)

Bekhterev fue un neuroanatomista, neuropatólogo y fisiólogo ruso y se le considera el padre de la psicología objetiva. Esta corriente de pensamiento se basa en el principio de que todo comportamiento puede explicarse mediante el estudio objetivo de los reflejos. Por lo tanto, el comportamiento se estudia a través de rasgos observables y, según Bekhterev, todos los procesos mentales van acompañados de reacciones motoras reflejas y vegetativas que están disponibles para su observación y registro. Esta idea contrastaba con los puntos de vista más subjetivos de otras corrientes de pensamiento de la psicología, como el estructuralismo, que usaba la introspección para estudiar los pensamientos internos sobre las experiencias personales.

La psicología objetiva se convertiría en la base de la reflexología, la psicología de la Gestalt y, sobre todo, del conductismo, un área que más tarde dominaría el campo de la psicología. Las convicciones de Bekhterev sobre la mejor manera de llevar a cabo la investigación contribuyeron a que la psicología soviética surgiera de las cenizas de la *Völkerpsychologie* y avanzase como ciencia experimental.

«El médico militar ruso académico Bekhterev» (detalle) [Karl Bulla, ca. 1912].

Bekhterev nació en el pueblo de Sarali, en la provincia de Vyatka, una aldea remota en el centro de la parte europea de Rusia, una región ahora conocida como Tatarstán. Su padre, un policía de distrito, murió de tuberculosis cuando Vladímir tenía solo 9 años, y su madre, hija de un funcionario, quedó sola con tres niños. A esa corta edad, Bekhterev pasaba las noches leyendo y tomando notas en libros de ciencias naturales. Se formó en el instituto de Vyatka y a los 16 años ingresó en la Academia de Medicina y Cirugía de San Petersburgo. A los tres meses se diagnosticó a sí mismo con «neurastenia aguda» y pasó 28 días en la clínica local. Dejó temporalmente sus estudios para ayudar en la guerra contra el Imperio otomano de 1877 como voluntario en un destacamento de ambulancias. Después, volvió a la facultad. En 1878, Bekhterev se graduó de médico en San Petersburgo y empezó a trabajar en la Clínica Psiquiátrica de la misma ciudad, donde se dedicó a estudiar la anatomía y la fisiología del cerebro. En aquella época, la antigua expresión «textura obscura, *functiones obscurissimae*» podía aplicarse plenamente a nuestro conocimiento del sistema nervioso. «Mi deseo de iluminar esta oscuridad fue la razón para estudiar la estructura y el funcionamiento del cerebro», escribió Bekhterev en su autobiografía.

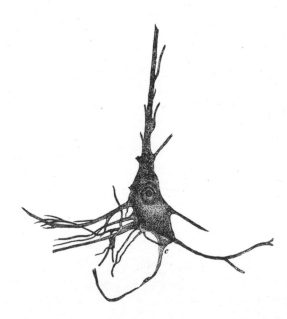

«Una célula gigante de la zona motora humana.— Disociación. Tinción de carmín. *C*: neurita. Su curso angular y recurrente se debe a la rotura producida por el aislamiento de la célula» [*Les voies de conduction du cerveau et de la moelle*, Vladímir M. Bekhterev, 1900].

Una de sus primeras obras describía las características de los votyaks, un pueblo finougrio bajo el dominio ruso que vive entre los ríos Vyatka y Kama, cerca de su ciudad natal. Su tesis doctoral, presentada en 1881 se titulaba *Estudios clínicos de la temperatura en algunas formas de trastornos mentales*. Este doctorado permitió a Bekhterev convertirse en «profesor privado», un tipo de puesto docente que le permitía dar clase sobre el diagnóstico de las enfermedades nerviosas y avanzar en su carrera académica.

Presentó 58 trabajos sobre enfermedades nerviosas y mentales a un concurso y, como ganador, fue enviado a Europa para ampliar su formación. Estudió en Leipzig con Wilhelm Wundt y cursó materias adicionales en Berlín, con Paul Emil Flechsig, en París, con Jean-Martin Charcot y en Viena, con Theodor Meynert. En el laboratorio de Flechsig, Bekhterev exploró nuevos métodos para estudiar las vías nerviosas utilizando embriones humanos. Mientras estaba en esas estancias formativas recibió una oferta para incorporarse a la Universidad de Kazán, donde estuvo de 1885 a 1893, creó un laboratorio psicofisiológico y fue director de la clínica psiquiátrica del hospital. En esa época propuso una división del cerebro en zonas, cada una con una función específica y fue uno de los primeros en postular el papel del hipocampo en la memoria. Además, consciente de que los trastornos nerviosos y mentales suelen darse conjuntamente, postuló que no había una distinción definida entre ellos, un paso hacia la neuropsiquiatría.

De vuelta en San Petersburgo, Bekhterev quiso desarrollar su propia escuela de psiconeurología, una disciplina que estudia la relación entre la función cerebral y el comportamiento para promover un enfoque biopsicosocial y holístico de las enfermedades humanas, tratando a los pacientes según su comportamiento y sus intereses. Para ello fundó, en 1907, el Instituto Psiconeurológico, que combinaba la investigación, el trabajo clínico y la docencia. Fue el primer instituto científico del mundo dedicado al estudio integral del hombre y el desarrollo científico de la psicología, la psiquiatría, la neurología y otras «ciencias humanas». El centro tenía requisitos de ingreso flexibles y Bekhterev no siguió las rígidas normas que existían en Rusia para ingresar en las universidades. Aceptó a los no cristianos, a los que no habían estudiado en las escuelas secundarias de prestigio y a las mujeres. Abrió las puertas a todos los jóvenes que deseasen formarse, se convirtió en un referente y fue, junto con el centro de Pavlov, los dos principales institutos de investigación psiconeurológica de la Unión Soviética.

Bekhterev y Pavlov estudiaron de forma independiente la relación entre el organismo y el entorno. El primero describió el fenómeno fundamental de este campo como «reflejo de asociación», mientras que Pavlov lo llamó «reflejo condicionado». Tras una larga amistad surgió una rivalidad entre ellos, con duras críticas recíprocas. Bekhterev consideraba un defecto de Pavlov el uso del «método salivatorio», ya que no se podía provocar fácilmente en los hombres y Pavlov publicó una crítica feroz de uno de los libros de Bekhterev. Lo cuentan así:

> La enemistad entre Bekhterev y Pavlov era tan marcada que se insultaban el uno al otro por la calle. Si coincidían en un congreso, rápidamente se enzarzaban los dos en una discusión, formando grupos y lanzando pullas para implicarse en una lucha constante por denunciar los errores y puntos débiles del otro. Tan pronto como un discípulo de Bekhterev decía algo en público llegaba una respuesta de Pavlov, tan rápida como si fuera un reflejo condicionado.

Bekhterev murió en 1927. En Moscú, se difundió un rumor en el entorno médico de que la muerte de Bekhterev se debió al hecho de que, después de reunirse con Stalin, quien le había pedido consejo médico y estaba aquejado de una depresión, imprudentemente diagnosticó que el alto mandatario soviético sufría de una paranoia grave. Bekhterev murió pocas horas más tarde. Según la versión oficial de las autoridades soviéticas, el fallecimiento se produjo como resultado de una intoxicación alimentaria aguda por alimentos enlatados en mal estado, pero debió haber algo más, porque Stalin ordenó poco tiempo después que su nombre y su investigación fuesen borradas de los libros de texto; su hijo, ejecutado; y su esposa, la doctora Zinaida Vasilievna Bekhtereva, sentenciada a ocho años en un campo de trabajos forzados. El cerebro de Bekhterev fue, según su propia idea, preservado en el «panteón del cerebro de grandes personas» que él mismo había creado en su Instituto y su cuerpo fue rápidamente incinerado. Fue rehabilitado tras la muerte de Stalin en 1953.

Modelo de moneda de dos rublos rusos con el busto de Bekhterev (retratado junto a un cerebro), con motivo del 150 aniversario de su nacimiento (2007).

Las contribuciones de Vladímir Bekhterev a la ciencia y, en concreto, a la psicología fueron enormes. Fue una fuerza de la naturaleza en la neuropsicología e investigó sobre la anatomía normal y patológica del sistema nervioso y sobre la neurofisiología y la clínica de enfermedades mentales y nerviosas. Bekhterev fue uno de los científicos rusos más productivos de su época, publicó unos 1700 artículos científicos y fundó 12 revistas y 50 instituciones. También describió 19 nuevas formas de enfermedades —como la espondilitis anquilosante, también conocida como enfermedad de Bekhterev— y 15 nuevos reflejos. En esos trabajos amplió enormemente los conocimientos sobre el funcionamiento del cerebro y sus partes.

Al igual que Pavlov, Bekhterev trabajó en los reflejos, pero mientras que aquel se centró en las glándulas, este último se centró en los músculos. Bekhterev estableció los reflejos asociados, que podían ser inducidos no solo por los estímulos incondicionados (un calambrazo) sino por estímulos que se habían asociado a esos estímulos incondicionados (un timbre que sonaba al mismo tiempo que el calambrazo). Identificó los llamados reflejos fisiológicos de Bekhterev (reflejo escapular-hombro, reflejo espiratorio, etc.), que permiten determinar el estado de los arcos reflejos correspondientes y los reflejos patológicos.

Los asociacionistas explicaban estas conexiones en términos de procesos mentales, pero Bekhterev consideraba que eran procesos reflejos. Creía que los comportamientos de nivel superior podían explicarse del mismo modo, es decir, como una acumulación de reflejos motores de nivel inferior. Los procesos de pensamiento eran similares en tanto que dependían de las acciones de la musculatura del habla, una idea que más tarde adoptó Watson. Bekhterev defendía un enfoque completamente objetivo de los fenómenos psicológicos y se pronunció en contra del uso de términos y conceptos mentalistas.

Aunque las dos teorías son esencialmente iguales, como John Watson descubrió la investigación sobre la salivación realizada por Pavlov, esta se incorporó a los fundamentos de las teorías conductistas, lo que hizo que Pavlov se convirtiera en un nombre conocido. Si bien Watson utilizó la investigación de Pavlov para apoyar sus afirmaciones conductistas, un examen más detallado muestra que, de hecho, las enseñanzas de Watson encajan mejor con los postulados de Bekhterev.

La influencia de Bekhterev en la psicología fue inconmensurable y sus trabajos sentaron las bases del futuro de la joven ciencia. Sus ideas sobre la psicología objetiva, así como sus puntos de vista sobre los reflejos, fueron una piedra angular del conductismo. El anatomista alemán Friedrich Kopsch afirmó: «Solo dos conocen el misterio del cerebro: Dios y Bekhterev».

JOHN BROADUS WATSON (1878-1958)

Watson nació en Travelers Rest, una zona rural de Carolina del Sur. Su padre, Pickens Butler Watson, era alcohólico y abandonó a la familia para irse a vivir con dos mujeres indias cuando John tenía 13 años, algo que su hijo nunca le perdonó. Su madre, Emma Kesiah Watson, era una mujer muy religiosa que se oponía a la bebida, al tabaco y al baile. Al educar a su hijo, le sometió a una intensa formación religiosa que más tarde le hizo desarrollar una antipatía de por vida hacia todas las formas de religión.

Con la intención de lograr una vida mejor, la madre vendió su granja y llevó a Watson a Greenville, la ciudad más cercana, para ofrecerle mayores oportunidades de estudiar y progresar. El traslado a un ambiente urbano fue clave para el muchacho, ya que le proporcionó la oportunidad de conocer personas diferentes, que utilizó posteriormente en sus teorías sobre la conducta. Sin embargo, la transición inicial sería dura para él, pues tenía muy pocas habilidades sociales.

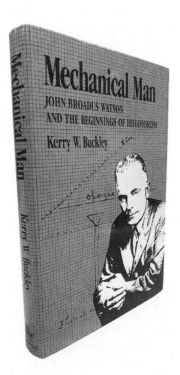

El hombre mecánico: John B. Watson y los inicios del conductismo [Kerry W. Buckley, 1989].

Watson se matriculó en la Universidad de Chicago para estudiar los fundamentos filosóficos de la educación. Rápidamente se sintió frustrado por el contenido del curso, pues no entendía lo que decían sus profesores, por lo que decidió matricularse en unas asignaturas de biología. Tras graduarse dio clase en una escuela de pueblo de una sola habitación en donde ganaba 25 dólares al mes. Cuando su madre falleció, decidió seguir formándose y presentó solicitudes a las universidades de Princeton y Chicago. Cuando se enteró de que Princeton requería ser capaz de leer griego y latín, marchó a Chicago con un total de 50 dólares en el bolsillo. Encontró un trabajo de camarero que complementaba con otros dos dólares a la semana encargándose de cuidar a las ratas del laboratorio, algo que tendría mucha importancia en su carrera, pues le convirtió en un experimentalista cómodo en el trabajo con los animales. Se graduó en 1903 con una tesis doctoral titulada *Animal education: an experimental study on the psychical development of the white rat, correlated with the growth of its nervous system*, uno de los primeros estudios que analiza el comportamiento de un animal de laboratorio y donde se sigue en paralelo la maduración anatómica del sistema nervioso y la capacidad de aprendizaje de la rata. Watson empezó a pensar que si eras capaz de entender los comportamientos de la rata sin que el roedor te contara sus pensamientos ni se tumbara en un diván, ¿por qué no se podía hacer algo similar con los humanos?

En 1908 le ofrecieron un puesto de profesor de Psicología Experimental en la Universidad Johns Hopkins, que aceptó, e inmediatamente fue ascendido a director del Departamento de Psicología. En 1909, por un golpe de suerte, Watson se convirtió en editor de la revista *Psychological Review*, en la que publicó su famosa conferencia «Psicología vista por un conductista» en 1913, lo que se considera el momento fundacional del conductismo. Un año después, en 1914, fue elegido presidente de la Asociación Americana de Psicología.

En esta obra Watson rechazaba la idea de que la psicología era una ciencia de la vida mental para plantear que en realidad era la ciencia del comportamiento observable. El objetivo del conductismo era la predicción y control de comportamiento, y el estudio del comportamiento animal era igual de legítimo que el estudio de los seres humanos. Por otro lado, una de sus preocupaciones era que los psicólogos solo estudiarían las cosas observables pues, aunque no negaba la existencia de la consciencia, pensaba que no era observable y no podía estudiarse con métodos científicos.

En 1920 Watson perdió su cátedra debido a una relación extramatrimonial con una ayudante, Rosalie Rayner. El escándalo saltó a la prensa: Rayner pertenecía a una de las familias más poderosas de Baltimore y la Universidad Johns Hopkins le pidió a Watson que dejara su puesto. Los dos abandonaron la universidad y se casaron poco después. Watson empezó a publicar en revistas populares como *Cosmopolitan* y *Harper's* y a salir en distintos programas de radio, lo que le dio notoriedad, aunque lo hacía inducido por la difícil situación económica en la que había quedado. Gracias a los contactos de Titchener, empezó a trabajar en la agencia de publicidad J. Walter Thompson. En dos años ascendió a la vicepresidencia de la empresa con un salario y beneficios que multiplicaba por mucho su buen sueldo de la universidad —sería equivalente a un millón de dólares al año actuales— y abrió a los psicólogos una importante salida laboral: entender por qué elegimos un producto, ya sea un candidato electoral o una marca de champú. Difundió la idea, entonces novedosa, de que el *marketing* no consiste solo en vender productos que la gente necesita, sino en crear una sociedad de consumidores siempre ávidos de más y capaces de comprar cosas innecesarias. También fue un pionero en ligar personas atractivas al producto que se quiere vender; uno de los ejes, desde entonces, de la publicidad.

John Watson es la figura clave del conductismo. Él lo definió, estableció sus temas claves y sus métodos de investigación y fue el primero que utilizó los términos «conductismo» y «conductista». Consideraba que las respuestas son procesos fisiológicos como contracciones musculares o secreciones glandulares, que no hay instintos en el hombre y que las emociones son reflejos condicionados. La forma de conductismo defendida por Watson se conoce comúnmente como conductismo clásico de estímulo-respuesta o conductismo metodológico. Para él, el tema de estudio de la psicología es el comportamiento, no la experiencia mental, subjetiva o consciente. Lo definió así en *Psicología como la ve el conductista*:

> *La psicología, como la ve el conductista, es una rama experimental puramente objetiva de las ciencias naturales. Su objetivo teórico es la predicción y el control del comportamiento. La introspección no forma parte esencial de sus métodos, ni el valor científico de sus datos depende de la disponibilidad con la que se prestan a la interpretación en términos de consciencia. El conductista, en sus esfuerzos por obtener un esquema unitario de respuesta animal, no reconoce una línea divisoria entre el hombre y la bestia. El comportamiento del hombre, con todo su refinamiento y complejidad, es solo una parte del esquema total de lo que el conductista quiere investigar.*

El trabajo de Watson y sus seguidores fue visto como un intento de dar la vuelta a la psicología como si fuera un calcetín, de transformarla de una exploración mirando hacia dentro a través de la introspección a una ciencia exacta de medidas objetivas y registros asépticos dirigida hacia el exterior. Esto encajaba bien con el énfasis de los americanos en la adaptación, la función y el papel clave del ambiente a la hora de modelar el comportamiento. En un artículo publicado en el *New York Times* con motivo de la publicación de *Behaviorism*, Evans Clark escribía:

> *Los viejos psicólogos e incluso la más moderna escuela de los psicoanalistas han construido la estructura de sus conclusiones con el material de estados subjetivos manufacturados por el proceso de introspección. Pero Watson creía que ese material era lo que los químicos llamaban un gas inodoro, amorfo e incoloro, con lo que no se puede construir ninguna estructura sólida y duradera. Tenemos [dice él] tantos análisis como psicólogos y así no hay forma de atacar experimentalmente y resolver los problemas psicológicos. Limitémonos a las cosas que pueden ser observadas y verificadas y formulemos leyes concernientes a esas cosas.*

El mismo artículo dice, que ante los conductistas, se presentó una dicotomía: «o abandonamos la psicología o la convertimos en una ciencia natural». Para Watson, «los psicólogos no podían aceptar trabajar con intangibles e inaccesibles» y, añadía:

> *Ellos ven a sus hermanos científicos progresando en medicina, en química, en física. Cada descubrimiento nuevo en estos campos es de enorme importancia; cada nuevo elemento aislado en un laboratorio puede ser aislado en otro laboratorio y cada nuevo elemento es inmediatamente asimilado en la trama y la urdimbre de la ciencia al completo.*

En *Behaviorism* (1924), Watson argumentó que la actividad mental no podía ser observada. También planteó sus ideas sobre lo que es realmente el lenguaje, lo que le llevó a una discusión sobre lo que son realmente las palabras y, finalmente, a una explicación de lo que es la memoria. Para Watson, las palabras son dispositivos utilizados por los humanos que dan lugar al pensamiento y el lenguaje es un proceso imitativo. Afirma que las palabras «no son más que sustitutos de los objetos y las situaciones». Explica cómo un niño aprende a leer: la madre señala cada palabra y la lee de forma pautada, y finalmente, como el niño asocia la palabra con el sonido y aprende a leerla de nuevo. Esto, según Watson, es el comienzo de la memoria.

Watson estaba interesado en el condicionamiento de las emociones. Por supuesto, el conductismo ponía el énfasis en los comportamientos externos de las personas, y las emociones eran consideradas meras respuestas físicas. Watson pensaba que, al nacer, hay tres reacciones emocionales no aprendidas: el miedo, la rabia y el amor. Plantea que el miedo puede ser evocado por dos estímulos: un ruido repentino o la pérdida de apoyo físico, mientras que todos los demás miedos son aprendidos. Esa fue la base del famoso experimento con el pequeño Albert, en el que trató de condicionar los miedos de un bebé de nueve meses vinculando la aparición de ciertos objetos con un ruido fuerte. Con respecto a la rabia, cree que va unida a una restricción física, al niño que quiere moverse, pero es sujetado. El amor sería una respuesta automática al contacto físico, al que el bebé reaccionacon sonrisas, risas y otras respuestas afectivas a las muestras de afecto. Según Watson, los bebés no aman a personas concretas, solo están condicionados para hacerlo. Como la cara de la madre se asocia progresivamente con las palmaditas y las caricias, se convierte en el estímulo condicionado que provoca el afecto hacia ella. Los sentimientos de afecto hacia las personas, más tarde, generan la misma respuesta porque se asocian de alguna manera con la madre.

Fotograma de *Baby Albert Experiment* [Archives of the History of American Psychology, 1920].

Rayner y Watson tuvieron dos hijos, William (1921) y James (1924) —probablemente un homenaje a su admirado William James— que criaron de acuerdo con los principios del conductismo. Según Watson, mostrar afecto a los niños les generaba una dependencia de los padres que iba en detrimento de su independencia al crecer, así que ni William ni James fueron besados o mimados. En vez de eso, eran tratados como pequeños adultos, animados a estar a gusto ellos solos, a practicar sus propios *hobbies* y enviados desde muy pequeños a campamentos y clubs de fin de semana. El resultado no fue bueno: el mayor se suicidó y el pequeño contó lo difícil que había sido su infancia y adolescencia bajo esa forma de crianza.

A pesar de esta dura experiencia, Watson consideraba que el manejo de la conducta podía usarse para educar. En una de sus frases más famosas escribió:

> *Dame una docena de niños sanos, bien formados, para que los eduque, y yo me comprometo a elegir uno de ellos al azar y adiestrarlo para que se convierta en un especialista de cualquier tipo que yo pueda escoger —médico, abogado, artista, hombre de negocios e incluso mendigo o ladrón— prescindiendo de su talento, inclinaciones, tendencias, aptitudes, vocaciones y raza de sus antepasados.*

Miguel Vadillo, con su claridad habitual, ha escrito:

> *Se trata sin duda del texto más maltratado de la historia de la psicología, tomado casi siempre como ejemplo de la simplicidad del conductismo, su indiferencia hacia la naturaleza humana y tal vez también una poca disimulada tendencia hacia la utopía o el totalitarismo. Si alguna vez te han querido hacer entender que este fragmento resume lo peor del conductismo, posiblemente ha sido a costa de sacarlo de contexto de una forma descarada.*

No se puede decir ni más claro ni mejor.

Watson era inteligente, guapo y pleno de encanto y se mezclaba fácilmente con la alta sociedad de Nueva York. Vestía de manera elegante, pilotaba lanchas de carreras y era una auténtica celebridad. Rosalie murió en 1935, a los 37 años. James Watson contó años más tarde que es la única vez que vio a su padre llorar. Por un instante, Watson abrazó a sus hijos, también la única vez que lo recuerdan; entonces los mandó a un internado y nunca más volvió a hablar de su madre con ellos.

EDWARD TOLMAN (1886-1959)

Edward Chace Tolman nació en West Newton, cerca de Boston, en Massachusetts, y falleció en Berkeley, California. Es conocido por su trabajo en el campo de la teoría del aprendizaje y se le considera un pionero en la transición desde el neoconductismo hasta el cognitivismo, dentro de lo que se conoce como conductismo intencional.

Sus padres les educaron en un espíritu puritano y reformista, en valores como el trabajo duro, la igualdad de derechos y el pacifismo. Se formó en el Massachusetts Institute of Technology, donde se graduó en Electroquímica en 1911. Sin embargo, su carácter reflexivo y tímido, así como las lecturas de los *Principios de psicología* de William James, le llevaron a interesarse por las relaciones humanas y la filosofía. Ese mismo año asistió en Harvard a unos cursos de verano, en los que aprendió filosofía con Perry y psicología con Yerkes. Le pareció que la psicología era «un atractivo compromiso entre la filosofía y la ciencia» y en 1912 viajó a Giessen (Alemania) para realizar un posgrado. Mientras estuvo allí, conoció la psicología de la Gestalt

Edward Chace Tolman.

y más tarde, se trasladó a la Universidad de Harvard para realizar estudios de posgrado; trabajó en el laboratorio de Hugo Münsterberg. Recibió su doctorado en Harvard en 1915.

En 1918 ocupó un puesto docente en la Universidad Northwestern, donde se ocupó de cuestiones de pensamiento no conceptual, inhibición retroactiva y fenómenos de memoria. Sin embargo, fue expulsado ese mismo año al colaborar en una revista estudiantil de corte pacifista, pero pudo obtener un puesto en la Universidad de California Berkeley, donde desarrolló el resto de su carrera, hasta 1954. Allí también demostró su compromiso con la libertad y la democracia y fue una de las principales figuras en la protección de la libertad académica durante el macartismo a principios de la década de 1950. Como docente fomentó la independencia de pensamiento en sus estudiantes, huyó del autoritarismo y promovió el dinamismo de las opiniones y las ideas. Como investigador mostró su preferencia por las explicaciones simples y de amplio alcance, aunque fueran poco precisas —«vagas pero fértiles, y quizá fértiles precisamente por lo vagas», según decía él mismo—. Aunque influyó profundamente en sus discípulos, no formó una escuela.

Tolman trabajó principalmente con ratas. Usaba el principio darwiniano de la continuidad evolutiva de las especies y pensaba que los animales no humanos permitían avanzar con rapidez a nuestros estudios. En el laboratorio, las condiciones de adiestramiento podían ser manipuladas experimentalmente y eso ayudaría a descubrir las leyes del aprendizaje. Los estudios de Tolman fueron los primeros experimentos en examinar la base genética del aprendizaje al criar distintas cepas de ratas seleccionadas según su mejor o peor desempeño en los laberintos.

El modelo teórico de Tolman fue descrito en su artículo «Los determinantes del comportamiento en un punto de elección» (1938). Los tres tipos de variables que influyen en el comportamiento son, según él, las independientes, las intervinientes y las dependientes. El experimentador puede manipular las variables independientes (p. ej., los estímulos proporcionados) que a su vez influyen en las variables intermedias (p. ej., la habilidad motora, el apetito). Las variables independientes también son factores del sujeto que el experimentador elige específicamente. Las variables dependientes (p. ej., velocidad, número de errores) permiten al psicólogo medir la fuerza de las variables intervinientes. Tolman rechazó la idea de que el aprendizaje no era otra cosa que una cadena de reflejos condicionados.

Aunque Tolman era firmemente conductista en su metodología, no era un conductista radical, como B. F. Skinner. En sus estudios, Tolman buscó demostrar que los animales podían aprender hechos sobre el mundo que luego podrían usar de manera flexible, en lugar de simplemente aprender respuestas automáticas desencadenadas por estímulos ambientales. En el lenguaje de la época, Tolman era un «ss» (estímulo-estímulo), es decir, un teórico del no refuerzo. Recurrió a la psicología de la Gestalt para argumentar que los animales podían aprender las conexiones entre estímulos y sin necesitar ningún evento biológicamente significativo explícito para hacerlas, en lo que se conoce como aprendizaje latente. La teoría rival, la visión mucho más mecanicista «sr» (estímulo-respuesta) impulsada por el refuerzo, fue adoptada por Clark L. Hull. Hull era descrito como el Pavlov americano, que «usaba estudiantes novatos de Yale en vez de perros». Había adoptado el modelo del reflejo condicionado de Pavlov y lo aplicaba al alcoholismo, las psicosis, la delincuencia juvenil y el acoso. Sus estudiantes de doctorado siguieron esa línea de trabajo y usaron la teoría de los reflejos y el psicoanálisis para estudiar la frustración y sus conexiones con la agresión para analizar problemas sociales de la época como las huelgas y los conflictos raciales.

Un artículo clave de Tolman, Ritchie y Kalish en 1946 demostró que las ratas aprendieron el diseño de un laberinto, que exploraron libremente sin refuerzo. Después de algunas pruebas, los investigadores colocaron un trozo de comida en un punto determinado del laberinto y las ratas apren-

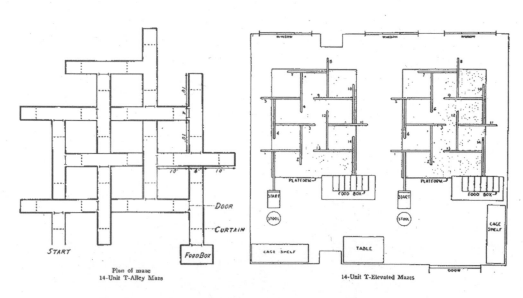

Planos de laberinto en el artículo «Cognitive maps in rats and men», publicado por Tolman en *Psychological Review*, 55(4), en el año 1948.

dieron a llegar hasta ese punto con rapidez. Sin embargo, Hull y sus seguidores presentaron explicaciones alternativas para los hallazgos de Tolman, y el debate entre las teorías de aprendizaje SS y SR se volvió cada vez más acalorado. El artículo iconoclasta de Skinner de 1950, titulado «¿Son necesarias las teorías del aprendizaje?», convenció a muchos psicólogos interesados en el aprendizaje animal de que era más productivo centrarse en el comportamiento en sí mismo en lugar de utilizarlo para hacer hipótesis sobre los estados mentales.

La influencia de las ideas de Tolman se redujo a finales de los años 50 y 60 y, sin embargo, sus logros habían sido considerables. Sus artículos de 1938 y 1955, producidos para responder a la acusación de Hull de que dejaba a la rata «enterrada en sus pensamientos» en el laberinto, incapaz de responder, anticipó y preparó el terreno para muchos trabajos posteriores en psicología cognitiva. A partir de Tolman, los psicólogos comenzaron a descubrir y aplicar la teoría de la decisión, una corriente de trabajo que fue reconocida con la concesión del premio Nobel a Daniel Kahneman en 2002.

En su artículo de 1948 «Mapas cognitivos en ratas y hombres», Tolman introdujo el concepto de «mapa cognitivo», una idea que ha tenido una amplia aplicación en casi todos los campos de la psicología, con frecuencia entre científicos que no saben que están utilizando una de las primeras ideas que se formularon para explicar el comportamiento de las ratas en los laberintos. Tolman evaluó tanto el aprendizaje de respuesta como el aprendizaje de lugar. El aprendizaje de respuesta se da cuando la rata sabe que el ir de cierta manera en el laberinto —girar siempre a la izquierda, por ejemplo— conducirá a la comida. El aprendizaje del lugar se produce cuando las ratas aprenden a asociar la comida en un lugar específico. En sus pruebas, Tolman observó que todas las ratas en el laberinto de aprendizaje de lugares aprendieron a recorrer el camino correcto en ocho intentos y que ninguna de las ratas entrenadas en el aprendizaje de respuestas lo aprendió rápidamente, de hecho, algunas ni siquiera lo lograron después de setenta y cinco intentos. Los resultados dependían del método seguido.

Tolman empleó los métodos e instrumentos del conductismo para su trabajo; pero incorporó también conceptos, como los de «propósito» o «cognición», que provenían de corrientes distintas y en ocasiones incluso radicalmente opuestas, como la Gestalt o la psicología hórmica, enfoques claramente no mecanicistas. El propio Tolman bautizó su propuesta con nombres tan diferentes como «conductismo propositivo», «teoría signo-gestáltica» o «teoría de campo». La historiografía de la psicología suele encuadrarle en el neoconductismo, aunque también se le puede considerar un pionero del cognitivismo.

BURRHUS F. SKINNER (1904-1990)

Skinner nació en la ciudad de Susquehanna, Pensilvania. Estudió en el Hamilton College, donde se especializó en inglés, pero también hizo cursos de ciencia y filosofía. Tras su graduación, animado por una carta de Robert Frost, a quien había enviado algunos relatos cortos, se tomó un año sabático para intentar desarrollar una carrera literaria. La abandonó, según él, porque no tenía nada que decir. Más tarde se refirió a esa época como su «año oscuro».

Después de ese período, durante el cual se familiarizó con los escritos de sus contemporáneos J. B. Watson, Iván Pavlov y Bertrand Russell, Skinner pasó del inglés a la psicología y entró en el programa de posgrado de la Universidad de Harvard. Como estudiante desarrolló un prototipo de la famosa caja de Skinner y otros artilugios sencillos para realizar experimentos sobre comportamiento. Su implicación a finales de la década de 1920, cuando la disciplina estaba en sus inicios, contribuyó a dar forma al conductismo como ciencia de laboratorio y como una filosofía convincente.

Skinner obtuvo más tarde un puesto de profesor de Psicología en la Universidad de Harvard, donde trabajó desde 1958 hasta su jubilación en 1974. Allí comenzó una serie de experimentos que dieron lugar a 21 libros y más de 180 artículos en revistas científicas y que culminaron en su libro fundamental, *The Behavior of Organisms* (1938). Skinner llevó a cabo un trabajo pionero en psicología experimental y es uno de los autores claves del conductismo. Se refería a su línea de pensamiento como conductismo radical y criticaba otras formas tradicionales de psicología, que a menudo tenían dificultades para hacer predicciones que pudieran someterse a prueba mediante experimentos. Su forma de pensar asume que el comportamiento es consecuencia de las historias ambientales y el refuerzo. En sus palabras:

> *La posición puede enunciarse como sigue: lo que se siente o se observa introspectivamente no es un mundo etéreo de conciencia, mente o vida mental, sino el propio cuerpo del observador. Esto no significa, como mostraré más adelante, que la introspección sea una especie de investigación psicológica, ni tampoco (y este es el núcleo del argumento) que lo que se siente o se observa introspectivamente sean las causas del comportamiento. Un organismo se comporta como lo hace debido a su estructura actual, pero la mayor parte de esta está fuera del alcance de la introspección. Por el momento debemos contentarnos, como insiste el conductista metodológico, con el historial genético y del entorno de una persona. Lo que se observa introspectivamente son ciertos productos colaterales de esas historias [...]. De esta manera reparamos el mayor daño causado por el mentalismo. Cuando lo que hace una persona se atribuye a lo que ocurre en su interior, la investigación llega a su fin. ¿Por qué explicar la explicación?*

A lo largo de su dilatada carrera, Skinner trabajó en proyectos tan diversos como máquinas capaces de enseñar, comunidades utópicas, ojivas nucleares guiadas por palomas, cunas con temperatura controlada y la educación de los niños con una discapacidad grave. Algunas de estas contribuciones le valieron la reputación de pensador profundo, mientras que otras hicieron que se le considerara un frío manipulador de la humanidad cuyas ideas podían tener consecuencias desastrosas si caían en manos equivocadas. «Todos los seres humanos están controlados —dijo una vez a un entrevistador—, pero el ideal del conductismo es eliminar la coacción, aplicar los controles cambiando el entorno de forma que se refuerce el tipo de comportamiento que beneficia a todos».

Skinner reconocía y se deleitaba con toda la gama de emociones humanas y quería explorarlas sin recurrir a conceptos como «consciente» e «inconsciente», o a distinciones artificiales entre la «mente» y el «cerebro». Defendía que los estados, desde la alegría hasta el sufrimiento, se experimentan como estados físicos del cuerpo y se manifiestan en el comportamiento de la persona. Incluso el pensamiento era un comportamiento —decía—, por muy difícil que fuera de observar y describir.

El logro más importante de Skinner fue su explicación completa de la teoría del comportamiento operante. En pocas palabras, sostiene que cualquier comportamiento, desde la presión de una rata sobre una barra hasta la composición de una sinfonía por parte de un ser humano, es seleccionado y reforzado por ciertas consecuencias positivas en el entorno. En otras palabras, un nuevo comportamiento que surge accidentalmente como una combinación de la historia genética y personal única del individuo puede establecerse fácilmente como un patrón mediante el refuerzo positivo pero, si no se refuerza, el nuevo comportamiento tiende a extinguirse.

Skinner definió un refuerzo positivo como todo aquello que fortalecía una conducta determinada. Un refuerzo negativo, por el contrario, consolidaba la conducta que la reducía o terminaba. Aunque el refuerzo positivo y el negativo se han confundido a menudo con las nociones de recompensa y castigo, en realidad, tal y como las definió B. F. Skinner, son bastante diferentes. Estos programas van desde los de «proporción fija», como la tasa de pago por trabajo a destajo en la industria, hasta los de «proporción variable», característicos de todos los dispositivos y sistemas de juego. En la lotería, Skinner señalaba como ejemplo, el refuerzo positivo más inconsistente y poco frecuente sirve para mantener el comportamiento de la compra de cupones y décimos.

El de Skinner era un mundo sin castigos. Según él, aunque el castigo funcionaba como refuerzo negativo, solo servía para producir una conducta de escape o de evitación que podía ser incluso más indeseable que la conducta que se pretendía corregir. Consideraba que el castigo era ineficaz para adiestrar animales, enseñar a los niños o rehabilitar a los delincuentes.

«Máquina de enseñanza» diseñada por Skinner en 1954. Su objetivo era enseñar materias como Ortografía o Matemáticas mediante un dispositivo mecánico adaptado al ritmo de aprendizaje de cada alumno. Consistía en completar espacios en blanco en un cuaderno de ejercicios: si el estudiante acertaba, obtenía un «refuerzo» y pasaba a la siguiente pregunta; si fallaba, estudiaba la opción correcta para aumentar las posibilidades de ser reforzado a la próxima [Silly rabbit, CC BY 3.0 DEED].

La caja de Skinner, mejor conocida como cámara de condicionamiento operante, es un instrumento de laboratorio que permite estudiar el comportamiento de los animales. La caja tiene tres elementos básicos: un *manipulandum*, un mecanismo que el animal debe accionar y que no es parte de su comportamiento habitual, como pulsar una palanca; un estímulo discriminativo, que marca si el *manipulandum* es accionado y suele ser un sonido o una luz, y un contador acumulativo, que es un componente que va registrando las respuestas operantes a lo largo del tiempo.

Es falsa la leyenda de que Skinner crio a su hija en una de sus cajas, pero sí diseñó una cuna que supusiera un entorno mejorado y también lo hizo en su propia casa para aumentar su productividad. Dormía en su despacho, en un tanque de plástico amarillo brillante lo suficientemente grande para contener un colchón, un televisor, algunos estantes estrechos para unos pocos libros y unos mandos. Todas las noches se acostaba a las diez de la noche, dormía tres horas, luego se levantaba de la cama para ir a su escritorio, donde trabajaba durante una hora, y de nuevo volvía a la cama para dormir tres horas más.

Skinner trabajó sobre todo con ratas y palomas. Prefería las palomas a las ratas como sujetos de sus experimentos porque vivían mucho más tiempo. Comenzó a trabajar con ellas durante la Segunda Guerra Mundial, cuando diseñó un dispositivo de localización para el único misil guiado desarrollado por entonces en los Estados Unidos. Su idea era utilizar palomas condicionadas para que situadas en el cono de la ojiva del cohete picotearan la imagen del objetivo en una pantalla y de esa manera dirigieran el misil hacia el centro del objetivo mientras descendía.

El Gobierno financió el «Proyecto Paloma», pero, a medida que las aves tenían que actuar en condiciones cada vez más difíciles, los ingenieros y físicos que trabajaban en el misil se mostraban cada vez más escépticos sobre las posibilidades de la guía por aves. En su presentación final en Washington, el dispositivo fue recibido con sonrisas irónicas y risas condescendientes. Aun así, un funcionario del Gobierno admitió que el aparato era adecuado para una amplia gama de objetivos visualizables, no utilizaba materiales escasos y podía ponerse en producción en treinta días, pero Skinner recuerda que él y sus colegas fueron despedidos por los militares con la siguiente sugerencia: «¿Por qué no salen a emborracharse?».

Skinner esperaba que la ciencia, y en concreto la aplicación de los principios conductistas en la sociedad, ayudara a poner fin a la guerra. Cuando le preguntaron si no le daba pena el sacrificio de las palomas entrenadas respondió: «Me opongo al uso militar de los animales. También me opongo al uso militar de los seres humanos».

MARIAN BRELAND BAILEY (1920-2001)

Marian Breland Bailey, apodada Mouse, desempeñó un papel importante en el desarrollo de métodos de adiestramiento de animales empíricamente validados y humanitarios y en la promoción de su aplicación generalizada en distintos ámbitos e industrias. Ella y su primer marido, Keller Breland (1915-1965), estudiaron en la Universidad de Minnesota con B. F. Skinner y se convirtieron en los primeros «psicólogos aplicados de animales». También se les suele considerar cuando se habla del declive del conductismo.

Mientras eran estudiantes de posgrado, colaboraron con Skinner en investigaciones militares durante la Segunda Guerra Mundial. Su trabajo consistía en el entrenamiento de palomas que acabamos de mencionar. Los Breland vieron las posibilidades comerciales del entrenamiento operante, así que abandonaron la Universidad de Minnesota sin completar sus doctorados y fundaron Animal Behavior Enterprises (ABE) en una granja de Minnesota. Skinner intentó disuadir a la pareja de abandonar su formación de posgrado por una empresa arriesgada, pero no se echaron atrás.

El primer proyecto de ABE consistió en entrenar a animales de granja para que aparecieran en anuncios de piensos para la empresa General Mills. Los Breland llegaron a adiestrar gatos, vacas, pollos, perros, cabras, cerdos, conejos, mapaches, ratas, ovejas, patos, loros, cuervos, delfines y ballenas. En su momento de mayor actividad, llegaron a entrenar más de 1000 animales a la vez, que incluían animales para parques de atracciones como Marineland de Florida, Parrot Jungle, SeaWorld y Six Flags. Crearon los primeros espectáculos de delfines y aves, una forma de programa que ahora se considera tradicional en el mundo del entretenimiento. También entrenaron animales para circos, películas, museos, tiendas y zoológicos.

Hasta entonces, el entrenamiento de animales se basaba en el castigo y el maltrato. Los Breland continuaron con el énfasis que Skinner puso en el uso del refuerzo positivo para entrenar a los animales y usaron recompensas por el comportamiento deseado. También formaron a otros adiestradores de animales y establecieron en 1947 la primera escuela y manual de instrucciones para enseñar a los adiestradores de animales la tecnología aplicada del análisis del comportamiento.

En 1955, abrieron el I. Q. Zoo en Hot Springs como instalación de entrenamiento y escaparate de animales adiestrados. Los espectáculos incluían pollos que caminaban por la cuerda floja, dispensaban recuerdos y cartas de la fortuna, bailaban al ritmo de la música de las gramolas, jugaban al béisbol y corrían por un campo de béisbol en miniatura; conejos que besaban a sus novias (de plástico), montaban en camiones de bomberos donde hacían sonar las sirenas y hacían rodar ruedas de la fortuna; patos que tocaban pianos y tambores; y mapaches que jugaban al baloncesto. Estos espectáculos viajaron a ferias, exposiciones y parques temáticos de todo el país y aparecieron también en numerosos programas de televisión y revistas. Los dos Breland escribieron juntos el libro *Comportamiento animal*, que se publicó por primera vez en 1966, tras la muerte de Keller.

Los Breland publicaron un artículo que se ha considerado el principio del fin del conductismo. En *The Misbehavior of Organisms*, una referencia directa al famoso libro de su mentor *The behavior of Organisms*, dieron muchos ejemplos de experimentos en los que los animales no se comportaban como predecía la teoría conductista y explicaban las dificultades de adiestramiento al chocar las tendencias biológicamente inherentes a una especie con las conductas que el entrenador intentaba enseñar a un animal.

En el I. Q. Zoo de Marian y Keller Breland, los patos tocaban el piano
[I Q.-Zoo; Robert E. Bailey, University of Central Arkansas].

371

«Rufus, el mapache, anota una canasta». Postal del I. Q. Zoo en la Tichnor Brothers Collection (1955) [Boston Public Library].

En un ejemplo enseñaron a un mapache a tirar monedas en una caja de metal. Al principio se le recompensó por recoger las monedas del suelo de la jaula, en lo que no hubo ningún problema. Entonces intentaron entrenarle para que pusiera las monedas en una caja, pero el animal se resistía a tirarlas tras haberlas recogido y «prefería frotarlas de la manera más miserable». Parecía que las confundía con comida y para ellos «era obvio que estos animales estaban atrapados por fuertes comportamientos instintivos». Otros investigadores como Wolfgang Köhler vieron que no hacía falta refuerzos y que los chimpancés podían conseguir solucionar un problema por una percepción cuidadosa de la situación y lo que parecía un razonamiento más que por un sistema de ensayo y error. Del mismo modo, Harry Harlow vio que recompensar ciertos comportamientos no siempre era efectivo. Los monitos separados de la madre a los que una madre artificial y poco confortable les proporcionaba comida no generaban la respuesta positiva de vínculo que se producía con una «madre» cálida y con una sensación táctil confortable.

PARAPSICOLOGÍA

El término «parapsicología» fue acuñado en 1889 por el filósofo Max Dessoir y fue adoptado por J. B. Rhine en la década de 1930 como reemplazo del término «investigación psíquica», para indicar un cambio significativo de esta peculiar disciplina hacia la metodología experimental y la ortodoxia académica.

La parapsicología se ve a sí misma como una rama de la ciencia que supuestamente examina las habilidades psicológicas que se encuentran más allá de la conciencia normal, que exceden las habilidades cognitivas constatadas, y que se centran en sucesos extraordinarios como capacidades especiales para transferencia de información de pensamientos o sentimientos entre individuos por medios distintos a los habituales (telepatía); percepción de información sobre lugares o acontecimientos futuros antes de que se produzcan (precognición); obtención de información sobre lugares o acontecimientos en lugares remotos, por medios desconocidos para la ciencia actual (clarividencia); capacidad de la mente para influir en la materia, el tiempo, el espacio o la energía por medios desconocidos para la ciencia actual (psicoquinesis); experiencias relatadas por una persona que estuvo a punto de morir o que experimentó una muerte clínica y luego revivió (experiencias cercanas a la muerte); renacimiento de un alma u otro aspecto no físico de la conciencia humana en un nuevo cuerpo físico después de la muerte (reencarnación) y fenómenos que se atribuyen a menudo a los fantasmas y que se encuentran en los lugares que se cree que frecuentaba una persona fallecida o en relación con sus antiguas pertenencias (apariciones).

La historia de la parapsicología tiene un comienzo moderno, en 1853, cuando el químico Robert Hare llevó a cabo experimentos con varios médiums e informó de resultados positivos. Sin embargo, otros investigadores, como Frank Podmore, destacaron los defectos de diseño de sus experimentos, así como la falta de controles para evitar los engaños. En

El controvertido parapsicólogo Helmut Schmidt prueba a un sujeto
en un experimento de generación de números aleatorios (años 70)
[Institute of Parapsychology, Durham, North Carolina].

1862 se crea el Ghost Club en Inglaterra, cuya misión era estudiar los fenómenos fantasmales. Veinte años después, en 1882, se fundó en Londres la Society for Psychical Research (SPR), el primer intento sistemático de reunir a científicos y académicos en una sola organización para garantizar un estudio crítico y estructurado de los fenómenos paranormales. Los primeros miembros de la SPR incluyeron filósofos, académicos, científicos, educadores y políticos como Henry Sidgwick, Arthur Balfour, William Crookes, Rufus Osgood Mason y el premio Nobel Charles Richet.

Los límites entre las actuales psicología y parapsicología eran difusos a finales del siglo XIX y no resultaba extraño que un mismo investigador trabajara igualmente en ambos campos. El público solicitaba su opinión sobre el espiritismo y algunos psicólogos querían llevar a cabo investigaciones rigurosas de los fenómenos espiritistas y psíquicos. Sin embargo, otros creían que tal línea de trabajo ponía en riesgo la reputación científica de su disciplina incipiente. Como no podían evitar fácilmente el tema, algunos psicólogos estudiaron los fenómenos espiritistas y psíquicos para demostrar que eran fraudulentos o explicarlos por causas naturales, mientras que otros desarrollaron una nueva subdisciplina, centrada en la psicología del engaño y la creencia. Los psicólogos utilizaron sus batallas con los espiritistas para legitimar la psicología como ciencia y crearse un nuevo papel como guardianes de la visión científica del mundo. Pero no faltaron quienes, como William James, estaban entusiasmados con el estudio de lo paranormal y tachaban de fundamentalistas a todos los que de entrada rechazaban la existencia de fenómenos paranormales y poderes mentales extraordinarios. Para mayor confusión, algunos investigadores que no estaban realmente interesados en la parapsicología se aprovechaban sin embargo para encontrar financiación o captar el interés del público. Investigadores como Granville Stanley Hall no dudaron en aceptar los donativos de los magnates interesados en el esoterismo siempre que a cambio pudieran conseguir algunos fondos con los que financiar sus laboratorios emergentes.

Muchos de sus objetivos iniciales incluían temas de investigación que procedían del mesmerismo y el espiritualismo, tales como el estudio del hipnotismo, las diversas formas de trance, la clarividencia, la telepatía, la hipnosis, la fuerza vital ódica de Reichenbach, las apariciones fantasmales y los fenómenos parapsicológicos que acompañan al espiritismo, como los movimientos de muebles y otros objetos y las materializaciones. Otros psicólogos se centraron en el lado opuesto, en detectar las posibles fuentes de error en experimentos parapsicológicos tales como identificar movimientos musculares involuntarios que podían servir para señalar de manera intencional objetos escondidos, evaluar la influencia de la sugestión, detectar los susurros inintencionados, analizar los efectos del azar y, por supuesto, detectar el fraude. Uno de los primeros logros conjuntos fue el «Censo de Alucinaciones» (*Census of Hallucinations*), un registro que recogía apariciones y alucinaciones en personas sanas. Esta encuesta fue el primer intento de la SPR de analizar fenómenos paranormales utilizando métodos estadísticos y la publicación resultante *Phantasms of the Living* (1886) todavía se cita con frecuencia en la literatura parapsicológica.

La SPR se convirtió en el modelo para sociedades similares que se crearon en otros países europeos y en los Estados Unidos a fines del siglo XIX. La Sociedad Americana para la Investigación Psíquica (ASPR) fue fundada en Nueva York en 1885, en gran parte a instancias de William James, que fue su presidente de 1894 a 1895. Esta organización todavía existe y James y sus socios llevaron a cabo estudios de inducción de la hipnosis, sugestión posthipnótica, uso terapéutico de la escritura automática y análisis de visión a través de cristales. James se implicó en una serie de sesiones espiritistas con la médium Leonora Piper, que le convenció de que fenómenos paranormales como la telepatía y la clarividencia eran reales.

En Alemania, Albert Freiherr von Schrenck-Notzing y Carl du Prel fundaron la Psychological Society en Múnich en 1886, una asociación que realizó investigaciones sobre la hipnosis y la telequinesis. Los experimentos realizados en las décadas de 1920 y 1930 en la Universidad de Múnich, que Schrenck-Notzing realizó en presencia de médicos y celebridades, dieron a conocer la parapsicología en Alemania. En estas demostraciones, los sujetos de prueba tuvieron que desvestirse y cambiarse de ropa en presencia de observadores antes de las pruebas y, a menudo, fueron encerrados en jaulas o sujetados de pies y manos durante los experimentos para intentar evitar manipulaciones. En España, el propio Ramón y Cajal realizó algunas pruebas con médiums y espiritistas, una de las cuales alojó en su casa, y llegó a la conclusión de que todo era un fraude.

En 1911, la Universidad de Stanford se convirtió en la primera institución académica de los Estados Unidos en realizar investigaciones de laboratorio sobre la percepción extrasensorial y la psicoquinesis. En 1930, la Universidad de Duke en Durham se convirtió en la segunda institución académica importante en intentar investigar sobre la percepción extrasensorial y la psicoquinesis. Bajo la guía de William McDougall y con la ayuda de otros, incluidos Karl Zener, Joseph B. Rhine y Louisa E. Rhine, comenzaron a trabajar en el laboratorio sobre la percepción extrasensorial con la ayuda de estudiantes voluntarios. A diferencia de los enfoques de la SPR y la ASPR, que intentaron usar evidencia cualitativa para respaldar la existencia de fenómenos paranormales, Duke se basó en métodos cuantitativos. En las pruebas de tarjetas Zener, tarjetas con símbolos sencillos como círculos, triángulos, o líneas paralelas, para probar la percepción extrasensorial y las pruebas de dados para probar la psicoquinesis, se recopilaron datos, que luego eran evaluados con la ayuda de métodos estadísticos estandarizados. Estos métodos fueron adoptados posteriormente por investigadores de todo el mundo.

Desde la década de 1980, la investigación parapsicológica ha disminuido considerablemente en todo el mundo. Algunos efectos que se consideraban paranormales, por ejemplo, los efectos de la fotografía Kirlian (que algunos creían que representaban un aura humana), desaparecieron bajo controles más estrictos, lo que dejó esas vías de investigación en un callejón sin salida. Tras 28 años de investigación sin resultados, el Laboratorio de Investigación de Anomalías de Ingeniería de Princeton (PEAR), que estudiaba la psicoquinesis, cerró en 2007. En la actualidad solo dos universidades de Estados Unidos cuentan con laboratorios académicos de parapsicología. La División de Estudios Perceptivos, una unidad del Departamento de Medicina Psiquiátrica de la Universidad de Virginia, estudia la posibilidad de supervivencia de la conciencia después de la muerte corporal, las experiencias cercanas a la muerte y las experiencias extracorpóreas.

Curiosamente, en las dos últimas décadas, algunas fuentes de financiación para la parapsicología en Europa han aumentado sustancialmente , de modo que el centro de gravedad del campo ha pasado de los Estados Unidos a nuestro continente. De todas las naciones, el Reino Unido tiene el mayor número de parapsicólogos activos y la mayoría trabajan en departamentos de Psicología convencionales y hacen estudios de psicología convencional para «impulsar su credibilidad y demostrar que sus métodos son sólidos».

Aunque la parapsicología existe desde hace más de 120 años, no es reconocida como válida por la inmensa mayoría de la comunidad científica porque el número de estudios empíricos metodológicamente sólidos sobre los supuestos fenómenos paranormales es demasiado pequeño para apoyar la introducción de nuevos «efectos» en el corpus de hechos científicos aceptados. La mayoría de los científicos consideran que la existencia de tales fenómenos no está probada, que muchos de los supuestos efectos se deben a la sugestión o el engaño y se refieren a la parapsicología como una pseudociencia.

WILLIAM MCDOUGALL (1871-1938)

Nació en Chadderton, Inglaterra, y pasó la primera parte de su carrera en Gran Bretaña y la segunda en los Estados Unidos. Pertenecía a una familia próspera, lo que le dio la oportunidad de estudiar e investigar sin preocuparse mucho de tener un sueldo. A los quince años se matriculó en Ciencias Naturales en la Universidad de Cambridge y a los diecinueve obtuvo un primer título con las máximas calificaciones. Entonces empezó a estudiar Fisiología, también en Cambridge, y una vez superado un segundo examen, también con las mejores notas, recibió su título de médico. En 1898 se unió a una expedición antropológica que iba a las Indias orientales holandesas a estudiar una tribu de Borneo. Durante ese viaje leyó los *Principles of Psychology* de William James y a su vuelta, decidió dedicarse a la psicología y marchó a estudiar con G. E. Müller en Gotinga durante un año. En el cambio de siglo realizó varios experimentos sobre la visión.

Profesores y diplomáticos en las terceras jornadas del Instituto de Política del Williams College, en Massachusetts (1923). McDougall, en el extremo superior derecho [Library of Congress].

McDougall fue profesor de Psicología en la Universidad de Oxford entre 1904 y 1920 y durante la Primera Guerra Mundial estudió a soldados con obusitis, lo que ahora sería el trastorno de estrés postraumático. Este estudio le llevó a interesarse en el psicoanálisis y visitó a Carl Jung, que le analizó. Ese mismo año se trasladó a los Estados Unidos y fue profesor primero en Harvard y luego en Duke.

Se opuso al conductismo y escribió textos que tuvieron un amplio impacto, en particular sobre el desarrollo de los instintos y la psicología social. De hecho, la *Introduction to social psychology* (1908) de McDougall fue uno de los primeros libros de psicología social y el primero que proporcionó un marco teórico sistemático. En esa obra, McDougal se oponía a un conductismo «mecanicista» y defendía uno basado en propósitos u hórmico (del griego *hormé*, que significa impulso o urgencia).

McDougall creía que el comportamiento estaba siempre dirigido a un objetivo y que era variable y persistente y tan solo cesaba cuando se alcanzaba el objetivo buscado. Durante años fue el centro de una controversia entre los psicólogos que admitían el propósito en la psicología, aunque fuese con matices, y los que querían reducir la búsqueda de objetivos a una fórmula mecánica del tipo estímulo-respuesta. En su teoría de la motivación, McDougall defendió la idea de que los individuos están motivados por un número importante de instintos heredados, cuya acción pueden no comprender conscientemente, por lo que no siempre pueden entender sus propios actos. McDougall consideraba el instinto como una disposición psicofísica innata que contenía un componente aferente, uno central y uno motor. A esta disposición psicofísica le correspondía un componente cognitivo, uno emocional y uno expresivo.

McDougall defendió que la inteligencia es fundamentalmente el resultado de la herencia y sus ideas fueron consideradas racistas en los Estados Unidos. Más aún, se declaró animista, mostró su interés en la parapsicología y realizó experimentos para demostrar la validez de las ideas de Lamarck sobre la herencia de los caracteres adquiridos. Fue uno de los primeros que plantearon que la psicología es la ciencia que estudia el comportamiento.

Debido a su interés en la eugenesia y a su postura poco ortodoxa sobre la evolución —creía en la herencia de las características adquiridas, una clara idea lamarckista— McDougall ha sido adoptado como una figura icónica por los defensores de una fuerte influencia de los rasgos heredados en el comportamiento, algunos de los cuales son considerados por la mayoría de los psicólogos de la corriente principal como racistas científicos. Escribió:

Los pocos negros distinguidos, así llamados, de América —como Douglass, Booker Washington, Du Bois— han sido, creo, en todos los casos mulatos o tenían alguna proporción de sangre blanca. Podemos atribuir con justicia la incapacidad de la raza negra para formar una nación a la falta de hombres dotados de las cualidades de los grandes líderes, incluso más que al nivel inferior de la capacidad media.

Retrato y firma de William McDougall [*Obituary Notices of Fellows of the Royal Society*, 1940].

Un aspecto central del pensamiento de McDougall era la idea de que los organismos buscan un objetivo. Caracterizaba esta actividad de la manera siguiente: una energía interna se canaliza por distintas vías, que dirigen al organismo a aproximarse a objetivos de diferentes tipos; el direccionamiento de esta energía en canales concretos es llevado a cabo por la actividad cognitiva, una actividad que continúa hasta que el objetivo es alcanzado. Acercarse al objetivo es una tarea satisfactoria.

En 1911, McDougall escribió *Cuerpo y mente. Historia y defensa del animismo*. En la obra rechazaba tanto el materialismo como el darwinismo y apoyaba una forma de lamarckismo en la que la mente guía la evolución. Defendía una forma de animismo en la que toda la materia tiene un componente mental. Sus puntos de vista eran muy parecidos al panpsiquismo, ya que creía que había un principio animador en la materia y afirmaba en su obra que había pruebas tanto psicológicas como biológicas para esta posición. Planteaba que la mente y el cerebro son distintos, pero interactúan entre sí, aunque no era ni dualista ni monista, ya que creía que su teoría del animismo sustituiría a ambos puntos de vista filosóficos.

McDougall estableció un laboratorio de parapsicología en la Universidad Duke, que dirigió Joseph B. Rhine. Este centro llevó a cabo amplios experimentos sobre la telepatía, la clarividencia y la precognición. Su primera publicación *Extra-Sensory Perception* (1934) generó un enorme impacto y los resultados del laboratorio que se publicaron en el *Journal of Parapsychology* crearon un gran revuelo entre los psicólogos norteamericanos. El grupo de Duke recibió duras críticas sobe su investigación que incluían críticas sobre un mal uso de las técnicas estadísticas, informes con datos incompletos, una mezcla insuficiente de las cartas de Zener y unos pobres controles experimentales. Como parapsicólogo McDougall afirmó que la telepatía había sido probada científicamente y utilizó pruebas de la investigación psíquica, así como de la biología y la psicología, para defender sus teorías animistas.

El laboratorio continuó funcionando como una fundación privada bajo el nombre de Rhine Research Center, junto con el Instituto de Parapsicología. Tras el cierre del laboratorio parapsicológico de la universidad de Utrecht en 1988, Robert L. Morris, de la Universidad de Edimburgo quedó como el único catedrático de parapsicología en Europa. La Asociación Parapsicológica, una organización internacional fundada a propuesta de Rhine, se incluyó en la American Association for the Advancement of Science en 1969 y tiene ahora unos 250 socios.

J. B. RHINE (1895-1980)

Joseph Banks Rhine fue un botánico americano fundamental en el desarrollo de la parapsicología en el siglo xx. Fundó el Laboratorio de Parapsicología de la Universidad de Duke, la revista *Journal of Parapsychology*, la Foundation for Research on the Nature of Man y la Parapsychological Association. Escribió dos libros que tuvieron un enorme impacto en la población general: *Extrasensory Perception* y *Parapsychology: Frontier Science of the Mind*.

Nació en Waterloo (Pensilvania) y se educó en la Ohio Northern University y en el College of Wooster, tras lo cual se alistó en el Cuerpo de Marines. Posteriormente, se matriculó en la Universidad de Chicago, donde obtuvo un máster en Botánica en 1923 y un doctorado en Botánica en 1925. Mientras estaba allí, él y su esposa Louisa E. Rhine quedaron impresionados por una conferencia pronunciada en mayo de 1922 por Arthur Conan Doyle, escritor y espiritista, en la que exponía que era posible la comunicación con los muertos. Rhine escribió posteriormente: «Esta mera posibilidad era el pensamiento más estimulante que había tenido en años».

Rhine (dcha.), trabajando con el estudiante H. Pearce [*Extra-sensory perception*, J. B. Rhine, 1934]

Rhine fue profesor durante un año en el Instituto Boyce Thompson de Investigación Vegetal, en Yonkers, Nueva York. Después, se matriculó en el Departamento de Psicología de la Universidad de Harvard, para estudiar durante un año con William McDougall. En 1927 se trasladó a la Universidad de Duke, en Durham (Carolina del Norte), donde continuó su trabajo con el profesor McDougall y comenzó los estudios que ayudaron a desarrollar la parapsicología como una rama de la ciencia; lo que él consideraba una parte de la «psicología anómala».

Uno de sus primeros estudios fue el análisis de las actuaciones de la médium Mina Crandon, donde pudo documentar que era un fraude. Su informe fue rechazado por la Sociedad Americana de Investigación Psíquica, por lo que lo publicó en el *Journal of Abnormal Social Psychology*. En respuesta, los defensores de Crandon atacaron a Rhine, y Arthur Conan Doyle publicó un artículo en un periódico de Boston en el que afirmaba: «J. B. Rhine es un asno». Después, Rhine puso en marcha un proyecto de investigación con diversos estudiantes en el que tenían que adivinar una serie de cartas y algunos de ellos tuvieron puntuaciones muy superiores al azar, resultados que se fueron normalizando cuando aumentaron los controles para evitar los fraudes y los errores en el diseño de las pruebas.

Los experimentos de parapsicología de Duke suscitaron muchas críticas por parte de académicos y otras personas que cuestionaban los conceptos y las supuestas pruebas de la percepción extrasensorial. Varios departamentos de Psicología trataron de repetir los experimentos de Rhine sin conseguirlo. W. S. Cox (1936) de la Universidad de Princeton reunió 132 sujetos y llevo a cabo 25 064 ensayos en un experimento de percepción extrasensorial con cartas. Cox concluyó:

> *No hay evidencia de percepción extrasensorial ni en el «hombre promedio» ni en el grupo investigado ni en ningún individuo particular de ese grupo. La discrepancia entre estos resultados y los obtenidos por Rhine se debe a factores incontrolables en el procedimiento experimental o a la diferencia de los sujetos.*

Otros cuatro departamentos de Psicología no pudieron replicar los resultados de Rhine.

En 1937, el libro de Rhinc *New Frontiers of the Mind* llamó la atención del público en general sobre la investigación parapsicológica en Durham. Rhine estableció un laboratorio de parapsicología independiente dentro de la Universidad de Duke y creó el *Journal of Parapsychology*, que coeditó con William McDougall.

«Prueba monitorizada de
coincidencia táctil de ESP [percepción
extrasensorial]», descrita por Rhine
[*Parapsychology. Frontier science of the
mind*; Rhine, J. B. y Pratt, J. G., 1957-74].

En 1938, el psicólogo Joseph Jastrow escribió que gran parte de las pruebas de percepción extrasensorial recogidas por Rhine y otros parapsicólogos eran anecdóticas, sesgadas, dudosas y el resultado de «una observación
defectuosa y de las conocidas debilidades humanas». Los experimentos
de Rhine fueron desacreditados al descubrirse que la filtración sensorial
o el engaño podían explicar todos sus resultados, como que el sujeto fuera
capaz de leer los símbolos del reverso de las cartas y de ver y oír al experimentador para anotar pistas sutiles.

El ilusionista Milbourne Christopher escribió años más tarde que creía
que «hay al menos una docena de formas en las que un sujeto que quisiera hacer trampa en las condiciones que Rhine describió podría enga-
ñar al investigador». Cuando Rhine tomó precauciones en respuesta a las
críticas a sus métodos, no pudo encontrar ningún sujeto con alta puntuación, algo que antes conseguía de forma regular. Otra crítica, realizada por
el químico Irving Langmuir, entre otros, fue la de la información selectiva. Langmuir afirmó que Rhine no informaba de las puntuaciones de los
sujetos que sospechaba que se equivocaban intencionadamente y que esto,
en su opinión, sesgaba los resultados estadísticos. Los resultados de Rhine
nunca han sido replicados por la comunidad científica.

GESTALT

La palabra alemana *Gestalt* significa forma, patrón, configuración. Los psicólogos de esta corriente quisieron crear una nueva forma de abordar el estudio científico de la psicología. Su enfoque fue muy rupturista y se enfrentaron a casi todos los principios de las generaciones previas, porque pensaban que los demás separaban artificialmente las funciones de la mente. Ellos pensaban que la mente era un todo y afirmaban que la gente entiende los objetos como una estructura completa en lugar de la suma de sus partes, una obra musical como una melodía en vez de como una sucesión de notas. Su principal interés era el estudio de la percepción, aunque en la década de 1950 Fritz Perls adaptó las ideas de la Gestalt para crear un método de psicoterapia.

La corriente dominante en la psicología de la época era el estructuralismo. Los gestaltistas se opusieron al punto de vista «atomista» de los estructuralistas, según el cual el objetivo de la psicología debía ser descomponer la conciencia en elementos básicos analizables y comprensibles. Los psicólogos de la Gestalt creían que descomponer los fenómenos psicológicos en partes más pequeñas no conduciría a la comprensión de la mente y que la forma más fructífera de ver los fenómenos psicológicos era como conjuntos organizados y estructurados; el «todo» psicológico tiene prioridad y las «partes» se definen por la estructura del todo, y no al revés. Se podría decir que el enfoque de la Gestalt se basaba en una visión macroscópica de la psicología en lugar de un enfoque microscópico. Las tres figuras claves de la Gestalt fueron Max Wertheimer, Wolfgang Köhler y Kurt Koffka.

«Mi esposa y mi suegra. Las dos están en esta imagen.
Encuéntralas» (W. E. Hill, 1915) [Library of Congress].

MAX WERTHEIMER (1880-1943)

Wertheimer nació en Praga y estudió Derecho en la Universidad Carolina de dicha ciudad. Su interés en la psicología lo hizo trasladarse a la Universidad de Berlín para estudiar con Stumpf y luego a Wurzburgo para continuar su formación con Külpe, con quien hizo el doctorado sobre un tema controvertido: la fiabilidad de los testimonios de los testigos (1904). Era un apasionado de la música y tocaba el piano y el violín.

En el verano de 1910 Wertheimer hizo un viaje en tren para iniciar sus vacaciones. Al mirar por la ventana del vagón se quedó asombrado del movimiento aparente de los postes, vallas, edificios, incluso las montañas en el horizonte. Estos objetos estáticos parecían correr en dirección contraria a la que el tren avanzaba. Millones de personas hemos tenido esa misma sensación, pero Wertheimer lo miró con unos ojos distintos. Abandonó el viaje, se bajó del tren en Fráncfort, se compró un estroboscopio de juguete y en una habitación de hotel verificó sus primeras ideas sobre lo que se conocería como el «fenómeno phi». En vez de utilizar las ilustraciones que venían con el juguete empezó a hacer sus propias tiras utilizando líneas abstractas en distintas posiciones. Al variar estos elementos pudo investigar las condiciones en las que se consigue la ilusión de movimiento. El objetivo era analizar el movimiento aparente cuando no existe ningún movimiento, como el del árbol que parece desplazarse en dirección opuesta al tren. Wertheimer lo llamaba la «impresión» de movimiento. Nos puede parecer algo banal: según el pensamiento estructuralista dominante, cualquier experiencia consciente se podía descomponer en los elementos sensoriales constituyentes, pero ¿cómo se podía analizar la percepción de un movimiento aparente cuando los elementos protagonistas eran estáticos? Para Wertheimer, el movimiento aparente no se podía reducir a nada más simple; postuló que el cerebro percibía cualquier estímulo como un «todo» con sentido, una *Gestalt*, en vez de como un acúmulo de datos separados. El movimiento aparente se convirtió en un auténtico paradigma.

Wertheimer estudió el fenómeno *phi* con sus dos ayudantes, Wolfang Köhler y Kurt Koffka. Publicaron sus resultados en un artículo de 1912 titulado *Estudios experimentales de la percepción del movimiento*. La idea era desarrollar un enfoque que articulase la riqueza psicológica de la vida. La Primera Guerra Mundial los separó, pero se volvieron a reunir cuando Köhler fue nombrado director del Instituto Psicológico de la Universidad de Berlín, donde Wertheimer era ya miembro del claustro. Los estudiantes de este instituto no tenían que ir a clase, sino que hacían investigaciones utilizando a otros estudiantes como sujetos de experimentación y preparaban artículos para su publicación.

En 1920, Wertheimer y Köhler fundaron *Psychological Research*, una revista que publicaría muchas de las principales ideas de los psicólogos de la Gestalt. En 1929 Wertheimer fue nombrado catedrático de Psicología en la Universidad de Fráncfort, donde criticó las formas tradicionales de la lógica por ignorar la manera en la que la gente agrupaba y reorganizaba las cosas que percibía a la hora de resolver distintos problemas.

Según las teorías sobre la percepción de su tiempo, nuestros sentidos recogen información sobre el mundo físico mediante sensaciones simples y a menudo inconscientes. Por ejemplo, una conversación de fondo se podía sentir (oír) pero no percibir (atender a ella) porque se experimentaba fuera de la atención de esa persona. Los psicólogos anteriores, en particular, los estructuralistas, habían separado esos fenómenos en sus componentes individuales, como sentimientos, imágenes y sensaciones. Esta idea no permitía los significados adicionales que damos a los fenómenos cuando los percibimos como un todo. Considera Wertheimer que el cerebro organiza los estímulos en paquetes de información y los percibe como algo único, un todo, la Gestalt, al igual que cuando ponemos documentos relacionados en una carpeta o juntamos las fotos de unas vacaciones en un álbum. Para él, «hay contextos en los cuales lo que sucede en el todo no puede deducirse de las características de las piezas separadas»; y creía también que esa percepción en «todos» se reflejaba en la organización del sistema nervioso.

Wertheimer causó también una fuerte impresión en el joven Abraham Maslow quien empezó a estudiar las características personales del primero. De esas observaciones sobre Wertheimer y otros, Maslow desarrolló el concepto de autoactualización y promovió posteriormente una línea de pensamiento conocida como psicología humanista.

KURT KOFFKA (1886-1941)

Koffka nació en Berlín en una familia cosmopolita y de alto nivel socioeconómico. Empezó sus estudios universitarios en la Universidad de Berlín, donde se matriculó en asignaturas de Filosofía y Psicología. Pasó un año en Edimburgo y empezó a estudiar sobre el ritmo, que sería el tema de su tesis doctoral. Tras enseñar en varias universidades alemanas emigró a los Estados Unidos, donde obtuvo un puesto en el Smith College. En su libro *El crecimiento de la mente* (1924) buscó extender la Gestalt a la psicología infantil. En esta obra, Koffka argumenta que las primeras experiencias infantiles se organizan como «todos», en lugar de la caótica confusión de estímulos que según William James perciben los recién nacidos. A medida que crecen, dice Koffka, los niños aprenden a percibir los estímulos de una forma más estructurada y diferenciada, en lugar de como un «todo». En su libro *Principios de la psicología Gestalt* (1935) hizo una presentación sistemática y detallada del trabajo llevado a cabo en apoyo de esta corriente psicológica.

El psicólogo alemán Kurt Koffka.

WOLFGANG KÖHLER (1887-1967)

Köhler nació en Reval (actual Tallin, Estonia) y en 1893 la familia regresó a Alemania pues su padre obtuvo un puesto como director de un Gymnasium, un centro de enseñanza secundaria. Wolfgang completó su educación secundaria en Wolfenbüttel y realizó sus estudios superiores en las universidades de Tubinga, Bonn y Berlín. Su formación fue muy diversa y cursó asignaturas de Filosofía, Historia, Ciencias Naturales y Psicología Experimental.

Su primer contacto con el mundo de la psicología fue con Benno Erdmann en la Universidad de Bonn y se doctoró en Psicoacústica Experimental bajo la supervisión de Carl Stumpf (1848-1936), que por aquel entonces era director del Instituto de Psicología de Berlín. Durante su estancia en esta ciudad, Köhler también tuvo la oportunidad de asistir a cursos impartidos por el filósofo de la ciencia Alois Riehl, el físico Max Planck y el químico-físico Walther H. Nernst. Después se trasladó a la Universidad de Fráncfort, a la cual llegó un poco antes que Wertheimer y su estroboscopio de juguete.

Ilustración que sirvió de portada a la edición de 1947 del libro *Gestalt psychology: an introduction to new concepts in modern psychology*, escrito por Wolfgang Köhler.

Köhler fue el portavoz del movimiento Gestalt. Sus libros, escritos con rigor y claridad, fueron la presentación internacional del movimiento y, tras su formación con Planck, Köhler pensaba que la psicología se tenía que aliar con la física y que los *Gestalten* (formas o patrones) ocurrían tanto en una como en otra disciplina.

En 1913, la vida de Köhler dio un giro inesperado cuando Stumpf le ofreció la dirección de la Estación Antropoide que la Real Academia Prusiana de Ciencias había fundado cerca de La Orotava, en Tenerife para la investigación psicológica de los chimpancés y otros simios. Köhler y su familia se trasladaron a la isla a finales de ese año y, aunque Köhler fue contratado originalmente como director por un año, el estallido de la Primera Guerra Mundial les obligó a permanecer en la isla hasta 1920.

Durante su estancia en las islas Canarias, Köhler realizó una serie de estudios sobre el comportamiento de los chimpancés que se convertirían en clásicos de la psicología comparada. Esos experimentos fueron la base de su libro *Intelligenzprüfungen an Menschenaffen* (*La mentalidad de los simios*), publicado en 1921.

Los simios habían sido entrenados para responder de unas maneras concretas, pero hasta que Köhler fue a Tenerife se pensaba que solo podían aprender por ensayo y error; es decir, encontraban la respuesta correcta por pura casualidad y conseguían así lo que querían, que normalmente era un poco de comida. Köhler pensaba que los chimpancés eran más listos de lo que la gente creía y que eran capaces de resolver problemas de la misma manera que lo hacen los seres humanos, pensando para encontrar una solución plausible. Los puso en jaulas de gran tamaño y los dio unas herramientas para intentar alcanzar la comida que estaba en su campo de visión, pero fuera de su alcance. Una hembra llamada Nueva cogió un palo que Köhler había dejado en su jaula. Rascó con él el suelo un rato, pero al poco tiempo perdió interés y lo tiró. Diez minutos más tarde Köhler colocó unas piezas de fruta fuera de la jaula. Nueva intentó cogerlas alargando el brazo, pero no llegaba. Empezó a gimotear, luego a gritar y finalmente se tiró al suelo «en un gesto muy elocuente de desesperación». Varios minutos después miró al palo, dejó de lloriquear y lo agarró súbitamente. Pasó el palo a través de los barrotes de la jaula y con él arrastró la fruta hasta que pudo agarrarla con la mano. Una hora después Köhler repitió el experimento. Esta vez Nueva no mostró ninguna vacilación, agarró el palo y lo usó como herramienta directamente, con lo que obtuvo la fruta mucho más rápido.

Para Köhler, estaba claro que Nueva no había empleado un sistema de ensayo y error en el que en una serie de movimientos aleatorios hubiera tocado la comida con el palo. Por el contrario, sus movimientos tenían un objetivo, un propósito y eran deliberados. No tenía nada que ver con lo que se había observado cuando se ponía a una rata en laberinto. Nueva y los demás chimpancés estudiados en Tenerife mostraban una forma diferente de aprender y su observación fue la base de una nueva fase en la psicología, una revolución en cómo afrontar el estudio de la mente y el comportamiento.

Hay quien ha sugerido que Köhler era un espía y que la estación primatológica era una tapadera para esas actividades, que tenía una potente radio escondida en su casa, desde donde enviaba información a Berlín sobre los movimientos de los buques aliados, pero las evidencias disponibles son muy discutibles. Fuese cual fuese la razón de su estancia en las islas Canarias, fue una época productiva durante la que hizo algunas de sus mejores aportaciones. Aunque al principio encontró interesante el trabajo con animales, pronto se aburrió de ello y decía: «Tras dos años de simios cada día, uno mismo se vuelve un tanto chimpanzoide y deja de notar algunas cosas de los animales con tanta facilidad». A la vuelta a Berlín, Köhler no siguió trabajando en la psicología comparada pero su obra se convirtió en un referente en psicología animal, psicología infantil —recibió numerosos elogios de Jean Piaget— y en primatología.

Koffka usó un cuento alemán para mostrar, de una forma dramática, la diferencia entre lo que él llamó «ambientes geográfico y comportamental»:

> Una tarde de invierno, en medio de una tormenta de nieve, un hombre a caballo llegó a una posada, feliz de haber alcanzado un refugio después de horas de cabalgar sobre aquella planicie azotada por el viento en la que una manta de nieve había cubierto todos los caminos y señales. El posadero se acercó a la puerta, miró sorprendido al extranjero y le preguntó de dónde venía. El hombre señaló en dirección opuesta a la puerta de la posada y entonces el posadero, en un tono de asombro, le dijo: «¿Sabe que ha cabalgado a través del lago Constanza?». Al oír eso, el jinete cayó muerto a sus pies.

Geográficamente el hombre había cabalgado a través del Lago Constanza, pero comportamentalmente o perceptualmente, había cruzado una planicie cubierta de nieve. Cuando supo lo que su ambiente había sido realmente, el choque psicológico acabó con él. Koffka también señaló que, aunque varias personas podemos compartir el mismo ambiente geográfico, nuestros ambientes comportamentales pueden ser muy diferentes.

Los psicólogos de la Gestalt estaban insatisfechos con lo que consideraban un estado estático y estéril del estructuralismo. Años más tarde Köhler recordaba esa forma de pensar:

La psicología [del introspeccionista] *es bastante incapaz de satisfacer a la gente durante mucho tiempo. Puesto que ignora las experiencias de la vida cotidiana y se concentra en hechos raros, que solo un procedimiento artificial puede revelar, tanto su audiencia profesional como los no expertos perderán antes o después la paciencia. Y entonces algo más pasará. Habrá psicólogos que le tomarán la palabra cuando dice que es la única manera adecuada de tratar con la experiencia. Si esto es cierto, dirán, el estudio de la experiencia con seguridad no nos interesa. Haremos cosas más vivas. Estudiaremos el comportamiento.*

El triunvirato de la Gestalt estableció de hecho una psicología nueva, más viva, más relevante. Los psicólogos de la Gestalt demostraron que las experiencias perceptuales eran dinámicas, no estáticas; organizadas, no caóticas, y predecibles, no erráticas. Creían que esa misma organización perceptual no solo era válida para nuestras percepciones visuales sino también para las auditivas y táctiles y para procesos superiores como la memoria. Según ellos, nuestra tendencia a organizar las percepciones nos lleva a ambientes psicológicos que son a menudo diferentes del ambiente físico, como el lago nevado.

Las nuevas ideas de la Gestalt la convirtieron en una escuela importante entre los psicólogos alemanes de la década de 1920. El ambiente era febril, con cambios políticos, el emperador partió al exilio y surgió la República de Weimar, hambre y una de las peores inflaciones de la historia, aunque fue también un tiempo de creatividad, de conflicto, de nuevas ideas.

La importancia de la Gestalt quedó de manifiesto cuando Wolfgang Köhler sucedió a Carl Stumpf como director del Instituto Psicológico de Berlín. Esa época no duraría mucho, pues pocos años después Wertheimer, Koffka y Köhler tuvieron que partir al exilio, junto con otros miles de científicos y profesores universitarios de origen judío, en lo que se conoce como «el regalo de Hitler». Köhler demostró ser un valiente. Fue el único psicólogo alemán no judío que protestó públicamente contra el trato a los judíos. El 28 de abril de 1933 escribió un artículo crítico con el régimen en el *Deutsche Allgemeine Zeitung*, el principal periódico de Berlín. Pensaba que sería inmediatamente arrestado por lo que pasó la noche tras la publicación del artículo tocando música de cámara con sus colegas en el propio instituto. En noviembre de 1933, un decreto obligó a los profesores a empezar sus clases y charlas con el saludo nazi. Poco después Köhler dio una conferencia a una audiencia de más de doscientas personas entre los que estaban no solo sus estudiantes y sus colegas, sino también numerosos camisas pardas y simpatizantes nazis. Empezó aleteando con su mano en una caricatura del saludo hitleriano y siguió detallando los motivos de su oposición al nacionalsocialismo. La audiencia respondió con un aplauso atronador, pero las autoridades rugieron de indignación. Fue un ejemplo aislado. La mayoría de sus colegas apoyaron el movimiento nazi desde su creación. Un miembro de la facultad llamó a Hitler «un gran psicólogo» y otros alabaron su «gran visión, audaz y emocionalmente profunda». La Sociedad Psicológica Alemana apoyó al régimen nazi, expulsó a los editores judíos antes de que fuese algo obligado por ley y declaró públicamente «la influencia perniciosa de los judíos» y las grandes virtudes de Hitler.

La presión de los nazis hizo que los líderes de la Gestalt se trasladasen a Estados Unidos, pero su incorporación a la psicología americana fue un proceso lento y en parte fallido. Por un lado, el conductismo estaba en la cima de su popularidad; por otro, la mayoría de las publicaciones de la Gestalt estaban en alemán; en tercer lugar, muchos psicólogos creían que la Gestalt solo analizaba la percepción; cuarto, los tres líderes se colocaron en pequeñas universidades (*colleges*) americanas que no tenían programas de doctorado, por lo que les resultó casi imposible conseguir discípulos y seguidores y hacer investigación. Y quinto, los líderes de la Gestalt se oponían al estructuralismo de Wundt y Titchener pero los americanos ya estaban en el conductismo y, sin un enemigo al que enfrentarse, la Gestalt parecía mucho menos interesante.

It's the hat.

«Es el sombrero». La campaña «Hitler contra Chaplin» de la tienda de sombreros Hut Weber, una representación moderna de la idea de la Gestalt (2008) [a partir de Brett Jordan, CC BY 2.0 DEED].

La terapia Gestalt fue desarrollada por Fritz Perls (1893-1970) y su esposa Laura (1905-1990) en la década de 1950. Los Perls centraron su estrategia enfatizando la diferencia entre la figura, el paciente, y el fondo, la experiencia, en las áreas o *Gestalten* que reflejaban las necesidades del paciente. Según ellos, una persona sana organiza sus experiencias en *Gestalten* bien definidas, de manera que hay una clara distinción entre un sentimiento y su contexto y el individuo puede decidir cuál es la respuesta adecuada. Por ejemplo, alguien con su cuerpo deshidratado puede darse cuenta del *Gestalt* de sed y decidir beber. Una persona enfadada que es consciente de los sentimientos que experimenta puede elegir entre varias respuestas, expresar su furia, para hacer a otros conscientes de ello, o liberar ese sentimiento de otra manera. Una persona que no sea consciente puede suprimir esa sensación y sufrir una frustración. Por otro lado, una persona neurótica interfiere continuamente con la formación de las *Gestalten*, rechazando reconocer cómo se siente en un momento determinado. De ese modo, es incapaz de lidiar con eficacia sobre algunas necesidades porque interrumpe y evita la formación de una Gestalt adecuada.

La terapia Gestalt parte de algunas de las ideas centrales de la teoría Gestalt, como la necesidad de cerrar las imágenes incompletas e intenta aplicar las leyes de la percepción a la experiencia vital de una persona. Esta terapia sugiere, como en otras terapias calificadas de humanistas, que cada individuo solo puede ser entendido en el contexto de su propia vida. La terapia Gestalt enfatiza esa visión holística o completa del individuo focalizándose en la persona como un todo y su sentido de consciencia sobre sí mismo. La terapia anima a los pacientes a verse a sí mismos frente al fondo de su vida y experiencias, como si fuera una figura frente al paisaje detrás de ella. A los pacientes se les pide repasar experiencias traumáticas o sin resolver y se explora cómo se sienten después de compartirlas. Al reconocer sus sentimientos, consiguen una idea mejor del efecto que esa experiencia tuvo sobre ellos y aprenden a sobrellevarla. Por otro lado, muchos psicólogos son muy críticos con estas ideas de aplicación de la Gestalt y la consideran una pseudoterapia.

La neuropsicología moderna ha rechazado muchas de las ideas de la Gestalt sobre cómo está organizado el sistema nervioso. Aunque sabemos que las conexiones nerviosas están organizadas en vías que restringen su función, no hay evidencia de los modelos de figura completa en los que creían Wertheimer y sus colegas. Por otro lado, muchas de las cuestiones planteadas por los psicólogos de la Gestalt sobre cómo identificamos los fenómenos son claves para nuestra comprensión de las modernas teorías sobre la percepción y el funcionamiento cerebral.

El palco del teatro, el día de la función gratuita (detalle) [Louis-Léopold Boilly, 1830].

PSICOLOGÍA DIFERENCIAL

La psicología diferencial se ocupa de las diferencias entre individuos en cuanto a sus características personales y sus diferentes estados psicológicos. Las descripciones, pruebas y mediciones precisas proporcionan la base para la investigación posterior: ¿Cómo se desarrollan estas diferencias a partir de predisposiciones genéticas e influencias sociales? ¿Cómo se interrelacionan estos rasgos y cómo pueden ordenarse? ¿Cómo cambian estas características en diferentes condiciones de vida y hasta qué punto pueden verse afectadas por la educación, la psicoterapia, la medicación u otras influencias mensurables?

Para muchos, la psicología diferencial se inicia con el análisis de las diferencias en el rendimiento sensorial, la velocidad de reacción y las funciones de la inteligencia, así como en la observación de la distinta duración de los rasgos de personalidad, si son estables o transitorios. Los cambios de estado a corto plazo, por ejemplo, en el rendimiento o el estado de ánimo a lo largo del día, son evidentes, pero también lo son cambios a largo plazo como la introversión y la extroversión en la juventud y la vejez.

La psicología diferencial se ocupa de las notables diferencias entre los individuos y analiza las diferencias entre individuos (interindividuales), la variabilidad dentro de una persona (intraindividual) y las diferencias entre personas en cuanto a su variabilidad (diferencias interindividuales de la variabilidad intraindividual). Se ocupa de todas las características psicológicas de la experiencia y el comportamiento humanos y, según la pregunta de investigación, también incluye las diferencias fisiológicas y neurofisiológicas subyacentes. Además, aporta información sobre aspectos sociopsicológicos, socioeconómicos y ecológicos, entre otros. Con sus descripciones precisas y sus principios metodológicos, la psicología diferencial proporciona la base científica para otras áreas de la psicología, especialmente el diagnóstico psicológico y la psicología aplicada.

FRANCIS GALTON (1822-1911)

Galton, primo de Darwin, nació en Warwickshire, cerca de Birmingham. Su familia había hecho su fortuna durante la revolución industrial y era rico. Fue un niño precoz que aprendió a leer a los dos años y medio, escribió una carta a los cuatro y podía leer cualquier libro a los cinco. Esa carta es una pequeña delicia que va dirigida a su tutora, su hermana mayor Adele. Dice así:

> Mi querida Adele:
> Tengo cuatro años y puedo leer mi libro de inglés. Puedo nombrar todos los sustantivos y adjetivos y verbos activos de latín, además de 52 líneas de poesía latina. Puedo hacer cualquier suma y puedo multiplicar por 2, 3, 4, 5, 6, 7, 8, 10. Puedo también usar la tabla de peniques. Leo un poco de francés y también sé leer el reloj.

Hay que pensar que también era honesto porque al principio había incluido los números 9 y 11, pero probablemente pensó que había exagerado un poco, raspó uno de los números con una cuchilla y pegó encima del otro un trocito de papel. Sin embargo, su carrera académica fue poco notable y tuvo dificultades para aprobar los exámenes de Matemáticas requeridos para ingresar en Cambridge. Después se dedicó a la medicina, carrera que terminó a los 22 años. Se considera que tenía una inteligencia excepcional, con un CI de 200, y era un hervidero de nuevas ideas.

Galton fue un gran explorador, pero a su vuelta a Inglaterra decidió trabajar en las diferencias individuales entre personas, en particular aquellas relacionadas con sus funciones mentales, y fue clave en el desarrollo de una psicología cuantitativa que sentaría las bases de la psicología diferencial. Con objeto de avanzar en sus estudios y obtener una muestra relevante instaló un laboratorio antropométrico en la Exhibición Internacional de Salud en Londres «para la medida en varias maneras de la forma y la facultad humanas». En un año registró los datos de 9337 individuos, que amplió posteriormente en otros laboratorios y consiguió examinar a más de 17 000 personas.

Las medidas físicas incluían altura, peso, perímetro torácico, amplitud de los brazos, fuerza, nivel de movilidad, agudeza visual y capacidad pulmonar, pero los londinenses podían, por la módica cantidad de tres peniques, tener un primer examen psicológico y, por otros dos peniques, una nueva y definitiva prueba de sus capacidades mentales. Se considera la primera clínica psicométrica del mundo. Para medir las funciones mentales,

Galton usaba medidas físicas como los tiempos de reacción visual y auditiva y la determinación del tono audible más agudo, ya que creía que había una relación entre la agudeza sensorial y la agudeza mental. También desarrolló un aparato sencillo que producía pitidos de diferentes frecuencias: el silbato de Galton. Analizó la función auditiva y encontró que con la edad se producía un deterioro notable de la agudeza para las notas más agudas. La gente no era consciente de este declive sensorial y a Galton le encantaba demostrar su deterioro a los ancianos más altivos.

Galton comparó a hombres y mujeres en test de discriminación de color, sabor y tacto y concluyó que los varones tenían una capacidad de discriminación superior. Sugería que la experiencia del día a día confirmaba esta conclusión:

> *Los afinadores de pianos son hombres y hasta donde yo sé también los catadores de té y de vino, los que seleccionan la lana y similares. Estas últimas profesiones están bien pagadas porque es el primer momento en el que el comerciante debe ser correctamente aconsejado sobre el valor real de lo que va a comprar o a vender. Si la sensibilidad de las mujeres fuera superior a la de los hombres, el propio interés de los comerciantes los llevaría a que fuera a ellas a las que contratasen casi siempre, pero como el caso es justo al revés, la suposición opuesta es probablemente la verdadera.*

Perfil de sir Francis Galton. Autor desconocido, ca. 1905 (detalle) [National Portrait Gallery].

Además de estas pruebas «físicas», Galton hizo un amplio uso de cuestionarios para sus estudios psicométricos y sus experimentos. Uno de los mejor conocidos tenía que ver con las imágenes mentales. Pedía a la gente que recordase una escena, por ejemplo, la mesa del desayuno de esa mañana, y luego les indicaba que respondieran a una serie de preguntas sobre la iluminación, los colores, las personas presentes y otra serie de detalles. La mayoría de la gente era capaz de rememorar bastantes cosas y generar una imagen mental relativamente clara, pero para sorpresa de Galton, la mayoría de los científicos y matemáticos eran un desastre al realizar esta prueba y consideraban que era sorprendente que pensara que se acordarían de una escena sin interés como esa. Galton concluyó que esas personas habían sido formadas para pensar en términos abstractos y esas imágenes mentales eran «tan desconocidas para ellos como los colores para un ciego». Otros, por el contrario, eran capaces de describir la escena con un detalle minucioso, casi como si la tuvieran delante de los ojos. Entre ellos había jugadores de ajedrez capaces de jugar con los ojos vendados, pianistas que leían una partitura mental mientras tocaban, conferenciantes que seguían un índice mental mientras hablaban y un tal Mr. Flinders Petrie,

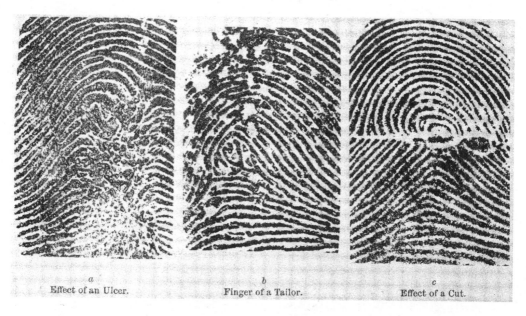

a Effect of an Ulcer.   *b* Finger of a Tailor.   *c* Effect of a Cut.

Galton estudió las huellas dactilares postulando que podían advertirse ciertos patrones hereditarios y relacionados con rasgos raciales (1892) [Wellcome Collection, CC BY 4.0 DEED].

que resolvía problemas aritméticos usando una regla de cálculo mental. Galton creía que estas gradaciones de la imaginería mental estaban presentes en todas las personas y que en general eran más distintivas en mujeres que en hombres.

Galton desarrolló dos pruebas de asociación. En la primera se pedía al sujeto que respondiera con una asociación a una palabra inicial que servía como estímulo. La latencia de la respuesta se usaba como medida de la rapidez mental del sujeto. Al estudiar la fuente de esas asociaciones personales, encontró que el 40 % derivaban de experiencias de la infancia. En su segunda prueba de asociación Galton simplemente le pedía al participante que permitiese a su mente vagar libremente durante un breve período de tiempo y luego escrudiñaba cuidadosamente las ideas y situaciones que habían aparecido en ese «paseo mental».

Galton estaba muy interesado en la contribución relativa de la herencia y el ambiente y fue uno de los primeros que pensaron que esa diferencia se podía aclarar mediante el estudio de gemelos. La idea actual de esos estudios es comparar a gemelos monocigóticos y dicigóticos. Los primeros surgen de la división de un único óvulo fecundado (cigoto) en las primeras etapas de la vida embrionaria y son genéticamente casi idénticos, mientras que los gemelos dicigóticos surgen de la implantación de dos óvulos fertilizados independientemente y son como dos hermanos que nacieran el mismo día y pueden ser incluso de diferente sexo.

El método clásico de los estudios gemelos se suele acreditar a Galton, en concreto a su artículo *The history of twins* (1875), pero esta interpretación es errónea. Lo que hizo Galton en esta obra fue seguir los cambios a lo largo de la vida de parejas de hermanos para ver si los gemelos que eran similares al nacer divergían si se les ponía en ambientes diferentes o si los gemelos que eran diferentes al nacer convergían al vivir en el mismo ambiente familiar. Vio que esa convergencia no se producía por lo que concluyó que los factores ambientales (*nurture*) eran mucho más débiles que los heredados (*nature*). No pudo diseñar el método de gemelos que conocemos porque no se conocían los mecanismos de herencia. El famoso estudio de Mendel había sido publicado en 1865, pero no fue «redescubierto» hasta 1900.

En *Hereditary Genius* (1869), Galton hizo un análisis estadístico sobre en qué medida los hombres eminentes tenían parientes eminentes y concluyó que había una fuerte evidencia de herencia de la genialidad. Este libro tuvo bastantes críticas y le acusaron de haber subestimado la importancia de un ambiente común dentro de la misma familia. En respuesta, Galton diseñó un cuestionario que envió a los miembros de la Royal Society, donde les preguntaba sobre sus antecedentes familiares y el origen de su interés por la ciencia. Los resultados fueron poco concluyentes, pero en la introducción indicaba que los gemelos idénticos podían servir para determinar el predominio de la herencia sobre la crianza. A continuación, Galton mandó un cuestionario a un número importante de gemelos adultos, los clasificó en grupos (por ejemplo, «chicas iguales, chicas diferentes, chicas parcialmente iguales») y finalmente consiguió contar con 94 parejas de gemelos. En su artículo en la revista *Fraser*, Galton analizó 35 pares de gemelos idénticos y recogió anécdotas sobre las peculiaridades de comportamiento compartidas por parejas individuales de gemelos y relató las más notables de ellas. En esa obra concluyó: «La naturaleza prevalece sobre la crianza cuando las diferencias de crianza no exceden lo que es común entre personas del mismo rango de la sociedad y en el mismo país».

En el punto álgido de la controversia entre la teoría de la evolución de su primo Darwin y la teología más fundamentalista, Galton estudió el tema con su objetividad acostumbrada. La conclusión fue que, aunque

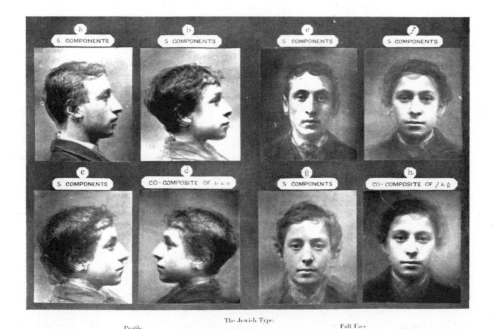

«El tipo judío». Combinando negativos de diversos rostros de individuos con un rasgo percibido, Galton busca un tipo promedio que será empleado como referencia en estudios antropológicos y genealógicos [*The Life, Letters and Labours of Francis Galton*; II; Karl Pearson; 1924].

una alta proporción de la población tenía fuertes creencias religiosas, esto no era suficiente evidencia para suponer que esas ideas eran válidas. Por sus muchas contribuciones a la ciencia, Galton fue nombrado Sir Francis en 1909. Falleció dos años más tarde, el 17 de enero de 1911. Su obra más duradera es el estudio de la herencia y los paradigmas para investigar las contribuciones relativas de la crianza y la herencia en el comportamiento humano. Eso si no contamos los mapas del tiempo, con sus isobaras, sus anticiclones y sus borrascas, que también fueron idea de él.

Galton publicó más de 340 artículos y libros. También creó el concepto estadístico de correlación y promovió ampliamente el concepto de regresión hacia la media. Fue el primero en aplicar los métodos estadísticos al estudio de las diferencias humanas y la herencia de la inteligencia, e introdujo el uso de cuestionarios y encuestas para la recogida de datos sobre las comunidades humanas, unas herramientas que necesitaba para los trabajos genealógicos y biográficos y para sus estudios antropométricos. Fue un pionero de la eugenesia, acuñó el término en 1883, y también es suya la frase «nature vs. nurture», «naturaleza frente a crianza». Para él, «naturaleza es todo lo que una persona llega consigo al mundo, crianza es cualquier circunstancia que le afecta después de su nacimiento».

Galton quería mejorar la especie humana y argumentaba que los seres humanos podían ser perfeccionados mediante una selección artificial. La eugenesia, o «buena crianza», trata de quién es digno de reproducirse. Los eugenistas trataron de aplicar las técnicas utilizadas en la cría de animales a las poblaciones humanas, eligiendo a los «más fuertes, más inteligentes y más aptos» para hacer avanzar la raza humana. Citando a Galton:

> *La eugenesia se ocupa de lo que es más valioso que el dinero o las tierras, a saber, la herencia de un carácter elevado, un cerebro capaz, un físico fino y vigoroso; en resumen, de todo lo que es más deseable que una familia posea como derecho de nacimiento. Su objetivo es la evolución y la preservación de las altas razas humanas.*

Para «hacer avanzar la raza humana», los eugenistas creían que había que animar a ciertas personas a procrear, mientras que a otras había que «desanimarlas». Propuso el desarrollo de pruebas de inteligencia para escoger hombres y mujeres excepcionales para unos «apareamientos selectivos» y recomendaba que aquellos que puntuaran alto recibieran incentivos económicos para que se casaran entre sí y tuvieran una amplia descendencia. La eugenesia abrió la puerta a algunos de los crímenes más abyectos de la historia de la humanidad.

ALFRED BINET (1857-1911)

Binet nació en Niza, que era entonces parte del reino de Cerdeña. Estudió Derecho y Fisiología y empezó a trabajar como investigador en el hospital de la Salpêtrière, el principal centro de enfermedades mentales del mundo, que lideraba Charcot, el gran experto. Binet hizo experimentos sobre hipnosis bajo la influencia de Charcot, pero sus resultados no pudieron ser replicados y Binet se vio obligado a una embarazosa confesión pública de que se había equivocado al apoyar a su maestro en el uso de esta metodología. Binet terminaría abandonando el grupo de Charcot, definía la sugestión como «el cólera de la psicología» y avisaba a sus colegas «dime lo que estás buscando y te diré lo que vas a encontrar».

Estimulado por el nacimiento de sus dos hijas, Marguerite y Alice, Binet empezó a estudiar el desarrollo infantil. Llamaba a Marguerite, la mayor, una objetivista; y a la pequeña Alice, una subjetivista. Desarrolló los con-

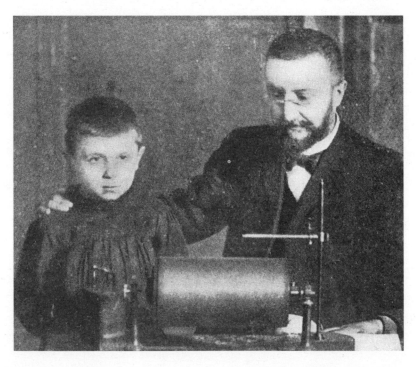

«Solo es cuestión de experimentar y observar, eso es cierto; pero ¡qué dificultad para encontrar la verdadera fórmula de la experiencia!» [*The intelligence of the feeble-minded*, Alfred Binet, 1916].

ceptos de introspección y externospección y se adelantó a los tipos psicológicos de Carl Jung. Con ellas empezó a hacer pruebas sencillas como ponerles dos montones de monedas, alubias y otros objetos y pedirles que dijeran en cuál había más. Fue también una anticipación del trabajo de Piaget.

En 1891 Binet se incorporó al Laboratorio de psicología fisiológica de La Sorbona, donde trabajaba al principio sin sueldo. Allí hizo muchos estudios y publicó prolíficamente. Según él «uno de mis mayores placeres es tener una hoja de papel para rellenar. Trabajo con la misma naturalidad con la que una gallina pone huevos».

Actualmente Binet es recordado por haber desarrollado las primeras pruebas realmente psicológicas. Al principio probó con tareas similares a las de Galton y Cattell, pero se dio cuenta de que los niños lo hacían igual de bien y de rápido que los adultos y buscó otro tipo de propuestas que marcasen una diferencia asociada al desarrollo. Surgió una oportunidad cuando el ministerio de instrucción pública estableció un comité para estudiar las habilidades de aprendizaje de los niños que tenían dificultades en la escuela. Sin embargo, Binet no tenía estudios de doctorado, ni tampoco una cátedra en ninguna universidad prestigiosa, ni una escuela con discípulos que continuaran y ampliaran su investigación, por lo que trabajaba en soledad y tuvo una época de mucha fragilidad laboral y personal.

Binet encontró un colaborador en Theodore Simon, un psiquiatra, y juntos decidieron estudiar los niños de una manera científica. Los dos amigos crearon una escala con una variedad de tareas que consideraban representativas de las diversas habilidades de los niños a distintas edades. Las treinta tareas habían sido seleccionadas en función de una dificultad cada vez mayor y se centraban en tres funciones cognitivas: juicio, comprensión y razonamiento. Las probaron en cincuenta niños de diversas edades y fueron haciendo versiones sucesivas cada vez más mejoradas. También introdujeron el concepto de edad mental, definido como la edad a la que un niño de una habilidad media puede realizar tareas específicas. Por ejemplo, si un niño con una edad cronológica de cinco años pasaba las pruebas que hacían de media los de seis, a ese niño, que tenía una edad cronológica de cinco años se le adjudicaba una edad mental de seis.

Binet describió sus métodos en su obra maestra *L'Étude experimentale de l'intelligence* (1903). Entre las pruebas estaban test de asociación en los que a un niño se le daban de 25 a 30 palabras y se le pedía que describiera la idea que le venía a la mente al oír cada palabra, pruebas de completar frases, desarrollo de un tema determinado, descripciones de dibujos y pruebas de memoria, dibujar y describir objetos, repetir números, otras pruebas de memoria y atención y pruebas de juicio moral.

En 1916 Lewis Terman, que trabajaba en la Universidad de Stanford desarrolló una versión de la prueba de Binet que ahora se conoce como test Stanford-Binet y adoptó el concepto de «cociente de inteligencia», la proporción entre edad mental y edad cronológica. Desde entonces, millones de personas de todo el mundo han creído en que la inteligencia se podía resumir con un número. Binet se fue retirando progresivamente, no participaba en reuniones, congresos ni conferencias y escribía unas obras de teatro góticas cargadas de terror, asesinatos y psicopatología. No tuvo mucho éxito en esta etapa de autor dramático.

Las pruebas de Binet se siguieron usando y la psicología aplicada siguió avanzando. En 1917 la Sociedad de Psicólogos Experimentales de Titchener tenía una reunión en la Universidad de Harvard. Robert Yerkes, que era el presidente de la American Psychological Association, urgió al grupo a considerar cómo la psicología podía ayudar en el esfuerzo bélico. Titchener se marchó de la sala, llevándose su silla con la excusa de que él era inglés, pero al parecer la verdadera razón era su rechazo a que la psicología se dedicara a resolver problemas prácticos y pasase de ser «una ciencia a una tecnología». Yerkes marchó a Canadá para estudiar los problemas psicológicos que habían sufrido los canadienses, que estaban en guerra desde 1914, y determinar cómo podía ayudar la psicología al esfuerzo bélico de los Estados Unidos que se iniciaba ese año.

El Ejército decidió que era importante evaluar a los nuevos reclutas y determinar su nivel de inteligencia para ver qué funciones se les podían encomendar. El test Stanford-Binet era demasiado complejo y necesitaba personal especializado para su administración y de allí surgieron las pruebas Army Alpha y Army Beta (la beta es la versión para analfabetos y personas que no hablan inglés y usa demonstraciones o pantomimas en vez de instrucciones orales o escritas). También se desarrolló el Wordsworth Personal Data Sheet, un grupo de cuestiones tales como «¿Te consideraban un niño malo?» y «¿Sientes que nadie te entiende?» con la idea de identificar a las personas con trastornos mentales. Más de un millón de hombres fueron evaluados y aunque no tuvo un efecto claro en la guerra, sí lo tuvo en la psicología. Después de aquello, miles de personas fueron testadas en fábricas, escuelas, universidades y muchos otros lugares para conocer su inteligencia, sus capacidades y sus habilidades cognitivas. Como dijo Cattell en 1890, «... los individuos, además, encontrarían su prueba interesante y quizás útil en lo que concierne al entrenamiento, al modo de vida o a la indicación de enfermedad». Las pruebas se llegaron a utilizar para identificar a posibles buenos jugadores de béisbol abriendo otro nuevo campo: la psicología del deporte.

«Este es nuestro método. Utilizamos seis dibujos [...] que representan cabezas de mujeres; algunas son bonitas, otras feas o incluso deformes. Se comparan las caras de dos en dos y cada vez se pregunta al niño: "¿Cuál es la más bonita de estas dos caras?". El niño debe responder correctamente las tres veces. Se ha tenido cuidado de colocar la cara bonita unas veces a la derecha y otras a la izquierda, para evitar la posibilidad de éxito debido únicamente a la costumbre de señalar cada vez un cuadro del mismo lado. Es muy necesario protegerse contra esta tendencia automática de ir en la misma dirección; es muy común con los niños. A los seis años, los niños comparan los tres pares de caras con facilidad; a los cinco años no tienen mucho éxito y, a esta edad, solo la mitad da respuestas correctas» [*A method of measuring the development of the intelligence of young children*, Alfred Binet, 1915].

En el lado negativo, las pruebas de inteligencia fueron usadas para limitar la entrada en Estados Unidos a inmigrantes del sur y este de Europa. Se llegó a la terrible conclusión de que el 87 % de los rusos, el 83 % de los judíos, el 80 % de los húngaros y el 79 % de los italianos eran débiles mentales, con una edad mental inferior a 12. La realidad es que eran personas que acababan de llegar a un puerto estadounidense —con un estrés terrible—, que en la mayoría de los casos no entendían el idioma y a las que les presentaban unas pruebas que no habían visto nunca ni comprendían. Los resultados de estas pruebas fueron usados posteriormente para apoyar legislación federal que restringía la inmigración de grupos étnicos que eran supuestamente de una inteligencia inferior, un ejemplo claro de racismo institucional.

JAMES MCKEEN CATTELL (1860-1944)

Cattell nació en Easton, Pensilvania y estudió en el Lafayette College, del que había sido rector su padre. Amplió su formación en la Universidad de Göttingen con Hermann Lotze y luego en la de Leipzig, con el propio Wundt. Su primera intención era estudiar Filosofía, pero al parecer se interesó en la psicología tras experimentar con las drogas. Es curioso pues hasta entonces nunca había tomado alcohol, café o tabaco, dado que su padre le había prometido 1000 dólares si no fumaba antes de cumplir los veintiún años. Entonces, probó una variedad de sustancias incluyendo hachís, morfina, opio, cafeína y tabaco y registró en su diario los efectos que esas sustancias producían en su funcionamiento cognitivo. Entre ellos estaba que su primera taza de café redujo su pulso a 48 latidos por minuto y que tras beber una botella de vino su escritura sufrió un cambio dramático. Vio que algunas de ellas le elevaban el espíritu y le hacían sentir mejor de la depresión que sufría. Bajo la influencia del hachís escribió, según él, composiciones musicales superiores a las de Bach y poesías más hermosas que las de Shelley, aunque para un observador objetivo parecen simples ripios. Escribió lo siguiente: «Me siento haciendo brillantes descu-

THE

POPULAR SCIENCE

MONTHLY

EDITED BY J. McKEEN CATTELL

Implicado en la divulgación científica a través de numerosas publicaciones, James McKeen Cattell cofundó *Psychological Review*, fue editor de *Science* durante casi cincuenta años y editó asimismo la célebre *The Popular Science Monthly*, a la que luego sucedió *The Scientific Monthly*.

brimientos en ciencia y filosofía. Mi único miedo es que no lo recordaré a la mañana siguiente». Cattell observaba su propio comportamiento asombrado: «Parecía ser dos personas, una de las cuales podía observar e incluso experimentar con la otra». Cuando, años más tarde, escribió sobre su experiencia con las drogas, señaló que aquellas dosis eran «quizá las mayores que nadie hubiera tomado sin intención suicida».

La estancia de Cattell en el laboratorio de Wundt es el origen de muchas anécdotas, algunas de las cuales son probablemente ciertas. Una de ellas es que, al llegar Cattell, entró en el despacho de Wundt y le dijo: «*Herr Professor*, usted necesita un asistente y ese asistente voy a ser yo». Wundt afirmó que Cattell era «típicamente americano», aunque también valoró su ambición, la confianza en sí mismo y terminó nombrándole su asistente. Otra de las historias es que Cattell regaló a Wundt su primera máquina de escribir y sus colegas del laboratorio se metían con él porque «había causado un grave problema […] al permitir a Wundt escribir el doble de libros de los que de otra manera hubiese sido posible».

Cattell volvió a Estados Unidos y empezó a dar clase en Bryn Mawr y en la Universidad de Pensilvania. Hizo también un viaje a Inglaterra, donde conoció a Francis Galton, por quien desarrolló una enorme admiración. Los dos compartían un interés por las diferencias individuales y Galton animó a Cattell a centrarse en encontrar cómo medir las variaciones psicológicas entre personas. Cattell decidió incorporar el análisis estadístico de Galton, aunque era un «analfabeto matemático» y cometía errores en las sumas y las restas. También adoptó las ideas eugenistas de Galton y prometió a sus siete hijos mil dólares a cada uno si se casaban con hijas o hijos de profesores universitarios. Los siete fueron educados en casa, con tutores que eran a menudo estudiantes de posgrado de Cattell y que trabajaban bajo su supervisión. Los siete fueron o científicos o editores de revistas científicas.

El padre de Cattell movió hilos para que su hijo consiguiera una cátedra en la Universidad de Pensilvania, indicando que como la familia tenía dinero, el salario no era importante. Estuvo allí tres años, con un sueldo bajísimo, y luego se trasladó a la Universidad de Columbia, donde le duplicaron el sueldo desde el primer día y desarrolló el resto de su carrera, veintiséis años más.

Aquellos años debieron ser una pesadilla para las autoridades de la universidad. Cattell consideraba que eran unos dictadores, indignos de confianza y propuso a una de sus hijas que llamase a su muñeca «Sr. presidente» porque consideraba que el presidente de la universidad, lo que en España sería el rector, se quedaba quieto en cualquier posición en que le colocases. Los administradores de su universidad, por su parte, le describieron como «poco caballeroso, irremediablemente desagradable y falto de decencia». Cattell pensaba que los profesores no se tenían que implicar en la gestión de la universidad, así que se construyó una casa a 60 kilómetros del campus, estableció un laboratorio y una oficina en su hogar y solo iba por la universidad de vez en cuando.

Cattell desarrolló muchas de las primeras pruebas usadas en psicología. Escribió:

> La psicología no puede conseguir la certeza y exactitud de las ciencias físicas a menos que se apoye sobre un cimiento de experimento y medida. Un paso en esta dirección es aplicar una serie de pruebas mentales y medir a un gran número de individuos.

Una de ellas era el «Freshman Test» o la «prueba del novato», que administraba a cien voluntarios entre los nuevos estudiantes de cada curso. Las pruebas no eran tareas mentales complejas como los que se usaron posteriormente, sino medidas sensoriomotoras elementales como la presión en un movimiento, la velocidad de movimiento (cómo de rápido podía moverse la mano medio metro), el umbral de sensibilidad entre dos puntos cercanos de la piel, la cantidad de presión en la frente necesaria para causar dolor, las diferencias en juzgar pesos, el tiempo de reacción para los sonidos o el tiempo requerido para nombrar diferentes colores. En 1901, Cattell tenía ya una gran cantidad de datos y los pudo comparar con el rendimiento de los estudiantes en clase. Clark Wissler, uno de sus estudiantes, utilizó las técnicas de correlación de Pearson para evaluar esos registros y encontró que las correlaciones con las calificaciones de los estudiantes eran muy bajas y también fueron bajas las correlaciones entre las diferentes pruebas por lo que la conclusión fue que este tipo de prueba no permitía valorar el éxito académico o la capacidad intelectual. En realidad, que no valían para nada.

Cattell se caracterizó por su gran implicación en el desarrollo y creación de publicaciones científicas. Fundó la revista *Psychological Review* en 1894, compró la revista *Science* a Alexander Graham Bell, que la iba a cerrar por falta de fondos, puso en marcha la edición de una serie de libros de referencia y ayudó a crear la Asociación Americana de Profesores Universitarios. Llegó a publicar simultáneamente siete revistas diferentes, incluidas *American Men of Science* y *The American Naturalist*.

Cattell se opuso contundentemente al envío de reclutas americanos a los campos de batalla de la Primera Guerra Mundial. Fue muy criticado, pero él se mantuvo en su trece y fue cesado en la universidad en 1917, acusado de deslealtad a los Estados Unidos. El presidente de Columbia, no sabemos si el mismo que dio nombre a la muñeca y que seguro que le tenía ganas, dijo lo siguiente:

> *Lo que se había tolerado es ahora intolerable. Lo que era cabezonería es ahora sedición. Lo que era locura es ahora traición. No hay y no habrá un puesto en la Universidad de Columbia para cualquier persona que se oponga o aconseje oponerse a la aplicación eficaz de las leyes de los Estados Unidos o que actúe, escriba o hable de traición. La separación de una persona así de la Universidad de Columbia será tan rápida como el descubrimiento de su delito.*

Cattell demandó a la universidad y aunque la universidad pactó una compensación de 45 000 dólares, una pequeña fortuna en la época, no le devolvieron su plaza. Su caso hizo que muchas universidades norteamericanas estableciesen la *tenure*, un contrato académico indefinido, como forma de proteger la libertad de cátedra y los derechos de los profesores. Cattell nunca volvió a la universidad y se dedicó a sus publicaciones, asociaciones y a elevar el prestigio de la psicología en la comunidad científica. Uno de sus caballos de batalla fue la lucha contra la parapsicología, el espiritualismo y los médiums. Discutió con William James sobre este tema y en una carta le indicó: «... la Sociedad para la Investigación Psíquica está causando un gran daño a la psicología». Más de cincuenta estudiantes hicieron su tesis doctoral con Cattell y, a pesar de su mala fama entre las autoridades, sus discípulos lo recordaban con admiración y cariño.

WILLIAM STERN (1871-1938)

Stern, nacido Ludwig Wilhelm Stern, es considerado el fundador de la psicología diferencial y el impulsor del concepto de cociente de inteligencia. Fue cofundador de la Universidad de Hamburgo, de la Sociedad Alemana de Psicología y de la *Revista de Psicología Aplicada*. También fue el inventor del variador de tono, una nueva forma de estudiar la percepción humana del sonido.

Su familia es también interesante. Era el padre de la traductora y luchadora de la resistencia contra los nazis Hilde Marchwitza (1900-1961), del filósofo, poeta en prosa y letrista Günther Anders (1902-1992) y de la cofun-

El juez y el niño inocente testigo de un crimen (detalle) [George William Joy, siglos xix-xx].

dadora y directora de la Arbeitsgemeinschaft für Kinder-und Jugend-Alijah de Berlín y luchadora de la resistencia Eva Michaelis-Stern (1904-1992). El psicólogo de la Gestalt y psicoanalista Erwin Levy era su sobrino y Hannah Arendt fue durante un tiempo su nuera.

Stern procedía de un hogar judío asimilado de Berlín, se doctoró en la Universidad de Berlín en 1893 con Moritz Lazarus y se habilitó en 1897 bajo la tutela de Hermann Ebbinghaus. Obtuvo la cátedra de Pedagogía de Breslavia y se centró en el desarrollo teórico de la psicología del niño. La evaluación científica del estudio a largo plazo de los diarios de observación realizado conjuntamente por Stern y su esposa dio lugar a los libros especializados *Die Kindersprache* (1907) (*El habla de los niños*), *Erinnerung, Aussage und Lüge in der ersten Kindheit* (1908) (*Memoria, testimonio y mentiras en la primera infancia*) y *Psychologie der frühen Kindheit bis zum sechsten Lebensjahr* (1914) (*Psicología de la infancia temprana hasta los seis años*) que siguen gozando de prestigio en la actualidad.

Stern también fue un innovador en el desarrollo de métodos científicos para examinar la credibilidad de las declaraciones de testigos, sobre todo de menores, lo que se conoce como «psicología del testimonio». Durante siglos, mujeres y niños no podían testificar porque se consideraba que no eran fiables. También se excluía a otras personas como los esclavos, los criminales y los pobres, pero Stern fue el primero en estudiarlo científicamente y cuando en 1902 inició su trabajo sobre la psicología forense, se empezaron a ofertar cursos sobre derecho y psicología en distintas universidades. Stern se convirtió en 1903 en el primer psicólogo forense de Alemania y participó con frecuencia en procedimientos judiciales.

Fue crítico con las teorías psicoanalíticas de Freud y en 1913 escribió una *Advertencia contra la invasión del psicoanálisis juvenil*, así como diversas recensiones críticas en revistas científicas. En 1909, Freud, Carl Gustav Jung y Stern recibieron conjuntamente los doctorados *honoris causa* de la Universidad Clark y volvieron a encontrarse en 1928 en un congreso celebrado en Viena, pero el antagonismo se mantuvo.

La fecha fundacional de la psicología diferencial se considera el 1911, el año en que Stern publicó un libro de texto del mismo nombre. Stern se involucró cada vez más en cuestiones de investigación sobre la inteligencia, y su variabilidad individual basándose en particular en los procedimientos de prueba desarrollados principalmente por Alfred Binet. En 1912, Stern propuso una nueva forma de calcular el nivel de inteligencia de un niño que difería de la de Binet y acuñó el término «cociente intelectual». Este término se impuso en los años siguientes, el conocido como «CI», y se convirtió en uno de los indicadores psicológicos más conocidos a nivel popular.

Lámina del llamado «test de Rorschach» (*Psychodiagnostik*, 1921) recogida por Stern en su *Colección de métodos para evaluar la inteligencia de niños y jóvenes* [*Methodensammlung zur Intelligenzprüfung von Kindern und Jugendlichen*, William Stern, 1926].

Rechazó una convocatoria de la Universidad de Berlín, su ciudad natal, porque estaba obligatoriamente vinculada a la conversión a la confesión cristiana. El 1 de marzo de 1916, ocupó una plaza de profesor en Hamburgo, pero no existía una universidad como tal. Cuando los soldados, entre ellos muchos estudiantes, regresaron de la Primera Guerra Mundial en noviembre de 1918, William Stern, junto con los profesores del Instituto Colonial de Hamburgo, creó cursos universitarios privados. Estos cursos fueron enormemente populares, lo que finalmente condujo a la fundación de la Universidad de Hamburgo en 1919. En la cosmopolita y liberal ciudad hanseática había menos prejuicios contra su judaísmo. A partir de 1919, entre sus colaboradores permanentes en el Instituto Psicológico se encontraban Erich Stern, que se ocupaba de la investigación de la inteligencia, la psicología del trabajo/aptitud ocupacional y el asesoramiento profesional de personas con lesiones cerebrales. De 1918 a 1924 publicó su serie *Persona y cosa*, en tres volúmenes, que trataba específicamente del personalismo. Definió la psicología como una ciencia de intersección, que participa de los tres campos, a saber, las humanidades, las ciencias sociales y las ciencias biológicas.

Desde 1921, Stern fue miembro de la junta directiva de la Sociedad Alemana de Psicología, fundada en 1904, y fue elegido vicepresidente en 1929. En 1931, el congreso de la sociedad se reunió en Hamburgo y Stern fue elegido presidente.

A mediados de la década de 1920, las pruebas psicológicas tuvieron una amplia difusión en Europa y Norteamérica con la idea ajustar el ambiente laboral y aumentar la productividad. En Europa se conoció como «psicotecnia», término acuñado por Stern y que fue utilizado por los Gobiernos alemanes de la República de Weimar como parte del proceso de reconstrucción y estabilización del país.

El 31 de octubre de 1933 Stern perdió su cátedra, al ser apartado del servicio universitario por los nazis. Poco después, advertido por su hijo Günther de la amenaza de un exterminio contra los judíos, el matrimonio Stern huyó al exilio, inicialmente a Holanda. En la emigración escribió *Die allgemeine Psychologie auf personalistischer Grundlage* (*La psicología general sobre una base personalista*), en 1935. Más tarde, debido a la ocupación alemana de los Países Bajos, los Stern huyeron a los Estados Unidos. En Carolina del Norte, Stern obtuvo una cátedra en la Universidad Duke de Durham, que ocupó hasta su fallecimiento en 1938.

Stern es conocido por acuñar en 1905 el término *Deutungspfuschers*, que significa algo así como «chapuceros interpretativos» y que hace referencia a los psicólogos que utilizan su profesión para «vender» sus opiniones privadas y prejuicios personales como si fuera conocimiento psicológico fundamentado y científico. Tampoco estaba de acuerdo con el uso a la ligera del cociente intelectual: «La suposición de que ser capaz de pintar demuestra ser capaz de pensar delata el cociente intelectual más bajo y una falta total de educación».

En honor a Stern, la Universidad de Hamburgo fundó en 1982 la Wilhelm-Stern-Gesellschaft (Sociedad Wilhelm Stern) centrada en el estímulo y el apoyo a niños y niñas dotados para las matemáticas. Muchos de ellos han ganado posteriormente concursos nacionales e internacionales de matemáticas.

«La acción sin el pensamiento es como clavar una chincheta con un mazo». Póster de la serie motivacional del personaje Bill Jones en la Inglaterra de los años 20 [Parker Holladay].

PSICOLOGÍA APLICADA E INDUSTRIAL

La combinación de la generación de psicólogos experimentalistas formados por Wundt, las ideas evolucionistas de Darwin y sus seguidores y una mayor madurez de las bases de la psicología, así como la amplia variedad de temas en los que la joven ciencia parecía ser una disciplina útil, llevaron a un nuevo desarrollo: la psicología aplicada, en particular la psicología industrial.

La idea que subyacía al nuevo movimiento era que el tema importante no era saber en qué consistía la mente, sino qué hacía y cómo usarla en beneficio del individuo y la sociedad. La introspección fue cayendo en el olvido y los nuevos psicólogos sacaron sus conocimientos del laboratorio o la universidad y los llevaron a la vida cotidiana: a las escuelas, a las fábricas, a los tribunales de justicia, a las agencias de publicidad, a los hospitales psiquiátricos. Como dijo el propio Titchener en 1910, «si le preguntan a alguien que resuma, en una frase, la tendencia de la psicología en los últimos diez años, la respuesta sería: "la psicología se ha inclinado, muy claramente, hacia la aplicación"».

Coincide también con un desarrollo del papel de los Estados Unidos en el mundo. Los norteamericanos, con su carácter práctico, vieron en la psicología una disciplina capaz de resolver parte de sus problemas sociales, de hacer más competitivas su economía y su fuerza laboral, de mejorar el funcionamiento social, la educación y la justicia. La psicología americana quería ser reconocida como ciencia, pero sobre todo como ciencia práctica y como ciencia útil. En el 25.º aniversario de la APA, John Dewey denunció el concepto, característico de Wundt, de la mente como una creación de la naturaleza que existía antes de que existiera la sociedad. Dewey, en cambio, pensaba que una mente fuera del control de la sociedad era un bastión del conservadurismo político y planteó que la mente como creación social era la base de la psicología experimental. Para él, la mente es creada por la sociedad y puede ser modelada deliberadamente por ella. Ese enfoque daría a la psicología americana una utilidad social, algo que para Dewey no tenía la psicología wundtiana.

Quizá el primer tema clave de la aplicación de la psicología fue la educación. Incluso William James, que estaba muy lejos de ser un psicólogo aplicado, escribió un libro titulado *Charlas a maestros* (1899) sobre la ayuda que podría prestar la psicología para favorecer el aprendizaje y pronto ese ámbito empleó a tres cuartas partes de los integrantes de la nueva profesión, los psicólogos. Fue una excelente cabeza de puente para que las nuevas generaciones de psicólogos tuvieran un impacto en la sociedad y encontraran su lugar en el mundo real. Después irían surgiendo nuevas aplicaciones como la psicología de la publicidad, la psicología social, la psicología forense, la psicología industrial y muchas otras.

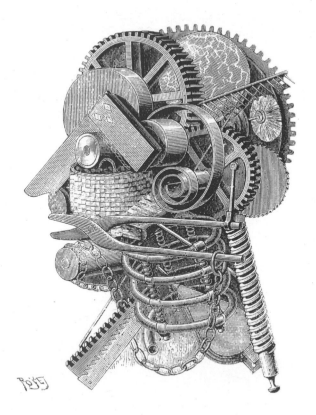

La cabeza de un inventor [Louis Poyet, 1893].

HUGO MÜNSTERBERG (1863-1916)

Nació en el seno de una familia de comerciantes en Danzig (actual Gdansk, Polonia), entonces una ciudad portuaria de Prusia. La familia de Hugo era judía, una herencia con la que no se sentía vinculado y apenas manifestaría públicamente. Münsterberg tuvo muchos intereses en sus primeros años incluyendo el arte, la literatura, la poesía, las lenguas extranjeras, la música y el teatro. En 1883 ingresó en la Universidad de Leipzig, donde escuchó una conferencia de Wilhelm Wundt que le hizo focalizar su interés en la psicología. En 1885 y con 22 años, se doctoró en Psicología Fisiológica bajo la supervisión de Wundt. Posiblemente, siguiendo el consejo de su maestro, Münsterberg decidió estudiar Medicina y en 1887 se licenció en en la Universidad de Heidelberg. También aprobó un examen de habilitación que le permitió dar clases en la Universidad de Friburgo, donde creó un laboratorio de psicología y comenzó a publicar artículos sobre diversos temas, como los procesos atencionales, la memoria, el aprendizaje y la percepción.

Uno de los principales desacuerdos entre Wundt y Münsterberg eran sus puntos de vista opuestos sobre el camino que debía seguir la psicología. Para Wundt, la psicología debía ser una ciencia pura desvinculada de las preocupaciones prácticas, mientras que Münsterberg quería desarrollar principios psicológicos que dieran lugar a aplicaciones útiles para las necesidades cotidianas de la sociedad.

En 1889, Münsterberg fue ascendido a profesor asistente tras lo que acudió al Primer Congreso Internacional de Psicología, donde conoció a William James. Desde entonces mantuvieron una correspondencia frecuente y, en 1892, James le invitó a incorporarse a Harvard, a pesar de que Münsterberg no hablaba inglés en ese momento. James le escribió que lo quería para encargarse del Laboratorio Psicológico y la educación superior en la Universidad de Harvard durante tres años (1892-1895), «con un salario de, digamos, 3000 dólares»:

> *La situación es esta: somos la mejor universidad y debemos liderar en psicología. Yo, que tengo ya 50 años, aborrezco el trabajo de laboratorio y ciertamente [...] la clase de cosas necesarias para ser un director de primer nivel [...]. Podemos conseguir gente joven que sería suficientemente segura, pero necesitamos algo más que un hombre seguro; necesitamos, si es posible, un hombre de genio.*

El profesor Munsterberg, fotografiado en 1900 [Library of Congress].

Münsterberg aceptó, aprendió a hablar inglés con bastante rapidez y, como resultado, sus clases se hicieron muy populares entre los estudiantes; de hecho, atraía a alumnos de las clases de James. Siguió el ejemplo del laboratorio de Leipzig de Wundt y, en los siguientes ocho años, puso en pie un programa ejemplar de psicología experimental. Una de las responsabilidades que asumió en Harvard fue ser supervisor de los estudiantes de posgrado de Psicología, cuyas investigaciones de disertación —lo que equivaldría a nuestros trabajos de fin de máster— dirigía. Como resultado, influyó en muchos estudiantes, incluida Mary Whiton Calkins, la primera mujer en obtener el cargo de presidenta de la Asociación Americana de Psicología, en 1905.

En 1895, Münsterberg regresó a Friburgo debido a sus dudas sobre si establecerse definitivamente en los Estados Unidos o no. Sin embargo, al no obtener el nombramiento académico que ansiaba, escribió a James y le pidió su antiguo puesto para poder volver a Harvard, lo que hizo en 1897. Sin embargo, nunca se desvinculó de su tierra natal. Su objetivo era usar sus contactos internacionales para facilitar la comunicación entre las comunidades académicas de ambos lados del Atlántico. Fue vicepresidente del Congreso Psicológico Internacional de París en 1900, organizador del Congreso Internacional de las Artes y las Ciencias durante la Feria Mundial de St. Louis en 1904 y vicepresidente del Congreso Filosófico Internacional de Heidelberg en 1907. En 1910-11 estableció un programa de intercambio entre la Universidad de Harvard y la Universidad de Berlín y fundó el Amerika-Institut de Berlín. Durante toda su estancia en los Estados Unidos, trabajó por la mejora de las relaciones entre este país y Alemania y escribió en la prensa estadounidense para una mejor comprensión de Alemania y en la alemana para impulsar una mayor valoración de los Estados Unidos.

En 1900 publicó *Fundamentos de la psicología*, que dedicó a William James. Sin embargo, era crítico con la aceptación por parte de James del psicoanálisis freudiano, los fenómenos psíquicos y el misticismo religioso en el área de la psicología. Münsterberg dijo: «el misticismo y los médiums son una cosa, la psicología es otra. La psicología experimental y el abracadabra psíquico no se mezclan».

Con el tiempo, su interés se centró en las aplicaciones prácticas de los principios psicológicos, ya que estaba convencido de que los psicólogos tenían la responsabilidad de descubrir información y procedimientos que pudieran utilizarse en el mundo real. Aplicó los principios experimentales al campo de la psicología clínica e intentó ayudar a los enfermos mentales a través de diferentes tratamientos, pero su impacto fue especialmente notable en el ámbito de la psicología industrial.

La palabra «psicotecnia» había sido acuñada en 1903 por el psicólogo alemán William Stern, pero fue Münsterberg el que la popularizó en su obra *Psychology and Industrial Efficiency* (1913). En esta obra Münsterberg escribía: «Nuestro objetivo es esbozar los contornos de una nueva ciencia, que ha de ser intermedia entre la moderna psicología de laboratorio y los problemas de la economía». La psicología industrial debía ser «independiente de las opiniones económicas y de los intereses... discutibles» y centrarse en la aplicación de la psicología «al servicio de la responsabilidad cultural».

No era algo popular en todos los ámbitos. Las operadoras de las centralitas protestaron por lo que veían como un abuso de las pruebas psicológicas para regular prácticamente cualquier aspecto de su actividad laboral, un intento de controlar el ambiente e incrementar la productividad. El tema era apoyado por los empresarios europeos y americanos que consideraban que la revolución bolchevique había triunfado en Rusia por los conflictos constantes entre los obreros y los empresarios. La psicotecnia, pensaban, podía servir para estabilizar el país, convertir el trabajo en rutinas eficaces y reducir el estrés. Sin embargo, en la década de 1920 la sensación en los trabajadores era que la psicología favorecía a los dueños de las empresas y los empleados sentían que cada vez sufrían más regulaciones y control, algo que refleja la película *Metrópolis* (1927). Para Münsterberg, al combinar los métodos de las ciencias naturales clásicas con las tradiciones experimentales de Fechner, Helmholtz y Wundt, la psicología industrial se convertiría en uno de los primeros campos en los que la nueva ciencia podría demostrar su utilidad práctica.

Las obras de Münsterberg suelen considerarse el inicio de lo que más tarde sería esta rama de la psicología aplicada, la psicología industrial. Sus libros trataban muchos temas, entre ellos la contratación de trabajadores con las personalidades y capacidades mentales más adecuadas para determinados tipos de puestos; la mejor manera de aumentar la motivación, el rendimiento y la retención del talento; los métodos para aumentar la eficiencia y productividad en el trabajo y las técnicas de *marketing* y publicidad. Su obra *La psicología y el mercado* (1909) sugería que la psicología podía utilizarse en muchas aplicaciones industriales diferentes, como la gestión, las decisiones vocacionales, la publicidad, el rendimiento en el trabajo y la motivación de los empleados.

Münsterberg seleccionó tres preguntas que consideraba de especial importancia para la psicología industrial y trató de responderlas:

> *Cómo podemos encontrar a las personas cuyas cualidades mentales los hacen más aptos para el trabajo que tienen que hacer; en segundo lugar, bajo qué condiciones psicológicas podemos asegurar el mayor y más satisfactorio rendimiento laboral de cada persona; y finalmente, cómo podemos producir de la manera más completa posible las influencias en las mentes humanas que se desean en el interés de los negocios.*

En otras palabras, se preguntaba cómo encontrar el mejor empleado posible, cómo producir el mejor producto posible y cómo asegurar las mayores ventas posibles.

Münsterberg da muchas razones sobre por qué es difícil seleccionar o colocar a la persona correcta en una vocación determinada y dice que no se pueden tomar ciertas cualidades por sí solas para determinar la idoneidad de una persona para un puesto, sino que es necesario valorar su educación, formación, habilidades técnicas, recomendación de empleadores anteriores e impresiones personales del candidato. También avisa de que, en un joven,

> *las disposiciones mentales pueden estar todavía muy poco desarro-
> lladas y pueden crecer solo bajo la influencia de condiciones especia-
> les del entorno; pero, por otra parte, abarcan los rasgos habituales de
> la personalidad, los rasgos del temperamento y del carácter individual,
> de la inteligencia y de la capacidad, de los conocimientos acumula-
> dos y de la experiencia adquirida. Incluye todas las variaciones de la
> voluntad y del sentimiento, de la percepción y del pensamiento, de la
> atención y de la emoción, de la memoria y de la imaginación.*

Münsterberg también pensaba que existe «una triple dificultad». En primer lugar, los jóvenes saben muy poco de sí mismos y de sus capacidades. Cuando llega el día en que descubren sus verdaderos puntos fuertes y
sus debilidades, suele ser demasiado tarde. Por lo general, han sido arras-
trados por la corriente de una vocación particular y han dedicado demasiada energía a prepararse para un logro específico. A esas alturas es muy
tarde como para cambiar todo el plan de vida en una dirección distinta.

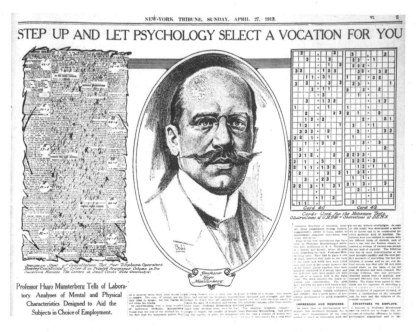

«Da un paso adelante y deja que la psicología seleccione una vocación para ti. El profesor Hugo
Munsterberg habla de los análisis de laboratorio de características físicas y mentales diseñados
para ayudar a los sujetos a elegir su empleo» [*The New York Tribune*, 27 de abril de 1913].

En segundo lugar, todo el esquema de la educación da al individuo poca oportunidad de encontrarse a sí mismo. El mero interés por una u otra asignatura en la escuela está influido por muchas circunstancias accidentales, por la personalidad del profesor o los métodos de enseñanza, por las sugerencias del entorno y por las tradiciones del hogar, y en consecuencia incluso tal preferencia da más bien una ligera indicación final de las cualidades mentales individuales. En tercer lugar, esas meras inclinaciones e intereses no pueden determinar la verdadera aptitud psicológica para un puesto de trabajo, no siempre es lo mismo lo que te gusta que aquello para lo que eres bueno.

Agencia de empleo. Sexta Avenida, Nueva York (Arthur Rothstein, 1937) [Library of Congress].

En la idea de Münsterberg, la cuestión de la selección del mejor trabajador posible para una determinada vocación se reduce a hacer el proceso muy científico, tratar de crear pruebas que limiten la subjetividad y, en su lugar, utilizar las mediciones de la propia personalidad, la inteligencia y otros rasgos inherentes a la personalidad para tratar de encontrar el mejor trabajo posible para cada individuo.

Münsterberg también exploró bajo qué condiciones psicológicas puede un empresario asegurar la mayor y más alta calidad de producción de trabajo de cada empleado, estudió los efectos de cambiar el entorno del espacio de trabajo, lo que puede afectar a la producción de los trabajadores, los problemas de monotonía en la fábrica causadas por tareas repetidas y tediosas, cómo evitar los accidentes industriales y mejorar la seguridad en el puesto y cómo evitar la fatiga en el lugar de trabajo y adaptar las influencias físicas y sociales a la fuerza laboral. Por último, investigó cómo una empresa puede conseguir los mejores resultados posibles en términos de ventas.

Otro de los campos de Münsterberg fue la psicología forense. En 1908, publicó su controvertido libro *En el estrado de los testigos*, que es una colección de artículos en los que analiza los diferentes factores psicológicos que pueden cambiar el resultado de un juicio. También analizó las posibilidades de la psicología experimental en el ámbito legal, fue el primero en plantear el interés de investigar la psicología de los jurados y dio diversas razones por las que el testimonio de los testigos oculares es intrínsecamente poco fiable. Explicaba que esto se debe a que la memoria es fácilmente falible y se ve afectada por las asociaciones, los juicios y las sugestiones que alteran nuestro recuerdo de los hechos.

Debido a su trabajo en psicología aplicada, Münsterberg era bien conocido no solo por el mundo académico y la comunidad científica, sino también por el público general. Era un ferviente patriota alemán y se convirtió en líder político de los inmigrantes de origen germano en los Estados Unidos. Se carteó con los presidentes Theodore Roosevelt, William Howard Taft y Woodrow Wilson e intentó impedir la entrada de los Estados Unidos en la Primera Guerra Mundial. Fue insultado en la prensa, que se refería a él como «profesor Hugo Monsterbug» o «barón Munchausen»; recibió amenazas de muerte y muchos de sus colegas más liberales de Harvard se alejaron de él. También lo acusaron de ser un espía alemán, pero para los germanófilos era un referente y lo idolatraban. Permaneció en Harvard como profesor de Psicología Experimental y director del Laboratorio Psicológico hasta su repentina muerte, un infarto inducido posiblemente por estrés, en diciembre de 1916, cuatro meses antes de la entrada de los Estados Unidos en la Primera Guerra Mundial.

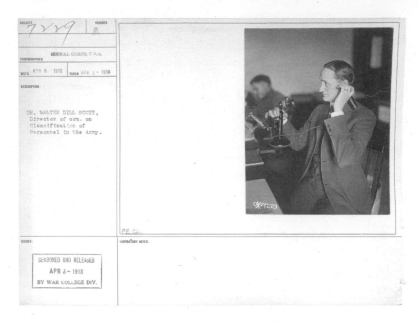

Walter Dill Scott, director del Comité de Clasificación de Personal del Ejército estadounidense. Registro de una fotografía del Signal Corps en 1918 [Army War College; National Archives]

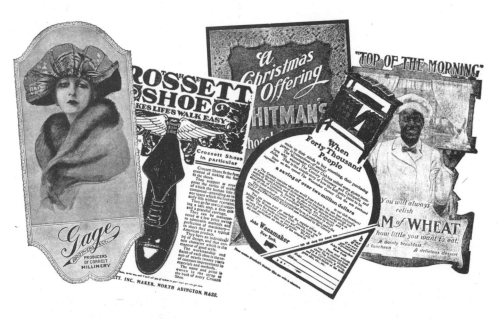

Algunos de los carteles publicitarios que Scott analiza en *The psychology of advertising in theory and practice* (1921). Respecto al de la izquierda, por ejemplo, dice: «Siento que al comprar un sombrero Gage debería ingresar a la clase social de damas como la que se muestra aquí».

WALTER DILL SCOTT (1869-1955)

Scott nació en una granja en Cooksville (Illinois). Su padre era un enfermo crónico por lo que desde muy temprano el muchacho tuvo que encargarse de llevar la explotación. Un día en que estaba arando se fijó en que, a lo lejos, se veían los edificios de la Illinois State Normal University y decidió que, si quería ser algo en la vida, no podía perder un minuto: tenía que conseguir cambiar su perspectiva vital y abandonar los surcos lo antes posible. Mientras tanto, decidió arar llevando alguno de sus libros para poder aprovechar cualquier momento de descanso.

Ingresó en la universidad y, para pagar la matrícula, recogía chatarra, cogía y empaquetaba grosellas y aceptaba cualquier tipo de trabajo. Una vez empezados los estudios, obtuvo una beca, al mismo tiempo que sacaba algún dinero extra dando clases particulares. La beca le permitió asistir a la Northwestern University, una universidad mucho más prestigiosa, donde se licenció en 1895. Su primera intención era ir a trabajar a alguna universidad americana en China, pero no puedo encontrar un puesto, así que finalmente se trasladó a Leipzig, donde se convirtió en otro de los discípulos de Wundt y con él hizo su doctorado. Tras la estancia en Alemania regresó a la Northwestern, donde fue nombrado profesor de Psicología y Educación. Mientras trabajaba allí lo visitó un ejecutivo de una agencia de publicidad que buscaba ideas para hacer que sus anuncios fuesen más eficaces. A Scott le entusiasmó el tema y centró su trabajo en este ámbito. En poco tiempo se convirtió en el primer experto mundial en la psicología aplicada al *marketing*.

Scott fue un pionero en explicar que la publicidad, para ser efectiva, debía ser construida y presentada teniendo en cuenta las creencias y hábitos del ciudadano medio y que eso solo se podía conseguir a través de la psicología. En 1903 escribió *The Theory of Advertising; A Simple Exposition of the Principles of Psychology in Their Relation to Successful Advertising*. Cinco años más tarde, en 1908, escribió otro libro pionero en este ámbito: *The Psychology of Advertising*. Scott vio que, a comienzos del siglo XX, las empresas estadounidenses gastaban más de 600 millones de dólares al año en publicidad y el 75 % no servía para nada. Sus libros sobre el tema, donde evitaba los términos técnicos y ponía ejemplos claros de buenos y malos anuncios llegaron a una amplia audiencia. Explicaba cómo atraer la atención de los consumidores y mantenerla, cómo el conocimiento de la mente humana ayudaba a recordar mejor algunas cosas, cómo nos afectan la sugestión, las órdenes y la cooperación.

Algunas de sus ideas eran que, para atraer atención, un anuncio tenía que ser muy concreto, debía tener en cuenta que la mente humana solo percibe un número reducido de elementos, cuatro palabras en una línea, por ejemplo. También señalaba que las ilustraciones ayudaban a atraer la atención, pero tenían que entenderse al primer vistazo y tanto texto como imagen tenían que ser relevantes para la persona que viera ese anuncio. Otra característica debía ser la especificidad; explicaba que una publicidad que esté diseñada para anunciar pianos pero presente unas características que pueden atribuirse a una bicicleta se convierte en irrelevante. Un anuncio podía emplear una repetición juiciosa o dotar de relevancia a su producto; además, verlo a menudo inducía a desear comprarlo. Indicaba también que, para ser eficaz, un anuncio debía comprenderse con facilidad y que, al elegir los soportes para colocarlo, había que considerar no solo la circulación y el tipo de circulación, sino qué tono añadía ese medio a ese anuncio en particular. Es bueno contar con un gran número de personas que vean el anuncio, pero es mejor si las que lo hacen tienen interés en ese producto y disponen de los medios para comprarlo; y aún es mejor si una gran cantidad de personas ve tu anuncio en una publicación que aporta confianza y lo recomienda favorablemente.

Walter Dill Scott fue también el primero en aplicar la psicología para la selección de personal, otro tema crucial de la profesión. Desarrolló pruebas para medir ciertas características deseables de los candidatos y escalas de valoración sobre distintas habilidades y atributos para poder establecer una puntuación, comparando luego esas puntuaciones con los de empleados exitosos de la misma empresa o sector. Fue el fundador de la primera consultora de psicología, que consiguió tener a cuarenta grandes empresas como clientes en su primer año. Su trabajo estaba dirigido a resolver problemas y era criticado por los psicólogos que trabajaban en las grandes universidades con el argumento de que contribuía muy poco al avance de la psicología como ciencia. En contra, Scott y otros psicólogos aplicados explicaban que su trabajo aumentaba el prestigio de la profesión, incrementaba el valor de la investigación que se realizaba en los laboratorios académicos y demostraba algo básico en América: su utilidad práctica.

LILLIAN GILBRETH (1878-1972)

Lillie Evelyn Moller nació en Oakland, California, en una familia acomodada de ascendencia alemana. Se graduó en el instituto con unas notas excelentes, pero su padre no era partidario de que sus hijas fueran a la universidad. Por ello, no asistió a los cursos de preparación para la universidad que se exigían en el instituto. Aun así, convenció a su padre para que la dejara ir a la universidad durante un año y fue admitida en la Universidad de California en 1896 con la condición de que cursara la asignatura de Latín que le faltaba en el instituto en su primer semestre en la universidad. Las clases eran numerosas y muchas se impartían en barracones de lona. No había dormitorios; los hombres vivían en pensiones cercanas y las mujeres viajaban desde casa. Moller se desplazaba desde casa en tranvía y por las tardes ayudaba a su madre con las tareas domésticas y a sus hermanos con los deberes. Se especializó en inglés, estudió Filosofía y Psicología y cursó suficientes asignaturas de Educación como para obtener el título de maestra. El 16 de mayo de 1900 se graduó y se convirtió en la primera mujer en pronunciar un discurso de graduación en la Universidad de California; el título de este era «La vida: un medio o un fin».

En 1904, Lillie, que se había cambiado el nombre a Lillian, porque le parecía más propio de una universitaria, se casó con el ingeniero Franz Gilbreth y también se cambió el apellido. Juntos serían líderes en el nuevo campo de la psicología industrial. Fueron de los primeros en usar la nueva tecnología de las películas para estudiar la eficiencia de los trabajadores e inventaron el reloj Gilbreth, que mide fracciones de segundo, para conseguir mayor exactitud en sus estudios sobre obreros y trabajadores. Lillian se convirtió en vicepresidenta de Gilbreth Consulting, una posición que ejerció con una alta implicación. La ideología de la época era conseguir que los trabajadores se adaptasen al puesto de trabajo, pero Lillian estaba insatisfecha con ese enfoque pues pensaba que no tenía en cuenta importantes factores psicológicos y motivacionales. Volvió a la facultad y obtuvo un doctorado en Psicología en 1914.

Gilbreth contribuyó, tanto en la esfera industrial como en la doméstica, a hacer el trabajo más eficiente (¡al mismo tiempo que criaba doce hijos!). Junto con su marido dirigía una de las firmas de consultoría más exitosas, pero cuando él murió súbitamente de un infarto en 1924, su carrera despegó. Se convirtió en una líder mundial de la psicología industrial y sirvió en comisiones nacionales en temas como la reducción del desempleo o cómo implicar a más mujeres en la actividad laboral. Ayudó a los ingenie-

Lillian M. Gilbreth, en una fotografía tomada durante la Gran Depresión [Smithsonian Institution].

Una máquina de escribir especial para un mecanógrafo con un brazo. Fotograma de *The Original Films of Frank B. Gilbreth* (1910-24), películas realizadas con la colaboración de Lillian Gilbreth.

ros industriales a reconocer la importancia de las dimensiones psicológicas del trabajo. Además, se convirtió en la primera estadounidense en crear una síntesis de psicología y gestión científica. Sus investigaciones sobre el estudio de la fatiga fueron precursoras de la ergonomía. Algunas de sus innovaciones son ahora parte habitual de eficiencia en el lugar de trabajo, como la mejora de la iluminación y las pausas regulares, así como ideas para el bienestar psicológico en el lugar de trabajo, como los buzones de sugerencias y los libros gratuitos.

Gilbreth prestaba una especial atención al trabajador también en el hogar. Inventó el cubo de basura que se puede abrir con un pedal y rediseñó las cocinas para hacerlas más funcionales e inclusivas, creó el «triángulo de trabajo», añadió estantes en el interior de las puertas de los frigoríficos (incluida la bandeja de la mantequilla y el huevero) y propuso los diseños de cocina lineales que se utilizan a menudo hoy en día. No era un trabajo hecho a la ligera. Cuando Gilbreth trabajó en General Electric sobre la mejora de los diseños de las cocinas, entrevistó a más de 4000 mujeres para determinar la altura ideal de los fuegos, los fregaderos y otros accesorios.

Otro ejemplo de su trabajo como psicóloga industrial fue el contrato firmado en 1926 con Johnson & Johnson para actuar como consultora en una línea de producción de compresas. En primer lugar, la empresa pudo aprovechar su formación como psicóloga en la medición y el análisis de actitudes y opiniones de las clientes. En segundo lugar, Gilbreth aportó experiencia como ingeniera especializada en la interacción entre los cuerpos y los objetos materiales. En tercer lugar, su imagen pública de madre dedicada y mujer moderna ayudó a la empresa a fomentar la confianza de los consumidores en sus productos. En la década de 1940 fue descrita como «un genio en el arte de vivir» y es la única psicóloga homenajeada con un sello de correos en los Estados Unidos (1984).

Firma de Lillie Evelyn Moller como Lillian M. Gilbreth.

RICHARD H. THALER (1945-)

Thaler es un economista estadounidense nacido en East Orange (Nueva Jersey). Obtuvo el grado en la Case Western Reserve University y se doctoró en Ciencias Económicas en la Universidad de Rochester en 1974 con una tesis sobre *El valor de salvar una vida: Una estimación de mercado*. Actualmente enseña en la Escuela de Negocios de la Universidad de Chicago, dirige una firma de inversión y colabora con el National Bureau of Economic Research. Es un ejemplo de la relación práctica entre psicología y economía.

Thaler trabaja en el campo de la economía del comportamiento, investiga las anomalías del mercado y los procesos de toma de decisiones. Por ejemplo, se ocupa del hecho de que las personas actúan en contra de las suposiciones económicas; es decir, no siempre actuamos como *Homo economicus*, no siempre decidimos racionalmente a favor de nuestros propios intereses. Por ejemplo, Thaler encontró pruebas de la dependencia de la trayectoria del comportamiento de riesgo (las pequeñas ganancias llevan a asumir riesgos cada vez mayores), así como de la cooperación voluntaria cuando hay mucho en juego. Thaler ha dicho: «... la economía convencional parte de la base de que las personas son altamente racionales —superracionales— y no tienen emociones. Pueden calcular como un ordenador y no tienen problemas de autocontrol». Una receta para el desastre.

El profesor Richard H. Thaler, en una conferencia en 2015 [Chatham House, CC BY 2.0 DEED].

Thaler considera que la economía es la ciencia del comportamiento económico, de los individuos cuando toman decisiones económicas. El problema surge cuando nuestros modelos no son todo lo realistas que debieran. Los seres humanos cometemos errores sistemáticos y queremos entender de dónde vienen y a qué llevan. En la mayor parte de las situaciones no nos comportamos como predicen los modelos y la experiencia previa tampoco funciona en muchos casos. Resulta que precisamente aquellas decisiones más difíciles (comprar una casa, contraer matrimonio, elegir una profesión...) son aquellas que decidimos pocas veces y sobre las que es difícil aprender por propia experiencia. Thaler plantea también que tendemos a darle más peso al presente en nuestras decisiones y terminamos cometiendo errores. Preferimos comprar algo que nos satisfaga hoy frente a una ganancia futura. Estas preferencias pueden hacer que tomemos decisiones poco consistentes o irracionales.

Thaler cita el «otro» libro de Adam Smith, *La teoría de los sentimientos morales*, como la base sobre la que luego se han construido modelos sobre exceso de confianza, aversión a la pérdida o los problemas de autocontrol. Igualmente, nombra a John Maynard Keynes como el primero en introducir aspectos psicológicos en el campo de las finanzas (*Behavioral Finance*) y reivindica a Vilfredo Pareto por su convicción de que los fundamentos de la economía han de estar basados en la psicología.

Thaler abogó por la abolición del dinero en efectivo, al menos en parte, porque considera que su uso es irracional y propicia la corrupción. Por ejemplo, celebró la supresión de los billetes de 500 y 1000 rupias en la India en 2016, aunque esto provocó un caos temporal. Los críticos, sin embargo, consideran perfectamente racionales las dudas generalizadas contra la supresión del dinero en efectivo por la pérdida de anonimato y el peligro de que la plena digitalización del dinero pueda conducir a la financiación estatal mediante tipos de interés negativo.

Thaler recibió el Premio Nobel de Economía en 2017 por «incorporar supuestos psicológicamente realistas a los análisis de la toma de decisiones económicas». Al explorar las consecuencias de la racionalidad limitada, las preferencias sociales y la falta de autocontrol, ha demostrado cómo estos rasgos humanos afectan sistemáticamente a las decisiones individuales y a los resultados del mercado. El comité Nobel indicó en la presentación del galardón que sus trabajos habían construido «un puente entre el análisis económico y psicológico de la toma de decisiones por parte de los individuos. [...] Sus descubrimientos empíricos y sus ideas teóricas —añadía— han sido fundamentales para crear el nuevo campo de la economía del comportamiento, que se está expandiendo rápidamente». Cuando supo la noticia, Thaler dijo que gastaría el millón de euros del premio «lo más irracionalmente posible».

Thaler es famoso por identificar un fenómeno llamado *nudge* en 2008. El *nudge*, que podríamos traducir como «empujoncito», incluye sutiles estratagemas psicológicas que inducen a los consumidores a tomar decisiones en un sentido determinado. Un ejemplo de ello es la redacción de las normas de donación de órganos, dado que, según estén formuladas, pueden inducir a la gente a no donar sus órganos o sí hacerlo. El potencial de la idea ha llevado a los Gobiernos del Reino Unido y de EE. UU., entre otros, a crear «unidades de empujoncito» para incitar a la gente a ahorrar más, a llevar una vida más saludable y a ser más respetuosa con el medio ambiente.

El concepto de *nudge* surgió de los estudios de Thaler sobre los límites de la racionalidad. Los economistas asumieron durante mucho tiempo que los humanos eran racionales, pero él demostró que, por ejemplo, carecemos de autocontrol. Al anunciar el Premio Nobel, la Real Academia Sueca de las Ciencias señaló de Thaler: «... ha demostrado cómo estos rasgos humanos afectan sistemáticamente a las decisiones individuales y a los resultados del mercado».

Thaler hizo un cameo interpretándose a sí mismo, en la película de 2015 The Big Short, que trataba sobre el colapso de la burbuja crediticia e inmobiliaria que condujo a la crisis financiera mundial de 2008. Durante una de las escenas de la película, ayuda a la estrella del pop Selena Gomez a explicar la «falacia de la mano caliente», en la que la gente cree que lo que está ocurriendo ahora, por ejemplo, ganar en un juego de azar, seguirá ocurriendo en las próximas manos.

PSICOLOGÍA CLÍNICA

Aunque podría incluirse en la psicología aplicada, la psicología clínica tiene tal importancia que merece un apartado propio. Puede definirse como «un campo científico y profesional que busca aumentar nuestra comprensión del comportamiento humano y promover el funcionamiento eficaz de los individuos». Tiene el propósito de comprender, prevenir y aliviar el malestar o la disfunción de base psicológica y promover el bienestar subjetivo y el desarrollo de cada persona. La evaluación psicológica, la formulación clínica y la psicoterapia son fundamentales para su práctica, aunque los psicólogos clínicos también se dedican a la investigación, la enseñanza, la consulta, el testimonio forense y el desarrollo y administración de programas terapéuticos.

Los clínicos comparten con otros psicólogos un compromiso con la verdad y el convencimiento de que su trabajo se hace mejor a través de métodos científicos. Sin embargo, también están comprometidos con ayudar a las personas, que a menudo presentan problemas urgentes que requieren asistencia inmediata y donde la empatía, la humanidad y el servicio al paciente son pilares básicos de su trabajo. Hacen hincapié en el valor y la singularidad de cada individuo, por lo que se esfuerzan por prestar servicios ajustados a las características de cada persona en todo tipo de comunidades.

La historia del tratamiento de la enfermedad mental se remonta a los primeros registros históricos. Hipócrates diagnosticó y trató la manía, la melancolía, la paranoia y la histeria, pero el punto de inicio de la psicología clínica moderna se produjo cuando Lightner Witmer estableció la primera clínica psicológica en la Universidad de Pensilvania en 1896. La profesión tardó en seguir el ejemplo de Witmer, pero en 1914 ya había 26 clínicas similares en Estados Unidos.

Durante la Primera Guerra Mundial, el tratamiento de la enfermedad mental estaba todavía en manos de psiquiatras y neurólogos, pero los psi-

Guerra de Corea, 28 de agosto de 1950. Un soldado de infantería estadounidense consuela a otro tras la muerte de un compañero [Sfc. Al Chang, U. S. Army].

«Sigue hablando sobre mami». Viñeta satírica de Frank Reynolds en *Punch* (1958).

cólogos fueron cada vez más valorados. Eran vistos principalmente como expertos en evaluación, valga de ejemplo las pruebas de inteligencia usadas con los reclutas, pero lentamente fueron pasando al campo del tratamiento e intervención y posteriormente a la prevención.

Un impulso fundamental fue la Segunda Guerra Mundial. La primera había generado un desgaste terrible, con cientos de miles de soldados incapacitados para el servicio por la llamada enfermedad de las trincheras, unos estragos psicológicos que se mantenían tras la vuelta a la vida civil. Para evitar que algo así volviera a suceder, los ejércitos establecieron programas de formación para cientos de psicólogos que ayudasen a tratar las alteraciones emocionales de los combatientes. Esa estructura no se desmanteló después de la guerra, pues las necesidades no desaparecieron: la Administración de Veteranos se encontró con más de 40 000 soldados aquejados de problemas psiquiátricos, otros tres millones más necesitaron apoyo laboral y personal para retornar a una sociedad en paz y unos 315 000 veteranos requirieron apoyo para adaptarse a una discapacidad física causada por heridas de guerra. Desde entonces la demanda de psicólogos clínicos no ha parado de crecer. Una encuesta realizada en 1969 por la National Science Foundation de EE. UU. encontró que un 37 % de los psicólogos eran psicólogos clínicos, el porcentaje actual se cree que es incluso mayor.

Desde la década de 1970, la psicología clínica ha seguido creciendo hasta convertirse en una sólida profesión y un campo fundamental de estudio académico. Aunque se desconoce el número exacto de psicólogos clínicos en activo, se calcula que entre 1974 y 1990, su número en EE. UU. creció de 20 000 a 63 000 y fueron ampliando su campo de actuación a la gerontología, los deportes y el sistema de justicia penal, por nombrar algunos ámbitos. Aun así, quizá el campo más importante es la psicología de la salud, el ámbito de empleo de más rápido crecimiento para los psicólogos clínicos en la última década, en concordancia con la idea de que las enfermedades mentales cada vez son más frecuentes.

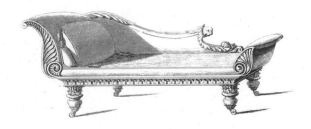

LIGHTNER WITMER (1867-1956)

Witmer nació en Filadelfia y su nombre original era David, pero a los 50 años cambió su nombre por el de Lightner. Su padre era un farmacéutico con una desahogada situación económica que valoraba sobremanera la educación de sus hijos, los cuatro hicieron el doctorado. Witmer se graduó en la Universidad de Pensilvania en 1884 y estuvo trabajando como profesor de Historia y de Inglés en una escuela privada antes de volver a la universidad para hacer unos cursos de derecho. Al parecer no tenía interés en hacer carrera en psicología, pero quería un puesto de ayudante pagado y uno de los pocos que lo ofrecían era Cattell en el Departamento de Psicología.

Cattell tuvo una magnífica impresión de Witmer y de hecho le eligió su sucesor, pero puso una condición: tenía que irse a Leipzig a hacer el doctorado con Wundt. Witmer aceptó y estuvo en Alemania con Wundt y con Külpe, un período en el que Titchener era uno de sus compañeros de laboratorio. Witmer no quedó muy entusiasmado con el trabajo de Wundt y recordaba cómo hizo a Titchener repetir un experimento «porque los resultados obtenidos por Titchener no eran como él, Wundt, había anti-

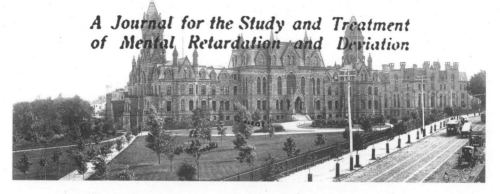

Vol. I, No. 1.   March 15. 1907.

THE PSYCHOLOGICAL CLINIC

A Journal for the Study and Treatment of Mental Retardation and Deviation

Una postal de la Universidad de Pensilvania (R. Newell & Sons, 1892) [Artstor].
Sobreimpresionada, la cabecera del primer número de *The Psychological Clinic*.

cipado». Witmer afirmaba que lo único que había sacado del trabajo en Leipzig era el título, así que con el doctorado debajo del brazo volvió a su nuevo puesto en la Universidad de Pensilvania.

Durante dos años trabajó como experimentalista, especialmente sobre las diferencias individuales en la psicología del dolor, mientras buscaba una oportunidad para estudiar cómo aplicar la psicología a los comportamientos anómalos. Lo consiguió, al aparecer, gracias a una política de financiación pública que hizo que muchos departamentos de Educación sufragasen cursos para maestros. Witmer impartía algunos de estos cursos y una de sus alumnas le planteó el problema que tenía con un estudiante de catorce años, que mostraba dificultades de dicción aunque progresaba con normalidad en otros ámbitos; este caso supuso un reto para Witmer y, además, estaba en consonancia con su visión de que la psicología debía tener una utilidad práctica. El éxito que conoció con aquel muchacho hizo que pronto comenzara a trabajar en la rehabilitación de jóvenes y, al necesitar un espacio para atender a los pacientes, estableció una clínica psicológica, la primera, en la propia universidad. En 1896, presentó un plan de organización para el trabajo práctico a la Asociación Americana de Psicología, en el que utilizó y explicó el término «psicología clínica» por primera vez. En 1902, comenzó a asesorar a estudiantes de posgrado y publicó un manual de laboratorio. En 1907, Witmer fundaría la primera revista de este nuevo campo, *The Psychological Clinic*, y definiría a la psicología clínica como «el estudio de los individuos, mediante la observación o la experimentación, con la intención de promover un cambio». Ya en 1908 montó una pequeña escuela residencial cerca de Wallingford, Pensilvania: una institución dedicada al cuidado y tratamiento de niños discapacitados; y poco después fundaba un centro similar, pero más grande, en Devon, Pensilvania. En 1914 abrió la primera clínica de logopedia del mundo. La psicología clínica no dejaría de crecer desde entonces.

En Filadelfia, dos hombres fueron al circo a ver a Peter, un habilidoso chimpancé. Eran Witmer y William H. Furness III, un famoso explorador. Peter patinaba, montaba en bicicleta, comía con un tenedor y fumaba cigarrillos. Según la propaganda de la actuación, «nació como un mono y se convirtió en un hombre». Witmer, que trataba en su clínica a muchos niños con problemas, incluidos los de lenguaje y habla, se preguntó si un simio tan inteligente como Peter podría ser enseñado a hablar y así se lo planteó a Furness. Hicieron la prueba. Peter solo aprendió a decir «mamá», pero Furness fue capaz de enseñar a un orangután dos palabras: «papá» y *cup* («taza»). Fue el inicio de varios estudios para ver si humanos y no humanos podían compartir un mismo lenguaje.

Madness Network News

"ALL THE FITS THAT'S NEWS TO PRINT"

WINTER 1979	VOL. 5 NO. 3	75¢

FIGHTING PSYCHIATRIC OPPRESSION WORLDWIDE!

THE NETHERLANDS: Demonstration in the Hague against the Dutch commitment law.

«¡Luchando contra la opresión psiquiátrica en todo el mundo!». Quinto número de la revista antipsiquiatría *Madness Network News* (1979), ilustrado por una manifestación en La Haya.

ANTIPSIQUIATRÍA

La acuñación del término «antipsiquiatría» se ha adjudicado a Beyer (1912), quien habría declarado que los poderosos psiquiatras de su tiempo «jugaban» con sus pacientes. Desde entonces, a la antipsiquiatría se le han adjudicado diversos significados, desde mera charlatanería a una crítica filosófica o una respuesta a un problema social, pero tiene un papel significativo en la historia de la psicología. En la actualidad se asocia a un movimiento de la década de 1960 que fue crítico con el tratamiento de la enfermedad mental y que la asociaba a un control de la sociedad, a una opresión política, a un etiquetado que estigmatizaba al paciente y a tratamientos inhumanos que causaban más mal que bien tanto a los individuos como a la sociedad.

Un factor importante en el desarrollo de la antipsiquiatría fue la controversia sobre la eficacia y el daño potencial de los tratamientos, que incluían procedimientos potencialmente peligrosos como el tratamiento electroconvulsivo, la piroterapia o la terapia de choque con insulina. Sin embargo, lo más habitual es que los activistas se centrasen en un debate filosófico y ético sobre el tratamiento de la enfermedad mental. Por ejemplo, estos activistas podían reconocer que los tratamientos eran eficaces hasta cierto punto, pero objetaban con respecto a las condiciones en las que se administraban. También solían considerar que la psicoterapia o la toma de medicación psicoactiva eran prácticas inherentemente antinaturales y poco éticas, que obedecían a preocupaciones sociales y políticas, o a una uniformización de la población, más que a la salud de los pacientes.

La antipsiquiatría considera que el tratamiento de la enfermedad mental es un instrumento coercitivo de opresión debido a una relación de poder desigual entre el profesional y el paciente y que se basa, además, en un proceso de diagnóstico muy subjetivo. El internamiento involuntario erróneo es un tema importante en los confrontamientos de esta época. Entre las personas más relevantes del movimiento estuvieron Laing, Cooper, Esterson y Sedgewick en Gran Bretaña; Althusser y Foucalt en Francia; Goffman, Scheff y Szasz en los Estados Unidos; y Basaglia en Italia. Muchos de ellos argumentaron que la situación de los enfermos mentales partía de unos contextos sociales insoportables y sus críticas generaron un avance en la desinstitucionalización, la medicina comunitaria y la psiquiatría social. Se pidió a la sociedad que se hiciera cargo de sus problemas e incluyera a sus miembros perturbados.

Las críticas más recientes se han focalizado más en los pros y contras de las terapias disponibles y menos en la epistemología o nomenclatura de la enfermedad mental. Peter Breggin, un antagonista de las terapias con base biológica, exponía que como voluntario en el Metropolitan State Hospital observó dar palizas a pacientes que estaban desatendidos y apenas tratados. Creía que las conversaciones uno a uno entre voluntarios y pacientes eran la principal causa de las altas del hospital mientras que mostraba su repulsa al arsenal terapéutico de la época.

Entre los críticos de la psicología clínica y la psiquiatría convencional se produjo un cisma que dejaba a un lado a los abolicionistas, más radicales, y, en otro, a los reformistas, más moderados. Algunos hicieron una cruzada por la abolición de la intervención forzada y coercitiva por lo que consideran prácticas dañinas, controladoras y abusivas. Los críticos de la antipsiquiatría desde dentro de la propia profesión se opusieron al principio subyacente de que la psiquiatría es dañina por definición. La mayoría de los psiquiatras aceptaban que existían problemas que debían ser abordados, pero consideraban que la abolición de la psiquiatría sería perjudicial y un retroceso en la atención al enfermo mental.

R. D. LAING (1927-1989)

Ronald David Laing nació en Glasgow (Escocia), donde asistió a una escuela primaria pública. Descrito como inteligente, competitivo y precoz, estudió los clásicos, especialmente filosofía, a base de leer libros de la biblioteca local. Se graduó como médico en la Universidad de Glasgow en 1951 y trabajó como psiquiatra en el ejército británico, donde vio que los soldados que intentaban fingir una esquizofrenia para obtener una pensión de invalidez de por vida podían obtener algo muy distinto a lo que esperaban, ya que se utilizaba en su tratamiento la terapia de choque con insulina, una técnica brutal.

Laing enseñó y ejerció en Glasgow durante un tiempo y luego, a finales de los años 1950, se formó como psicoanalista en el Instituto Tavistock de Londres, el centro británico de la psiquiatría freudiana ortodoxa. En la década de 1960 comenzó a alejarse de esa corriente, se volvió muy crítico con los enfoques tradicionales y empezó a experimentar con el uso terapéutico de la mezcalina y el LSD. Estableció en Londres una comunidad terapéutica, Kingsley Hall, donde pacientes, médicos y personal vivían y trabajaban juntos de forma democrática, sin jerarquías y sin distinciones de rango o rol. En *La política de la experiencia* escribió:

> *Si la raza humana sobrevive, sospecho que los hombres del futuro recordarán nuestra época ilustrada como una verdadera edad de las tinieblas. Es de suponer que podrán saborear la ironía de la situación con más diversión que la que nosotros podemos extraer de ella. Se reirán de nosotros. Verán que lo que llamamos «esquizofrenia» fue una de las formas en las que, a menudo a través de gente bastante corriente, la luz empezó a abrirse paso entre las grietas de nuestras mentes demasiado cerradas.*

Laing rompió con la psicoterapia tradicional y buscó nuevos tratamientos para la esquizofrenia fundamentados en la preocupación por los derechos de los enfermos mentales. Era considerado, como mínimo, poco convencional por muchos de sus colegas de profesión. Creía que un hospital psiquiátrico no era lugar para tratar a un esquizofrénico y sugirió, además, que la locura podría ser una reacción sana a un mundo demenciado. Consideraba los sentimientos expresados por el paciente o cliente como descripciones válidas de su experiencia personal y no como simples síntomas de una enfermedad mental.

Laing sostenía que los psiquiatras realmente no sabían mucho sobre la enfermedad mental. Creía que gran parte de la miseria sin alivio que veía en sus pacientes era causada por el propio tratamiento y que nadie tenía un método fiable para tratar a las personas con trastornos graves. Cuestionaba también el diagnóstico de un trastorno mental en sí mismo, con el argumento de que contradecía el procedimiento médico aceptado: el diagnóstico se realizaba sobre la base de la conducta o el comportamiento, y el examen y las pruebas auxiliares que tradicionalmente preceden al diagnóstico de patologías visibles (como un hueso roto o una neumonía) se realizaban en el trastorno mental después del diagnóstico, si es que se realizaban. Por lo tanto, según Laing, la psiquiatría se basaba en una falsa epistemología: la enfermedad se diagnosticaba por la conducta, pero se trataba biológicamente.

Elizabeth Hardcastle, paciente en el Asilo de Lunáticos de West Riding (Wakefield, West Yorkshire), y paciente con piernas amputadas en el Asilo de Lunáticos de Colney Hatch (Londres), luego Hospital Friern. Reino Unido, siglos xix-xx [Wellcome Collection].

Laing escribió numerosos libros y artículos sobre la enfermedad mental. Fue con su primer libro, *The Divided Self*, publicado en 1960, como se ganó su fama de rebelde. Posteriormente se convirtió en el líder del movimiento inglés de la antipsiquiatría, término del que renegaba. Su último libro, *The Making of a Psychiatrist* (*La formación de un psiquiatra*), publicado en 1985, relata los primeros treinta años de su vida; en él hablaba de su infancia, su educación, su formación inicial en psiquiatría, sus observaciones y las decisiones que le llevaron a romper con la medicina tradicional. En ella dejó escrito: «No intento justificarme ni demostrar que tengo razón».

Laing despertó la polémica entre los profesionales de la salud mental al declarar, entre otras cosas, que los procesos de pensamiento de los esquizofrénicos representaban una mentalidad completa y diferente, incluso superior a las personas aparentemente sanas. Con el tiempo, se desengañó de este enfoque y de muchas de sus primeras ideas y reconoció que muchos de sus métodos para tratar a los esquizofrénicos habían fracasado. Su hija mayor Fiona pasó años internada en instituciones psiquiátricas y tratada para la esquizofrenia.

Laing evitó defenderse de las acusaciones de que al principio de su carrera había idealizado la enfermedad mental y romantizado la desesperación. Dijo que más tarde se dio cuenta de que la sociedad debe hacer algo con las personas que están demasiado perturbadas. Se preguntó:

> *Si un violinista de una orquesta desafina y no lo oye, y no lo cree, y no se retira, e insiste en ocupar su asiento y tocar en todos los ensayos y conciertos y arruinar el concierto, ¿qué se puede hacer?*

Al intentar responder a esta pregunta, Laing dijo que llegó a la conclusión de que no le gustaría que le trataran como trataban a sus propios pacientes, pero «¿qué hace uno cuando no sabe qué hacer?», se preguntó.

Algunos de los tratamientos que horrorizaban a Laing eran prácticas que fueron sustituidas en gran medida por fármacos a finales de los años 1950: los choques inducidos por la insulina, las lobotomías, la terapia electroconvulsiva y el uso de camisas de fuerza. A pesar de la llegada de los neurofármacos, creía que las cuestiones básicas del tratamiento, el control y el cuidado de los pacientes no habían cambiado mucho. Sostenía que «el pozo de las serpientes» seguía siendo una descripción adecuada para algunos hospitales mentales modernos y señalaba que los fármacos no siempre eran útiles para los pacientes. Su actitud ante las drogas recreativas era muy diferente; en privado abogaba por la anarquía de la experiencia.

«Esquizofrenia es el nombre de una condición que la mayoría de los psiquiatras atribuyen a los pacientes que llaman esquizofrénicos» [«The study of family and social contexts in relation to the origin of schizophrenia», R. D. Laing; en *The origins of schizophrenia*, John Romano, 1967].

Entre sus teorías iniciales, que explicó en *El yo dividido* y en un libro posterior, *El yo y los demás*, estaba que la esquizofrenia no era, como se había creído durante mucho tiempo, causada por alguna aberración genética ni tampoco era el producto de un evento bioquímico en el cerebro. Laing creía que surgía cuando un individuo se encontraba en una situación emocional desesperada de «cara o cruz», del tipo que puede darse en la vida cotidiana. Al encontrar tal situación intolerable, un chico o una chica escapa de ese dolor insoportable a través de la esquizofrenia.

Laing nunca negó la existencia de la enfermedad mental, pero la veía desde una perspectiva radicalmente distinta a la de sus contemporáneos. Para él, la enfermedad mental podía ser un episodio de transformación, por lo que comparaba el proceso de sufrimiento mental con un viaje chamánico. El viajero podía regresar del viaje con importantes conocimientos y podía haberse convertido, en opinión de Laing y sus seguidores, en una persona más sabia y con más fundamento como resultado de esa experiencia desoladora. Su trabajo influyó en el movimiento más amplio de las comunidades terapéuticas, grupos que operan en entornos psiquiátricos menos «conflictivos».

THOMAS SZASZ (1920-2012)

Szasz nació de padres judíos, en Budapest, Hungría. En 1938, se trasladó a Estados Unidos, donde se licenció en Física en la Universidad de Cincinnati y se doctoró en la misma universidad en 1944. Completó su residencia en el Hospital General de Cincinnati, aunque se negó a realizar prácticas. Luego trabajó en el Instituto de Psicoanálisis de Chicago entre 1951 y 1956 y en 1962 obtuvo un puesto de profesor titular de Medicina en la Universidad Estatal de Nueva York (SUNY). Thomas Szasz puso fin a su propia vida el 8 de septiembre de 2012. Había sufrido previamente una caída y pensaba que tendría que vivir con dolor crónico. En sus escritos había defendido la opción a una muerte libremente decidida.

En 1958 Szasz publicó un artículo en el Columbia Law Review, donde sostenía que la enfermedad mental no era un hecho que influyera en la culpabilidad de un sospechoso y lo comparó a considerar como elemento jurídico una posesión diabólica. En 1961, testificó ante un comité del Senado de los Estados Unidos y argumentó que el uso de hospitales psiquiátricos para internar a personas definidas como dementes violaba los principios de la relación médico-paciente, y convertía al médico en alcaide y guardián de una prisión.

Szasz dijo que no estaba en contra de la psiquiatría sino de la psiquiatría coercitiva. Publicó su crítica en un momento especialmente vulnerable para el tratamiento de la enfermedad mental. Con las teorías freudianas comenzando a caer en desgracia, el campo del conocimiento estaba tratando de orientarse más hacia la biomedicina y reforzar la base empírica. Recién salido de la formación freudiana, Szasz consideraba que los fundamentos médicos de la psiquiatría eran, en el mejor de los casos, poco sólidos y en su libro la machacaba, colocándola «en compañía de la alquimia y la astrología».

Szasz era crítico sobre la influencia de la medicina moderna en la sociedad, que consideraba una actualización secular del dominio histórico de la religión sobre la humanidad. Criticaba el cientificismo y apuntó contra la psiquiatría en particular, poniendo como ejemplo las campañas contra la masturbación a finales del siglo XIX, su uso de imágenes y lenguaje médico para describir lo que era simplemente mal comportamiento, su dependencia de la hospitalización mental involuntaria para proteger a la sociedad, y el uso de la lobotomía y otras intervenciones dañinas para tratar la enfermedad mental. Para resumir su descripción de la influencia política de la medicina en las sociedades modernas imbuidas por la fe en la ciencia, declaró:

447

Puesto que la teocracia es el gobierno de Dios o de sus sacerdotes y la democracia el gobierno del pueblo o de la mayoría, la farmacracia es el gobierno de la medicina o de los médicos.

Szasz inició un asalto al *establishment* de la salud mental con un libro titulado *El mito de la enfermedad mental*. Decía que el concepto de enfermedad mental era una metáfora basada en el concepto de enfermedad física, pero que era una mala metáfora y tenía consecuencias perversas. Escribió: «Si hablas con Dios, estás rezando; si Dios habla contigo, tienes esquizofrenia».

Desde su puesto en el Departamento de Psiquiatría de la SUNY Upstate Medical University de Siracusa, escribió cientos de artículos y más de treinta libros, entre ellos *Ideology and Insanity: Essays on the Psychiatric Dehumanization of Man* (1970) y *Psychiatric Slavery: When Confinement and Coercion Masquerade as Cure* (1977).

En 1969, en un movimiento que dañó su credibilidad incluso entre sus partidarios, se unió a la Iglesia de la Cienciología y fundó la Comisión de Ciudadanos por los Derechos Humanos, que retrataba a los profesionales de la salud mental como abusadores y convocaba de manera habitual piquetes en los congresos de psiquiatría.

La creencia en la enfermedad mental, para Szasz, tenía consecuencias desoladoras. Para empezar, los diagnósticos eran etiquetas estigmatizantes que imitan las categorías de la enfermedad física pero, en realidad, funcionan para dar poder político a los psiquiatras y sus aliados. Las personas etiquetadas como «enfermos mentales» se veían privadas de su libertad y encerradas por periodos indeterminados de tiempo, incluso aunque no hubieran cometido ningún crimen. Mientras estaban confinadas, se les daban fármacos en contra de su voluntad, algo que no se hacía ni a los delincuentes condenados a prisión: «No hay justificación médica, moral o legal para las intervenciones psiquiátricas involuntarias. Son crímenes contra la humanidad», declaró.

Siguiendo sus ideas libertarias, Szasz argumentaba que el concepto de enfermedad mental menoscababa la libertad de los seres humanos, la creencia en una responsabilidad moral y las nociones legales sobre culpa e inocencia derivadas de la capacidad de decisión individual y la responsabilidad ética. En vez de tratar a un ser humano que nos ha ofendido o ha cometido un crimen como un agente independiente, le tratamos con una cosa enferma sin voluntad ni capacidad de elección. Puesto que el mito de la enfermedad mental es una conspiración de amabilidad, queremos excusar y ayudar a la persona que está mal y eso conducirá a que una persona clasificada como mentalmente enferma y, por lo tanto, no responsable de su comportamiento acepte su supuesta indefensión y deje de verse a sí mismo como un actor moralmente libre.

Para él, «aquellos que sufren y se quejan de su propio comportamiento son habitualmente clasificados como "neuróticos", aquellos cuyo comportamiento hace sufrir a otros y sobre los que otros se quejan, se clasifican normalmente como "psicóticos"». Szasz entiende que la enfermedad mental no es algo que una persona tiene, es algo que hace o que es. No decía que todo a lo que llamamos enfermedad mental es una ficción, sino que, en sí mismo, el concepto de enfermedad mental es una ficción o, más precisamente, una construcción social, como fue la histeria en el siglo XIX. Obviamente, el cerebro puede estar enfermo y generar pensamientos absurdos y un comportamiento antisocial, pero, en este caso, no hay enfermedad mental sino un problema orgánico. Según él, «excepto para unas pocas enfermedades cerebrales identificables, no hay pruebas biológicas ni químicas ni hallazgos de biopsias o necropsias que permitan verificar los diagnósticos del DSM».

Primera edición de *El mito de la enfermedad mental: bases para una teoría de la conducta personal* [Thomas Szasz, 1961].

Szasz sostenía que la mayoría de las denominadas enfermedades mentales eran «problemas de la vida», no auténticas patologías. Estos problemas de la vida eran reales y una persona aquejada podía necesitar ayuda profesional para enfrentarlos y resolverlos por lo que la psiquiatría y la psicología clínica eran profesiones legítimas, pero planteaba que una verdadera enfermedad debe encontrarse en la mesa de autopsias (no solo en la persona viva) y cumplir con la definición de patología en lugar de ser el resultado de una votación entre los miembros de la Asociación Americana de Psiquiatría. Para enfadar aún más a los psiquiatras, declaró que su disciplina era una pseudociencia que parodia la medicina utilizando palabras que suenan a medicina, inventadas en los últimos cien años. Para él, los psiquiatras son los sucesores de los «médicos del alma», sacerdotes que trataban y se ocupaban de los enigmas, dilemas y vejaciones espirituales —los problemas para vivir— que han preocupado a la gente desde siempre.

Popular Mode of Curing Insanity!

«¡Modo popular de curar la locura!» [*Modern persecution, or Insane asylums unveiled*; E. P. W. Packard, 1874].

En la medida en que la psiquiatría presenta estos problemas como «enfermedades médicas», sus métodos como «tratamientos médicos», y sus clientes —especialmente los involuntarios— como pacientes médicamente enfermos, encarna una mentira y, por tanto, constituye una amenaza fundamental para la libertad y la dignidad. La psiquiatría, apoyada por el Estado a través de la legislación sobre salud mental, se ha convertido en una moderna religión secular estatal, según Szasz. Es un sistema de control social enormemente elaborado, que utiliza tanto la fuerza bruta como el adoctrinamiento sutil y que se disfraza bajo la pretensión de ser racional, sistemático y, por tanto, científico.

Otro tema en el que Szasz habló en contra de los psiquiatras y los poderes tradicionales fue el tema de la drogadicción. Desde su percepción, la drogadicción no es una «enfermedad» que se cura con drogas legales, sino un hábito social y, de hecho, abogaba por un mercado libre de drogas. Criticó la guerra contra las drogas, argumentando que el consumo de drogas es, de hecho, un delito sin víctimas y la propia prohibición creaba el delito. Argumentó que la guerra contra las drogas llevó a los Estados a hacer cosas que nunca se habrían atrevido a hacer medio siglo antes, como prohibir que una persona ingiera ciertas sustancias o interferir en otros países para impedir la producción de ciertas plantas, por ejemplo, los planes de erradicación de la coca o el opio.

Szasz también estableció analogías entre la persecución de la minoría consumidora de drogas y la persecución de las minorías judía y homosexual.

> *Los nazis hablaban de tener un «problema judío». Ahora hablamos de tener un problema de consumo de drogas. En realidad, «problema judío» era el nombre que los alemanes daban a su persecución de los judíos; «problema de abuso de drogas» es el nombre que damos a la persecución de las personas que consumen ciertas sustancias.*

Szasz citaba al exdiputado estadounidense James M. Hanley, que se refería a los consumidores de drogas como «alimañas» (*vermin*), utilizando «la misma metáfora para condenar a las personas que consumen o venden drogas ilegales que los nazis utilizaron para justificar el asesinato de judíos con gas venenoso, es decir, que las personas perseguidas no son seres humanos, sino "alimañas"».

Fotocromo de la película estadounidense *12 hombres sin piedad*
(1957, dir. Sidney Lumet) [United Artists Corporation].

«Holgazanería social. Algunos miembros del equipo participan en un proyecto grupal mientras que otros son holgazanes sociales y no hacen su parte» [VIVIFYCHANGECATALYST, CC0 1.0 DEED].

PSICOLOGÍA SOCIAL

La psicología social es un campo de estudio centrado en cómo las personas interactúan entre sí y cómo esas interacciones sociales afectan al pensamiento, el comportamiento y las emociones. Algunas ideas básicas de la psicología social son las siguientes:

— LA INFLUENCIA SOCIAL. El comportamiento y las opiniones de las personas son modulados por las normas y expectativas de su grupo social.

— LA NATURALEZA GRUPAL. Las personas tienden a ajustarse a las normas y expectativas de su grupo, y las interacciones en el grupo pueden tener efectos potentes en el comportamiento individual.

— LA PERSPECTIVA DE LA CONSTRUCCIÓN SOCIAL. Las realidades sociales son construcciones sociales y la percepción de la realidad está modulada por factores culturales y sociales.

— LA TEORÍA DE LA AUTORREALIZACIÓN. Las personas tienen una necesidad innata de desarrollar su potencial y sentirse realizadas y eso es algo que solo se produce en sociedad.

— LA TEORÍA DE LA COGNICIÓN SOCIAL. El comportamiento humano está influido por la forma en que procesamos la información social y la relación entre pensamiento y comportamiento.

— LA TEORÍA DE LA IDENTIDAD. Las personas construyen su identidad personal mediante su interacción con los demás y sus relaciones sociales.

— LA TEORÍA DE LA COMUNICACIÓN SOCIAL. Las personas se comunican a través de diversos canales, como el lenguaje, el lenguaje no verbal, y las acciones.

KURT LEWIN (1890-1947)

Lewin nació en Mogilno (Prusia) en el seno de una familia judía. En 1909, ingresó en la Universidad de Friburgo para estudiar Medicina, pero se trasladó a la Universidad de Múnich para estudiar Biología. En abril de 1910 se cambió a la Universidad Friedrich-Wilhelms de Berlín, donde continuó con los estudios de Medicina, pero para el año siguiente la mayoría de sus asignaturas eran de Psicología. Durante su estancia en la Universidad de Berlín, Lewin asistió a 14 asignaturas y cursos impartidos por Carl Stumpf.

Sirvió como voluntario en el ejército alemán al comienzo de la Primera Guerra Mundial, pero tras recibir una herida de guerra, regresó a la Universidad de Berlín para completar su doctorado. Lewin escribió una propuesta de tesis en la que pedía a Stumpf que fuera su supervisor, a lo que este accedió, aunque luego su relación no fue fluida. Lewin estudió las asociaciones, la voluntad y la intención, pero no habló de ello con Stumpf hasta su examen final de doctorado.

Placa conmemorativa en la casa familiar de Kurt Lewin en Mogilno, actual Polonia [a partir de Piotr Kożurno, CC BY-SA 4.0 DEED].

Lewin colaboró después con psicólogos conductistas antes de cambiar de rumbo en la investigación y emprender trabajos con los psicólogos de la Gestalt, entre ellos Max Wertheimer y Wolfgang Kohler. También se incorporó al Instituto Psicológico de la Universidad de Berlín, donde dio conferencias y seminarios sobre filosofía y psicología y publicó una serie de artículos donde argumentó con vehemencia contra la idea de que las asociaciones entre estímulos y respuestas motivan el comportamiento. Años más tarde resumía estas ideas en este párrafo:

> *La investigación experimental de los hábitos (asociación) ha demostrado que los acoplamientos creados por el hábito nunca son, como tales, el motor de un acontecimiento psíquico. [...] Antes bien, ciertas energías psíquicas, es decir, sistemas psíquicos fijos que derivan, por regla general, de la presión de la voluntad o de una necesidad, son siempre la condición necesaria del acaecimiento -sea cual fuere- del acontecimiento psíquico. [...] Por tanto, las conexiones nunca son causa de los acontecimientos, dondequiera y en la forma que sea que se produzcan.*

Cuando Hitler llegó al poder en Alemania en 1933 los miembros del instituto se dispersaron y bastantes emigraron a Inglaterra y luego a Estados Unidos. En Londres se reunió con Eric Trist, de la clínica Tavistock. Trist quedó impresionado con sus teorías y las puso en práctica en sus estudios sobre los soldados durante la Segunda Guerra Mundial.

Lewin emigró a Estados Unidos en agosto de 1933 y se nacionalizó en 1940. El traslado de Alemania a América planteó un grave problema para la continuidad teórica de su obra. El cambio de una cultura que concedía un gran valor a la ciencia teórica a otra orientada a los valores prácticos restó sentido a su visión fenomenológica. Sin embargo, le brindó la oportunidad de abordar problemas humanos acuciantes, a los que siempre había sido sensible. De la necesidad de este cambio surgieron las nociones de Lewin de «investigación-acción» y «dinámica de grupo». Al mismo tiempo, estos desarrollos sirvieron para ocultar su fracaso a la hora de desarrollar una contrapartida psicológica al tipo físico de teoría de campo del que había partido.

Fue uno de los pioneros de la psicología social y organizativa, al estudiar las dinámicas de grupo y el desarrollo de las organizaciones. Introdujo, en los años 40, el llamado grupo T, o grupo de entrenamiento de la sensibilidad, que buscaba promover la armonía interracial. La gran intuición de Lewin fue que la psicología ofrecía un lenguaje más aceptable para hablar de raza que la política o la moral. En lugar de pedir a los estadounidenses que vivieran de acuerdo con su propio credo moral o pedirles que reformaran el Congreso o las prácticas empresariales, el enfoque psicológico permitía modificar no solo los medios para el cambio, sino también los propios fines. El objetivo deseado ya no era la igualdad cívica y la participación, sino el bienestar psíquico individual. Tras la Segunda Guerra Mundial, Lewin participó en la rehabilitación psicológica de antiguos ocupantes de campos de desplazados con el Dr. Jacob Fine, de la Facultad de Medicina de Harvard.

Lewin propuso que el comportamiento humano debía considerarse como parte de un continuo, en el que las variaciones individuales de la norma están en función de las tensiones entre las percepciones del yo y del entorno. Para comprender y predecir plenamente el comportamiento humano, pensaba que había que considerar todo el campo psicológico, o «espacio vital», en el que actuaba la persona. Lewin intentó reforzar sus teorías utilizando sistemas topológicos (ilustraciones en forma de mapa) para representar gráficamente las fuerzas psicológicas. Dedicó los últimos años de su vida a investigar las dinámicas de grupo, pues creía que los grupos alteraban el comportamiento individual de sus integrantes. Basándose en investigaciones que examinaban los efectos de los métodos de liderazgo democrático, autocrático y «laissez-faire» en grupos de niños, Lewin demostró que los grupos pequeños funcionaban con más éxito cuando se organizaban de forma democrática.

Nuestra pandilla (detalle) [John George Brown, ca. 1894].

Lewin acuñó la noción de «genidentidad», que ha cobrado cierta importancia en teorías del espacio-tiempo y campos afines. Introdujo el concepto de «espacio hodológico» o camino más sencillo logrado mediante la resolución de diferentes campos de fuerzas, oposiciones y tensiones en función de sus objetivos. Para Lewin, las sociedades se comportan como campos de fuerza en los que interactúan individuos y espacios en tensión. Esto significa que, cuando un elemento de la sociedad se modifica, el resto de las partes del sistema perciben una alteración de su medio o campo. De ahí el nombre de la teoría.

También propuso la perspectiva interaccionista como alternativa al debate naturaleza versus crianza. Lewin sugirió que ni la naturaleza ni la educación por sí solas pueden explicar el comportamiento y la personalidad de los individuos, sino que ambas interactúan para moldear a cada persona. Esta idea se presentó en forma de la ecuación de Lewin para el comportamiento, $B = f(P, E)$, que significa que el comportamiento (B) es una función (f) de las características personales (P) y ambientales (E).

El modelo de Lewin se basa en tres *momentos* o etapas consecutivas que permiten el cambio y la adaptación, a los que llamó «descongelamiento», «movimiento» y «congelamiento». El descongelamiento es un cambio que llega para modificar el orden normal de las cosas y que puede iniciarse en una comunidad por motivos externos o internos. Durante esta fase, los miembros del grupo deben asumir el cambio como algo necesario para salir de las rutinas negativas y las actitudes que paralizan la productividad. Este proceso no surge necesariamente de manera natural, por lo que los líderes tienen que desempeñar activamente un papel transformador e incentivar la acción entre sus colaboradores.

El movimiento es la fase en la que todos los miembros de una sociedad o de una organización se dan cuenta de la importancia de cambiar lo establecido y toman parte en el proceso de cambio. El congelamiento es la última etapa del modelo y comprende aquella fase en la que el grupo ha encontrado la solución perfecta a aquellas problemáticas que incentivaron la necesidad de cambio.

Lewin sostenía que la investigación aplicada podía llevarse a cabo con rigor y que en ella podían ponerse a prueba las proposiciones teóricas. Animó a los investigadores a desarrollar teorías que pudieran utilizarse para abordar problemas sociales importantes. Tenía una profunda sensibilidad hacia estos problemas y el compromiso de utilizar sus conocimientos como científico social para hacer algo al respecto, fomentando la interdependencia de la investigación, la formación y la acción en la producción del cambio social.

La fiesta feminista (Anita Steckel, 1971) [Library of Congress].

PSICOLOGÍA FEMINISTA

El feminismo no es una única línea de pensamiento, sino que tiene diferentes perspectivas, planteamientos y corrientes organizadas. Tras obras seminales como *El segundo sexo* (1949) de Simone de Beauvoir y *La mística femenina* (1963) de Betty Friedman, el enfoque feminista fue extendiéndose a todos los aspectos de la cultura contemporánea, incluida la psicología. En los años siguientes se fueron identificando sesgos en la psicología, incluyendo la psicología académica, la clínica y la social, que adulteraban la contribución a la sociedad de las mujeres y se hicieron movilizaciones en busca de la igualdad y la inclusión. Dos figuras cruciales en este movimiento dentro de la psicología fueron Karen Horney y Naomi Weisstein.

* * *

Karen Horney, captada en primer plano, mirando a cámara sonriente, en una filmación
realizada durante el 11.º Congreso de la Asociación Psicoanalítica Internacional,
celebrado en Oxford (Inglaterra) en julio de 1929 [Library of Congress].

Caricatura de Karen Horney, obra de Olga Székely-Kovács
en 1924 [Internationaler Psychoanalytischer Verlag].

KAREN HORNEY (1885-1952)

Horney nació como Karen Danielsen en Blankenese, Alemania, cerca de Hamburgo. Su padre, era un noruego capitán de la marina mercante al que sus hijos apodaban «el lanzador de Biblias», ya que se las arrojaba si se comportaban mal.

Horney tuvo un diario desde los trece años, donde mostraba su confianza en su camino para el futuro, consideraba la posibilidad de convertirse en médico y eso a pesar de que, en aquella época, a las mujeres no se les permitía asistir a la universidad. En la adolescencia sufrió el primero de varios ataques de depresión, un problema que la atormentaría el resto de su vida. En 1904, cuando Karen tenía 19 años, su madre abandonó a su padre, sin divorciarse, y se llevó a los niños con ella.

En contra de los deseos de sus padres, Horney ingresó en 1906 en la Facultad de Medicina de Friburgo, una de las primeras universidades en admitir mujeres en la carrera de Medicina en Alemania. Posteriormente continuó los estudios en Gotinga y luego en Berlín, donde se graduó como doctora en Medicina en 1913. En 1920, Horney fue uno de los fundadores del Instituto Psicoanalítico de Berlín. Ayudó a diseñar y finalmente dirigió el programa de formación del grupo, enseñó a estudiantes y llevó a cabo investigaciones psicoanalíticas. También atendió a pacientes en sesiones psicoanalíticas privadas al mismo tiempo que continuaba su trabajo en el hospital.

Horney tuvo duros reveses en su vida personal y profesional, pero fue una de las figuras claves en el afrontamiento de la ansiedad. Se le atribuye la fundación de la psicología feminista en respuesta a la teoría de Freud sobre la envidia del pene. No estaba de acuerdo con Freud sobre las diferencias inherentes a la psicología de hombres y mujeres y atribuía esas diferencias a la sociedad y la cultura más que a la biología. A menudo se la califica como neofreudiana. Horney argumentó que la minusvaloración psicológica de las mujeres no era por ningún defecto fundamental en su constitución física o mental, sino por las barreras sociales que se colocaban sobre ellas, que propiciaban que tanto mujeres sanas como neuróticas sobrevaloraran el amor de los hombres por su dependencia social y económica. Publicó, de 1922 a 1937, una serie de artículos sobre psicología de la mujer que se reunieron en un volumen titulado *Psicología femenina* (1967).

Los temas sobre relaciones íntimas y familiares dominaron las obras de Horney. Escribió que en muchas familias los niños desarrollaban ansiedad porque se sentían inseguros, poco valorados y no amados. En respuesta, intentaban reducir la ansiedad mediante mecanismos de defensa que podían ser a través del amor, el poder o el desapego. Los adultos sanos demostraban un uso flexible de estas tres estrategias, pero a menudo, una de ellas se exageraba. Los que exageraban en el amor se volvían complacientes y pretendían contrarrestar la ansiedad buscando la aprobación y volviéndose enormemente dependientes de los demás. Esta vía, argumentaba Horney, era especialmente problemática para las mujeres.

Horney contemplaba la neurosis desde una perspectiva distinta a la de otros psicoanalistas de la época. Su gran interés por el tema la llevó a compilar una teoría detallada de la neurosis, con datos de sus pacientes y diez necesidades que clasificaba dentro del cumplimiento, la agresión o el alejamiento. Estas necesidades eran las siguientes:

HACIA LAS PERSONAS (CUMPLIMIENTO)

1. Necesidad de afecto y aprobación, complacer a los demás y caer bien.
2. Necesidad de una pareja, alguien a quien amar y que les ayude a resolver los problemas.
3. Necesidad de reconocimiento social, prestigio y protagonismo.
4. Necesidad de admiración personal, de que se valoren sus cualidades internas y externas.
5. Moverse en contra de las personas (agresión).
6. Necesidad de poder, la capacidad de doblegar voluntades y lograr el control sobre los demás.
7. Necesidad de explotar a los demás, de sacar lo mejor de ellos. Volverse manipulador y asumir la creencia de que las personas están ahí simplemente para ser utilizadas.

ALEJARSE DE LA GENTE (RETRAIMIENTO)

1. Necesidad de logros personales; aunque prácticamente todas las personas desean conseguir logros, el neurótico puede estar desesperado por lograrlo.
2. Necesidad de autosuficiencia e independencia; aunque la mayoría desea cierta autonomía, el neurótico puede simplemente desear descartar por completo a otros individuos de su vida.
3. Necesidad de perfección; mientras que muchos se sienten impulsados a perfeccionar sus vidas en forma de bienestar, el neurótico puede mostrar un miedo a ser defectuoso.
4. Necesidad de restringir las prácticas vitales a unos límites estrechos; vivir una vida lo más discreta posible.

Retrato de una niña descrita como «neurótica». Colección de George Edward Shuttleworth, del Royal Albert Asylum de Lancaster, Inglaterra (siglos xix-xx; detalle) [Wellcome Collection].

Horney creía que la neurosis era un proceso continuo, que las neurosis aparecían esporádicamente a lo largo de la vida. Esto contrastaba con las opiniones de sus contemporáneos, que creían que la neurosis era, al igual que las afecciones mentales más graves, un mal funcionamiento negativo de la mente en respuesta a estímulos externos, como el duelo, el divorcio o las experiencias negativas durante la infancia y la adolescencia. Esto ha sido ampliamente debatido por los psicólogos contemporáneos.

Como Fromm, Horney sintetizó puntos de vista sociológicos y psicoanalíticos. Pero a diferencia de Fromm, Horney fue esencialmente una constructora de sistemas. Su sistema evolucionó de libro en libro y alcanzó su forma final en *Neurosis y crecimiento humano* (1950). El olvido de Horney se atribuye al hecho de que sus puntos de vista, una vez expuestos, parecen aparentes. El hecho de que su teoría sea profundamente simple y, en contra de los tiempos, clara, tiende a oscurecer tanto su originalidad como su poder explicativo.

NAOMI WEISSTEIN (1939-2015)

Weisstein fue una psicóloga cognitiva, neurocientífica, autora y profesora de Psicología estadounidense. Nació en Nueva York y se graduó en el Wellesley College en 1961 y durante su estancia allí fue miembro de Phi Beta Kappa, compuso música, hizo monólogos y teatro y escribió para el periódico de la facultad. Más tarde se doctoró en la Universidad de Harvard en 1964 y durante ese período completó su trabajo de laboratorio en la Universidad de Yale, donde conoció a su marido, Jesse Lemisch.

Tras su doctorado, obtuvo una beca posdoctoral en la Universidad de Chicago. Su experiencia profesional fue en principio bastante frustrante. En su tesis le prohibieron acceso a parte del equipo que necesitaba, con el argumento de que «podía romperlo». Cuando empezó a buscar empleo como psicóloga, los directores de varios departamentos le preguntaron: «¿Cómo va a poder una chica pequeña como tú enseñar a una gran clase de hombres grandes?»; una pregunta que usaría como título en una de sus futuras obras. En este ensayo contaba el aluvión de discriminaciones por razón de género que sufrió a lo largo de su carrera, desde profesores de Harvard que le decían «las mujeres no pertenecen a la escuela de posgrado» y le prohibían utilizar el laboratorio hasta el acoso sexual, pasando por colegas masculinos que intentaban robarle su trabajo descaradamente.

psychology

constructs

the female

Naomi Weisstein

Detalle de la portadilla del ensayo de Weisstein «Kinder, Kuche, Kirche como ley científica: la psicología construye a la mujer», publicado por New England Free Press en 1968 [*Sisterhood*, 228].

También le llegaron a preguntar: «¿Quién le hizo la investigación?». Aún con estas cortapisas consiguió ser la mejor de su promoción en 1964, pero incluso en un mercado laboral en expansión para los psicólogos no recibió ninguna oferta de empleo. Desanimada e indignada, encontró una explicación para su experiencia y una respuesta en el florecimiento del feminismo. Posteriormente enseñó en la Universidad de Chicago, la Universidad de Loyola y la Universidad Estatal de Nueva York hasta 1983. Weisstein decía que el mundo científico había cambiado desde que ella se coló en él, «no porque yo consiguiera convertirme en una psicóloga consolidada dentro de él, sino porque llegó un movimiento de mujeres que cambió su carácter».

El área principal de trabajo de Weisstein era la psicología social y la neurociencia cognitiva. Se consideraba a sí misma una feminista radical y utilizaba la comedia y la música *rock* como medio para difundir sus opiniones e ideología. Según su marido, tanto en su música como en su ciencia, el trabajo de Weisstein estaba unido por un tema común: la «resistencia a las tiranías de todo tipo». Se implicó en la fundación de la Unión de Liberación de la Mujer de Chicago, que promovía actividades feministas y mejoras en el modo de vida de las mujeres. Por aquel entonces, recuerda haber escuchado *Under My Thumb* de Mick Jagger, una canción en la que compara a su novia con un «perro que acaba de tener su día». «Qué criminal —recuerda Weisstein— hacer que el sometimiento de las mujeres sea tan sexi».

Weisstein, junto con otras feministas, escuchaba música *rock* porque se identificaba con la contracultura que nacía de esa expresión musical. Sin embargo, creía que la política sexual y de género del *rock* necesitaba un cambio radical. Así que, con poca trayectoria musical pero mucha motivación, decidió crear una banda de *rock* con otras cinco integrantes de la CWLU, y así nació la Chicago Women's Liberation Rock Band. En sus palabras: «¿Por qué no ver qué pasaría si creáramos un *rock* visionario y feminista?».

Al tiempo que Weisstein intentaba cambiar el mundo de la música, también empujaba los límites de la psicología. En un ensayo de 1968 titulado *Kinder, Küche, Kirche as Scientific Law: Psychology Constructs the Female*, Weisstein denunció el fracaso de la psicología, como un campo dominado por los hombres e incapaz de investigar adecuadamente la naturaleza de las mujeres. «Kinder, Küche, Kirche», o las tres K, es una frase alemana que significa «niños, cocina e iglesia», que definía el papel de las mujeres como madres, esposas y referentes morales. Weisstein afirmó que, debido a los prejuicios, los psicólogos limitan el descubrimiento del potencial real que poseen las mujeres. Asimismo, según ella, a las mujeres solo se las mira en función de las expectativas sociales que se tienen de ellas; es decir, ser más débiles, volcadas en la crianza de los hijos, inferiores a los hombres, etc.

Weisstein argumentó que los psicólogos trabajaban a partir de este mismo guion cultural que subyugaba a las mujeres y las relegaba al hogar. Dio ejemplos de respetados psicólogos como el psicoanalista Bruno Bettelheim, de la Universidad de Chicago, quien afirmara: «Por mucho que las mujeres quieran ser buenas científicas o ingenieras, quieren ante todo ser compañeras de los hombres y ser madres»; y Erik Erikson, de Harvard, que cuestionó que una mujer pudiera «tener una identidad antes de saber con quién se casará».

El documento era tan erudito como acusador. Al basarse en teorías sin pruebas, los psicólogos —argumentaba Weisstein— habían integrado estos estereotipos sobre la mujer en su práctica sin examinar el contexto social que los provocaba. Después de una reacción inicial, su obra cambió en un movimiento sin retorno el ámbito de la psicología. En un número especial de la revista *Psychology of Women Quarterly* dedicado a la influencia de Weisstein, las psicólogas Alexandra Rutherford, Kelli Vaughn-Blout y Laura C. Ball sostienen que su trabajo fue «central, si no catalítico, para la invención de la psicología feminista».

Naomi Weisstein luchó contra la creencia predominante de que ser mujer era una «enfermedad social» y que su ámbito exclusivo era el hogar. Si las mujeres estaban enfermas —decía— era porque la sociedad y sus diversas instituciones las habían vuelto así. Decidió que un movimiento organizado de mujeres tenía más posibilidades de cambiar este mundo de hombres y esta ciencia de hombres que el mero paso del tiempo. Además, fue miembro de la Asociación Americana para el Avance de la Ciencia y de la Asociación Americana de Psicología. Allí cofundó la División 35, dedicada a la psicología de la mujer. Mientras tanto, también sumaba los aportes de la psicología al movimiento de liberación de la mujer. Solo dos años después de la publicación de su ensayo, este fue seleccionado para la antología de 1970 *Sisterhood is Powerful: an Anthology of Writings from the Women's Liberation Movement* (*La hermandad es poderosa: una antología de escritos del movimiento de liberación de la mujer*), hoy un volumen clásico en la literatura feminista de la segunda ola.

En 1973, Weisstein fue invitada a SUNY Buffalo para unirse a un destacado grupo de psicólogos cognitivos. En lugar de encontrar un hogar para ella y su investigación, se dio de bruces con un entorno más hostil y discriminatorio que el de Harvard. Algunos colegas se reunían con los estudiantes de Weisstein para tratar de conseguir detalles sobre su investigación, mientras que otros intentaban descaradamente realizar sus experimentos sin ella, lo que describe en un ensayo titulado *Robo*. Además de la degradación de su trabajo, también soportó un implacable acoso sexual, del que escribió más tarde.

Carátula del disco *Papa, Don't Lay That Shit On Me*, de las Chicago & New Haven Woman's Liberation Rock Bands, reeditado en 2005 a partir del original *Mountain Moving Day* de 1972. Naomi Weisstein es la segunda por la izquierda.

En marzo de 1980, Weisstein fue diagnosticada con el síndrome de fatiga crónica y desde 1983 estuvo postrada en la cama. «Creo que los horrores de Buffalo contribuyeron a que enfermara en 1980», dijo su esposo. Aun así, Weisstein siguió trabajando. Después de su diagnóstico, siguió formando parte de los consejos de redacción de las revistas, mantuvo su laboratorio en Buffalo durante ocho años más y publicó diecisiete artículos más, el último en 1992.

Sus últimos años fueron muy duros: su situación médica fue negada y calificada de «histeria femenina», la compañía de seguros médicos intentó reducir los cuidados que recibía y pasar de 24 horas de enfermería a 4 y su médico insistió en que no tenía cáncer, a pesar de su constante preocupación por unas hemorragias vaginales continuas. Aunque finalmente se le diagnosticó cáncer de ovario e ingresó para su tratamiento, el médico no supo localizar un tumor benigno cerca de su estómago, a pesar de que ella podía señalarlo. El tumor le impedía comer y beber, pero el médico insistía en que simplemente no estaba intentando superarlo. Weisstein murió el 26 de marzo de 2015, una muerte que en opinión de su biógrafa Leilaa McNeill sin duda se vio acelerada por el desprecio de la profesión médica al dolor de una mujer.

El caminante sobre el mar de niebla [Caspar David Friedrich, ca. 1817].

PSICOLOGÍA ECOLÓGICA

La psicología ecológica es un enfoque estructurado de la cognición del que fueron pioneros J. J. Gibson (1904-1979) en el campo de la percepción, su esposa E. J. Gibson (1910-2002) en el campo de la psicología del desarrollo y Roger G. Baker (1903-1990) en el análisis del comportamiento. En un primer momento, la psicología ecológica pretendía ofrecer un enfoque innovador para entender la percepción y el aprendizaje que superara las dicotomías psicológicas tradicionales de percepción/acción, organismo/entorno, subjetivo/objetivo y mente/cuerpo. Estas dicotomías están en la base de algunos supuestos teóricos en el campo de la psicología, como la pobreza del estímulo y la pasividad de la percepción. El enfoque ecológico cuestionó estas ideas ampliamente aceptadas.

Una vez establecido el marco conceptual, la psicología ecológica se convirtió durante la segunda mitad del siglo xx en una alternativa en el debate entre el cognitivismo y el conductismo. Aunque ambos enfoques se consideraban competidores, desde un punto de vista ecológico se trataban como complementarios, ya que ambos enfatizaban etapas distintas de un marco cognitivo general sustentado en los mismos principios.

Los principales principios de la psicología ecológica que se originaron entre los años sesenta y setenta fueron la dualidad percepción-acción, los sistemas perceptivos, el sistema organismo-entorno, la información ecológica, la especificidad y el aprendizaje perceptivo. Muchos autores consideran a la psicología ecológica como una versión del conductismo.

*   *   *

MARTHA MUCHOW (1892-1933)

Martha Marie nació en Hamburgo. Tras terminar el bachillerato (1912), se formó como maestra durante un año y comenzó a impartir clases en un instituto femenino. En su tiempo libre, asistía a las conferencias de William Stern en el Instituto Colonial, precursor de la universidad, en Hamburgo. Antes de comenzar sus estudios de Psicología, Filosofía e Historia Literaria en 1919, trabajó como profesora en escuelas primarias de Hamburgo. En 1923 se doctoró *summa cum laude* con una tesis sobre la psicología del educador. Le siguieron estudios sobre la psicología del desarrollo de la infancia y la adolescencia, así como sobre psicología de la educación. Publicó los resultados de sus investigaciones en 1929, en *Psychological Problems of Early Education*. Con sus investigaciones científicas, Martha Muchow «dio

Curiosidad [Charles Burton Barber, ca. 1881].

a conocer las características psicológicas del desarrollo social, del pensamiento y de la conciencia en la primera infancia, con especial referencia a la posición de Friedrich Froebel» y concluyó: «... la pedagogía de la primera infancia [...] requiere sin duda una base psicológica infantil y educativa especialmente cuidadosa».

Desde 1926, Martha Muchow fue colaboradora permanente de la renombrada revista *Kindergarten*. Paralelamente, mantuvo estrechos contactos con el movimiento Froebel y el Seminario Froebel de Hamburgo. Sobre las ideas de Froebel, impulsor del movimiento de los kindergarten, escribió:

> *No es un sistema y un método lo que Froebel trató de plasmar en última instancia. Es una nueva visión del significado que reside en la coexistencia de adultos y niños lo que él abre, y una nueva forma de relación con el niño lo que sugiere en sus escritos y ejemplifica en su jardín de infancia. Quienes, como tantos, ven en Froebel solo al metodólogo de la educación infantil, lo malinterpretan por completo. No habla de un método, sino de una nueva comprensión de los papeles en la situación educativa. También el jardín de infancia no es en absoluto originalmente una institución para la educación de niños pequeños, sino más bien una amalgama del mundo de los adultos con el fin de preservar o crear para el niño, a partir de su nueva actitud, el espacio vital que necesita de acuerdo con su papel en la vida.*

También participó en la acalorada discusión sobre la pedagogía de Maria Montessori que tuvo lugar en los años veinte. En relación con el trabajo de reforma educativa de Montessori, señaló:

> *Los esfuerzos de la pedagogía científico-experimental se habían dirigido hasta entonces a problemas individuales limitados de la enseñanza y la didáctica; ciertamente, muchas ideas de apoyo procedentes de sus descubrimientos habían penetrado ya en la enseñanza escolar [...], pero la creación y puesta en práctica de una nueva forma de escuela a tan gran escala como la que representa la casa de los niños o la clase elemental Montessori [...], eso es precisamente lo que ha demostrado la señora Montessori y lo que seguirá siendo siempre el gran mérito de la doctora italiana.*

Martha Muchow es considerada una pionera de la psicología ecológica. Su libro *Der Lebensraum des Großstadtkindes* (*El espacio vital del niño urbano*), publicado póstumamente en 1935 por su hermano Hans Heinrich

Muchow, es uno de los primeros trabajos en este campo y en geografía perceptiva y es reconocido como su obra cumbre. En ella, Martha examina la importancia de la percepción del niño de su entorno inmediato como guía para su comportamiento y recalca lo que se debe hacer para que el niño se sienta arropado y con control sobre su ambiente.

Muchow utilizó el ejemplo del mundo de la gran ciudad para mostrar cómo el niño de diferentes edades construye su mundo vital a partir de lo que le rodea como entorno, cómo en este entorno están activas las tendencias infantiles generales conocidas de la psicología del desarrollo, pero cómo también, a través de la peculiaridad de nuestro mundo tecnificado y mecanizado de la gran ciudad de hoy en día, surge un mundo infantil completamente diferente al nuestro de hace veinte o treinta años, del que todavía nos gusta extraer más o menos conscientemente nuestra comprensión del niño y de su experiencia. Utilizando ejemplos vívidos, por ejemplo, de lecciones de historia local o la interpretación de ciertos comportamientos

Popular imagen de unos niños jugando con fajos de marcos alemanes durante el fenómeno de hiperinflación desencadenado en la República de Weimar en los años 20 del siglo xx [autor desconocido].

supuestamente morales (o inmorales) del niño (la calle de la gran ciudad), mostró la aparición de nuevos problemas pedagógicos ligados al proceso de urbanización y también la influencia de la hacinación como el aumento de la tuberculosis.

Desarrolló su teoría del *Lebensraum* («espacio vital») influida por los estudios del biólogo Jakob von Uexküll, que había analizado los cambios del comportamiento de los animales en un ambiente determinado. Muchow amplió el concepto para incluir las influencias sociales y culturales sobre el desarrollo psicológico y argumentó que el ambiente experiencial puede ser diferente del ambiente físico. Combinó encuestas, entrevistas, realización de mapas, muestras temporales y observaciones cercanas en entornos mútiples para obtener una base de datos lo más completa posible.

Otros psicólogos tales como Kurt Lewin, Roger Barker y Beatrice Wright se basaron en su trabajo para desarrollar la psicología ecológica. Heinz Werner, en particular, rindió homenaje a los estudios de Martha Muchow sobre el hábitat del niño metropolitano en su *Introducción a la psicología del desarrollo*, utilizando material inédito, y señaló las diferencias desde el punto de vista del adulto: «El mundo del niño es un "mundo cercano": es más próximo cuanto más pequeño es el niño y más distante cuanto mayor es el niño».

Cuando su profesor William Stern fue despedido tras la llegada al poder de los nacionalsocialistas, estos la denunciaron como «camarada judía» en una carta fechada el 10 de julio de 1933:

> *Fräulein Dr. Muchow, la confidente más cercana del Prof. Stern, que incluso hoy lo visita a diario y elabora con él todos los planes, es la más peligrosa. Fue miembro activo de la marxista Federación Mundial para la Renovación de la Educación [...]. Su influencia es siniestra y directamente contraria a una concepción alemana del Estado.*

El 25 de septiembre de 1933, día en que cumplía 41 años, la psicóloga fue despojada de todos sus cargos públicos. Dos días después intentó suicidarse y murió dos días más tarde como consecuencia de ello. En enero de 2007, la biblioteca de la Facultad de Educación, Psicología y Movimiento Humano de la Universidad de Hamburgo recibió su nombre.

ROGER G. BARKER (1903-1990),

El martes 26 de abril de 1949, un niño de siete años llamado Raymond Birch estaba profundamente dormido en su cama. Su madre entró en su habitación y le dijo: «Raymond, es hora de levantarse para ir a la escuela». Cuando el niño abrió los ojos, vio a un señor con un portapapeles y un cronómetro de pie en la esquina de su habitación. El científico, un desconocido para el niño, se quedó mirando, sin decir palabra. El niño se levantó de la cama y buscó su ropa. El científico escribió: «7:01 de la mañana, Raymond cogió un calcetín». Aquel día, ocho investigadores se turnaron, como corredores en una carrera de relevos, para seguir a Raymond durante 13 horas seguidas. El libro que salió de aquello, *One Boy's Day*, tenía 435 páginas, una entrada para casi cada minuto del día de Raymond. Los investigadores trataron de registrar no solo las palabras y los movimientos de Raymond, sino también sus percepciones, motivos y sentimientos. Anotaron que Raymond murmuraba con la boca llena de tostada en el desayuno, le siguieron mientras caminaba con su madre hacia su trabajo

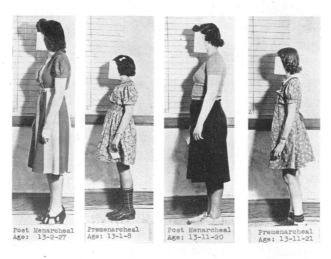

Post Menarcheal Premenarcheal Post Menarcheal Premenarcheal
Age: 13-2-27   Age: 13-1-8   Age: 13-11-20   Age: 13-11-21

«Los requisitos de altura y peso para la admisión a equipos y competiciones atléticas son especialmente importantes para los niños en la adolescencia temprana. Quizás tengan aún mayor importancia para la situación psicológica de niños y adolescentes las presiones informales e inconscientes que ejercen sobre ellos los adultos y sus semejantes de acuerdo con su grado de madurez física. Existen expectativas de comportamiento ampliamente aceptadas para niños con diferentes grados de madurez física. A medida que el niño parece cada vez más maduro, estas expectativas dan como resultado una relajación de las restricciones a la participación en actividades prestigiosas» [*Adjustment to physical handicap and illness...*, Barker, R. G. *et al.*, 1946].

en la oficina del secretario del condado y observaron cómo dibujaba un vaquero con una larga barba. Vieron cómo Raymond encontraba un bate de béisbol en la hierba y lo recogía al mismo tiempo que decía «Oh, chico», según las anotaciones. El libro fue un fracaso comercial, pero una nueva disciplina había nacido: la psicología ecológica.

A finales de los años 40 y principios de los 50, los científicos seguían a los niños en las casas, los patios de las escuelas y las calles de la ciudad de Oskaloosa, Kansas, al mismo tiempo que tomaban notas sobre las cosas más insignificantes que hacían o decían. Todo esto ocurría bajo la mirada de Roger G. Barker, que estaba empeñado en llevar su campo, la psicología del desarrollo, en una dirección radicalmente nueva. La mayoría de los colegas de Barker hacían experimentos en los laboratorios, pero nada de esto tenía sentido para él. Los seres humanos no viven en laboratorios, viven en el mundo real y ahí es donde Barker quería estudiarlos.

Barker había recibido el doctorado en Stanford en 1934 y luego tuvo una serie de contratos eventuales para investigar en algunas de las universidades más prestigiosos del país incluyendo Stanford, Iowa, Harvard, Illinois, Chicago y Clark. Sin embargo, veía que lo que se estudiaba en los laboratorios de psicología y las corrientes dominantes de la época no encajaban con las situaciones reales. En Iowa trabajó con Kurt Lewin, quien le enseñó a investigar las actividades de los niños y a una nueva forma de análisis que incluía la observación de los fenómenos normales y del medio ambiente psicológico de los niños. También le resultó muy formativo el dar clase a maestros y profesores sobre psicología del desarrollo en los programas de extensión universitaria de la Universidad de Illinois. Las visitas a esas escuelas le impresionaron sobre ese escenario de la América rural. Todas esas experiencias le llevaron a la que sería su línea de investigación el resto de su vida: ¿Qué tipo de vida llevan los niños de las pequeñas comunidades americanas y cómo se diferencia esa vida de lo que sabemos sobre ellos procedente del trabajo en los laboratorios de psicología del desarrollo?

Barker quería describir y analizar el comportamiento de los seres humanos, en especial los niños, en las situaciones cotidianas. Estaba influido por las investigaciones ecológicas de los biólogos que localizaban, observaban y estudiaban sistemáticamente las plantas y los animales en su ambiente natural, analizaban las interacciones entre ellos y con los aspectos abióticos del clima, como el clima o la altitud. Barker empezó a trabajar en 1947 en la Universidad de Kansas en Lawrence, que le había llamado para proponerle dirigir el Departamento de Psicología. Barker dijo: «Aceptaré el trabajo, pero con una condición. Que me encuentren una ciudad pequeña». El decano respondió que conocía el lugar adecuado: Oskaloosa.

Cuando Roger Barker condujo por primera vez hacia las colinas del noreste de Kansas para ver Oskaloosa, debió abrir unos ojos como platos. El lugar era un cuadro de Norman Rockwell: ni demasiado rico ni demasiado pobre, familias estructuradas en casas modestas, una ciudad del Medio Oeste con 715 habitantes. Barker vivió allí los siguientes cuarenta años, hasta su fallecimiento en 1990, a la edad de 87. Allí fundó, junto con Herbert F. Wright, la «Estación de Campo Psicológica del Medio Oeste», un centro que se mantuvo activo hasta 1972.

Barker quería estudiar lo que él llamaba «el comportamiento natural de las personas en libertad» y para ello dijo a sus colaboradores, los que hacían el trabajo de campo, que se convirtieran en parte del paisaje: visibles y amistosos, sin molestar. Lo último que queremos hacer, dijo, es dar a la gente la sensación de que son conejillos de Indias. Barker siguió su propio consejo y trasladó a su familia a Oskaloosa. Se instalaron en una casa destartalada cerca de la plaza del pueblo, se unieron a la iglesia presbiteriana y participaron activamente en las organizaciones sociales y cívicas de la ciudad. Y eso dejó a Barker tan expuesto como a los oskaloosanos que planeaba poner bajo su lupa. «Nos van a vigilar —dijo un día una señora del pueblo a los investigadores—. Pero no olviden que nosotros los observaremos a ustedes».

Barker desarrolló el concepto de configuración del comportamiento y la teoría de la dotación de personal. Barker se doctoró en la Universidad de Stanford, bajo la dirección de Walter Richard Miles. El equipo de Barker recopiló datos empíricos en Oskaloosa desde 1947 hasta 1972, disfrazando siempre la ciudad de «Medio Oeste, Kansas» para publicaciones como *One Boy's Day* (1952) y *Midwest and Its Children* (1955). Basándose en estos datos, Barker desarrolló por primera vez el concepto de entorno conductual para ayudar a explicar la interacción entre el individuo y su medio inmediato.

Posiblemente, uno de los desarrollos más valiosos del trabajo de Barker fue el examen de la forma en que el número y la variedad de los entornos de conducta permanecen notablemente constantes incluso cuando las instituciones aumentan de tamaño. Esto se exploró en su trabajo seminal con Paul Gump, publicado en 1964 bajo el título *Big School Small School*. Demostraron que las escuelas grandes generaban un número similar de ajustes de conducta que las pequeñas, aunque el número de estudiantes fuese muy diferente. Una consecuencia de ello era que los alumnos podían asumir muchos papeles diferentes en las escuelas pequeñas (por ejemplo, estar en la banda de música y en el equipo de fútbol de la escuela), mientras que en las escuelas grandes había una mayor tendencia a ser selectivos y especializados.

El proyecto de Barker era muy ambicioso, quería valorar todos los aspectos cotidianos y analizó todo lo que pasó durante un año entre 1951 y 1952. Un estudio parecido se llevó a cabo en Leyburn, Inglaterra y ambos estudios se replicaron en 1963-64 para poder hacer un análisis longitudinal de los cambios acontecidos en esos años. Barker no solo recogía y analizaba los datos empíricos, también trabajó en desarrollar un marco conceptual para interpretar la organización funcional de la vida cotidiana y el impacto que tenía en el desarrollo de niños y adolescentes.

El «Proyecto del Medio Oeste» de Barker fue apoyado desde el principio por Lewin. Inicialmente, Barker y Wright experimentaron con una serie de métodos que confiaban en que les ayudarían a contestar las preguntas más básicas. Así, desarrollaron una especie de estudio de caso que usaba «registros de espécimen». La idea era analizar la «corriente de comportamiento» de niños individuales a lo largo del día por un equipo de investigadores y la descripción de los «episodios» que se iban sucediendo en un lenguaje llano y claro. El equipo de investigación pronto descubrió que el comportamiento cotidiano estaba fuertemente condicionado por el contexto social y material en el que sucedía: una clase, un parque, una fiesta, una tienda de ultramarinos, una iglesia, etc. Barker y sus colaboradores los llamaron «marcos de conducta» (*behavior settings*), los definieron como un sistema social supraindividual y desarrollaron un método para la identificación y descripción de estos sistemas. Los marcos de conducta, según el concepto de Barker, son sistemas de eventos sociales que se mantienen por sí mismos, casi estacionarios, localizados en un espacio y un tiempo concretos. Sus patrones de acción están coordinados con lo que les rodea, el medio y los objetos comportamentales.

La mujer de Barker, Louise, era bióloga y ella fue la que le abrió los ojos al impacto que estaba teniendo la nueva ciencia de la ecología. Ella fue su colaboradora más estrecha durante unas actividades de investigación que fueron larguísimas, intensas y tediosas. Barker sufrió desde la infancia una grave osteomielitis que restringía su movilidad y le afectó a lo largo de su vida. Ello le animó a investigar sobre los aspectos psicológicos de la discapacidad física, un estudio que sirvió también para ayudar en la rehabilitación de los veteranos con heridas de guerra. Finalmente, tuvo la suerte de que la Universidad de Iowa valorara el interés de su trabajo y le permitiera dedicar la mayor parte de su trabajo a la investigación con unas mínimas tareas docentes. Barker falleció en su casa de Oskaloosa, Kansas, en septiembre de 1990.

JAMES J. GIBSON (1904-1979)

Gibson fue un psicólogo estadounidense que es considerado actualmente como uno de los autores más importantes del campo de la percepción visual. Desafió la idea de que el sistema nervioso construye activamente la percepción visual consciente, y en su lugar promovió la psicología ecológica, en la que la mente percibe directamente los estímulos ambientales sin construcción o procesamiento cognitivo adicional. Su obra más destacada en este ámbito es *The Ecological Approach to Perception*.

Gibson nació en McConnelsville, Ohio. Su padre trabajaba en el Ferrocarril Central de Wisconsin y su madre era maestra de escuela. De niño su padre le llevaba de viaje en tren y Gibson recordaba estar fascinado por la forma en que aparecía el mundo visual cuando estaba en movimiento. En la dirección del tren, el mundo visual parecía fluir y expandirse. Cuando miraba hacia atrás, en cambio, el panorama visual parecía contraerse. Estas experiencias despertaron el interés de Gibson por el flujo óptico y la información visual generada por los distintos medios de transporte. Posteriormente aplicaría esta fascinación al estudio de la percepción visual del aterrizaje y el vuelo de los aviones. Sus investigaciones sobre este tema se

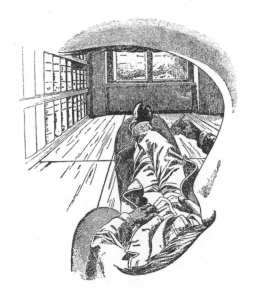

«El campo visual monocular de Ernst Mach». Ilustración de su *The Analysis of Sensations* (1897) reproducida en *The perception of the visual world* [James J. Gibson, 1950].

usaron para seleccionar pilotos en la Segunda Guerra Mundial. Todo ello lo plasmaría en su primer libro, *The Perception of the Visual World* (*La percepción del mundo visual*), en el que analizaba fenómenos visuales como el gradiente de textura retiniana y el gradiente de movimiento retiniano.

Gibson comenzó sus estudios universitarios en la Northwestern University, pero se trasladó después de su primer año a la Universidad de Princeton, donde se especializó en filosofía. En Princeton, recibió clase de muchos profesores influyentes, entre ellos Edwin B. Holt, que defendía el nuevo realismo. En su último año en Princeton, Gibson tomó un curso de psicología experimental con Herbert S. Langfeld, quien le ofreció al año siguiente una plaza de ayudante. Holt enseñó a J. J. Gibson los principios del conductismo y el empirismo radical. Su tesis doctoral se centró en la memoria de las formas visuales y recibió su doctorado en 1928.

La primera fuente de inspiración que J. J. Gibson tuvo en cuenta para desarrollar el enfoque ecológico de la cognición fue el pragmatismo estadounidense y, en particular, las ideas de James sobre el empirismo radical y el monismo neutral. Según el pragmatismo, las consecuencias prácticas son más relevantes que los principios abstractos para explicar las prácticas científicas, la ética y la cognición. Según el pragmatismo, «los individuos nunca pueden conocer el mundo independientemente de su propia experiencia».

La versión de James del pragmatismo incluye una tesis epistémica, el empirismo radical, y una tesis metafísica, el monismo neutral. Estas dos tesis están entrelazadas. El empirismo radical afirma que nuestro conocimiento procede de la experiencia, que se entiende como la capacidad de entablar interacciones significativas con el mundo. Así, experimentamos esas relaciones de forma significativa y organizada. James concluye que podemos describir este mundo relacional de la experiencia pura desde el lado del objeto (el dato sensorial) o desde el lado del sujeto (la experiencia). Por lo tanto, este enfoque se denomina monismo neutral: solo hay una cosa, pero puede describirse física o psicológicamente. Los historiadores de la psicología ecológica consideran que el enfoque de J. J. Gibson sobre la percepción es una versión experimental del empirismo radical de James.

Gibson consiguió su primer trabajo en el Smith College y allí conoció a dos figuras influyentes en su vida: el psicólogo de la Gestalt Kurt Koffka y Eleanor Jack, que se convertiría en su esposa y cambiaría su nombre a Eleanor J. Gibson. Aunque Gibson no estaba de acuerdo con la psicología de la Gestalt, sí lo estaba con la creencia de Koffka de que la psicología debía centrar su investigación en los problemas relacionados con la percepción. Koffka y J.J. Gibson estuvieron en contacto hasta 1941, cuando el primero falleció y Gibson se alistó en la Fuerza Aérea. Un aspecto esencial que

J. J. Gibson heredó de la psicología de la Gestalt es la idea de que los objetos de percepción (las *Gestalten*) son nuestra forma primaria de relacionarnos con el mundo, que la experiencia nos viene dada por ciertas leyes que la conforman y que no tiene sentido reducir esos objetos a unidades físicas más simples o elementos que se recombinan en nuestra cabeza porque ya están estructurados y tienen sentido.

Eleanor, por su parte, es recordada por sus investigaciones sobre el «acantilado visual», un objeto impreso que aunque es realmente una superficie plana tiene aparentemente un desnivel de varios metros y se usa para investigar la percepción de profundidad y la sensación de peligro sin exponer a los sujetos a ningún riesgo.

James J. Gibson subrayó la importancia del ambiente, en particular, de cómo el entorno de un organismo le posibilita diversas acciones. Así pues, un análisis adecuado del entorno es crucial para explicar el comportamiento guiado por la percepción. Sostuvo que los animales y los seres humanos se encuentran en una relación «sistémica» o «ecológica» con el entorno, de modo que para explicar adecuadamente algunos comportamientos es necesario estudiar el entorno o nicho en el que tiene lugar el comportamiento y, sobre todo, la información que «conecta epistémicamente» al organismo con ese entorno.

La insistencia de Gibson en que el fundamento de la percepción es la información ambiental y ecológica disponible —en contraposición a las sensaciones periféricas o internas— es lo que hace que la perspectiva de Gibson sea única en la ciencia perceptiva en particular y en la ciencia cognitiva en general. La teoría de la percepción de Gibson se basa más en la información que en las sensaciones y, en ese sentido, el análisis del entorno (en términos de posibilidades) y la información específica concomitante que el organismo detecta sobre dichas posibilidades son fundamentales para el enfoque ecológico de la percepción.

Gibson rechazó la percepción indirecta en favor del realismo ecológico, su nueva forma de percepción directa que incluye el nuevo concepto de *affordances* ecológicos. También rechazó los puntos de vista constructivistas, cognitivistas y de procesamiento de la información emergentes, que asumen y enfatizan la representación interna y el procesamiento de sensaciones físicas sin sentido («entradas») para crear percepciones mentales significativas («salidas»), todo ello sustentado por una base neurológica.

En las últimas décadas, su enfoque sobre la percepción ha sido criticado y menospreciado en comparación con los avances ampliamente difundidos de los enfoques computacional y cognitivo en los campos de la neurociencia y la percepción visual.

PSICOLOGÍA HUMANISTA

El ámbito de la psicología llevaba décadas de conflicto sobre el tratamiento de las personas afectadas y el abordaje de la enfermedad mental. Una nueva visión, con un profundo trasfondo filosófico, se fue abriendo camino.

La fenomenología fue en origen una perspectiva filosófica que enfatizaba la importancia de la experiencia subjetiva de cada individuo sobre la realidad. Esta idea fue incorporada más tarde en la psicología humanista, que emergió en la década de 1940 como una reacción tanto al psicoanálisis como al conductismo. La psicología humanista recalca el potencial de cada persona para su crecimiento individual y subraya la importancia de la mente consciente, en oposición al subconsciente, en el comportamiento de los seres humanos.

En la década de 1940, los trabajos de Charlotte Bühler causaron una fuerte impresión. Al escribir sobre los experimentos que había hecho veinte años antes, ella recalcó: «... lo que observé eran personas, no reflejos»; y generó una visión más respetuosa sobre las diferencias individuales de cada paciente. Así, su obra se convirtió en una precursora de una nueva corriente, la psicología humanista, que reclamaba que era necesario tratar a las personas como un todo, no como un conjunto de procesos automáticos, reflejos o mecanicistas.

Los principios básicos de la psicología humanista son sencillos:

— El funcionamiento actual de una persona es su aspecto más significativo. En consecuencia, los psicólogos humanistas hacen hincapié en el aquí y ahora, en lugar de examinar el pasado o intentar predecir el futuro.

— Para estar mentalmente sano, el individuo debe asumir la responsabilidad personal de sus acciones, independientemente de que sean positivas o negativas.

Autorretrato triple (1960), de Norman Rockwell, que ilustró la portada de *The Saturday Evening Post* el 13 de febrero de 1960.

— Cada persona, por el mero hecho de serlo, posee intrínsecamente dignidad. Aunque sus acciones puedan ser negativas, eso no anula el valor de una persona.

— El objetivo final de la vida es alcanzar el crecimiento y la realización personal. Solo a través de la superación y la comprensión constante de sí mismo puede un individuo ser verdaderamente feliz.

Este humanismo en la psicología entroncaba también con un humanismo en la filosofía, que desarrollaba una visión favorable de las posibilidades de hombres y mujeres. Esta visión positiva se sumó a la fenomenología y se opuso a las ideas reduccionistas, que fragmentaban los comportamientos en partes y asumían que las conductas eran siempre resultado de un condicionamiento o de un impulso fisiológico. La psicología humanista se basó en las ideas de Edmund Husserl y fue impulsada por Charlotte Bühler, Carl Rogers y Abraham Maslow.

En la década de 1960, la psicología humanista reflejó la desafección de la juventud con lo que llamaron el *establishment*, los poderes tradicionales que dominaban la sociedad, por lo que veían como una interpretación mecanicista y materialista de la cultura occidental. Aunque parezcan polos opuestos, los psicólogos humanistas compartían bastantes cosas con los representantes de la contracultura: una focalización en la realización personal, el creer en la perfectibilidad de los seres humanos, un énfasis en el presente y el hedonismo, una tendencia a la apertura hacia los demás y la valoración de los sentimientos, no solo de la razón y el intelecto.

EDMUND HUSSERL (1859-1938)

Husserl estudió Matemáticas en Leipzig, con Karl Weierstrass y Leo Koenigsberger, y Filosofía con Franz Brentano y Carl Stumpf. Desde 1887 enseñó Filosofía en Halle, luego en Gotinga y posteriormente fue profesor en Friburgo. En 1928 se convirtió en profesor emérito, pero siguió adelante con su trabajo filosófico. En 1938 cayó enfermo y murió en Friburgo ese mismo año.

Mientras que sus primeros escritos apuntaban a una fundamentación psicológica de las matemáticas, las *Investigaciones lógicas* de Husserl, publicadas en 1900 y 1901, presentaban una crítica exhaustiva del psicologismo imperante en la época, que veía las leyes de la lógica como la expresión de meras condiciones psicológicas. Husserl también presentó reflexiones de gran calado sobre la lógica pura. Hacia 1907, introdujo su método de «reducción fenomenológica», que tendría una influencia decisiva en su obra posterior y conduciría al idealismo trascendental en sus obras posteriores. Describió la fenomenología en 1939, acuñando el término por medio de dos vocablos griegos: *phenomenon*, que significa «apariencia», y *logos*, que significa «estudio».

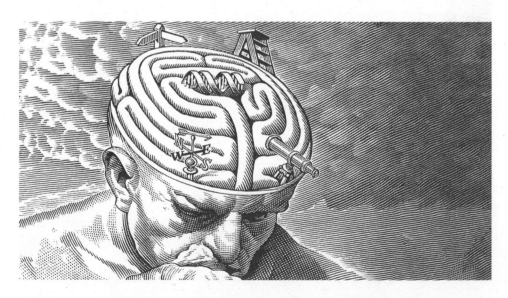

Las circunvoluciones del cerebro del pensador... (Bill Sanderson, 1997)
[a partir de Wellcome Collection, CC BY 4.0 DEED].

Busto del filósofo alemán Edmund Husserl (s.f.) [KU Leuven, CC BY-SA 4.0 DEED].

La intersección de la fenomenología con la psicología y la psiquiatría representa probablemente uno de los ámbitos más fructíferos de aplicación del enfoque fundado por Husserl. Esto se aplica en particular a la psicopatología, que, iniciada en su forma moderna por Karl Jaspers, todavía hoy recibe cierta influencia de la fenomenología. En las zonas de habla alemana y francesa, las concepciones fenomenológico-antropológicas ejercieron una influencia decisiva, a veces incluso dominante, en la psiquiatría del siglo pasado. Sin embargo, las orientaciones de la investigación fenomenológica pasaron a un segundo plano en las dos décadas siguientes en favor de los paradigmas biológicos y experimentales que dominan en la actualidad. Mientras que la psicología académica solo se ha mostrado ocasionalmente abierta a los enfoques fenomenológicos, se ve ahora un mayor interés sobre esta aproximación, al menos en la psicopatología y la psiquiatría.

Los enfoques fenomenológicos en psicología y psiquiatría investigan los fenómenos, las estructuras y los elementos estructurales de la experiencia consciente, especialmente en lo que respecta a la corporeidad, la temporalidad, la intencionalidad y la intersubjetividad, con el fin de comprender también sus diferencias en la enfermedad mental. La fenomenología proporciona un amplio conjunto de herramientas para investigar estos aspectos de la experiencia, que van desde la descripción fenomenológica hasta el registro de las tipologías eidéticas, pasando por la fenomenología trascendental y el análisis constitucional y del mundo de la vida. Las posibilidades de investigación que ofrece siguen siendo un campo activo de interés para los psicólogos.

CHARLOTTE BÜHLER (1893-1974)

Bühler nació en Berlín y su apellido original era Malachowski. Estudió Ciencias Naturales y Humanidades en las universidades de Friburgo y Berlín. En 1918 se doctoró en la Universidad de Múnich con una disertación sobre el tema *Über Gedankenentstehung: Experimentelle Untersuchungen zur Denkpsychologie* (*Sobre el origen del pensamiento: estudios experimentales sobre la psicología del pensamiento*). Ese mismo año se trasladó a Dresde para trabajar con Karl Bühler, con quien se casaría, por el que cambió su apellido y con el que inició sus investigaciones en el campo de la psicología infantil y juvenil. En Dresde publicó en 1922 *Das Seelenleben des Jugendlichen* (*La vida mental de los jóvenes*), en el que, por primera vez, se utilizó una perspectiva del desarrollo en la psicología de los adolescentes. El «test del mundo de Bühler» es una prueba proyectiva desarrollada por ella en esa época.

Charlotte Bühler, fotografiada por Georg Fayer en 1927 [Bildarchiv Austria].

En 1923, Charlotte Bühler empezó a trabajar en la Universidad de Viena, donde en 1929 fue ascendida al puesto de profesora asociada. Ambos Bühler colaboraron estrechamente en esta nueva institución. En los siguientes años ganó prestigio internacional a través de sus investigaciones y publicaciones, se especializó en psicología infantil y de la adolescencia y desarrolló una investigación experimental, basada en diarios y observaciones del comportamiento, que condujo al desarrollo de la escuela vienesa de psicología infantil. Desarrolló también pruebas de evaluación de la inteligencia de los niños que siguen en uso hoy en día.

Su obra *Der menschliche Lebenslauf als psychologisches Problem* (*El curso de la vida humana como problema psicológico*) fue el primer estudio en lengua alemana que incluyó la vejez entre los tramos de edad psicológica. Por ello, se la considera una pionera en el campo de la gerontopsicología.

En marzo de 1938, durante una estancia en Londres, se enteró de la ocupación de Austria por la Alemania nazi y pocos días después, Karl Bühler fue puesto en «custodia protectora» debido a sus ideas antinazis. A través de sus contactos en Noruega, Charlotte Bühler consiguió la liberación de su marido y, en octubre de 1938, la familia se reunió en Oslo. Finalmente, emigraron a Estados Unidos.

En 1938, la Universidad de Fordham, en Nueva York, ofreció a los dos Bühler una cátedra que, sin embargo, no llegó a concretarse. Karl Bühler aceptó entonces una cátedra en Saint Paul, Minnesota; sin embargo, Charlotte Bühler se quedó en Noruega porque ya había aceptado una cátedra en la Universidad de Oslo y un puesto en la Academia de Profesores de Trondheim. Solo tras un ruego urgente de su marido emigró, en 1940, a Saint Paul, en Estados Unidos, adonde llegó poco antes de la invasión de Noruega por los nazis.

En Estados Unidos, definió cuatro «tendencias básicas» de los seres humanos: la gratificación, la acomodación autorrestrictiva, la expansión creativa y el mantenimiento del orden interno. Las formas de expresar estas tendencias son el impulso de satisfacción personal, el ajuste con el fin de obtener seguridad, la creatividad o la autoexpresión y la necesidad de orden.

En 1945 adquirió la nacionalidad estadounidense y se trasladó a California, como jefa de Psicología del Hospital del Condado de Los Ángeles. Ocupó este puesto hasta su jubilación en 1958 y durante ese tiempo también fue profesora de Psiquiatría en la Universidad del Sur de California. Tras su jubilación, se dedicó a la práctica privada en Beverly Hills, California. En 1971 se trasladó a Stuttgart a vivir con sus hijos y murió allí a los ochenta años.

CARL ROGERS (1902-1987)

Rogers nació en Oak Park, un suburbio de Chicago. Tras una educación en un ambiente estricto y religioso, que incluyó hacer de monaguillo en la vicaría de Jimpley, se convirtió en un muchacho reservado, independiente y disciplinado, con unas normas de conducta que no sentía como suyas y con un interés por la aplicación práctica del método científico. Lector compulsivo, la soledad en la que se movía lo impulsó a depender solamente de sus propios recursos y a tener una visión personal del mundo. Él explicaba cómo esto había sido la base de su comprensión de la personalidad humana:

> *Si miro para atrás, me doy cuenta de que mi interés en las entrevistas y en las terapias sin duda se desarrolló a partir de mi temprana soledad. Aquí había una forma aprobada socialmente de estar muy cerca de los individuos y así satisfacer parte del anhelo que yo sin duda sentía.*

Fotograma de una de las sesiones de «terapia centrada en el cliente» filmadas del Dr. Carl Rogers, con Kathy [*Three Approaches to Psychotherapy II (1978). Part 1: Client-Centered Therapy with Carl Rogers, Ph. D.*; Person-Centered Approach Videos, CC BY 4.0 DEED].

Su primera elección de carrera fue Agricultura, que cursó en la Universidad de Wisconsin-Madison, seguida de Historia y luego de Teología. A los veinte años, tras un viaje a Pekín para asistir a una conferencia cristiana internacional, empezó a dudar de sus convicciones religiosas. Posteriormente se declaró ateo, más tarde agnóstico y en sus últimos años, «su apertura a la experiencia le obligó a reconocer la existencia de una dimensión a la que atribuía adjetivos como mística, espiritual y trascendental». Rogers llegó a la conclusión de que existe un mundo «más allá» de la psicología científica, un ámbito que definió como «lo indescriptible, lo espiritual».

Recibió su doctorado en Psicología Clínica y Educacional en la Universidad de Columbia. Pasó nueve años trabajando en la Sociedad para la Prevención de la Crueldad con los Niños y en 1940 inició su carrera docente, dando clase en la Universidad Estatal de Ohio, la Universidad de Chicago y la Universidad de Wisconsin.

Rogers es conocido por el desarrollo de una forma de trabajar que denominó la terapia centrada en la persona. También propuso una teoría de la personalidad basada en un factor motivacional asimilable al concepto de autoactualización de Maslow pero, al contrario que las ideas de este último, sus propuestas no derivaban del estudio de personas en una situación de bienestar, sino de la aplicación de la terapia a aquellos que iban a buscar apoyo psicológico a los centros asistenciales instaurados en las universidades, que combinaban prestar un apoyo social con proporcionar una experiencia práctica a los alumnos.

El enfoque centrado en la persona, su idea para entender la personalidad y las relaciones humanas, encontró una amplia aplicación en diversos ámbitos como la psicoterapia y el asesoramiento (terapia centrada en el cliente), la educación (aprendizaje centrado en el estudiante), las organizaciones y otros entornos de grupo. Rogers enumeró las características de una persona que funciona plenamente:

— UNA CRECIENTE APERTURA A LA EXPERIENCIA. Dejan de estar a la defensiva y no tienen necesidad de la subcepción (una defensa perceptiva que implica la aplicación inconsciente de estrategias para evitar que un estímulo perturbador entre en la consciencia).

— UN ESTILO DE VIDA CADA VEZ MÁS EXISTENCIAL. Vivir cada momento plenamente, sin distorsionar cada situación para adaptarla a la personalidad o al autoconcepto, sino permitir que la personalidad y el autoconcepto emanen de la experiencia. Esto da lugar a la emoción, la audacia, la adaptabilidad, la tolerancia, la espontaneidad y la falta de rigidez, y sugiere una base de confianza. «Abrir el espíritu a lo que está sucediendo ahora, y descubrir en ese proceso presente cualquier estructura que parezca tener».

— AUMENTO DE LA CONFIANZA ORGANÍSMICA. Confían en su propio juicio y en su capacidad para elegir el comportamiento adecuado para cada momento. No se apoyan en los códigos y normas sociales existentes, sino que confían en que, a medida que se abren a las experiencias, serán capaces de confiar en su propio sentido del bien y del mal.

— LIBERTAD DE ELECCIÓN. Al no estar encadenados por las restricciones que influyen en un individuo incongruente, son capaces de hacer una gama más amplia de elecciones con mayor fluidez. Creen que desempeñan un papel en la determinación de su propio comportamiento y, por tanto, se sienten responsables de él.

— CREATIVIDAD. De ello se deduce que se sentirán más libres para ser más creativos. También serán más creativos en la forma de adaptarse a sus propias circunstancias sin sentir la necesidad de ajustarse a situaciones no deseadas.

— FIABILIDAD Y CONSTRUCTIVIDAD. Se puede confiar en que actuarán de forma constructiva. Un individuo que está abierto a todas sus necesidades será capaz de mantener un equilibrio entre ellas, incluso las más agresivas, que serán compensadas y equilibradas por la bondad intrínseca de los individuos congruentes.

— UNA VIDA RICA Y PLENA. Describe la vida del individuo plenamente funcional como rica, completa y emocionante y sugiere que experimentan con mayor intensidad la alegría y el dolor, el amor y el desamor, el miedo y el valor.

La descripción de Rogers de la buena vida es interesante:

> *Este proceso de la buena vida no es, estoy convencido, una vida para los pusilánimes. Implica la ampliación y el crecimiento de llegar a ser más y más de las propias potencialidades. Implica el valor de ser. Significa lanzarse de lleno a la corriente de la vida.*

Para Rogers, el concepto de sí mismo de una persona interviene en la percepción de sus experiencias. Su enfoque seguía la teoría de Maslow de la autoactualización y enfatizaba que la gente tiene deseos conscientes y una motivación para alcanzar su pleno potencial. Rogers ayudó a desarrollar un nuevo estilo de terapia centrada en la persona o en el cliente y que propugnaba el crecimiento personal y su actualización. Según él, esto ayuda a la gente a fomentar su crecimiento personal en un ambiente que no juzga y acepta sus decisiones.

El enfoque centrado en el paciente tuvo un gran impacto en la psicología. El final de la Segunda Guerra Mundial trajo de vuelta a casa a un gran número de veteranos que necesitaban apoyo psicológico para reincorporarse a la vida cotidiana. El resultado fue una alta demanda de psicólogos y la necesidad de desarrollar una forma de consejo y terapia psicológica que se pudiera aprender con rapidez. Ese cambio de pacientes a clientes modificó la relación de la sociedad con la psicología y viceversa.

Fotograma de *Journey into Self* (1968, dir. Bill McGaw), una sesión de terapia de grupo de 16 horas con 8 clientes codirigida por Rogers. Recibió el Premio Óscar al Mejor Largometraje Documental [*Journey into Self* (1968); Person-Centered Approach Videos, CC BY 4.0 DEED].

Otro ámbito en el que Rogers fue determinante fue el de la educación. Describió un nuevo enfoque del aprendizaje en *Client-Centered Therapy* y escribió asimismo *Freedom to Learn* (1951), dedicado exclusivamente al tema, en 1969 (posteriormente tuvo dos ediciones revisadas). Rogers tenía las siguientes cinco hipótesis sobre la educación centrada en el alumno:

1. «Una persona no puede enseñar a otra directamente; una persona solo puede facilitar el aprendizaje de otra». Cada persona reacciona y responde en función de su percepción y experiencia. Lo que hace el alumno es más importante que lo que hace el profesor y por eso hay que centrarse en el alumno. Por lo tanto, los antecedentes y las experiencias del alumno son esenciales para cómo y qué se aprende. Cada alumno procesará lo que aprende de forma diferente en función de lo que aporte al aula.

2. «Una persona aprende significativamente solo aquellas cosas que se perciben como implicadas en el mantenimiento o la mejora de la estructura del yo». Por tanto, la relevancia para el alumno es esencial para el aprendizaje. Las experiencias de los alumnos se convierten en el núcleo del curso.

3. «La experiencia que, de ser asimilada, implicaría un cambio en la organización del yo, tiende a ser resistida a través de la negación o distorsión del simbolismo». Si el contenido o la presentación de un curso es incoherente con la información preconcebida, el alumno aprenderá solo si está abierto a variar los conceptos. Estar abierto a considerar conceptos diferentes a los propios es vital para el aprendizaje. Por lo tanto, fomentar suavemente la apertura mental es útil para que el alumno se comprometa con el aprendizaje. También es importante, por esta razón, que la nueva información sea relevante y esté relacionada con su experiencia personal.

4. «La estructura y organización del yo parece volverse más rígida bajo amenaza y relaja sus límites cuando está completamente libre de amenazas». Si los alumnos creen que se les imponen conceptos, pueden sentirse incómodos o asustados. Un tono de amenaza en el aula crea una barrera. Por tanto, un entorno abierto y amistoso en el que se desarrolle la confianza es esencial en el aula. Hay que eliminar el miedo a las represalias por no estar de acuerdo con un concepto. Un tono de apoyo en el aula ayuda a aliviar los temores y anima a los

alumnos a tener el valor de explorar conceptos y creencias que difieren de los que traían al aula. Además, la nueva información puede amenazar el concepto que el alumno tiene de sí mismo; por lo tanto, cuanto menos vulnerable se sienta el alumno, más probable será que pueda abrirse al proceso de aprendizaje.

5. «La situación educativa que más eficazmente promueve el aprendizaje significativo es aquella en la que (a) se reduce al mínimo la amenaza al yo del alumno y (b) se facilita la percepción diferenciada del campo». El profesor debe estar abierto a aprender de los alumnos y también a trabajar para conectar a los alumnos con la materia. La interacción frecuente con los estudiantes ayudará a lograr este objetivo. La aceptación del instructor de ser un mentor que guía en lugar de un experto que cuenta es fundamental para el aprendizaje centrado en el estudiante, no amenazante y no forzado.

Carl Rogers formó parte de la junta del Human Ecology Fund desde finales de los años 50 hasta los 60, una organización financiada por la CIA que concedía subvenciones a los investigadores que estudiaban la personalidad. Además, él y otras personas del campo de la personalidad y la psicoterapia recibieron mucha información sobre Jruschov, el primer ministro soviético. Rogers dijo: «Nos pidieron que averiguáramos qué pensábamos de él y cuál sería la mejor manera de tratarlo. Y ese parecía ser un aspecto totalmente legítimo y de principios. No creo que hayamos contribuido mucho pero, de todos modos, lo intentamos».

Una encuesta realizada en 1982 entre 433 psicólogos de Estados Unidos y Canadá lo reconoció como el psicoterapeuta más importante de la historia. Freud quedó tercero.

ABRAHAM MASLOW (1908-1970)

Maslow nació en Brooklyn, Nueva York. Sus padres eran inmigrantes judíos de primera generación procedentes de Kiev, entonces parte del Imperio ruso, que huyeron de la persecución zarista a principios del siglo xx. Eran pobres y con poca formación, pero valoraban sobremanera la educación. Aun así, el joven Abraham tuvo una relación muy difícil con su madre, de la que llegó a decir lo siguiente:

> Contra lo que reaccioné no fue solo su aspecto físico, sino también sus valores y su visión del mundo, su mezquindad, su total egoísmo, su falta de amor por cualquier otra persona del mundo —incluso por su propio marido e hijos—, su narcisismo, sus prejuicios hacia los negros, su explotación de todo el mundo, su suposición de que cualquiera que no estuviera de acuerdo con ella estaba equivocado, su falta de amigos, su dejadez y su suciedad...

La célebre jerarquía de necesidades descrita por Abraham Maslow, en forma de pirámide [elaboración propia].

Maslow creció en bibliotecas y entre libros y allí desarrolló su amor por la lectura y el estudio. Fue a la Boys High School, uno de los mejores institutos de Brooklyn, y de allí pasó al City College de Nueva York, que continuó con un posgrado en la Universidad de Wisconsin para estudiar Psicología.

Hasta Bühler, Rogers y Maslow, la mayoría de los psicólogos se habían ocupado de las personas con conductas alteradas y de los enfermos. Maslow instó a las personas a reconocer sus necesidades básicas antes de abordar las necesidades superiores y, en última instancia, la autorrealización. Quería saber en qué consistía una salud mental positiva. Con él, la psicología humanista dio lugar a varias terapias diferentes, todas ellas guiadas por la idea de que las personas poseen recursos internos para el crecimiento y la curación y que el objetivo de un tratamiento es ayudar a eliminar los obstáculos que impiden a los individuos alcanzar sus objetivos.

La teoría de la psicología humanista se adapta a las personas que ven el lado positivo de la humanidad y creen en el libre albedrío. Esta teoría contrasta claramente con el determinismo de Freud. Otro punto fuerte importante es que la teoría de la psicología humanista es compatible con otras escuelas de pensamiento.

La jerarquía de necesidades de Maslow suele representarse en forma de pirámide, con las necesidades más imperiosas y fundamentales en la base y la necesidad de autorrealización y trascendencia en la cima. La base está formada por las necesidades fisiológicas que incluyen aire, agua, comida, relaciones sexuales, dormir, ropa y refugio. La idea es que las necesidades más básicas de los individuos deben ser satisfechas antes de que se sientan motivados para abordar necesidades de nivel superior. Una vez satisfechas esas necesidades fisiológicas, el segundo nivel es la seguridad, que incluye la salud, la seguridad personal, la seguridad emocional y la seguridad financiera.

Una vez satisfechas las necesidades fisiológicas y de seguridad, el tercer nivel de las necesidades humanas es el interpersonal e implica los sentimientos de pertenencia. Según Maslow, los seres humanos tienen una necesidad efectiva de sentido de pertenencia y aceptación entre los grupos sociales, independientemente de si estos grupos son grandes o pequeños; formar parte de un grupo es crucial, independientemente de si es el trabajo, el deporte, los amigos o la familia. Las necesidades de pertenencia social incluyen la familia, la amistad, la intimidad, la confianza, la aceptación y el recibir y dar amor y afecto.

El siguiente nivel de la pirámide serían las necesidades de estima. La estima es el respeto y la admiración de una persona, pero también «el respeto a sí mismo y el respeto de los demás». La mayoría de las personas tienen la necesidad de una estima estable, es decir, basada en una capacidad o un logro real. Maslow señaló dos versiones de las necesidades de estima. La versión «inferior» de la estima es la necesidad de respeto por parte de los demás y puede incluir la necesidad de estatus, reconocimiento, fama, prestigio y atención. La versión «superior» de la estima es la necesidad de autoestima, y puede incluir la necesidad de fuerza, competencia, dominio, confianza en sí mismo, independencia y libertad.

Después de las necesidades de estima, las necesidades cognitivas son las siguientes en la jerarquía de necesidades. Las personas tienen necesidades cognitivas como la creatividad, la previsión, la curiosidad y el signifi-

Alcanzando la luna [Edward Mason Eggleston, 1933].

cado. Los individuos que disfrutan de las actividades que requieren deliberación y lluvia de ideas tienen mayores necesidades cognitivas. Se ha dicho
que la jerarquía de necesidades de Maslow puede ampliarse después de
las necesidades de estima en dos categorías más: necesidades cognitivas y
necesidades estéticas. Las necesidades cognitivas anhelan el significado, la
información, la comprensión y la curiosidad, lo que crea una voluntad de
aprender y alcanzar el conocimiento. Desde el punto de vista educativo,
Maslow quería que los seres humanos tuvieran una motivación intrínseca
para convertirse en personas educadas y bien formadas.

Una vez alcanzadas las necesidades cognitivas, se pasa a las necesidades estéticas, para embellecer la vida. Estas consistirían en tener la capacidad de apreciar la belleza del mundo que nos rodea, en el día a día. El nivel
superior sería la necesidad de autoactualización. La base de la autorrealización percibida se encuentra en la cita «Lo que un hombre puede ser, debe
serlo» y se refiere a la realización del propio potencial. Maslow lo describe
como el deseo de lograr todo lo que se pueda, de llegar a ser lo máximo
que uno pueda. Las personas pueden tener un fuerte y particular deseo de
convertirse en un padre ideal, triunfar en el deporte, crear obras artísticas
o inventar.

La idea de Maslow sugiere que el nivel más básico de necesidades debe
satisfacerse antes de que el individuo desee con fuerza (o centre su motivación en) las necesidades secundarias o de nivel superior. Maslow también
acuñó el término «metamotivación» para describir la motivación de las
personas que van más allá del ámbito de las necesidades básicas y se esfuerzan por mejorar constantemente.

Algunos comentaristas de la obra de Maslow han especulado con que
sus teorías, incluyendo la jerarquía, pueden haber sido influidas por las
enseñanzas y la filosofía de la tribu de los pies negros, donde pasó varias
semanas haciendo trabajo de campo en 1938. Sin embargo, aunque esta
idea ha generado cierto interés en las redes sociales, no hay evidencia de
que haya habido ese trasvase de ideas. La jerarquía de Maslow también es
aplicable a otros temas, como las finanzas, la economía, o incluso la historia o la criminología. Sin embargo, se ha señalado que la pirámide en sí no
aparece en ninguna parte de la obra original de Maslow.

La psicología humanista, también denominada «psicología positiva», es
criticada por su falta de validación empírica y, por tanto, por su falta de utilidad para tratar problemas concretos. También puede fallar a la hora de
ayudar o diagnosticar a personas con trastornos mentales graves. Los psicólogos humanistas creen que toda persona tiene un fuerte deseo de realizar todo su potencial, de alcanzar ese nivel óptimo de autorrealización.

El punto principal de ese nuevo movimiento, que alcanzó su apogeo en la década de 1960, fue enfatizar el potencial positivo de los seres humanos. Maslow posicionó su enfoque como una alternativa al psicoanálisis: «Es como si Freud nos suministrara la mitad enferma de la psicología y nosotros tuviéramos que completarla con la mitad sana».

Maslow fue muy crítico con Freud, ya que los psicólogos humanistas no reconocían la espiritualidad como guía para los comportamientos del ser humano. Para demostrar que los seres humanos no reaccionan ciegamente a las situaciones, sino que se esfuerzan por lograr algo mejor, Maslow estudió a individuos mentalmente sanos en lugar de a personas con problemas psicológicos graves. Se centró en las personas autorrealizadas, que tienen una personalidad coherente y muestran una salud y un funcionamiento psicológico óptimos. Junto a ello, también reconocía la importancia de las circunstancias: «El hombre puede llegar a ser bueno (probablemente), y cada vez mejor y mejor, bajo una jerarquía de condiciones mejores y mejores».

Esto le sirvió de base para su teoría de que una persona disfruta de «experiencias cumbre», puntos álgidos en la vida cuando el individuo está en armonía consigo mismo y con su entorno. En opinión de Maslow, las personas autorrealizadas pueden tener muchas experiencias cumbre a lo largo del día, mientras que las demás tienen esas experiencias con menos frecuencia. Creía que las drogas psicodélicas, como el LSD y la psilocibina, pueden producir experiencias notables en las personas adecuadas y en las circunstancias apropiadas.

Las ideas de Maslow han sido criticadas por su falta de rigor y por ser demasiado «blando» desde el punto de vista científico. Algunos autores afirman que, debido a la falta de apoyo empírico, las ideas de Maslow han pasado de moda y «ya no se toman en serio en el mundo de la psicología académica». La psicología positiva dedica gran parte de su investigación a buscar cómo las cosas van bien en lugar de asumir un punto de vista más pesimista y explorar cómo las cosas van mal. Además, se ha acusado a la Jerarquía de Necesidades de tener un sesgo cultural, que refleja principalmente los valores y la ideología occidentales. Desde la perspectiva de muchos psicólogos culturales, este concepto debería adaptarse a cada cultura y sociedad individual y no puede aplicarse universalmente.

PSICOLOGÍA DEL DESARROLLO

La mayoría de la gente piensa que la psicología del desarrollo se centra en el estudio de los niños, pero es también una forma de abordar la psicología en su conjunto. Las figuras de referencia fueron G. Stanley Hall y James Mark Baldwin, que desarrollaron teorías generales, y Heinz Werner. Posteriormente son fundamentales el trabajo de Jean Piaget sobre el desarrollo del pensamiento lógico, Lev Vygotsky sobre el desarrollo del lenguaje, Erik H. Erikson sobre las fases del ciclo vital y Eleanor J. Gibson sobre el estudio del aprendizaje como un proceso del desarrollo.

Antes de Darwin, la psicología del desarrollo estaba limitada a comentarios puntuales como la mención de Aristóteles de que los niños de menos de cuatro años no soñaban o el recordatorio de Locke de que las verdades supuestamente innatas no son conocidas por los niños antes de que las puedan experimentar. En el siglo XVIII, Smellie reconocía que hacía falta un estudio sistemático del comportamiento del niño, pero también indicó que no disponía de tiempo para ello.

* * *

LOS DIARIOS INFANTILES

En 1785, Joachim Heinrich Campe, un reformador alemán de la educación, hizo un llamamiento al público culto para llevar un registro fiable del desarrollo físico y moral de sus hijos que incluyera los efectos observados y las consecuencias; las primeras expresiones de independencia, atención, alegría y dolor, los avances en el crecimiento físico y mental, la formación gradual del lenguaje y el establecimiento de la gramática simple propia del niño; los comienzos de las diferencias individuales y las emociones, los patrones básicos de personalidad futura, etc.

Campe era consciente de que un trabajo de esta ambición no sería fácil. Recomendaba que dos observadores «igualmente astutos» serían necesarios para que se distribuyeran la responsabilidad. «Uno podía quedarse con el niño, mientras el otro recogía sus observaciones». La llamada de Campe para hacer diarios de los bebés fructificó en la preparación y publicación de algunos de ellos. Casi al mismo tiempo se había publicado las *Observaciones sobre el desarrollo de las habilidades mentales en los niños* (1787) por parte del filósofo alemán Dietrich Tiedemann. Ese esfuerzo fue sentando las bases para el nacimiento de la psicología del desarrollo.

En Francia solían recogerse, en los denominados *livres de raison*, los grandes acontecimientos de la vida familiar y, con ellos, detalles de la crianza y el crecimiento de los niños. Podrían considerarse un precedente de la idea de biografía o diario infantil [University of Edinburgh Main Library].

DIETRICH TIEDEMANN (1748-1803)

Nació en la pequeña localidad de Bremervörde, en el norte de Alemania. Su padre era el alcalde y educó a su hijo en casa hasta los 15 años animándole a leer tanto como fuera posible. Al incorporarse a la enseñanza secundaria conoció los escritos de los empiristas británicos y los enciclopedistas franceses. Entre 1767 y 1769 estudió Teología, Filosofía, Filología y Matemáticas en la cercana Universidad de Gotinga. Tras servir cinco años como tutor privado de los hijos de un noble ruso, Tiedemann volvió a Gotinga a completar sus estudios en Lenguas Clásicas y Filosofía. A continuación, pasó diez años impartiendo Latín y Griego en el prestigioso Colegio Carolino de Kassel tras lo cual fue nombrado para una cátedra de Filosofía en la Universidad de Marburgo. Sus nuevas responsabilidades incluían la enseñanza de Lógica, Metafísica, Derecho Natural, Ética, Historia de la Filosofía y Psicología.

Tiedemann empezó a recoger información sistemática sobre el desarrollo entre 1781 y 1784 y sus observaciones se publicaron en 1787. Casi cien años después se tradujeron al inglés y al francés. Las *Observaciones* también se incluyeron en su libro póstumo *Manual de psicología para profesores y autodidactas*. Normalmente cada entrada incluye una presentación de tres a ocho líneas seguida por una interpretación de media página. Un ejemplo es la nota del 2 de octubre de 1781, cuando el pequeño Friedrich tenía dos meses:

> *Algunas experiencias sensoriales* [del niño], *especialmente aquellas del gusto, pueden distinguirse con bastante confianza. El 2 de octubre una medicina amarga se aceptó solamente después de una gran resistencia. El niño puede ahora distinguir entre él mismo y las cosas que le rodean. Hace eso agarrando cosas y estirando sus manos e incluso su cuerpo entero hacia el objeto deseado. No es muy hábil con sus dedos todavía. Si consigue alcanzar algo es más un tema de suerte que de intención. Es asombroso cuánta práctica y ensayo y error se requieren para la adquisición de movimientos simples, y que parecen fáciles a los adultos, como si hubieran nacido con ellos.*

Hay observaciones de 41 días individuales con una separación media de 22 días entre una y otra y cubren un periodo total de dos años y medio. Tomado en conjunto, parece que el pequeño Tiedemann era un niño sano e inteligente; sus hitos del desarrollo están algo por delante de los registros observacionales más recientes y dan una edad mental de 47 meses cuando tenía 30 meses, lo que indicaría un cociente de inteligencia ligeramente superior a 150. Esto es algo que apoya la posterior brillantez del niño que terminó siendo un eminente fisiólogo en la Universidad de Heidelberg.

Después de estudiar Medicina en Marburgo y Wurzburgo, Friedrich Tiedemann recibió su doctorado en Medicina a la edad de 22 años y se cualificó poco después como profesor de Medicina. Solamente un año más tarde ya era profesor de Anatomía y Zoología en la Universidad de Landsburg en Bavaria y, once años más tarde, se trasladó a Heidelberg, donde enseñó los siguientes treinta y un años.

Friedrich Tiedemann publicó en alemán, francés e inglés sobre digestión, nutrición y neuroanatomía. Sus intereses psicológicos se reflejan en sus conferencias habituales sobre la frenología de Gall y su estudio de las diferencias raciales titulado *On the brain of the Negro, compared with that of the European and the Orang-Outang* (1836). Aunque el título sugiere un enfoque racista, en realidad el libro de Tiedemann era objetivo y proporcionaba información contundente a favor de la igualdad de las razas. Algunos detalles de sus conclusiones son los siguientes:

— En general, o de media, el cerebro del negro es tan grande como el del europeo o las otras razas humanas.

— Los nervios craneales de los negros no son más gruesos que los de los europeos.

— La médula espinal, el tronco del encéfalo, el cerebelo y la corteza del negro no muestran diferencias significativas en su apariencia externa o en su estructura de aquellos de los europeos.

— El cerebro del negro no se parece al del orangután más de lo que lo hace el del europeo.

Después de un tiempo sin nuevas obras notables, los diarios para estudiar el desarrollo infantil se volvieron a popularizar con la publicación del de Hippolyte Taine (1828-1893) sobre la adquisición de lenguaje de su hija. Darwin había registrado sus observaciones sobre el desarrollo físico y mental de su hijo William nacido 1829, pero no lo publicó hasta 1877, después de leer «el muy interesante reporte» de Taine. En su primera semana, William «Doddy» Darwin bostezó y se estiró, y el octavo día hizo su primera mueca. Su padre siguió completando el diario durante meses, anotando el desarrollo de reflejos, movimientos y expresión emocional. Incluso Wilhelm Wundt, que cuestionaba seriamente el estatus científico de la psicología del desarrollo, llevaba un extenso diario del progreso en la adquisición del lenguaje de sus dos hijos mayores. El clásico de Wilhelm Preyer, *The Mind of the Child* (1882, 1888-1889), fue la culminación de esta línea y sus reglas detalladas para la preparación de las biografías de los bebés aún se consideran vigentes.

En América, la primera biografía de un bebé la hizo Millicent Shinn, editora de la única revista literaria de California. El bebé que estudió era su sobrina Ruth, nacida en 1890. El tema era de tal interés general que la invitaron a dar una conferencia en la Exposición Colombina Mundial celebrada en Chicago en 1893. Allí defendió la idea de que un estudio cuidadoso de cada bebé era absolutamente necesario para proporcionarle después la mejor educación. Estos relatos del siglo XIX, con una mezcla *naïve* y científica, sirvieron de base para que los psicólogos del desarrollo pusieran sus estudios en marcha en el siglo XX.

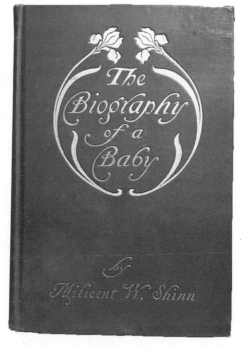

Izqda.: grabado de Dietrich Tiedemann (F. W. Bollinger, 1797) [Staatliche Graphische Sammlung München]. Izqda.: tapa del libro *La biografía de un bebé* [Milicent Shinn, 1900].

Tutor y pupilo, en una ilustración de Bernard Partridge para *Punch*, 21 de marzo de 1900.

Johann Friedrich Herbart [*The American Educator*, 4, Ellsworth D. Foster (Ed.), 1921].

JOHANN FRIEDRICH HERBART (1776-1841)

Herbart nació en Oldenburgo (Baja Sajonia). Tras estudiar en una escuela especializada en el latín, se matriculó en la Universidad de Jena y, bajo la influencia de Johann Gottlieb Fichte, se decantó por la filosofía y la literatura. Tras distanciarse de la filosofía alemana, se centró en los clásicos griegos. Herbart interrumpió sus estudios en 1797 sin graduarse y se puso a trabajar como tutor de la familia Von Steiger, del gobernador de Interlaken, cerca de Berna. Fue a partir de esa experiencia en la que Herbart se motivó para plantear cómo debería ser reformada la forma de enseñar. En 1798, todavía en tierras helvéticas, Herbart tuvo la oportunidad de conocer a Johann Heinrich Pestalozzi, un educador suizo que se estaba implicando en reformas educativas en las escuelas y cuyas ideas le llevaron a replantearse críticamente sus propios principios educativos.

En 1802 comenzó su carrera académica en la Universidad de Gotinga, donde se doctoró y luego obtuvo la habilitación en Filosofía. Se le considera el fundador de la pedagogía como disciplina académica. Fue el sucesor de Kant en su cátedra de Königsberg y, mientras que Kant pensaba que la psicología nunca sería una verdadera ciencia porque no podía ser matemática, Herbart consideraba, por el contrario, que sí se podía aplicar la matemática a los sucesos psicológicos y por eso es considerado el primero de los psicólogos matemáticos. En 1833, decidió volver a Gotinga como profesor de Filosofía y allí permanecería hasta su muerte.

Según Herbart, la pedagogía debía enfatizar la conexión del niño con la sociedad y promover su desarrollo con una finalidad útil para con el resto de la humanidad. En otras palabras, el desarrollo intelectual y moral del niño debía hacerse de tal forma que lo transformara, con el paso del tiempo, en un adulto pleno y útil, un ciudadano productivo para el conjunto de la sociedad.

En opinión de Johann Friedrich Herbart, cada niño había nacido con un potencial único. Sin embargo, este potencial no sería debidamente aprovechado si el niño no tenía la oportunidad de recibir una educación formal y reglada en la escuela y esta no se hallaba bien organizada. Si bien la familia y la Iglesia podrían transmitir conocimientos y valores útiles para el día a día, solamente la escuela podría garantizar un correcto desarrollo intelectual y moral.

Herbart incluyó el concepto de «umbral» en una rica teoría sobre la vida mental. Eso hacía que hubiese estímulos que estaban por encima del nivel umbral de consciencia, pero también otros que estaban por debajo, que serían por tanto inconscientes y que en determinadas condiciones podrían volverse conscientes. Todos esos aspectos de la vida mental eran el resultado de la acción e interacción de ideas elementales, que eran conceptos simples o sensaciones, una idea que recuerda mucho al asociacionismo de Hume.

Herbart aportó a la pedagogía una base psicológica para facilitar un mejor aprendizaje, así como para asegurar el desarrollo del carácter de los niños. Fue el primero en señalar el importante papel que desempeña la psicología en la educación. Mostró también su desacuerdo con Kant sobre cómo se obtiene el verdadero conocimiento. Kant creía que nos hacemos conocedores a través del estudio de las categorías innatas del pensamiento, mientras que Herbart creía que solo se aprende estudiando los objetos externos y reales del mundo, así como las ideas que surgen de su observación. Al examinar la diferencia entre la existencia real de un objeto y su apariencia, Herbart llegó a la conclusión de que «el mundo es un mundo de cosas-en-sí-mismas [y] las cosas-en-sí-mismas son perceptibles». La apariencia de todo indica que existe. Consideró que todos los objetos externos que existen en el mundo son reales, lo que puede compararse con el concepto de mónadas de Leibniz.

Al suscribir el punto de vista empirista de Locke sobre la *tabula rasa*, Herbart creía que el alma no tenía ideas innatas ni categorías de pensamiento kantianas ya preestablecidas. El alma, considerada como ente un real, se creía completamente pasiva inicialmente, así como muy resistente a los cambios que los factores externos ejercerían sobre ella.

El alma ayuda a preservarse a través del concepto de Herbart de *Vorstellungen*, o «ideas» o «representaciones mentales». Estas ideas se consideraban fuerzas dinámicas que Herbart intentaba explicar mediante fórmulas matemáticas. La influencia de Newton puede verse en las creencias de Herbart sobre cómo las fuerzas interactúan mecánicamente entre sí en el mundo para afectar a las percepciones de la realidad. La mecánica de las ideas implicaba su capacidad para moverse de diferentes maneras, ya sea ascendiendo a la conciencia o profundizando en el inconsciente. Diferentes ideas entran en contacto entre sí y dan lugar a ideas más complejas a través de los procesos de mezcla, fusión, desvanecimiento y combinación. Herbart pensaba que las ideas no eran imitaciones precisas de los elementos existentes en el mundo, sino que eran la consecuencia directa de las interacciones de las experiencias de los individuos con el entorno exterior. Un individuo puede obtener todos los hechos y su verdad asociada solo tras comprender cómo sus representaciones mentales se combinan y potencialmente se inhiben entre sí o construyen algo más complejo.

GRANVILLE STANLEY HALL (1844-1924)

Hall nació en Ashfield, un pueblo de Massachusetts. Durante su infancia, dedicó gran parte de su tiempo a la lectura y a los 16 años empezó a dar clases a otros alumnos, la mayoría mayores que él. Hizo la carrera en el Williams College y luego siguió su formación en el Union Theological Seminary. Se convirtió en pastor protestante, pero pronto se reincorporó a sus estudios inspirado por los *Principles of Physiological Psychology* de Wilhelm Wundt. En 1878 obtuvo el primer doctorado en Psicología de un norteamericano bajo la dirección de William James en Harvard. No había puestos para psicólogos en aquel momento por lo que entre 1870 y 1882 realizó varios viajes a Europa donde exploró numerosas disciplinas diferentes. Se convirtió en profesor de Filosofía en la Universidad Johns Hopkins entre 1882 y 1888 y, en 1883, inauguró lo que algunos consideran el primer laboratorio formal de psicología estadounidense.

Es más conocido por ser el primer presidente de la Clark University, puesto que mantuvo durante 35 años. Fue responsable de las visitas de Ramón y Cajal, Freud y Jung a esta joven universidad. También fundó el *American Journal of Psychology* en 1887 y la *American Psychological Association* en 1892. Esta asociación profesional creció poco a poco y para 1940, medio siglo después, tenía 640 miembros. Con todo, en 1926 se creó un nuevo tipo de socio sin derecho a voto, los llamados «asociados», y poco después estos eran ya dos mil. La implicación de estos en el desarrollo de la psicología aplicada durante la Segunda Guerra Mundial y la posguerra fue tan importante que el crecimiento entre 1945 y 1970 hizo comentar con sorna que, si ese ritmo se mantenía, para el año 2010 todos los habitantes del planeta serían psicólogos. En 2010, de hecho, la APA tenía más de 150 000 miembros.

Volvamos a G. Stanley Hall. Durante su larga y prolífica carrera se focalizó en el desarrollo a lo largo del ciclo vital, especialmente en las primeras etapas, y en la educación de los jóvenes. Se interesó además por la teoría de la evolución y por la explicación psicológica de las creencias sobrenaturales, entre ellas la religión y el espiritismo. Como profesor, Hall creía en la importancia de la historia de la psicología porque «profundizaba la perspectiva mental [...] e impulsaba el amor desde muchas partes y puntos de vista». Como historiador de las ideas, adoptó un enfoque personalista e intentó entender la historia desde los individuos que la hacían.

Hall fue clave en la adaptación de la teoría de la recapitulación a la psicología. El punto de partida fue el famoso adagio del biólogo y filósofo alemán E. H. Haeckel: «La ontogenia recapitula la filogenia». *Recapitular* significa repasar, revisar y resumir; *ontogenia* hace referencia al desarrollo individual, y *filogenia*, al desarrollo evolutivo de una especie. Estas ideas llevaron a Hall a examinar aspectos del desarrollo infantil para conocer la herencia del comportamiento en lo que se conoce como su teoría de la recapitulación: los cambios que experimentan las personas a lo largo del ciclo vital son equivalentes a los que tuvieron lugar en la evolución de nuestra especie. Según él, durante los primeros años de vida, los humanos nos diferenciamos poco de otros animales, pero, al alcanzar la edad adulta (y con la ayuda de la educación), alcanzamos todo el potencial cognitivo de *Homo sapiens*, relacionado principalmente con la capacidad de razonar adecuadamente.

Ex praeterito / praesens prudenter agit / ne futura actione deturpet («Desde el pasado, el presente actúa prudentemente para no desfigurar la acción futura»). Las tres edades del hombre, la bestia y el tiempo en *Alegoría de la prudencia* [Tiziano, ca. 1550].

Hall creía que el proceso de recapitulación podía acelerarse mediante la educación y obligando a los niños a alcanzar los estándares modernos de capacidades mentales en un periodo más corto. Su obra también se adentró en la controversia sobre las diferencias entre mujeres y hombres, así como en el concepto de eugenesia racial, del que Hall era partidario. Sus opiniones eran menos contundentes en cuanto a la creación y el mantenimiento de separaciones distintas entre las razas. Creía en dar a las «razas inferiores» la oportunidad de adaptarse a la «civilización superior» y consideraba que los que no aceptaban la civilización superior eran «salvajes» primitivos. Hall veía a estas civilizaciones primitivas de forma similar a como veía a los niños y afirmaba: «... sus defectos y sus virtudes son los de la infancia y la juventud». Pensaba que hombres y mujeres debían estar separados en escuelas diferentes durante la pubertad porque eso les permitía crecer dentro de su propio género: las mujeres podían ser educadas pensando en la maternidad, y los hombres, en proyectos más prácticos, lo que les ayudaba a convertirse en líderes de sus hogares. Hall creía que las escuelas mixtas limitaban la forma en que se podía aprender y ablandaban a los chicos:

> *Es un periodo de equilibrio, pero con el inicio de la pubertad el equilibrio se altera y surgen nuevas tendencias. Se producen modificaciones en los órganos reproductores que dan lugar a los caracteres sexuales secundarios. La extroversión deja paso lentamente a la introversión, y los instintos definitivamente sociales comienzan a desempeñar un papel cada vez más importante.*

Hall y sus colaboradores recogieron datos sobre las actividades infantiles mediante el uso de cuestionarios «para obtener un inventario de los contenidos de la mente de los niños de una inteligencia media al entrar en las escuelas primarias». Con esa amplia información publicó un estudio en dos volúmenes donde describía una nueva fase del desarrollo: la adolescencia. Hasta entonces, 1904, ni educadores ni psicólogos reseñaban las diferencias en los niños más mayores. Hall vio que este período era crucial para la salud de una sociedad y pensaba que daba pistas sobre el desarrollo mental de la raza humana. El título de su obra era claro: *Adolescencia. Su psicología y sus relaciones con la fisiología, antropología, sociología, sexo, crimen, religión y educación.* Argumentaba que esta nueva fase del desarrollo había sido generada por la prohibición del trabajo infantil y la promulgación de la educación obligatoria. De esta manera, en vez de convertirse en adultos, estos niños grandes permanecían dependientes, lo que generaba conflictos en sus cuerpos y mentes en maduración.

Hall aplicó también sus ideas sobre la recapitulación a la religión. Creía que el orden histórico en el que las religiones habían emergido era indicador de su estatus de desarrollo. Así, los sentimientos religiosos de un niño pequeño estaban particularmente adaptados a una adoración pagana, con milagros y mitos, mientras que la mente desarrollada del adulto se encontraría, por el contrario, más abierta a la sensibilidad religiosa cristiana. Hall decía así:

> *El campo entero de la psicología está conectado de la forma más vital con las creencias religiosas de nuestro país. [...] La nueva psicología, que trae simplemente un nuevo método y un nuevo punto de partida. La filosofía, es, creo, cristiana en su raíz y en su núcleo, y su visión final en el mundo es inundar y transfundir las nuevas y más vastas concepciones del universo y el lugar del hombre en él [...] con el sentido de unidad, racionalidad y amor de las Escrituras.*

De izqda. a dcha., desde la primera fila, Sigmund Freud, Stanley Hall, Carl Gustav Jung, Abraham Arden Brill, Ernest Jones y Sándor Ferenczi, en una fotografía de 1909 [Wellcome Collection].

En 1917, Hall publicó un libro sobre psicología religiosa titulado *Jesus the Christ in the Light of Psychology*. En esos dos volúmenes, Hall discute a fondo todo lo que se ha escrito sobre Cristo y los probables mecanismos mentales de él y de los que creyeron en él y escribieron sobre él. Analiza los mitos, la magia, etc., construidos sobre el nombre y la vida de Cristo; disecciona las parábolas y discute los milagros, la muerte y la resurrección de Jesús; se esfuerza por resumir todas las posibles expresiones o tendencias que encuentra en Jesús y sus seguidores a sus orígenes genéticos, y con ayuda de la psicología comparada, especialmente los conocimientos de la antropología y las tendencias de la infancia, señala aquí y allá ciertas tendencias universales que están en el fondo de todo ello. Fue su obra de menor éxito.

En 1922, a la edad de 78 años, publicó el libro *Senescencia*, donde intenta que se comprenda mejor el proceso de envejecimiento y que se reconozca la discriminación que sufren las personas mayores en la sociedad. Llama la atención sobre la forma en que uno vive la primera parte de su vida como si estuviera en una carrera para llegar a donde cree que la sociedad le impulsa a estar, solo para encontrar que, en el momento de la jubilación, está desgastado y envejece mal, despedido por las generaciones más jóvenes, que ocupan su lugar en la fuerza laboral y en la sociedad. Esta obra en particular se califica de profética, porque aborda muchos de los temas que se estudian hoy en gerontología. A partir de la obra de Hall, los investigadores empiezan a hacer distinciones entre la esperanza de vida activa, vivir hasta una edad avanzada y saludable, y la esperanza de vida dependiente, simplemente vivir una larga vida. Hall aborda el incremento de la esperanza de vida y el cambio de la edad de jubilación, lo que aumenta la duración de la senectud, que a su vez afecta a la sociedad en su conjunto.

Hall habla de la vejez como la etapa de la vida en la que uno reflexiona sobre lo que ha logrado y decide si ha contribuido a la sociedad y ha vivido una vida que merezca la pena. Es similar a una de las etapas de la vida planteadas por Eric Erickson, que es la integridad del ego frente a la desesperación. Hall creía que los ancianos tenían más que dar a la sociedad de lo que esta les permitía, que podían seguir contribuyendo y tener sentido en sus vidas y no sentirse menospreciados por las generaciones más jóvenes.

JAMES MARK BALDWIN (1861-1934)

Baldwin nació en Columbia, Carolina del Sur, y estudió en las universidades de Princeton, Oxford, Leipzig —con Wundt—, Berlín —con Paulsen— y Tubinga. En 1885 se convirtió en profesor de Francés y Alemán en el Seminario de Princeton. Durante este período, tradujo *La psychologie allemande contemporaine* de Théodule Ribot al inglés y escribió su primera publicación, *Los postulados de una psicología fisiológica*. El trabajo iba desde los orígenes de la psicología con Immanuel Kant pasando por Johann Friedrich Herbart, Gustav Theodor Fechner, Rudolf Hermann Lotze hasta Wilhelm Wundt.

Mientras era profesor de Filosofía en el Lake Forest College (1887), Baldwin publicó la primera parte de su *Manual de psicología (Sentidos e Intelecto)* y con ello difundió los resultados de la emergente psicología experimental de Weber, Fechner y Wundt. En 1889 obtuvo la cátedra de Lógica y Metafísica en la Universidad de Toronto y allí fundó el primer laboratorio de psicología experimental de Canadá, que luego su sucesor amplió a dieciséis salas. Durante este período nacieron sus hijas Helen (1889) y Elizabeth (1891). Sus observaciones de los dos bebés lo inspiraron a emprender una investigación cuantitativa y experimental sobre el desarrollo infantil, que publicó en 1894 con el título *Mental Development in the Child and the Race. Methods and Processes*. Baldwin acuñó el término «no dualismo» (*adualism*) para definir la falta de un límite entre el mundo interior del niño y las realidades externas que lo afectan. Los resultados de esta investigación tuvieron una influencia significativa en Jean Piaget y Lawrence Kohlberg.

Ejercicios de Baldwin con una niña en diferentes etapas de su crecimiento. Primera imitación exitosa de un trazo, en la última semana del vigésimo séptimo mes de edad. A la izqda., copia de una figura dada; a la dcha., dibujo sin la referencia [*Mental Development in the Child and the Race. Methods and Processes*, James Mark Baldwin, 1895].

En 1893, Baldwin fue nombrado para la cátedra de Psicología en la Universidad de Princeton. Diez años más tarde publicó su obra *Interpretaciones sociales y éticas en el desarrollo mental. Un estudio de psicología social*. Fue el punto culminante de su carrera. Con este trabajo presentó una revisión crítica de su primera publicación *Desarrollo mental*, que influyó fuertemente en el psicólogo ruso Lev Vygotsky y, a través de su obra, en Alexander Romanovich Luria. Finalmente, una síntesis de esta cadena de influencias se puede encontrar en Alexej Leontiev.

Debido a una disputa con el presidente de Princeton, Woodrow Wilson, y una oferta beneficiosa de la Universidad Johns Hopkins que le prometía mejor salario y menos obligaciones docentes, Baldwin se mudó allí en 1903 como profesor de Filosofía y Psicología y reabrió el laboratorio experimental establecido por primera vez por Stanley Hall en 1884.

Baldwin se alejó de la psicología experimental e introspectiva hacia la psicología del desarrollo en parte porque se convenció de que la mente se desarrollaba en el individuo y no siempre presentaba la misma forma. Este párrafo define algunas de sus ideas:

> *La vieja idea de que el alma era una sustancia fija, con atributos fijos […]. Bajo esa concepción, el hombre era padre del niño. Lo que la consciencia adulta descubre en sí mismo es cierto y en lo que el niño le falta, se queda corto de la verdadera estatura de la vida del ama. El viejo argumento era esto… la conciencia revela algunas grandes ideas como simples y originales, consecuentemente deben ser así.*

El legado teórico más significativo de Baldwin es su concepto de evolución: el llamado efecto Baldwin. Describe un mecanismo evolutivo en el que una característica originalmente adquirida a través del aprendizaje es reemplazada por una característica análoga heredada, es decir, determinada genéticamente, a través de la selección natural a lo largo de varias generaciones. A diferencia de las ideas lamarckianas, la propiedad aprendida no se hereda directamente, sino que influye en el marco dentro del cual tiene lugar la selección natural. La importancia del efecto Baldwin en la evolución sigue siendo controvertida.

Para explicar el efecto Baldwin se ha usado el tabú del incesto. Si se observa estrictamente en una cultura, la presión de la selección natural contra los genes que promueven el incesto se debilita. Después de unas pocas generaciones sin esta presión de selección, a menos que el material genético estuviera profundamente incrustado en el genoma, tendería a variar en función y eventualmente desaparecería.

HEINZ WERNER (1890-1964)

Nació en Viena. El padre de Werner, fabricante de profesión, murió cuando él tenía cuatro años y su madre tuvo que criar sola a sus cuatro hijos, aunque su situación económica no era mala. Se ha escrito poco sobre la infancia de Werner, pero las fuentes coinciden en que desde muy pronto tuvo intereses muy variados, especialmente la música (tocaba el violín) y la ciencia. A los diez años le fascinó el tema de la evolución y leyó todo lo que pudo sobre ello.

En 1908, Werner, que entonces tenía 18 años, comenzó su formación académica en la Technische Hochschule de Viena, una universidad politécnica. Su primera idea fue estudiar Ingeniería, pero, al poco tiempo, cambió su interés a otras áreas de estudio, como la estética, las metáforas, la percepción, la lógica y el lenguaje; temas que caracterizaban los debates culturales e intelectuales del fin de siglo en Viena. De hecho, un año más tarde cambió su matrícula a la Universidad de Viena con el objetivo de hacerse compositor y musicólogo. Allí exploró distintos temas y vio que cada vez le interesaban más la filosofía y la psicología.

El primer trabajo académico de Werner, publicado en 1912, fue el *Esbozo de una tabla de conceptos sobre la base genética*. Werner distinguió entre dos funciones diferentes que dan lugar a los conceptos: sentimientos y sen-

Fotocromo de la ciudad de Viena protagonizado por la
Universidad (1890-1900) [Library of Congress].

saciones. Las sensaciones se dividían en sensaciones de movimiento (internas o dinámicas) y sensaciones externas o estáticas (por ejemplo, el oído, el olfato, la vista o el gusto). Con las sensaciones dinámicas y los sentimientos, Werner demostró que los conceptos dinámicos surgen en el desarrollo antes que los conceptos estáticos. Estos primeros conceptos son en gran medida subjetivos y de naturaleza idiosincrásica. A lo largo del desarrollo, los conceptos dinámicos se socializan y se hacen más subjetivos, por la adquisición por parte del niño de los primeros símbolos y su creciente capacidad de comunicación. Aunque predominan los conceptos posteriores, los complejos dinámicos no se pierden en el desarrollo. En lugar de ello, siguen formando parte del mundo representativo del adulto y son evidentes en la psicopatía, los sueños y en la intuición artística.

Otra área de investigación que Werner exploró fue la de los fenómenos asociados a las percepciones ópticas que no podían explicarse solo con medidas fisiológicas. Publicó dos artículos en este ámbito: el primero fue sobre el fenómeno de la fusión óptica o cómo las imágenes de los dos ojos se combinan para formar una única percepción visual. El segundo artículo se centraba en el punto ciego, el lugar del campo visual que no tiene células fotorreceptoras y donde el nervio óptico sale del ojo. Normalmente no percibimos el punto ciego, ya que interpolan la información visual basándose en los detalles circundantes y en la información del otro ojo.

Heinz Werner recibió su doctorado en 1915 de la Universidad de Viena, a los 24 años. Su tesis doctoral se tituló *Zur Psychologie des ästhetischen Genusses* (*Sobre la psicología del disfrute estético*), algo que reflejaba su profundo y prolongado interés por las artes. Tras su graduación, permaneció en la Universidad como asistente, trabajando con Sigmund Exner en el Instituto de Fisiología de la Universidad. Entre 1914 y 1917, tras una breve participación militar, prosiguió sus investigaciones, tanto en la Universidad de Múnich como en la de Viena. Desde 1917 comenzó a colaborar con William Stern en el Instituto de Psicología de Hamburgo y en 1919, consiguió allí su primer trabajo académico, un lugar en el que permaneció durante los 16 años siguientes. Al principio adoptó una orientación experimental y también usó un enfoque comparativo para comprender los procesos, leyes y estructuras del desarrollo en sentido amplio, y trató de formular leyes universales para los procesos de desarrollo.

En Hamburgo, Werner prosiguió sus intereses en el ámbito de la estética, el lenguaje y la representación simbólica en dos libros que escribió simultáneamente. El primer libro trataba sobre los orígenes de la metáfora (*Die Ursprünge der Metapher*) y se publicó en 1919. Aunque fue escrito al mismo tiempo, su segundo libro sobre el origen de la poesía lírica (*Die Ursprünge der Lyrik*) se publicó cinco años después, en 1924. Estos libros se basan en gran medida en datos etnográficos y adoptan un enfoque comparado.

Otro aspecto de su investigación en Hamburgo fue explorar cómo los niños diferencian los movimientos básicos, esos que incluyen girarse hacia algo o el alejamiento de algo. Amplió la investigación sobre este tema e introdujo las ideas psicológicas de reticencia y placer, e integró así una dimensión emocional en su comprensión del desarrollo y el cambio.

Los primeros escritos de Werner también incluían investigaciones sobre cómo los niños pequeños de entre dos años y medio y cinco años comienzan a crear melodías. Este estudio se basó en grabaciones fonográficas de niños vieneses. A cada niño participante se le pidió que cantara dos melodías de su propia creación, una era con una letra que los niños conocían y que fue proporcionada por Werner. La otra no tenía letra y consistía en sonidos que se tarareaban. Werner pudo distinguir diez grupos de desarrollo para niños en ese rango de edad y discriminó diferentes tipos melódicos característicos de cada periodo de edad.

Debido a la ley nazi del 7 de abril de 1933 para el servicio civil profesional, fue expulsado de la universidad y ese mismo año emigró a los EE. UU., donde trabajó de 1933 a 1936 en la Universidad de Michigan. Otras etapas profesionales de Heinz Werner fueron la Universidad de Harvard (1936/37) y la Escuela de Capacitación del Condado de Wayne (1937-1943).

El trabajo de Werner se repartía entre varios intereses, entre ellos el contorno, el metacontraste, la percepción binocular de la profundidad, la estética y las comparaciones de desarrollo entre niños de funcionamiento normal y niños con retraso mental. Tras la muerte de su esposa, pasó a trabajar en el Brooklyn College, donde estudió los efectos del daño cerebral. Cinco años más tarde, dejó este puesto para ocupar uno en la Universidad Clark, en el Departamento de Psicología y Educación, un lugar en el que permaneció durante diecisiete años.

Después de la guerra, se convirtió en profesor de Psicología en la Universidad de Clark, Worcester (Massachusetts), en 1947. El antiguo Instituto de Psicología del Desarrollo pronto pasó a llamarse Instituto Heinz Werner de Investigación Psicológica del Desarrollo. En 1956, fue elegido miembro de la Academia Estadounidense de las Artes y las Ciencias.

Los trabajos principales de Heinz Werner son su *Introducción a la psicología del desarrollo* (1926) y la *Psicología comparada del desarrollo mental* (1940). La cuarta edición de 1959 intenta, como dice el prólogo, preservar la tradición quebrada de la investigación biológica y psicológica alemana existente antes de 1933.

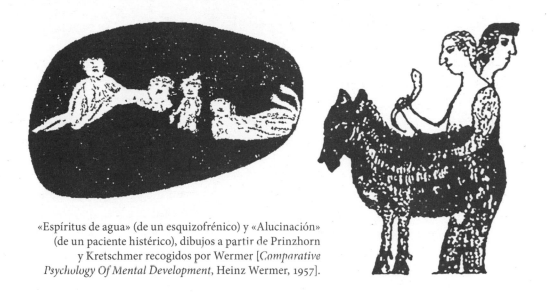

«Espíritus de agua» (de un esquizofrénico) y «Alucinación» (de un paciente histérico), dibujos a partir de Prinzhorn y Kretschmer recogidos por Wermer [*Comparative Psychology Of Mental Development*, Heinz Wermer, 1957].

Heinz Werner es conocido por sus trabajos en las áreas de desarrollo perceptivo, la psicología comparada y la formación de símbolos. Era un pensador original y creativo que tenía una curiosidad ilimitada y un vasto conocimiento de las ciencias de su tiempo. La comprensión del desarrollo que llevó a cabo Werner es verdaderamente interdisciplinaria y trascendía los enfoques más tradicionales que se centraban en la psicología infantil y equiparaban el desarrollo con la cronología.

Desde el principio, Werner desarrolló un profundo interés por los procesos y principios subyacentes que caracterizaban todos los tipos de desarrollo. Versátil en metodologías experimentales rigurosas, métodos observacionales y enfoques fenomenológicos, aplicó sus principios de desarrollo a la ontogenia, la filogenia, la microgénesis, la biología, la psicopatología del desarrollo, la neuropsicología, la antropología y la psicología comparada. El estudio de las diferencias individuales y de los distintos niveles de funcionamiento fueron otras áreas de interés para Werner. A lo largo de su vida, su trabajo se caracterizó por su enfoque holístico, organísmico, comparativo y contextual de todas las formas de desarrollo. Consideraba que las emociones, las percepciones, la estética, el lenguaje y el pensamiento como funciones interdependientes, vinculadas entre sí de forma compleja, dinámica y recíproca.

LEV VYGOTSKY (1896-1934)

Lev Semiónovich Vygotsky nació en la ciudad de Orsha, Bielorrusia (entonces perteneciente al Imperio ruso). Su familia era judía no practicante y su padre era banquero. Se crio en la ciudad de Gomel, donde fue educado en casa hasta 1911 y luego obtuvo el título oficial (con distinción) en un gimnasio judío privado, lo que le permitió optar al ingreso en la universidad. En 1913, Vygotsky fue admitido en la Universidad de Moscú a través de una «lotería judía», pues en aquella época existía un límite del tres por ciento para los estudiantes judíos que querían ingresar en las universidades de Moscú y San Petersburgo. Se interesó por las humanidades y las ciencias sociales, pero, ante la insistencia de sus padres, se matriculó en la Facultad de Medicina de la Universidad de Moscú. Durante el primer semestre de estudios se trasladó a la Facultad de Derecho.

Los primeros intereses de Vygotsky fueron las artes y, principalmente, los temas de la historia del pueblo judío, la tradición, la cultura y la identidad judía. Fue muy crítico con las ideas tanto del socialismo como del sionismo y propuso la solución de la «cuestión judía» mediante el retorno a la ortodoxia judía tradicional. Sin embargo, su formación académica abarcaba un amplio campo de estudios que incluía la lingüística, la psicología y la filosofía.

Medalla L. S. Vygotsky del Ministerio de Educación de la Federación Rusa, «por sus servicios en el campo psicológico y pedagógico».

Vygotsky nunca completó sus estudios formales en la Universidad Imperial de Moscú y, por tanto, nunca obtuvo un título universitario. Sus estudios se vieron interrumpidos por el levantamiento bolchevique de octubre de 1917. Tras estos sucesos, abandonó Moscú y regresó a Gomel, donde vivió durante la revolución socialista. Estaba destinado a llevar una vida tranquila y cómoda como abogado o periodista, pero aquel acontecimiento alteró dramáticamente la sociedad que conocía. La familia Vygotsky perdió sus propiedades y él pasó el resto de su vida en una relativa pobreza, como tantos de sus compatriotas soviéticos. Prácticamente no hay información sobre su vida en Gomel tras la ocupación alemana, durante la Primera Guerra Mundial, hasta que los bolcheviques capturaron la ciudad en 1919. Después de eso, fue un participante activo de la gran transformación social bajo el Gobierno comunista y un representante prominente del Gobierno bolchevique en Gomel de 1919 a 1923.

En enero de 1924, Vygotsky participó en el Segundo Congreso Psiconeurológico de toda Rusia en Petrogrado y, tras aquel, recibió una invitación para ser becario de investigación en el Instituto Psicológico de Moscú. Comenzó su carrera en el instituto como «científico de plantilla, de segunda clase» y también se convirtió en profesor de secundaria, por su interés en los procesos de aprendizaje y el papel del lenguaje. Los retos para el sistema educativo durante y después de la revolución y la guerra civil eran enormes: millones de niños sin hogar vagaban por las calles, los profesores estaban mal pagados o se oponían a las nuevas ideas, las instalaciones escolares eran deficientes, había escasez de papel y libros de texto, etc. La creación del nuevo niño soviético requería nuevas organizaciones, habilidades y conocimientos, y las autoridades rusas, bajo la dirección de la esposa de Lenin, Nadeshda Krupskaya, pronto adoptaron el ámbito del estudio del niño, la pedología, como un instrumento principal para la reforma del sistema educativo. Fue dentro de la pedología donde Vygotsky hizo su carrera y fue la prohibición de la pedología en 1936 lo que frustró temporalmente la difusión de sus ideas. Sin embargo, antiguos colegas y alumnos conservaron cuidadosamente sus libros, artículos y notas de conferencias pues le consideraban un referente.

A finales de 1925, Vygotsky completó su disertación en 1925 titulada *La psicología del arte*, que no se publicó hasta la década de 1960, y un libro titulado *Psicología pedagógica* que, al parecer, se creó sobre la base de las notas de conferencias que preparó en Gomel mientras era instructor de psicología en los centros educativos locales. En el verano de 1925 realizó su primer y único viaje al extranjero para asistir a un congreso en Londres sobre educación de sordos. Su cuaderno de notas durante este viaje muestra a un joven bastante neurótico que toma notas obsesivamente y describe sus sentimientos de soledad, depresión, agitación y ansiedad en un país extranjero, y que añora a su mujer y a su hijo recién nacido.

A su regreso a la Unión Soviética, fue hospitalizado debido a una recaída de la tuberculosis y, aunque sobrevivió milagrosamente, permanecería inválido y sin trabajo hasta finales de 1926. Su disertación fue aceptada como prerrequisito de grado académico, que le fue otorgado a Vygotsky en otoño de 1925 «en ausencia».

Vygotsky desarrolló una rama de la psicología que definió como cultural (formas socialmente estructuradas en las que la comunidad se organiza, con el lenguaje como instrumento que facilita el desarrollo de los procesos mentales); instrumental (naturaleza mediada de todas las funciones psicológicas complejas) e histórica (relacionada con el contexto, con las herramientas utilizadas por el hombre en el entorno que emergen históricamente y mejoran con el tiempo). Hizo hincapié en la brecha existente

Vygotsky impartiendo clase en la Universidad Estatal de Asia Central, en Taskent (1929) [autor desconocido; Среднеазиатский государственный университет (САГУ)].

entre la ciencia y los procesos complejos de la mente y planteó que esa distancia no se solucionará hasta que no establezcamos cómo se relacionan los procesos naturales y las sensaciones con la cultura, un fenómeno que construye las funciones psicológicas de los individuos.

Vygotsky es conocido también por su trabajo en el desarrollo psicológico de los niños, el desarrollo infantil y la educación. Publicó sobre una amplia variedad de temas y desde múltiples puntos de vista, a medida que su perspectiva cambió a lo largo de los años en su corta vida. Fue un pionero y sus principales obras abarcan seis volúmenes, escritos a lo largo de unos diez años, desde *Psicología del arte* (1925) hasta *Pensamiento y lenguaje* (1934). Introdujo la noción de zona de desarrollo próximo (ZDP): la distancia entre lo que un alumno (aprendiz, nuevo empleado, etc.) puede hacer por su cuenta, y lo que puede lograr con el apoyo de alguien más conocedor de la actividad (un maestro, un padre, un niño de mayor edad). En otras palabras, el desarrollo intelectual es también un proceso social y con esto Vygotsky quería resaltar que incluso los procesos mentales superiores tenían un origen social o cultural. Vygotsky consideraba la ZDP como una medida de las habilidades que están en proceso de maduración, un complemento a aquellas medidas del desarrollo que solo contemplan la capacidad independiente del alumno. También son influyentes sus trabajos sobre la relación entre lenguaje y pensamiento, el desarrollo del lenguaje y una teoría general del desarrollo a través de acciones y relaciones en un entorno sociocultural, un paradigma capaz de describir el potencial del desarrollo cognitivo humano.

Sus trabajos abarcaron temas como el origen y la psicología del arte, el desarrollo de las funciones mentales superiores, la filosofía de la ciencia y la metodología de la investigación psicológica, la relación entre el aprendizaje y el desarrollo humano, el estudio de la memoria y la atención, la formación de conceptos, la interrelación entre el desarrollo del lenguaje y el pensamiento, el juego como fenómeno psicológico, los problemas de aprendizaje, las variaciones en las minorías étnicas y el desarrollo humano anómalo (también conocido como «defectología»). Su pensamiento científico sufrió varias transformaciones importantes a lo largo de su carrera, pero en general el legado de Vygotsky puede dividirse en dos periodos bastante diferenciados y una fase de transición entre ambos durante la cual Vygotsky experimentó la crisis de su teoría y de su vida personal. Se trata del periodo mecanicista «instrumental» de los años 20, el periodo integrador «holístico» de los años 30 y los años de transición de, aproximadamente, 1929-31. Cada uno de estos periodos se caracteriza por los distintos temas abordados y las innovaciones teóricas suscitadas.

En un principio, Vygotsky reivindicó una «nueva psicología» que formulaba como una «ciencia del superhombre» del futuro comunista, pero luego su principal área de trabajo fue la psicología del desarrollo. Para él, entender plenamente la mente humana, requería conocer su génesis. En consecuencia, la mayor parte de su trabajo se centró en el estudio del comportamiento de los bebés y los niños, así como en el desarrollo de la adquisición del lenguaje (como la importancia de la señalización y del habla interna) y el desarrollo de los conceptos, que ahora se denominan esquemas. Es importante su teoría del desarrollo de las «funciones psicológicas superiores», que considera que el desarrollo psicológico humano surge a través de la unificación de las conexiones interpersonales y las acciones realizadas dentro de un entorno sociocultural determinado; es decir, el lenguaje, la cultura, la sociedad y el uso de herramientas.

Vygotsky murió de tuberculosis el 11 de junio de 1934, a la edad de 37 años, en Moscú. Una de sus últimas anotaciones en su cuaderno privado da una proverbial, aunque muy pesimista, autoevaluación de su contribución a la teoría psicológica:

> Esto es lo último que he hecho en psicología y yo, como Moisés, moriré en la cumbre, habiendo vislumbrado la tierra prometida, pero sin poner un pie en ella. Adiós, queridas creaciones. El resto es silencio.

La obra de Lev Vygotsky se ha convertido en la base de muchas investigaciones y teorías sobre el desarrollo cognitivo en las últimas décadas, en particular de lo que se ha conocido como teoría sociocultural. Esta teoría considera el desarrollo humano como un proceso mediado por la sociedad en el que los niños adquieren sus valores culturales, creencias y estrategias de resolución de problemas a través de diálogos y colaboraciones con miembros más formados. Las teorías de Vygotsky destacan el papel fundamental de la interacción social en el desarrollo de la cognición, ya que creía firmemente que la comunidad desempeña un papel central en el proceso de «dar sentido» al mundo. A diferencia de la noción de Piaget de que el desarrollo de los niños debe preceder necesariamente a su aprendizaje, Vygotsky sostenía que el aprendizaje era «un aspecto necesario y universal del proceso de desarrollo de una función psicológica culturalmente organizada, específicamente humana». En otras palabras, el aprendizaje social precede normalmente al desarrollo personal. Vygotsky desarrolló un enfoque sociocultural del desarrollo cognitivo.

ERIK ERIKSON (1902-1994)

La madre de Erikson, Karla Abrahamsen, procedía de una destacada familia judía de Copenhague (Dinamarca). Concibió a Erik fuera del matrimonio y nunca se aclaró la identidad del padre biológico del muchacho. Posteriormente, en 1905, se casó con el pediatra judío de Erik, Theodor Homburger, y Erik pasó a llamarse Erik Homburger y fue adoptado oficialmente por su padrastro. Karla y Theodor le dijeron a Erik que Theodor era su verdadero padre y solo le revelaron la verdad al final de su infancia, un engaño que le amargó de por vida.

El desarrollo de la identidad parece haber sido una de las mayores preocupaciones de Erikson en su propia vida, además de ser fundamental en su trabajo teórico. Como adulto mayor, escribió sobre su «confusión de identidad» en su época europea algo que para él estaba a veces «en el límite entre la neurosis y la psicosis adolescente». La hija de Erikson escribió que la «verdadera identidad psicoanalítica» de su padre no se estableció hasta que «sustituyó el apellido de su padrastro [Homburger] por un apellido de su propia invención [Erikson]». La decisión de cambiar su apellido se produjo cuando empezó a trabajar en Yale y se dice que sus hijos apreciaron el hecho de que ya no les llamaran «Hamburger».

Cuando Erikson tenía veinticinco años, su amigo Peter Blos lo invitó a Viena para que diera clases de Arte en la pequeña escuela Burlingham-Rosenfeld para niños. Era un centro elitista cuyos acomodados padres se psicoanalizaban con Anna Freud, la hija de Sigmund Freud. Anna se dio cuenta de la sensibilidad de Erikson hacia los niños en la escuela y lo animó a estudiar Psicoanálisis en el Instituto Psicoanalítico de Viena. Erikson se especializó en el psicoanálisis infantil y lo simultaneó con el estudio del método Montessori de educación, que se centraba en el desarrollo infantil y las etapas sexuales.

El hombre en busca de su identidad. *Mano con esfera reflectante* [M. C. Escher, 1935], reproducido en *University of Toronto Bulletin*, 25 de abril de 1975.

En 1930, Erikson se casó con Joan Mowat Serson, una bailarina y artista canadiense a la que había conocido en un baile de gala y más tarde Erikson se convirtió al cristianismo. En 1933, con el ascenso al poder de Adolf Hitler en Alemania, la quema de los libros de Freud en Berlín y la posible anexión nazi de Austria, la familia abandonó una Viena empobrecida con sus dos hijos pequeños y emigró a Copenhague. Al no poder recuperar la ciudadanía danesa debido a los requisitos de residencia, la familia se fue a Estados Unidos, donde era más fácil obtener la ciudadanía y se sentían más seguros tras ver lo que estaba sucediendo en Europa.

En Estados Unidos, Erikson se convirtió en el primer psicoanalista infantil de Boston y ocupó puestos en el Hospital General de Massachusetts, en el Centro de Orientación Judge Baker y en la Facultad de Medicina y la Clínica Psicológica de Harvard, centros donde obtuvo una buena reputación como clínico. En 1936 dejó Harvard y se incorporó al personal de la Universidad de Yale, donde trabajó en el Instituto de Relaciones Sociales y enseñó en la Facultad de Medicina.

Erikson profundizó en su interés en áreas más allá del psicoanálisis y exploró las conexiones entre la psicología y la antropología. Estableció importantes contactos con antropólogos como Margaret Mead, Gregory Bateson y Ruth Benedict. Dijo que su teoría del desarrollo del pensamiento derivaba de sus estudios sociales y culturales. En 1938, dejó Yale para estudiar a los sioux de Dakota del Sur en una reserva y a continuación viajó a California para estudiar a los yurok. Erikson descubrió diferencias entre los niños de las tribus sioux y yurok y esto marcó el comienzo de una pasión por mostrar la importancia de los acontecimientos en la infancia y cómo la sociedad afecta al desarrollo de los niños.

Erik Erikson añadió una serie de términos al lenguaje con indudable éxito: «ciclo vital», «crisis de identidad», «espacio interno», «psicohistoria»..., palabras que significaron nuevas formas de interpretar y afrontar nuestras vidas. Como psicoanalista, jugó con niños y desveló las profundidades y resonancias del juego. Afrontó la alegría y miedo de la adolescencia con una rara viveza y empatía.

Escribió dos biografías (*El joven Lutero*, un drama sobre la religión, una obra de los años cincuenta; y *La verdad de Gandhi*, un drama sobre la política, una obra de los años sesenta) que han desarrollado un terreno sólido en el que pueden encontrarse la psicología y la historia, Freud y Marx. Su trabajo sobre las crisis de identidad personales y familiares de los años cincuenta predijo y analizó incisivamente las trágicas convulsiones de identidad sociales y políticas que abrumarían a los países occidentales en los años sesenta; con algunas de las críticas más mordaces que la cultura americana haya conocido jamás. Por último, desde la aparición de *Infancia y sociedad* en 1950, Erikson ha ofrecido insinuaciones de una visión, un hermoso mito de la unidad orgánica y la totalidad de la vida, a medida que se desarrolla desde la infancia hasta la niñez y la juventud, a través de la edad adulta y la madurez, avanzando hacia la vejez y la muerte. Erikson escribía maravillosamente y ganó un premio Pulitzer y un Premio Nacional del Libro de EE. UU. en la categoría Filosofía y Religión.

A Erikson se le atribuye el mérito de ser uno de los creadores de la psicología del yo. Aunque Erikson aceptó la teoría de Freud, no se centró en la relación padre-hijo y dio más importancia a la progresión de la persona. Según Erikson, el entorno en el que vivía el niño era crucial para proporcionarle crecimiento, ajuste, una fuente de autoconciencia e identidad.

En su análisis del desarrollo, Erikson mencionaba una etapa como una adolescencia prolongada, lo que ha dado lugar a una investigación posterior sobre el período de desarrollo entre la adolescencia y la edad adulta joven, lo que se ha denominado la «edad adulta emergente». La teoría del desarrollo de Erikson incluye varias crisis psicosociales en las que cada conflicto se basa en las etapas anteriores. El resultado puede tener repercusiones negativas o positivas en el desarrollo de una persona; no obstante, un resultado negativo puede revisarse y remediarse a lo largo de la vida.

En 1950, después de publicar el libro *La infancia y la sociedad*, por el que es más conocido, Erikson dejó la Universidad de California cuando la Ley Levering de California exigió a los profesores que firmaran un juramento de lealtad a los Estados Unidos, una de las historias más vergonzantes de la Guerra Fría. De 1951 a 1960 trabajó y enseñó en el Centro Austen Riggs, una destacada clínica de tratamiento psiquiátrico situada en Stockbridge, Massachusetts, donde trabajó con jóvenes con problemas emocionales. Otro famoso residente de Stockbridge, Norman Rockwell, se convirtió en paciente y amigo de Erikson.

Erikson regresó a Harvard en la década de 1960 como profesor de Desarrollo Humano y permaneció allí hasta su jubilación en 1970. En 1973, el Fondo Nacional para las Humanidades seleccionó a Erikson para la Conferencia Jefferson, el mayor honor en los Estados Unidos para un humanista. La charla de Erikson se tituló *Dimensiones de una nueva identidad,* el tema que había ocupado toda su vida.

JEROME BRUNER (1915-2016)

Jerome Seymour Bruner fue un psicólogo estadounidense que realizó importantes contribuciones a campos muy diferentes, a la psicología jurídica, a la psicología cognitiva humana, a la psicología educativa, a la psicología narrativa y a la psicología cultural.

Bruner nació ciego, por culpa de unas cataratas, hijo de inmigrantes judíos polacos. A los dos años, una operación le devolvió la vista. Bruner señaló una vez que, durante sus dos años de ceguera, había construido un mundo visual en su mente. Esas primeras experiencias pueden explicar por qué, en las décadas de 1940 y 1950, intentó demostrar que la percepción no es solo un proceso ascendente controlado por los sentidos, sino también un proceso descendente controlado por la mente. Un ejemplo fueron los experimentos realizados en Harvard, donde demostró cómo ciertos factores mentales influyen en la percepción visual. Pudo observar que los niños de diez años sobrestiman el tamaño de las monedas más grandes y subestiman el tamaño de las monedas más pequeñas y que los niños pobres sobrevaloran más el tamaño de las monedas más grandes más que los procedentes de familias acomodadas. Su trabajo inspiró un nuevo enfoque en el estudio de la percepción que se conoció como «la Nueva Mirada».

Bruner transformó la percepción de una respuesta dependiente de un estímulo a algo que implicaba un procesamiento mental. Realizó experimentos innovadores que exploraban cómo la gente infiere conceptos y categorías (por ejemplo, de color y forma). Su libro *A Study of Thinking* (*Estudio del pensamiento*), de 1956, fue crucial para iniciar la revolución cognitiva. Bruner impugnó el modelo informático de la mente, abogando por una comprensión más holística de los procesos cognitivos.

Otro libro de Bruner, *El proceso de la educación* (1960), introdujo la revolución cognitiva en el pensamiento educativo de Estados Unidos y de otros países. Sus conceptos sobre el desarrollo de las capacidades de representación planteaban que las ideas deben ser comunicadas a los estudiantes mediante acciones, iconos o símbolos, en ese orden, y en función de su edad.

A partir de 1967, Bruner se centró en la psicología del desarrollo y estudió la forma en que aprenden los niños. Acuñó el término «andamiaje» para describir un proceso de enseñanza en la que el instructor proporciona una guía cuidadosamente programada y reduce la cantidad de ayuda a medida que el alumno progresa en el aprendizaje de la tarea. Bruner sugirió que los alumnos pueden experimentar o «representar» las tareas de tres maneras: representación enactiva (basada en la acción), representación icónica (basada en la imagen) y representación simbólica (basada en el lenguaje). Los modos de representación están integrados y son solo ligeramente secuenciales, ya que se «traducen» unos en otros.

En 1972, Bruner fue nombrado catedrático de Psicología Experimental en la Universidad de Oxford, donde permaneció hasta 1980. En esos años se centró en el desarrollo temprano del lenguaje. Rechazó la teoría nativista

En *Actual minds, possible worlds* (1986), Bruner apuesta por girar las miradas hacia el «otro lado» de la mente y sienta unas nuevas bases para su estudio. La ciencia cognitiva, dice, se ha centrado en la lógica y lo sistemático, para resolver acertijos o demostrar hipótesis; ahora ha de mirar hacia el lado de la imaginación humana, «que conduce a buenas historias, dramas apasionantes, mitos y rituales primitivos y relatos históricos plausibles (...); el "modo narrativo"...».

de la adquisición del lenguaje propuesta por Noam Chomsky y ofreció una alternativa en forma de teoría interaccionista o interaccionista social del desarrollo del lenguaje. Siguiendo a Lev Vygotsky, Bruner propuso que la interacción social desempeña un papel fundamental en el desarrollo de la cognición en general y del lenguaje en particular. Destacó que los niños aprenden el lenguaje para comunicarse y, al mismo tiempo, aprenden también el código lingüístico. En 1983 publicó un resumen en el libro *Child's talk: Learning to Use Language*; ahí exploró temas como la adquisición de las intenciones comunicativas y el desarrollo de la expresión lingüística, el contexto interactivo del uso del lenguaje en la primera infancia y el papel de las aportaciones de los padres y la conducta de andamiaje en la adquisición de formas lingüísticas.

Bruner cambió el enfoque de la «acción intencional» a la «interacción intencional». En 1975, Michael Scaife y Bruner publicaron que, a partir de los ocho meses, la mayoría de los bebés siguen la mirada de un adulto cuando este se vuelve para mirar algo. La pareja denominó a este fenómeno atención visual conjunta porque establecía un foco común entre el adulto y el bebé. Desde entonces ha sido ampliamente reconocido como un mecanismo social esencial para vincular a las palabras con objetos en la adquisición del lenguaje.

En 1980, Bruner regresó a Estados Unidos y en 1981 asumió el cargo de catedrático en la New School for Social Research de Nueva York. Durante la década siguiente trabajó en el desarrollo de una teoría de la construcción narrativa de la realidad, que culminó en varias publicaciones fundamentales que contribuyeron al desarrollo de lo que se ha denominado la psicología narrativa. En ese trabajo Bruner exploró la propensión de la gente a contar historias. Argumentó que, a diferencia de la lógica, el pensamiento narrativo es universal. Una vez más, estaba tratando de ampliar la psicología cognitiva para abarcar la experiencia humana.

En *Acts of Meaning, Four Lectures on Mind and Culture* (1990), Jerome Bruner ayudó a formular la psicología cultural, un enfoque basado en la filosofía, la lingüística y la antropología. Perfeccionada y ampliada por Hazel Markus y otros investigadores, la psicología cultural se centra en las influencias y relaciones entre la mente, la comunidad cultural y el comportamiento. Bruner hizo contribuciones fundamentales en un número asombroso de campos, cada uno de ellos una etapa para descubrir qué nos hace humanos. Fue sin duda el precursor de la psicología cognitiva.

The Age of Reason [seriykotik1970, CC BY-SA 2.0 DEED].

PSICOLOGÍA COGNITIVA

La psicología cognitiva es el estudio científico de procesos mentales como la atención, el lenguaje, la memoria, la percepción, la resolución de problemas, la creatividad y el razonamiento. Los psicólogos cognitivos separan estos procesos, pero los límites son difusos y las distintas áreas a menudo interactúan entre sí. Por ejemplo, la percepción depende de la memoria para identificar ese objeto que se percibe mientras que la resolución de problemas se fundamenta en la percepción del problema y la memoria de soluciones previas.

La psicología cognitiva surge en la década de 1960 como fruto de una ruptura con el conductismo, la línea de pensamiento más en boga en la psicología de aquel momento, que había sostenido desde la década de 1920 hasta la de 1950 que los procesos mentales inobservables estaban fuera del alcance de la ciencia empírica. El lingüista Noam Chomsky postuló que los principios del aprendizaje conductista no podían explicar el aprendizaje del lenguaje. Propuso que tenemos un órgano del lenguaje, una parte específica del cerebro destinada a aprender nuestra lengua. Según él, el lenguaje particular que un niño aprende depende de su ambiente, pero la habilidad para aprender ese lenguaje es innata. Una segunda idea importante de Chomsky fue el concepto de una «gramática universal». Defendía que, aunque cada lenguaje es diferente, existen ciertas propiedades que todos tienen en común. Estas similitudes en las lenguas, decía, eran el resultado del órgano innato del lenguaje, que solo era capaz de aprender aquellas lenguas que cumplieran ciertas reglas gramaticales, lo que significaba que todos los idiomas del mundo estaban construidos con el mismo grupo de reglas básicas.

STEVEN PINKER (1954-)

Pinker es un psicólogo cognitivo, psicolingüista, autor de divulgación científica y un intelectual con mucha presencia pública. Es un defensor de la psicología evolutiva y de la teoría computacional de la mente. Es catedrático de Psicología en la Universidad de Harvard y sus especialidades académicas son la cognición visual y la lingüística del desarrollo. Sus temas experimentales incluyen las imágenes mentales, el reconocimiento de formas, la atención visual, el desarrollo del lenguaje de los niños, los fenómenos regulares e irregulares en el lenguaje, las bases neuronales de las palabras y la gramática, así como la psicología de la cooperación y la comunicación, incluyendo el eufemismo, la insinuación, la expresión emocional y el conocimiento común.

Pinker es también autor de varios libros para el público en general. *The language instinct* (1994), *How the mind works* (1997), *Words and rules* (2000), *The blank slate* (2002) y *The stuff of thought* (2007) describen aspectos de la psicolingüística y la ciencia cognitiva, e incluyen relatos de su propia investigación, en la que postula que el lenguaje es un comportamiento innato moldeado por la selección natural y adaptado a nuestras necesida-

«Steven Pinker curioseando» [William Burg, CC BY 2.0 DEED].

des de comunicación. Al referirse al órgano de lenguaje como un instinto, llamó la atención a la manera en la que la selección natural construye sistemas de procesado de la información que permiten a las personas aprender ideas nuevas. La acumulación de más y más de estos sistemas hace que la gente sea cada vez cada vez más flexible. *The Language Instinct* fue el primero de varios libros que combinan la ciencia cognitiva con la genética del comportamiento y la psicología evolutiva. Introduce la ciencia del lenguaje y populariza la teoría de Noam Chomsky de que el lenguaje es una facultad innata de la mente, con el controvertido giro de que el lenguaje evolucionó por selección natural como adaptación para la comunicación. Pinker critica varias ideas muy extendidas sobre el lenguaje: que hay que enseñarlo, que la gramática de las personas es pobre y empeora con las nuevas formas de hablar, que el lenguaje limita los tipos de pensamientos que puede tener una persona y que otros grandes simios pueden aprender idiomas. Pinker considera que el lenguaje es exclusivo de los humanos y que ha evolucionado para resolver el problema específico de la comunicación entre los cazadores-recolectores sociales. Sostiene que es tan instintivo como el comportamiento adaptativo especializado de otras especies, como el tejido de telas de araña o la construcción de presas por parte de los castores.

El libro *The sense of style* (2014) es una guía de estilo general orientada al lenguaje. *The better angels of our nature* (2011) postula que la violencia, incluidos la guerra tribal, el homicidio, los castigos crueles, el maltrato infantil, la crueldad con los animales, la violencia doméstica, los linchamientos, los pogromos y las guerras internacionales y civiles, ha disminuido de forma constante a lo largo del tiempo en las sociedades humanas. Pinker considera poco probable que la naturaleza humana haya cambiado. En su opinión, es más probable que la naturaleza humana comprenda las inclinaciones hacia la violencia y las que las contrarrestan, los «mejores ángeles de nuestra naturaleza». Estos «ángeles» son seis procesos que han mejorado el mundo:

1. EL PROCESO DE PACIFICACIÓN. El auge de los sistemas de gobierno organizados tiene una relación correlativa con el descenso de las muertes violentas. A medida que los Estados se expanden, disminuyen las luchas tribales y se reducen las pérdidas humanas.

2. EL PROCESO DE CIVILIZACIÓN. El desarrollo del control de los impulsos y la consolidación de los Estados y reinos centralizados en toda Europa dio lugar al surgimiento de la justicia penal y la infraestructura comercial, lo que organizó sistemas antes caóticos lo que ayudó a reducir las incursiones y la violencia masiva.

«Berlín, noviembre de 1989, caída del muro» [Raphaël Thiémard, CC BY-SA 2.0 DEED].

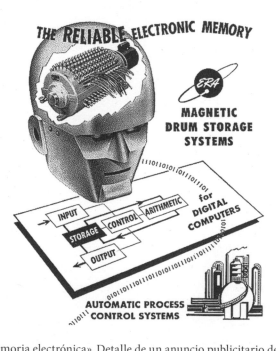

«La fiable memoria electrónica». Detalle de un anuncio publicitario de Engineering Research Associates Division en la revista *Scientific American*, abril de 1953.

3. La revolución humanitaria. El abandono, en los siglos XVIII al XX, de la violencia institucionalizada por parte del Estado redujo las ejecuciones y la tortura. Esto se debe probablemente al aumento de la alfabetización tras la invención de la imprenta, lo que permitió al proletariado cuestionar el conocimiento general y las normas sociales.

4. La larga paz. Las potencias del siglo XX creían que ese periodo era el más sangriento de la historia. Esto condujo a un período de 65 años en gran medida pacífico después de la I y la Segunda Guerra Mundial. Los países desarrollados dejaron de hacer la guerra (entre ellos y en las colonias), adoptaron la democracia, y esto condujo a una disminución masiva en el número medio de muertes en ese período.

5. La nueva paz. Tras el final de la Guerra Fría se produjo un descenso mundial de los conflictos organizados de todo tipo.

6. Las revoluciones de los derechos. La reducción de la violencia sistémica a menor escala contra las poblaciones vulnerables (minorías raciales, mujeres, niños, homosexuales, animales).

Enlightenment now (2018) elabora este argumento utilizando datos de las ciencias sociales para mostrar una mejora general de la condición humana a lo largo de la historia reciente aportada por la razón, la ciencia y el humanismo. La naturaleza e importancia de la razón se explora más a fondo en su siguiente libro *Rationality: what it is, why it seems scarce, why it matters* (2021).

El trabajo de Chomsky marcó el comienzo de lo que se ha llamado la revolución cognitiva, en el que un grupo de psicólogos vieron la mente como un tipo de ordenador, una máquina que extraía información del mundo, la procesaba y finalmente generaba un comportamiento. En esa época, los investigadores de la lingüística y la cibernética, así como los de la psicología aplicada, utilizaron modelos de procesamiento mental para explicar el comportamiento humano. Desde entonces, la psicología cognitiva ha permeado a otras ramas de la psicología y a otras disciplinas como la ciencia cognitiva, la lingüística y la economía. La ciencia cognitiva es un enfoque más amplio e interdisciplinar que incluye estudios sobre sujetos no humanos e inteligencia artificial.

JEAN PIAGET (1896-1980)

Piaget nació en Neuchâtel, en la región francófona de Suiza y es considerado uno de los precursores de la psicología cognitiva. Fue un niño precoz que se interesó por la biología y la naturaleza. A los diez años publicó su primer artículo científico sobre una observación de un gorrión albino y a los quince años se había ganado cierta reputación entre los zoólogos europeos por varios artículos sobre moluscos. Por esas fechas, su antigua niñera escribió a sus padres para disculparse por haberles mentido una vez sobre la lucha contra un posible secuestrador del cochecito del bebé Jean, algo que ella había inventado. A Piaget le fascinó el hecho de tener un falso recuerdo de este incidente que nunca existió.

En la Universidad de Neuchâtel, Piaget estudió Zoología y Filosofía y se doctoró en Zoología en 1918. Sin embargo, poco después se interesó por la psicología de las alteraciones mentales y combinó su formación biológica con un interés por la epistemología. De hecho, cuando se le calificaba de psicólogo, él decía que realmente era un epistemólogo genético. Primero fue a Zúrich, donde estudió Psiquiatría con Carl Jung y Eugen Bleuler, y luego continuó con dos años de estudio más en la Sorbona de París. Allí dio clases

Baby Grey Brain (detalle) [a partir de bixentro, CC BY 2.0 DEED].

en la escuela de la calle Grange-Aux-Belles para niños, un centro que dirigía Alfred Binet. Mientras ayudaba a corregir algunos de los tests de inteligencia de Binet y Simon, Piaget se dio cuenta de que los niños pequeños daban sistemáticamente respuestas erróneas a ciertas preguntas. No le importó tanto el que las respuestas fueran incorrectas, sino el hecho de que los niños pequeños cometían sistemáticamente algunos tipos de errores que los niños mayores y los adultos conseguían evitar. Esto le llevó a la teoría de que los procesos cognitivos de los niños pequeños son inherentemente diferentes a los de los niños de más edad y a los de los adultos. Mientras Binet pensaba que la inteligencia se desarrollaba de forma más o menos continua durante la infancia, Piaget propuso una teoría global de los estadios de desarrollo cognitivo en la que los niños muestran ciertos patrones comunes de cognición que se suceden en fases.

Piaget dividió el desarrollo cognitivo en cuatro grandes etapas: etapa sensoriomotora (del nacimiento a los dos años), etapa preoperacional (de los dos a los siete años), etapa de las operaciones concretas (de siete a once años) y etapa de las operaciones formales (de once a doce años y en adelante). Cada una de ellas representa la transición a una forma más compleja y abstracta de conocer y Piaget pensaba que en cada etapa el pensamiento del niño es cualitativamente distinto al de las otras. Para él, el desarrollo no solo consiste en un avance en las habilidades, sino que incluye transformaciones radicales de cómo se organiza el comportamiento y una vez que el niño entra en una nueva etapa, no retrocede a una forma anterior de razonamiento ni de funcionamiento.

En 1921 comenzó a publicar sus resultados sobre la psicología infantil y ese mismo año regresó a Suiza, donde fue nombrado director del Instituto J. J. Rousseau de Ginebra, un centro dedicado al estudio de la psicología infantil y la educación. En 1924 publicó un libro sobre el lenguaje y el egocentrismo en niños, una obra que le dio reputación entre los psicólogos de la época. Entre 1925 y 1929 fue profesor en la Universidad de Neuchâtel y en 1929 se incorporó a la facultad de la Universidad de Ginebra como profesor de Psicología Infantil, puesto en el que permaneció hasta su muerte. También aceptó el cargo de director de la Oficina Internacional de Educación y se mantuvo al frente de esta organización internacional hasta 1968. En este centro, en un año tan significativo como 1934, con el auge de los fascismos en Europa, declaró: «Solo la educación es capaz de salvar a nuestras sociedades de un posible colapso, ya sea violento o gradual». En 1955 creó el Centro Internacional de Epistemología Genética de Ginebra, del que fue director. Sus intereses incluían el pensamiento científico, la sociología y la psicología experimental.

Piaget fue «el gran pionero de la teoría constructivista del conocimiento». Recuperó las ideas de James Baldwin sobre el origen del conocimiento y el pensamiento, en lo que se conoció como el enfoque genético-epistemológico. Este enfoque buscaba explicar el conocimiento, en particular el conocimiento científico, a partir de su historia, de su sociogénesis y, sobre todo, de los orígenes psicológicos de las nociones y operaciones en las que se basa.

Piaget estaba interesado en la forma en que conceptos básicos en ciencia se van formando en paralelo con el desarrollo del niño. Mediante la cooperación con un grupo numeroso de colaboradores —al centro que dirigía se lo conocía como «la fábrica de Piaget»—, estudió la génesis de conceptos como espacio, tiempo, cantidad, velocidad, realidad, número y causalidad. También se interesó por el desarrollo infantil de la comprensión de las relaciones lógicas. Para Piaget, la inteligencia era antes que nada el dominio de los problemas de naturaleza lógica. También llevó a cabo estudios sobre el desarrollo de la moralidad en los niños.

Piaget atrajo la atención de los psicólogos infantiles cuando, en su libro *The Language and Thought of the Child* (1924-26) propuso que los niños, incluso después de los seis o siete años, tenían todavía una habilidad poco desarrollada para entender que otros individuos podían tener una perspectiva diferente sobre aquello que los rodeaba. Según él, los niños eran inicialmente egocéntricos y propuso que los niños pasaban de una posición de egocentrismo a otra de sociocentrismo. También postuló que había un lenguaje egocéntrico, en los que los niños decían muchas cosas que no parecían ir dirigidas a otra persona ni tampoco iban destinadas a proporcionar información. Este lenguaje egocéntrico se oponía al lenguaje socializado, donde la intención es comunicar algo a alguien. Al comparar ambos tipos de expresiones, Piaget estableció una medida que indicaba el grado de egocentrismo de un niño y basado en esta escala concluyó que hasta los siete años el niño parecía hablar consigo mismo y tenía una comprensión muy limitada de cómo los demás percibían un ambiente común.

Piaget combinó el uso de métodos psicológicos y clínicos para crear lo que llamó una «entrevista semiclínica». Comenzaba la entrevista haciendo a los niños preguntas estandarizadas y, en función de cómo respondieran, les hacía una serie de preguntas no estandarizadas. Piaget buscaba lo que llamaba la «convicción espontánea», por lo que a menudo hacía preguntas que los niños no esperaban ni anticipaban. En sus estudios, observó que había una progresión gradual de las respuestas intuitivas a las científicas y socialmente aceptables. Teorizó que los niños hacían esto debido a la interacción social y al reto que suponen para los más pequeños las ideas de los niños más avanzados en su desarrollo.

El desarrollo era para Piaget un cambio de las estructuras del conocimiento. Pensaba que todos los niños estructuran el conocimiento del mundo en lo que llamó esquemas, conjuntos de acciones físicas, de operaciones mentales y de conceptos o teorías con los cuales organizan y adquieren información sobre el mundo. El niño de corta edad conoce el mundo a través de las acciones físicas que realiza, como chupar o agarrar algo, mientras que los de mayor edad pueden realizar operaciones mentales y usar sistemas de símbolos, como el lenguaje. A medida que el niño crece y pasa por nuevas etapas, mejora su capacidad de emplear esquemas más elaborados y abstractos que le permiten organizar su conocimiento en nuevos esquemas más ricos y complejos.

Piaget pensaba que «la inteligencia organiza el mundo organizándose a sí misma». El desarrollo intelectual del niño tiene para él dos principios básicos: la organización y la adaptación. La primera es para Piaget una predisposición innata presente en todas las especies. Conforme el niño va madurando, integra los patrones físicos simples y los esquemas mentales básicos en sistemas más complejos. La adaptación, por su parte, es el proceso de ajustar las estructuras mentales y la conducta a las exigencias del ambiente. Para ello utiliza dos procesos: asimilación y acomodación. Mediante el primero el niño moldea la información nueva para que encaje en sus esquemas actuales. Sostenía que los bebés realizaban un acto de asimilación cuando chupan todo lo que está a su alcance. Afirmaba que los bebés transformaban todos los objetos en un objeto para ser chupado. Al hacer eso, los niños asimilan los objetos para ajustarlos a sus propias estructuras mentales. Piaget partió entonces de la base de que siempre que se transforma el mundo para satisfacer las necesidades o concepciones individuales, se está, en cierto modo, asimilando. La asimilación no es un proceso pasivo y a menudo requiere transformar la información nueva para hacerla encajar con la ya existente. El proceso de modificar los esquemas actuales es la acomodación. Piaget también observó que sus hijos no solo asimilaban los objetos para adaptarlos a sus necesidades, sino que también modificaban algunas de sus estructuras mentales para satisfacer las demandas del entorno. Por tanto, la acomodación es un proceso que consiste en modificar los esquemas existentes para incorporar la nueva información que no encaja previamente. De acuerdo con Piaget, los procesos de asimilación y de acomodación están estrechamente relacionados y explican los cambios del conocimiento a lo largo de la vida. La necesidad constante de equilibrar ambos desencadena el crecimiento intelectual.

Las críticas al trabajo de Piaget señalaron «su fallo general para apreciar explicaciones alternativas». Muchos pensaban que su teoría sobre las etapas del desarrollo era incoherente y no tenía evidencias empíricas que la apoyaran, aunque valoraban que hubiera atraído la atención de los investigadores sobre algunos problemas importantes tales como cómo aprendemos a incluir la perspectiva de otras personas y a entender que otras personas tienen deseos y que estos pueden ser diferentes de los nuestros.

La obra de Piaget tuvo una gran influencia en Europa, pero no así en Estados Unidos, en parte por su incompatibilidad con el conductismo que dominaba la psicología americana. No obstante, cuando su libro *La psychologie de l'intelligence* se tradujo al inglés en 1950 generó un gran interés sobre su trabajo. Su obra fue crucial para reorientar la psicología en los Estados Unidos hacia el estudio de la actividad cognitiva, los procesos internos. En 1964, Piaget fue invitado a actuar como asesor principal en dos conferencias en la Universidad de Cornell y en la Universidad de California, Berkeley sobre la relación de los estudios cognitivos y el desarrollo de los planes de estudio. Los primeros cognitivistas valoraron el énfasis de Piaget en los factores cognitivos y en 1969 fue el primer psicólogo europeo en ser premiado por la APA por «una contribución científica distinguida».

Jean Piaget, junto a la reina Juliana de los Países Bajos, en la entrega del Premio Erasmus 1972. Auditorio del Real Instituto del Trópico de Ámsterdam [Anefo; Nationaal Archief, CC0].

GEORGE MILLER (1920-2012)

Miller nació en Charleston, Virginia Occidental y falleció en Plainsboro, Nueva Jersey. Se graduó en la Universidad de Alabama en 1940 como logopeda. Allí mostró ya su interés por la psicología y le ofrecieron un puesto de profesor ayudante para enseñar Introducción a la Psicología a dieciséis grupos diferentes a pesar de que nunca había estudiado esa disciplina. Dijo que después de explicar el mismo temario dieciséis veces a la semana, empezó a creer en ello.

Miller se trasladó a la Universidad de Harvard y trabajó allí en el laboratorio de psicoacústica sobre problemas de comunicación oral, tema sobre el que se doctoró en 1946. Cinco años más tarde, publicó un libro que marcaría un hito en la disciplina: *Language and Communication* (1951), que, aunque seguía muchos principios conductistas, abría ya la puerta a lo que sería la psicología cognitiva. Miller explicaba años más tarde que aceptó la orientación conductista porque no tuvo otro remedio:

> *El poder, los honores, la autoridad, los libros de texto, el dinero, todo en psicología estaba en manos de la escuela conductista. Aquellos de nosotros que queríamos ser psicólogos científicos no nos podíamos oponer a ello. Simplemente, no encontrarías trabajo.*

Sin embargo, después de investigar sobre teoría de la información, teoría del aprendizaje y modelos artificiales de la mente, Miller llegó a la conclusión de que el conductismo «no iba a funcionar». Era la época del desarrollo de la informática y las similitudes entre el funcionamiento de los ordenadores y la operativa de la mente humana le causaron una honda impresión. Por otro lado, desarrolló una fuerte alergia al pelo animal, así que no pudo seguir trabajando con roedores en el laboratorio. Tener que trabajar solo con sujetos humanos era una desventaja en el mundo de las cajas de Skinner, pero fue un impulso crucial para desarrollar la psicología cognitiva. En Harvard, junto con Jerome Bruner, decidió crear un centro de investigación sobre la mente humana. Les cedieron la casa donde vivió William James, algo que encajaba con el interés del autor de los *Principios* sobre el funcionamiento de la mente humana, y decidieron denominarlo Centro de Estudios Cognitivos. Miller contaba así el bautizo del centro:

La casa de William James, en el n.º 95 de Irving Street (Cambridge, Middlesex County, MA), donde inicialmente halló su sede el Centro de Estudios Cognitivos [Library of Congress].

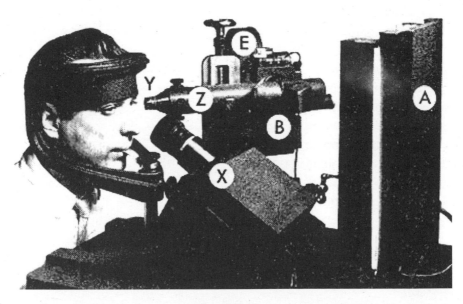

Experimentos del Centro de Estudios Cognitivos sobre la reacción a los estímulos, mediante un dispositivo provisto de un monitor con imágenes y una cámara centrada en el ojo. Los registros no solo muestran qué estímulos captan la atención del sujeto, sino también las presuntas relaciones cognitivas del cerebro frente a los cambios de dirección, forma, enfoque, etc. [«A stand camera for line-of-sight recording», Norman H. Mackworth; en *Perception & Psychophysics*, 2, 1967].

Usando la palabra «cognición» nos situábamos fuera del conductismo. Queríamos algo que fuese mental, pero «psicología mental» parecía terriblemente redundante. «Psicología del sentido común» hubiese hecho pensar en algún tipo de investigación antropológica mientras que «Folk Psychology» se parecía demasiado a la Volkpsychologie sugerida por Wundt. ¿Qué palabra podíamos usar para marcar nuestra forma de pensar? Elegimos «cognición».

Miller es considerado uno de los fundadores de la psicología cognitiva y de la psicolingüística. Escribió varios libros clave y dirigió el desarrollo de WordNet, una base de datos de enlaces a palabras en línea utilizable por programas informáticos. Uno de sus artículos más famosos es *The magical number seven, plus or minus two* (*El mágico número siete, más o menos dos*), en el que observó que muchos resultados experimentales diferentes considerados en conjunto revelan la presencia de un límite medio de siete para la capacidad de la memoria humana a corto plazo, para palabras, colores o números. Este artículo es citado con frecuencia por psicólogos y periodistas; su relevancia reside en que mostraba una experiencia cognitiva sencilla, consciente y mensurable en un mundo aún dominado por el conductismo. Miller recibió numerosos premios, entre ellos la Medalla Nacional de la Ciencia.

Tras el trabajo de Miller, el psicólogo británico Donald Broadbent desarrolló un modelo de atención humana que dio lugar a una prometedora línea de investigación. Miller y otros como Eugene Galanter y Karl Pribram hicieron campaña por estudiar la planificación, el manejo cerebral de las imágenes y otros procesos mentales. Miller no consideraba que la psicología cognitiva fuese una verdadera revolución a pesar de sus diferencias con el conductismo, sino una acreción, un cambio por un lento depósito de nuevas capas, nuevas ideas, nuevas metodologías y un retorno al sentido común como eje de la psicología que quería conocer la experiencia mental y el origen del comportamiento.

Retrato y firma de Karl Lashley [a partir de *The neuropsychology of Lashley, selected papers*; Beach, F. A. *et al.*, 1960].

KARL LASHLEY (1890-1958)

Nació en la ciudad de Davis, Virginia Occidental. Era el único hijo de Charles y Maggie Lashley y creció en una familia de clase media con una vida razonablemente cómoda. El padre de Lashley ocupó varios cargos políticos locales y su madre tenía pasión por la educación y la lectura.

Lashley tuvo una infancia feliz pero solitaria, sin apenas amigos. Su actividad favorita era pasear por el bosque y coleccionar animales, como mariposas y ratones. Se sentía confuso entre la gente, pero era habilidoso con los mecanos y comentó que se dio cuenta de que la psicología era su campo cuando vio que los seres humanos y las máquinas tenían mucho en común. Se graduó en el instituto a los 14 años.

Karl Lashley se matriculó en la Universidad de Virginia Occidental, donde originalmente pretendía estudiar Filología Inglesa. Sin embargo, se matriculó en un curso de zoología y cambió su especialidad por la de zoología debido a sus interacciones con el profesor John Black Johnston. Lashley escribió: «A las pocas semanas de estar en su clase supe que había encontrado el trabajo de mi vida».

Tras licenciarse en la Universidad de Virginia Occidental, Lashley obtuvo una beca de enseñanza en la Universidad de Pittsburgh, donde impartió clases de Biología y laboratorios biológicos. Allí también realizó investigaciones que utilizó para su tesis de maestría. A continuación, realizó su doctorado en la Universidad Johns Hopkins, con John B. Watson, con quien siguió trabajando estrechamente después de recibir su doctorado en 1914. Fue durante esta época cuando Lashley trabajó con Franz y conoció su método de entrenamiento/ablación. Watson tuvo una gran influencia en Lashley, juntos llevaron a cabo experimentos de campo y estudiaron los efectos de diferentes fármacos en el aprendizaje de las ratas. Watson ayudó a Lashley a centrarse en problemas específicos del aprendizaje y la investigación experimental, y después a localizar las zonas del cerebro implicadas en el aprendizaje y la discriminación. Posteriormente trabajó en la Universidad de Minnesota, la Universidad de Chicago y se instaló en la Universidad de Harvard desde 1935. En 1929 se convirtió en presidente de la Asociación Americana de Psicología y en 1930 fue elegido miembro de la Academia Nacional de Ciencias (NAS), en 1932 de la Academia Americana de las Artes y las Ciencias, y en 1951 de la Royal Society como miembro extranjero. En 1942 sucedió a Robert Yerkes como director de los Laboratorios Yerkes de Biología de Primates en Orange Park, Florida. En 1943 recibió la medalla Daniel Giraud Elliot de la NAS.

Lashley resumió sus ideas en su obra *Brain Mechanisms and Intelligence*, donde estableció dos principios que aún se recuerdan:

— LA LEY DE ACCIÓN DE MASAS, que indica que la eficiencia del aprendizaje es una función de la masa disponible de la corteza cerebral (a mayor tejido cortical disponible, mejor aprendizaje).

— EL PRINCIPIO DE EQUIPOTENCIALIDAD, que afirma que una parte del córtex es esencialmente igual a otra en función de su contribución al aprendizaje.

Lashley pensaba que su investigación le llevaría a identificar centros sensores y motores en la corteza así como las correspondientes conexiones entre los aparatos sensorial y motor. Su idea es que esos resultados apoyarían la primacía del arco reflejo como unidad fundamental del comportamiento. Sin embargo, fue todo lo contrario: sus resultados no encajaban con la idea del cerebro como un relé entre las entradas sensoriales y las salidas motoras. Lashley vio que el cerebro tenía un papel mucho más activo en el aprendizaje de lo que Watson asumía.

En 1948 adquirió cierta fama al dar una conferencia en la que planteó que el conductismo no podía explicar adecuadamente muchos fenómenos psicológicos. Lashley usó el lenguaje como su línea de razonamiento. Para decir una frase, explicó, una persona tiene que empezar con la intención y luego diseñar un plan general de lo que quiere decir. El típico error indica que el cerebro tiene toda la frase en mente antes de que haya empezado a pronunciarla. El conductismo, donde se supone que una palabra sirve de entrada para la siguiente, no puede explicar estas cosas. Lashley planteó que la psicología debía estudiar numerosos fenómenos que el conductismo había ignorado, pero su trabajo confirmó la importancia que los conductistas daban a los métodos objetivos para la investigación psicológica.

Lashley murió inesperadamente en 1958 durante un viaje de vacaciones en Francia, a la edad de 68 años.

PSICOLOGÍA TRANSCULTURAL

Mientras que los estadounidenses dicen «la rueda que chirría se lleva la grasa», en Japón la máxima es «el clavo que sobresale recibe los golpes», prácticamente el concepto opuesto. Y mientras que los niños estadounidenses que no se terminan la comida reciben severas advertencias sobre lo que les pasará si la desperdician, a los japoneses se les dice: «Piensa en lo mal que se sentirá el agricultor que ha cultivado esta comida para ti si no te la comes». Tales contrastes han surgido de un corpus cada vez mayor de estudios científicos que muestran las diferencias culturales en pensamientos, sentimientos y comportamientos, entre los aspectos individuales y grupales.

La psicología como disciplina académica se desarrolló en gran medida en América del Norte y Europa y algunos psicólogos se han preguntado sobre si los constructos y fenómenos aceptados como universales no serán tan invariables como se suponía, sobre todo porque muchos intentos de replicar experimentos notables en otras culturas tuvieron resultados contradictorios.

La cultura puede definirse como las actitudes, valores, creencias y comportamientos compartidos por un grupo de personas que tienen una historia común, que pasan de una generación a otra, principalmente a través de la interacción y del lenguaje, pero también a través de otras formas de comunicación como el arte. Las personas de diferentes culturas tienen premisas muy distintas sobre lo que define a una persona y su comportamiento óptimo, con consecuencias diferentes en su forma de pensar, sentir y actuar en función del entorno. Hay quien considera que la cultura es la parte hecha por el hombre del ambiente y que incluye tanto elementos objetivos como subjetivos y forma parte tanto de la mente del individuo como de su contexto.

La investigación transcultural en psicología es la comparación sistemática y explícita de variables psicológicas bajo distintas condiciones cultura-

Nyssa, Oregón. Campamento móvil de la Administración de Seguridad Agrícola (FSA). Familia japonesa cenando (Russell Lee, julio de 1942) [Library of Congress].

Búfalo, Nueva York. Guardería de Lakeview para hijos de madres trabajadoras (Marjory Collins, mayo de 1943) [Library of Congress].

les con el objetivo de especificar los antecedentes y procesos que median la emergencia de diferencias en los comportamientos de distintos grupos. El término «transcultural» o *cross-cultural* implica la comparación entre dos o más de esos grupos culturales (internacionales, interreligiosos, interétnicos o interraciales).

Los estudios transculturales tienen importancia en psicología por dos motivos. En primer lugar, porque los psicólogos necesitan comprobar si sus conclusiones se aplican a todas las personas de todas las culturas o son algo mucho más localizado; de hecho, hasta hace poco, la mayoría de los datos en psicología se habían conseguido a partir del estudio de estudiantes de Psicología de primeros cursos, predominantemente blancos y de clase media. En segundo lugar, porque los estudios de otras culturas pueden permitir nuevos enfoques y nuevas perspectivas para entender el comportamiento humano.

La psicología transcultural ayuda a los psicólogos a entender las interacciones entre cultura y comportamiento, tanto a nivel personal como grupal. La mayoría de los psicólogos que comparan diferentes grupos consideran que las diferencias en comportamientos deben verse como moduladas por la cultura a partir de unas funciones y procesos psicológicos comunes y postulan que hay una «unidad psíquica» de la especie humana. Por otro lado, postulan que el comportamiento humano no existe en un vacío cultural y que toda la investigación psicológica debe tener en cuenta este principio, que el comportamiento es modulado por la cultura.

Los estudios transculturales más recientes confirman lo que muchos observadores llevan tiempo advirtiendo: que las virtudes cardinales estadounidenses de la autosuficiencia y el individualismo están reñidas con las de la mayoría de las culturas no occidentales. También sugieren que la naturaleza del individualismo estadounidense ha ido cambiando hacia un mayor énfasis en el puro interés propio y que el aumento del individualismo en una sociedad va de la mano del crecimiento económico. Este «individualismo» contrasta con el «colectivismo», en el que la lealtad de una persona a un grupo como la familia o la tribu o la nación prevalece sobre los objetivos personales. Según estudios recientes, este punto de vista «colectivista» predomina en la mayoría de las culturas de Asia, África, Oriente Medio y América Latina. Estas sociedades tienen uno de los índices más bajos de homicidios, suicidios, delincuencia juvenil, divorcios, maltrato infantil y alcoholismo. También suelen tener una productividad económica más baja, aunque a medida que países como Japón se vuelven más prósperos, también tienden a ser más individualistas.

Parte de los debates conceptuales de la psicología transcultural se centran en si la cultura es interna o externa, si puede ser conceptualizada como una parte de la personalidad (cultura interna) o un grupo de condiciones que suceden alrededor de la persona (cultura externa). En la cultura externa se incluye el modo de subsistencia, de qué vive un grupo, la organización de la sociedad y otros aspectos de su contexto ecológico y social. Las condiciones externas incluyen factores como el clima, el nivel económico, las prácticas sociales, las instituciones, la educación formal y las influencias resultantes del contacto con otras sociedades como es el caso de las migraciones.

Un segundo aspecto debatido de la psicología transcultural es lo que se conoce como dualidad relativismo-universalismo que aborda en qué medida las funciones psicológicas y los procesos son comunes a toda la humanidad (universalismo) o son únicas para grupos culturales específicos (relativismo). Aquí se analizan cosas como si existe un carácter nacional, un grupo de rasgos que aparecen con una especial frecuencia en una sociedad determinada y no en otra.

La psicología transcultural se solapa con la antropología en varias áreas, pero tienden a centrarse en diferentes aspectos. Los antropólogos, por ejemplo, tradicionalmente se interesan más por las relaciones de parentesco, la distribución del territorio y la riqueza y los rituales, temas que no suelen estar entre los más importantes para los psicólogos. Cuando los antropólogos dirigen su atención a temas de psicología, suelen tender a recoger datos mediante la observación directa del comportamiento y las costumbres, tales como la forma de criar a los niños o la edad a la que se abandona la lactancia, mientras que otros temas de gran importancia para los psicólogos como la noción y medida de la inteligencia apenas se tratan. De hecho, la psicología transcultural ha influido sobre la medida de la inteligencia tras observar que las primeras pruebas de cociente de inteligencia tenían un claro sesgo a favor de las personas que conocían las mismas canciones, leían los mismos libros y adoraban a los mismos dioses que los examinadores. Las pruebas más modernas intentan ser culturalmente neutras.

GEERT HOFSTEDE (1928-2020)

Hofstede estudió en La Haya y Apeldoorn y se licenció en Ingeniería Mecánica por la Universidad Técnica de Delft. En 1953, se alistó en el Ejército holandés, donde trabajó como oficial técnico durante dos años. Tras dejar el ejército, trabajó en la industria de 1955 a 1965, donde empezó como operario en una fábrica de Ámsterdam. Tras esos diez años, inició estudios de doctorado a tiempo parcial en la Universidad de Groningen (Países Bajos) y se doctoró en Psicología Social en 1967. Su tesis se titula *El juego del control presupuestario*.

Hofstede revolucionó la psicología transcultural en los años setenta. Había entrado en IBM International, donde empezó a trabajar como formador de directivos y fundó y dirigió el Departamento de Investigación de Personal, que fue el eje de su transición del campo de la ingeniería al de la psicología. En este puesto, desempeñó un papel activo en la introducción y aplicación de encuestas de opinión de los empleados de IBM en más de 70 filiales nacionales por todo el mundo. Recogió gran cantidad de datos, pero debido a las presiones de su trabajo diario, no pudo llevar a cabo una investigación significativa. Cuando en 1971 se tomó dos años sabáticos en IBM, profundizó en los datos que había recogido en el trabajo de campo y descubrió que había diferencias significativas entre las culturas de las distintas organizaciones nacionales. En aquel momento, los resultados de las encuestas de IBM, con más de 116 000 cuestionarios, constituían una de las mayores bases de datos transnacionales existentes. Hofstede pudo clasificar 40 culturas según la fuerza del individualismo o el colectivismo. Las cinco culturas más individualistas eran Estados Unidos, Australia, Gran Bretaña, Canadá y los Países Bajos, por este orden. Los demás países del norte de Europa también puntuaron alto en individualismo. Los cinco en los que el colectivismo era más marcado eran Venezuela, Colombia, Pakistán, Perú y Taiwán. También era fuerte en Tailandia, Singapur, Hong Kong, Turquía y algunos países del sur de Europa, como Grecia y Portugal.

Con toda esa información Hofstede desarrolló uno de los primeros y más populares marcos para medir las dimensiones culturales desde una perspectiva global. En él analizaba las culturas locales según seis dimensiones: «distancia de poder», «individualismo frente a colectivismo», «evitación de la incertidumbre», «masculinidad-feminidad», «orientación a largo plazo» e «indulgencia frente a moderación».

Hofstede fue conocido por sus libros *Culture's consequences* y *cultures and Organizations: software of the mind*, en coautoría con su hijo Gert Jan

Hofstede. Este último libro trata de la cultura organizativa, que es una estructura diferente de la cultura nacional, pero también tiene dimensiones mensurables, y para ambas se utiliza la misma metodología de investigación. La teoría de las dimensiones culturales de Hofstede no solo es la base de una de las tradiciones de investigación más activas en psicología transcultural, sino que también se cita ampliamente en la literatura sobre gestión.

A pesar de su popularidad, el trabajo de Hofstede ha sido seriamente cuestionado y se han propuesto medidas alternativas para evaluar el individualismo y el colectivismo. De hecho, el propio debate individualismo-colectivismo ha demostrado ser problemático, ya que hay quien sostiene que en una misma cultura pueden coexistir orientaciones individualistas y

El pabellón «La aventura americana» del parque temático EPCOT, en el Walt Disney World Resort de Florida, recoge obras artísticas sobre los orígenes estadounidenses y sus pioneros. El espíritu del individualismo aparece representado por un hombre, vaquero del Oeste; el de la compasión, por una mujer. La usuaria que comparte la fotografía lo remarca escandalizada [sylvar, CC BY 2.0 DEED].

colectivistas (un ejemplo en este sentido es la India). Esto es un problema con muchas de las dimensiones lineales que son, por naturaleza, dicotómicas mientras que las culturas son mucho más complejas y contextuales de lo que representan estas representaciones dimensionales, que pecan de inflexibilidad.

A pesar de la popularidad del modelo de Hofstede, algunos críticos han argumentado que su conceptualización de la cultura y su impacto en el comportamiento de las personas podría ser incorrecta. La crítica más citada a su obra es la del profesor Brendan McSweeney (Royal Holloway, Universidad de Londres y Universidad de Estocolmo), quien sostiene que las afirmaciones de Hofstede sobre el papel de la cultura local indican un determinismo excesivo que podría estar relacionado con fallos fundamentales en su metodología. Hofstede contestó a esta crítica argumentando que la segunda edición de su libro ya había respondido a muchas de las observaciones de McSweeney y que consideraba la resistencia a sus ideas como una señal de que estaba cambiando el paradigma predominante en los estudios transculturales. McSweeney rechazó la respuesta de Hofstede y aseguró que los mismos defectos metodológicos que caracterizaban el análisis original de los datos de IBM permanecían en la segunda edición de su obra.

Otra crítica clave, que se centra en gran medida en el nivel de análisis, es la del profesor Barry Gerhart (Universidad de Wisconsin-Madison) y el profesor Meiyu Fang (Universidad Nacional Central, Taiwán), que señalan, entre otros problemas de la investigación de Hofstede (y la forma en que se interpreta habitualmente), que sus resultados en realidad solo muestran que alrededor de entre el 2 y el 4 % de la varianza en los valores individuales se explica por las diferencias locales. En otras palabras, el 96 %, y tal vez más, no se explica. Y además, añaden, no hay nada en el trabajo de Hofstede que se refiera a comportamientos o acciones a nivel individual. Finalmente, Philippe d'Iribarne, director de investigación del Centre National de la Recherche Scientifique (CNRS) de París, expresó su preocupación por el hecho de que «una teoría de la cultura que considera la cultura como un "significado compartido" no permite la representación de las formas de unidad y continuidad». Parte de las objeciones de D'Iribarne se refieren a deficiencias de la terminología de Hofstede en general y de los nombres de las categorías en particular. Hofstede falleció el 12 de febrero de 2020.

Positive psychology (2009) [Nevit Dilmen, CC BY-SA 3.0 DEED].

PSICOLOGÍA POSITIVA

Las ideas de los psicoanalistas y de los conductistas empezaron a perder peso en el tronco principal de la psicología. Parte por sus divisiones internas, parte por una forma nueva de pensar en toda la sociedad, parte por un escrutinio que reclamaba evidencias y un rigor científico como el que es imprescindible en otras ciencias. En ese panorama empezó a surgir la idea de que era necesario estudiar no solo el lado oscuro de la mente humana, sino también sus características más favorables y luminosas. Ese fue el inicio de la psicología positiva.

El término «psicología positiva» fue acuñado originalmente por el psicólogo Abraham Maslow en la década de 1950. Lo utilizó de forma un tanto imprecisa para reclamar una visión más equilibrada de la naturaleza humana, es decir, para llamar la atención sobre el potencial de la mente humana además de las alteraciones psicológicas. En 2002, Martin Seligman popularizó la expresión «psicología positiva» a través de su influyente obra *La auténtica felicidad* y la definió como el estudio de las emociones positivas y de las «fortalezas que permiten a los individuos y a las comunidades prosperar». Fue un movimiento de respuesta a lo que era visto como una visión negativa y patologizada de la psicología. Seligman escribió:

> *¿Cómo ha sido posible que las ciencias sociales vean las fortalezas y virtudes humanas —altruismo, coraje, honestidad, deber, alegría, salud, responsabilidad y buen humor— como derivadas, defensivas o directamente ilusorias, mientras que la debilidad y las motivaciones negativas —ansiedad, ansia, egoísmo, paranoia, ira, trastorno y tristeza— son vistas como auténticas?*

El objetivo explícito fue persuadir a los psicólogos para que desarrollasen una concepción más positiva de la naturaleza humana y el potencial de nuestra especie.

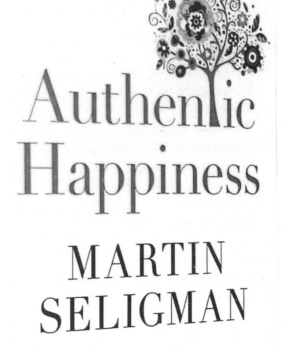

THE *NEW YORK TIMES* BESTSELLER

Using the New Positive
Psychology to Realize Your
Potential for Lasting Fulfilment

Authentic Happiness

MARTIN SELIGMAN

'A revolutionary perspective on psychology.
It speaks with a joyful voice about what it means to be fully alive.'
Mihaly Csikszentmihalyi, author of *Flow*

Algunos de los libros que han convertido a Seligman en el gran gurú de la psicología positiva.

MARTIN SELIGMAN (1942-)

Nació en 1942 en Albany, Nueva York, en el seno de una familia judía. Fue educado en una escuela pública y en la Academia de Albany. Se graduó en Filosofía en la Universidad de Princeton en 1964, rechazó una beca para estudiar Filosofía Analítica en la Universidad de Oxford y otra para hacer psicología experimental con modelos animales en la de Pensilvania y aceptó finalmente una oferta para asistir a esta misma universidad para estudiar Psicología. Se ha convertido en la figura de referencia en la psicología positiva.

Seligman trabajó con Christopher Peterson para crear un contrapunto, un «gemelo bueno» del *Manual de diagnóstico y estadística de los trastornos mentales (DSM)*. Este libro se conoce como la Biblia del Psiquiatra, aunque también es ampliamente utilizado por psicólogos clínicos, investigadores, agencias de regulación de medicamentos, compañías de seguros médicos, empresas farmacéuticas, el sistema legal y los responsables políticos, en particular en los Estados Unidos. El manual ha generado muchas críticas, pues cada vez incluye más diagnósticos y más páginas y se han hecho comentarios sarcásticos sobre que a este paso será mayor el porcentaje de la población con un trastorno mental que el de los que nos podemos considerar sanos. También ha generado interrogantes sobre la fiabilidad y la validez de muchos diagnósticos —por poner un ejemplo, la homosexualidad estuvo hasta 1973 considerada como un trastorno mental—, el uso de líneas divisorias arbitrarias entre la enfermedad mental y la «normalidad», el posible sesgo cultural en los diagnósticos y la medicalización de emociones naturales humanas como la tristeza o el nerviosismo.

Para Seligman, «el enfoque implacable en lo negativo ha dejado a la psicología ciega a los muchos casos de crecimiento, maestría, impulso y perspicacia que se desarrollan a partir de eventos vitales dolorosos y poco deseables». El libro de Seligman y Christopher Peterson *Fortalezas y virtudes del carácter* (2004) está escrito, por el contrario, para detallar lo que puede ir bien; en su trabajo, los investigadores han analizado las culturas a lo largo de la historia para intentar elaborar una lista razonable de virtudes que han sido valoradas desde las culturas de la Antigüedad clásica hasta las culturas occidentales contemporáneas. Su lista incluye seis puntos fuertes del carácter: sabiduría/conocimiento, valor, humanidad, justicia, templanza y trascendencia. Cada una de ellas tiene entre tres y cinco apartados; por ejemplo, la templanza incluye el perdón, la humildad, la prudencia y la autorregulación. Los autores no creen que haya una jerarquía para las seis virtudes; ninguna es más fundamental que las demás ni las precede.

Los experimentos iniciales de Seligman y su teoría de la «indefensión aprendida» comenzaron en la Universidad de Pensilvania en 1967, como una extensión de su interés por la depresión. De forma accidental, Seligman y sus colegas descubrieron que el protocolo de condicionamiento experimental que utilizaban con perros conducía a comportamientos inesperados, ya que, en las condiciones experimentales, los perros recién condicionados no respondían a las oportunidades de escapar de una situación desagradable. Seligman desarrolló la teoría aún más y planteó que la indefensión aprendida es una condición psicológica en la que un humano o un animal han aprendido a comportarse de forma indefensa en una situación particular —generalmente tras experimentar cierta incapacidad para evitar una situación adversa— incluso cuando realmente tienen el poder de cambiar esa circunstancia desagradable o hasta dañina. Seligman vio una similitud con los pacientes gravemente deprimidos y argumentó que la depresión clínica y las enfermedades mentales relacionadas son en parte el resultado de una percepción del paciente de ausencia de control sobre su propia situación.

En su libro *Flourish*, de 2011, Seligman indagó en la teoría del bienestar. Su idea es que cada elemento del bienestar debe cumplir tres propiedades: contribuir al bienestar, que lo persiga mucha gente por sí mismo —no como herramienta para conseguir otro elemento— y que se defina y se pueda medir independientemente de los demás elementos. Siguiendo estas características, Seligman llegó a la conclusión de que hay cinco elementos del bienestar: las emociones subjetivas, el compromiso, las relaciones sociales, encontrar un significado a la propia vida y los logros alcanzados. Estas teorías no han sido validadas empíricamente.

«Los experimentos de impotencia aprendida de Seligman con perros utilizaron un aparato que medía cuándo los animales se movían de un suelo que aplicaba descargas eléctricas a otro que no» [*Psychology: OpenStax*, Rose M. Spielman, 2016-2020; CC BY 4.0 DEED].

Shock

No shock

LAS CONTROVERSIAS DEL PRESENTE Y EL FUTURO

LA PSICOLOGÍA COMO CIENCIA

Hay un debate, que dura más de un siglo, sobre la fortaleza de la psicología como ciencia. Para la mayoría de los observadores externos, así como para muchos de los internos, desde los psicólogos hasta los investigadores sobre psicología, el estado actual de la psicología parece excelente. Se desarrollan miles de proyectos y tesis doctorales, se publican miles de artículos y libros y estas obras son citadas por científicos de disciplinas diversas de manera que no parece haber duda: la psicología es una verdadera ciencia que proporciona explicaciones y formas de abordaje a los misterios más significativos de la mente. Sin embargo, si se examina más de cerca, la situación no parece tan luminosa. Más bien lo contrario. Para algunos de sus críticos, la psicología actual se caracteriza por problemas epistemológicos y problemas metodológicos serios que se agravan con el tiempo.

La psicología es una ciencia atípica, ya que su principal objeto de estudio no está claramente definido y es, más de cien años después de la fundación del laboratorio de Wundt, objeto de discusión. Basándose en su etimología —ψυχή (*psyché*), «alma», y λογος (*logos*), «ciencia»— debería ser la «ciencia del alma»; sin embargo, alma es un término problemático pues lo relacionamos fundamentalmente con la religión y la filosofía clásica y no ha habido una actualización que le dé una concepción laica y moderna. Gilbert Ryle dijo que la mente era «el fantasma en la máquina» de la psicología. Como vimos al principio de este libro, originalmente *psyche* tenía el significado de «respiración», el aliento vital que es clave en el potencial del cuerpo.

THE UNIVERSAL CHURCH OF THE FUTURE—FROM THE PRESENT RELIGIOUS OUTLOOK.

*La Iglesia Universal del Futuro, desde la perspectiva
religiosa actual* (J. Keppler) [*Puck*, 10 de enero de 1883].

En la actualidad, los psicólogos tienen a considerar que su ámbito de trabajo e investigación es la mente y el comportamiento. El problema es que ese pilar fundamental de la psicología, el concepto de «mente», tampoco está satisfactoria ni unánimemente establecido. La mayoría piensa que ese concepto de mente debe limpiarse de todos los aspectos místicos y metafísicos, aunque hay quien la considera un don divino, algo que nos separó del resto de los animales. Comportamiento es un término menos debatido, pero aun así no es tan fácil de usar como parece a primera vista, ya que puede tener un significado «manifiesto» o «encubierto» o ambos.

Una parte los psicólogos se sienten cómodos con la definición de «mente» propuesta por Siegel (2012) según la cual «la mente es un proceso encarnado y relacional que regula el flujo de energía e información». Sin embargo, todavía es mayoritaria la opinión de los psicólogos que consideran que es más sólida una concepción materialista en la que la mente se interpreta exclusivamente como una actividad cerebral o, más a menudo, descriptiva: la mente entendida como una lista de actividades que se articulan dentro de ella. Sin embargo, hay varios aspectos frágiles que dificultan la definición materialista. Entre los más destacados se encuentra que puede haber propiedades emergentes, es decir, propiedades de un sistema que no se encuentran en las partes individuales que componen el propio sistema, y esto también puede ocurrir entre la mente y el cerebro. Además, el cerebro y el resto del cuerpo se ven directamente afectados por la propia mente, que funciona como un órgano social «que convierte las experiencias relacionales en procesos cerebrales y somáticos». Por otro lado, la definición de conjunto descriptivo, aunque con más apoyos que la materialista, parece carecer de consistencia conceptual.

Hemos avanzado mucho en el conocimiento de la organización y funcionamiento cerebral: neuronas, glía, sinapsis, neurotransmisores, receptores, etc., pero sigue habiendo un salto conceptual en el que no sabemos cómo esos cambios químicos y eléctricos se convierten en pensamientos, sentimientos y decisiones. Quizá la memoria es el tema en el que cerebro y mente, o nuestro conocimiento de ellos, se encuentran más próximos. Para el resto, las actividades (como la planificación y el razonamiento) y los conceptos (como la cognición y las emociones) que se incluyen para definir la mente se explican circularmente con la propia formulación de la mente, lo que da lugar a una espiral improductiva. Por ejemplo, «mente» a menudo se concibe como una lista de actividades que incluye «pensar» o «pensamientos» cuando, al mismo tiempo, la definición de «pensar» hace referencia habitualmente a su naturaleza mental.

La mayoría de los psicólogos (más implicados en la práctica que en la teoría) consideran la definición de «mente» como una cuestión sin importancia, se la dejan a los filósofos y, por tanto, adoptan inconscientemente un enfoque ontológico que podría afectar a su propia actividad clínica o científica. Esta fragilidad causada por la ausencia de un concepto sólido de mente va seguida necesariamente de muchas consecuencias engorrosas: la mayoría de los constructos psicológicos no están definidos satisfactoriamente. Las piedras angulares sobre las que se asienta la ciencia psicológica parecen vacilar o encajar solo en el contexto en el que se han aplicado y socava muchos procesos fundamentales de la investigación científica, como la replicabilidad y la intersubjetividad. «Cognición», «conciencia», «emoción», «inteligencia», «mente» y «pensamiento» son conceptos utilizados habitualmente por psicólogos y psiquiatras de todo el mundo. Sin embargo, nadie parece ponerse de acuerdo sobre lo que realmente son. Otros términos presentan un mayor grado de acuerdo: «atención», «comportamiento», «toma de decisiones», «lenguaje», «aprendizaje», «memoria», «motivación», «razonamiento», «percepción», «resolución de problemas» y «sensación». Sin embargo, se está lejos de alcanzar un acuerdo real y estos conceptos a menudo son ambiguos, se solapan y están definidos de forma circular por los conceptos anteriormente citados.

Las razones que pueden explicar tal caos teórico pueden atribuirse a la reciente clasificación de la psicología como ciencia, al ser una ciencia joven, así como al peculiar estatus epistemológico de esta disciplina, que se ocupa de la subjetividad y la objetividad al mismo tiempo o el grado de alta complejidad en el que está involucrada.

Una comparación epistemológica adicional entre la psicología y tres ciencias «más duras», la física, la química y la biología, parece corroborar la naturaleza «blanda» de la psicología: una falta de consenso en su «núcleo» y una menor capacidad para acumular conocimientos en comparación con las antiguas ciencias más consolidadas. Esta comparación también parecía apoyar la condición preparadigmática de la psicología, en la que los conflictos entre escuelas de pensamiento rivales obstaculizan el desarrollo de un verdadero paradigma unificado, tal como lo define Kuhn.

David Chalmers identificó dos problemas en la comprensión de la mente, a los que denominó problemas «difíciles» y «fáciles» de la conciencia. El problema fácil es comprender cómo el cerebro procesa señales, hace planes y controla el comportamiento. El problema difícil es explicar cómo se siente o por qué debería sentir. El procesamiento humano de la información es fácil de explicar, pero la experiencia subjetiva humana es difícil de explicar. Por ejemplo, es fácil imaginar a un daltónico que ha aprendido a identificar qué objetos de su campo visual son rojos, pero no está claro qué hace falta para que esa persona sepa qué aspecto tiene el rojo.

Para distintos autores, la psicología, para convertirse en una ciencia explicativa de la realidad, como la física, la química o la biología, necesita otro enfoque, otra dirección. Sin embargo, puede ser interesante señalar que la biología, que es considerada normalmente una «ciencia dura», no ha definido su principal objeto de estudio: la vida. Incluso la física, la «más dura de las ciencias duras», tiene problemas para entender qué es la materia y al menos la llamada materia oscura, que constituye la mayor parte del universo, está aún por definir.

Entonces, se preguntaba Aaro Toomela, ¿cuál es la diferencia entre las definiciones de la física y la biología, por un lado, y la psicología, por otro? Para él, las definiciones de las ciencias «duras» son diferentes porque están ancladas a una realidad material. Las definiciones de un gen, por ejemplo, están fundamentadas en la estructura, la materia, en una hilera de nucleótidos de ADN. Según su idea, en cambio, «las definiciones en psicología no están ancladas a nada».

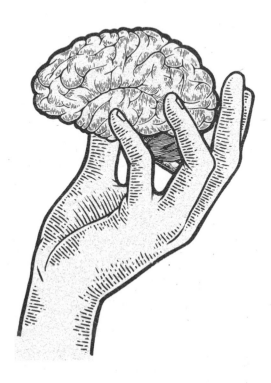

Discusión política en la mesa del desayuno (1948), de Norman Rockwell,
que ilustró la portada de *The Saturday Evening Post* el 30 de octubre de 1948.

LAS ESCUELAS DE PENSAMIENTO

En la psicología actual, existe un fuerte compromiso con un enfoque científico, basado en evidencias, que se fundamenta en principios de investigación, pruebas estadísticas y evidencias demostrables. Sin embargo, las escuelas de pensamiento aún persisten, especialmente en la psicología aplicada. Por ejemplo, algunos psicoterapeutas pueden utilizar métodos de modificación de conducta, mientras que otros utilizan la terapia centrada en el cliente de Carl Rogers o la terapia psicodinámica. Algunos psicólogos se definen como «eclécticos», lo que significa que utilizan cualquier enfoque que consideren efectivo. Los investigadores en psicología, por su parte, a menudo se adscriben a una escuela específica, pero se centran en recolectar datos e interpretarlos sin promover una teoría particular. Es más fácil clasificarlos por lo que estudian en lugar de por su enfoque teórico.

La controversia en el campo de la psicoterapia es quizás una de las más amplias. A pesar de los esfuerzos para alcanzar un acuerdo, la mayoría de los conceptos psicoterapéuticos se utilizan en el contexto específico en el que fueron originalmente formulados y son ignorados, incluso objeto de burla, por otras escuelas de pensamiento. El mismo fenómeno es a menudo «redescubierto» y renombrado varias veces, un fenómeno que algunos proponen llamar «nominomanía». Además, el término «escuela de pensamiento» parece más adecuado en ámbitos espirituales o políticos, que en los científicos. El propio Ramón y Cajal expresaba esta misma idea: «Hay escuelas filosóficas, literarias, artísticas, políticas, pero solo hay una ciencia».

La búsqueda de unificación en psicología ha sido criticada por ser percibida como una amenaza para el enfoque pluralista de la disciplina. Esto puede deberse a la confusión entre pluralismo científico y la proliferación excesiva de perspectivas que a menudo carecen de fundamento científico y son mutuamente excluyentes. Esta proliferación descontrolada de enfoques y prácticas puede ser perjudicial para la integridad y el avance científico de la psicología.

*　　　*　　　*

EL DESARROLLO DE LA INTELIGENCIA ARTIFICIAL

La inteligencia artificial (IA) es la teoría y el desarrollo de sistemas informáticos capaces de realizar tareas que normalmente requieren inteligencia humana, como la percepción visual, el reconocimiento del habla, la toma de decisiones y la traducción entre idiomas. Los psicólogos cognitivos aceptaron los ordenadores como modelos para el funcionamiento del sistema nervioso humano y sugirieron que las máquinas mostraban inteligencia artificial y procesaban información de la misma manera que lo hacían las personas y que pronto se extenderían a los procesos mentales avanzados, incluido el pensamiento, la toma de decisiones, el razonamiento, la motivación y la emoción.

En la actualidad, para el desarrollo de la IA, la comunidad científica explora la reproducción de las actividades funcionales reales de nuestro cerebro humano mediante *software* informático. Esta réplica de la biología del cerebro humano no simula bien los cambios psicológicos. Por ejemplo, en términos de memoria, el olvido de la memoria humana es no activo, y cuanto más queremos olvidar algo, más memorable se vuelve, mientras que el olvido de la máquina es un borrado activo, lo que se aleja de nuestras expectativas psicológicas.

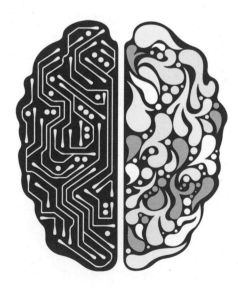

Artificial intelligence [6eo tech, CC BY 2.0 DEED].

Las capacidades «psicológicas» de la IA abarcan distintos ámbitos:

— El procesamiento del lenguaje natural permite a las máquinas leer y comprender el lenguaje humano. Un sistema de procesamiento del lenguaje natural suficientemente potente puede crear interfaces de usuario en lenguaje natural y adquirir conocimientos directamente a partir de fuentes escritas por humanos, como textos de noticias. Algunas aplicaciones directas del procesamiento del lenguaje natural son la recuperación de información, la respuesta conversacional y la traducción automática.

— La detección de características ayuda a la ia a componer estructuras abstractas informativas a partir de datos brutos. La percepción artificial es la capacidad de utilizar la información procedente de sensores (como cámaras, micrófonos, señales inalámbricas y sensores activos lidar, sonar, radar y táctiles) para deducir aspectos del mundo. Entre sus aplicaciones se incluyen el reconocimiento de voz, el reconocimiento facial y el reconocimiento de objetos.

— La computación afectiva es un concepto interdisciplinar que engloba los sistemas que reconocen, interpretan, procesan o simulan los sentimientos, las emociones y el estado de ánimo humanos. Por ejemplo, algunos asistentes virtuales están programados para hablar de forma conversacional o incluso para bromear, lo que les hace parecer más sensibles en la dinámica emocional de la interacción con un ser humano. Sin embargo, suele producir en los usuarios ingenuos una idea poco realista de lo inteligentes que son realmente los agentes informáticos existentes.

En el progreso de la inteligencia artificial, la psicología desempeña un papel importante directa o indirectamente, y puede considerarse como una de las ciencias de apoyo fundamentales. Por ejemplo, la actual teoría del aprendizaje por refuerzo en la IA se inspira en la psicología conductista, es decir, en cómo un organismo desarrolla gradualmente expectativas en respuesta a estímulos de recompensa o castigo dados por el entorno, lo que da lugar a un progreso constante del comportamiento habitual que produce el máximo beneficio. Los retos actuales a los que se enfrenta la comunidad de la inteligencia artificial (la respuesta emocional de las máquinas de inteligencia artificial, la toma de decisiones en estados ambiguos) también necesitan apoyarse en los avances correspondientes de la psicología.

La investigación en inteligencia artificial todavía está en fase de desarrollo en lo que respecta a la simulación de la memoria humana, la atención, la percepción, la representación del conocimiento, las emociones, las intenciones, los deseos y otros aspectos. Como la IA existente no es perfecta, el sistema de IA combinado con la psicología cognitiva es una estrategia clave en la investigación actual: promover el desarrollo de la inteligencia artificial, dotar al ordenador de la capacidad de simular la cognición avanzada de los seres humanos y llevar a cabo el aprendizaje y el pensamiento, para que las máquinas y aplicaciones informáticas puedan reconocer las emociones, comprender los sentimientos humanos y, finalmente, lograr el diálogo y la empatía con los humanos y otras IA.

La inteligencia artificial combina teorías y métodos de la psicología, neurociencia e informática para simular actividades psicológicas y reproducir la psicología humana. Con el objetivo de crear una inteligencia arti-

Teatro de ópera espacial, la obra con la que el artista Jason M. Allen ganó el concurso de bellas artes de la Feria Estatal de Colorado (Estados Unidos) en el año 2022 sin que los jueces supieran que había sido generada por inteligencia artificial.

ficial más universal y autónoma, que mejore la interacción humano-ordenador y el nivel de inteligencia social. El desarrollo de la psicología permite una ampliación en el alcance de investigación y objetos de estudio, lo que posibilita la rápida penetración de productos de inteligencia artificial en el campo de la psicología y el desarrollo de productos como el reconocimiento de emociones, análisis de opinión pública, diagnóstico inteligente de imágenes médicas, alerta temprana de suicidios y sistemas de gestión de vigilancia inteligente, promoviendo así el avance de la psicología y acortando el ciclo de investigación.

La investigación en inteligencia artificial se enfoca en objetivos como el razonamiento, representación del conocimiento, planificación, aprendizaje, procesamiento de lenguaje natural, percepción, manipulación de objetos y generación de texto coherente. El objetivo a largo plazo es lograr una inteligencia general, la capacidad de resolver problemas de manera autónoma. Los investigadores en IA utilizan una variedad de técnicas, como búsqueda y optimización matemática, lógica formal, redes neuronales artificiales y métodos estadísticos y probabilísticos para lograr estos objetivos. La IA se basa en campos como la psicología, la lingüística, la filosofía y otros.

El Test de Turing, propuesto por Alan Turing en 1950, busca evaluar si un ordenador es capaz de pensar al persuadir a un voluntario para que no pueda distinguir las respuestas del ordenador de las de un ser humano. La prueba consiste en dos conversaciones, una con una persona y otra con un programa informático interactivo, el objetivo es que el voluntario no pueda distinguir cual es el ordenador. Si el voluntario no logra distinguir las respuestas, se considera que el ordenador está mostrando una inteligencia similar a la de una persona.

Dicen que lo que nos diferencia de las máquinas no es la capacidad de recordar, sino la olvidar. Del mismo modo que el repaso de miles de partidas almacenadas y el cálculo ultrarrápido de probabilidades hace que los ordenadores sean fabulosos jugadores de ajedrez, otras capacidades como la creatividad y la imaginación son difíciles de simular por sistemas que se basan en lo que se les ha alimentado. En su libro *Four Battlegrounds: Power in the Age of Artificial Intelligence*, Paul Scharre cuenta la siguiente historia:

> DARPA, *la agencia estadounidense de investigación para la defensa, reunió durante una semana un grupo de marines en un campo de pruebas para probar un robot militar autónomo. Durante seis días los marines se movieron por la zona mientras los ingenieros informáticos mejoraban el algoritmo de la máquina para detectar gente. Al sexto día dijeron: «Lo tenemos. Vamos a darlo la vuelta». La idea era que*

ahora los soldados intentaran escapar a la vigilancia del robot, tenían que intentar derrotar al sistema de inteligencia artificial. Colocaron el robot en medio de una rotonda y los marines tenían que acercarse sin ser detectados desde bastante distancia. Las normas eran sencillas «Si algún marine consigue llegar y tocar el robot sin ser detectado, los humanos habrán ganado. Queremos ver si alguno lo consigue». ¿Alguno? Los ocho lo lograron. Derrotaron al sistema de inteligencia artificial no con camuflaje tradicional sino pensando en lo que el robot podía saber. Tenían que aprovechar la inteligencia humana y así lo hicieron. Dos soldados avanzaron durante trescientos metros dando volteretas. Otros dos se metieron en una caja de cartón y, como si fueran personajes de dibujos animados, avanzaron metidos en la caja. Otro peló un abeto, se envolvió en corteza y ramas y caminó como si fuera un abeto, un abeto que caminara, claro. El sistema de inteligencia artificial había sido entrenado para detectar a humanos caminando no a humanos dando volteretas, escondidos en una caja de cartón o disfrazados de árbol. Estos trucos sencillos, que un humano habría detectado con facilidad, fueron suficientes para vencer al algoritmo.

Hoy en día, la teoría de la inteligencia artificial basada en la psicología tiene imperfecciones: debido a las diferencias de etnia, región y entorno de crecimiento, los criterios de evaluación de cada sujeto no son completamente coherentes y la diferencia de muestreo aleatorio es aún mayor. Además, las actividades mentales son generalmente ambiguas y caóticas. Las máquinas se perfeccionan con rapidez, pero quizá nuestra esperanza está no en nuestra inteligencia y racionalidad, sino en características también humanas como la inconsistencia, la improvisación y la arbitrariedad. Daniel Innerarity exponía en un tuit el riesgo que conllevaban las aplicaciones de inteligencia artificial:

> *El peligro [...] es que nos convenzan de que la inteligencia no es más que la acumulación de conocimientos o de que la creatividad se reduce a la respuesta más probable. El mayor peligro no está en los avances de la IA, sino en estrechar la definición de lo humano.*

LA CRISIS DE REPLICACIÓN

La crisis de la replicación es un problema metodológico que se refiere a la dificultad o imposibilidad de reproducir los resultados de muchos estudios científicos. La capacidad de confirmar resultados o hipótesis mediante la repetición de un experimento es esencial para la ciencia. Un experimento de replicación demuestra que los mismos resultados pueden ser obtenidos en cualquier otro lugar por cualquier otro investigador y es la prueba de que el experimento refleja un conocimiento objetivo separado de las circunstancias específicas de su realización. Al ser la reproducibilidad de los resultados una parte esencial del método científico, los fallos en la replicación socavan la credibilidad de las teorías basadas en ellos y pueden poner en duda partes significativas del conocimiento científico.

La crisis de la reproducibilidad afecta a todos los campos científicos, pero varios factores han llevado a que la psicología sea especialmente criticada. Áreas de la psicología que antes se consideraban sólidas, como la impronta social, han sido objeto de un mayor escrutinio debido a las réplicas fallidas. La atención se ha centrado principalmente en la psicología social, pero otras áreas como la psicología clínica, la psicología del desarrollo y la investigación educativa también han sido afectadas.

En agosto de 2015 se publicó el primer estudio empírico abierto sobre la reproducibilidad en psicología, denominado *The Reproducibility Project*. Coordinado por el psicólogo Brian Nosek, los investigadores estimaron la reproducibilidad de cien estudios de psicología publicados en tres revistas de prestigio y alto nivel de impacto (*Journal of Personality and Social Psychology, Journal of Experimental Psychology: Learning, Memory, and Cognition*, y *Psychological Science*). De los 100 estudios originales, 97 presentaban efectos significativos y, de esos 97, solo 35 fueron replicados de manera que también se obtuvieran resultados significativos (valor p inferior a 0,05). Al replicar los estudios, el tamaño medio del efecto en las réplicas era aproximadamente la mitad de la magnitud de los efectos descritos en los estudios originales. El mismo documento examinó las tasas de reproducibilidad y los tamaños del efecto por revista y disciplina. Las tasas de reproducibilidad de los estudios fueron del 23 % para el *Journal of Personality and Social Psychology*, del 48 % para el *Journal of Experimental Psychology: Learning, Memory, and Cognition*, y del 38 % para *Psychological Science*. Los estudios en el campo de la psicología cognitiva tuvieron una tasa de replicación más alta (50 %) que los estudios en el campo de la psicología social (25 %). Aun así, todo el campo quedó afectado y se generó la

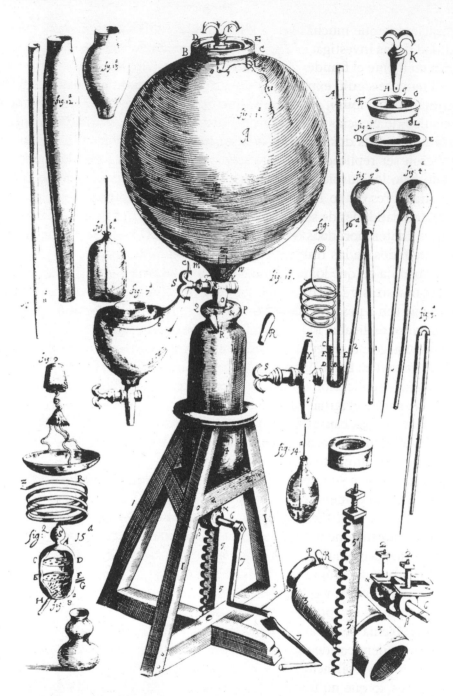

Como la bomba de aire con la que Boyle quiso realizar experimentos sobre las propiedades de aquel en el siglo XVII [*New experiments physico-mechanicall*, Robert Boyle, 1660], la psicología afronta hoy un importante problema de replicación o reproducibilidad que, en su caso, la aboca a toda una crisis. La causa, esta vez, no es la complejidad de un mecanismo o su coste: tiene que ver con el sistema actual de creación y difusión de la ciencia.

sensación de que muchas verdades aceptadas tenían los pies de barro y la calidad de las investigaciones mostraban problemas que iban del descuido a directamente el fraude.

El tema se siguió explorando. Un estudio publicado en 2018 en *Nature*, «Human Behaviour», de Colin Camerer y su grupo, trató de replicar 21 artículos de ciencias sociales y del comportamiento de *Nature* y *Science*, para muchos las dos mejores revistas científicas, encontrando que solo 13 pudieron ser replicados con éxito. De manera similar, en un estudio realizado bajo los auspicios del Center for Open Science, un equipo de 186 investigadores de 60 laboratorios diferentes (que representaban treinta y seis nacionalidades de seis continentes) realizó réplicas de 28 hallazgos clásicos y contemporáneos en psicología. El estudio se centró no solo en si los resultados de los trabajos originales se replicaban o no, sino también en la medida en que los resultados variaban en función de las variaciones de las muestras y los contextos. En general, 14 de los 28 resultados no se reprodujeron a pesar del gran tamaño de las muestras. Sin embargo, si un hallazgo se replicaba, lo hacía en la mayoría de las muestras, mientras que si un hallazgo no se replicaba, no lo hacía con poca variación entre muestras y contextos. Estos datos desmontaban la explicación propuesta de que los fallos de replicación en psicología se debían a diferencias en la muestra entre el estudio original y el de replicación.

Existen varias causas para la crisis de la replicación, entre ellas está la presión en el ámbito académico para publicar en revistas prestigiosas, que conduce a un aumento continuo de la producción de nuevos datos y publicaciones, lo que a su vez lleva a no seguir las buenas prácticas científicas y se enmarca en el mensaje de «publicar o perecer». Otro problema es el llamado sesgo de publicación, que hace que los resultados negativos y los que no son estadísticamente significativos raramente se publiquen, lo que en el caso de la psicología lleva a un alto número de estudios con falsos positivos. Este sesgo se ve agravado por el sesgo de confirmación del autor, quien cree en su hipótesis, y es un peligro inherente en el campo, que requiere un cierto grado de escepticismo por parte de los autores y los lectores.

El problema se agrava porque solo una proporción muy pequeña de revistas académicas de psicología invitan explícitamente a la presentación de estudios de replicación en su objetivo y alcance o en sus instrucciones a los autores, lo que no fomenta la presentación de informes sobre estudios de replicación, ni siquiera anima a realizarlos. Es un problema real porque la realización de réplicas puede llevar mucho tiempo y resta recursos a los proyectos que reflejan el pensamiento original del investigador. Son más difíciles de publicar, en gran medida porque no son originales, e incluso cuando se pueden publicar es poco probable que se consideren contribuciones importantes al campo. En última instancia, las réplicas suponen menor reconocimiento y menos recompensa, incluso en forma de financiación, para sus autores y la cantidad de trabajo puede no ser menor que en un estudio original.

Otra fuente de problemas es la poca calidad del análisis estadístico de los datos. Según un análisis de 2018 de 200 metaanálisis, «la investigación psicológica está, en promedio, afectada por una baja potencia estadística», lo que significa que la mayoría de los estudios no tienen una alta probabilidad de encontrar con precisión un efecto cuando existe. Los hallazgos de los estudios originales que tienen baja potencia a menudo no se replicarán y los estudios de replicación con baja potencia son susceptibles de falsos negativos. La baja potencia estadística es otro elemento sustancial de la crisis de replicación.

Un último problema son las prácticas cuestionables de investigación (PCI), comportamientos intencionados que aprovechan la zona gris del comportamiento científico aceptable o explotan la libertad de cátedra del investigador y que pueden contribuir a la irreproducibilidad de los resultados. Las PCI no incluyen violaciones explícitas de la integridad científica, como la falsificación de datos, sino que son decisiones, a menudo arbitrarias, que se toman a lo largo del proceso experimental y que pueden explotarse de forma oportunista para dar lugar a falsos positivos y a estimaciones infladas del tamaño del efecto, lo que contribuye a la dificultad para replicar los resultados. Algunos ejemplos de PCI son la selección de datos (*cherry-piciking*), la presentación de informes selectivos y el *HARKing* (formulación de hipótesis después de conocer los resultados).

Una encuesta realizada en 2012 por Leslie John y su grupo a más de 2000 psicólogos indicó que más del 90 % de los que respondieron admitió haber utilizado al menos una PCI aunque la metodología de esta encuesta y sus resultados han sido cuestionados. La psicología también ha estado en el centro de varios escándalos relacionados con investigaciones francamente fraudulentas, como los engaños y falsificaciones del psicólogo social Diederik Stapel, el psicólogo cognitivo Marc Hauser y el psicólogo social Lawrence Sanna. A pesar de estos escándalos y su amplia repercusión, el fraude científico parece ser poco común. Aun así, un metaanálisis publicado en 2009 por Daniele Fanelli reveló que el 2 % de los científicos de todos los campos admitió haber falsificado datos al menos una vez y el 14 % admitió conocer personalmente a alguien que lo había hecho.

LA APA Y LA TORTURA

La expresión «técnicas de interrogatorio reforzadas» o «interrogatorio reforzado» es un eufemismo para referirse al programa de tortura sistemática de detenidos por parte de la Agencia Central de Inteligencia (CIA), la Agencia de Inteligencia de Defensa (DIA) y varios componentes de las fuerzas armadas de Estados Unidos en lugares remotos de todo el mundo, incluido Bagram, Guantánamo, Abu Ghraib y Bucarest. Los métodos utilizados incluían palizas, ligaduras en posiciones dolorosas, ruidos ensordecedores, interrupción o privación del sueño hasta el punto de la alucinación, privación de comida, bebida y atención médica para las heridas, así como el ahogamiento, el emparedamiento, la humillación sexual, el sometimiento a calor o frío extremos y el confinamiento en pequeñas cajas similares a un ataúd. Varios detenidos fueron sometidos a procedimientos médicos innecesarios como «rehidratación rectal» y «alimentación rectal», cuyo único objetivo era humillar y vejar a los detenidos. Además de brutalizar a los detenidos, hubo amenazas de abusos físicos y sexuales a sus familias, sus hijos, esposas y padres.

Los peores abusos se produjeron en los «sitios negros» operados por la CIA, donde se utilizaron métodos desarrollados por los antiguos psicólogos de las Fuerzas Aéreas estadounidenses James Mitchell y Bruce Jessen. Los implicados convirtieron aspectos del entrenamiento militar de Supervivencia, Evasión, Resistencia y Escape (SERE), diseñado para ayudar a los reclutas a resistir el efecto de la tortura en caso de ser capturados, en un programa de interrogatorio que incluía esos viles procedimientos de tortura física y psicológica.

En diciembre de 2007 se supo que la CIA había destruido muchas cintas de vídeo que grababan los interrogatorios de los prisioneros. Las investigaciones realizadas en 2010 pusieron de manifiesto que José Rodríguez Jr., jefe de la Dirección de Operaciones de la CIA de 2004 a 2007, ordenó destruir las cintas porque pensaba que serían «devastadoras» para la CIA: «... el ruido que generará la destrucción no es nada comparado con lo que sería si las cintas llegaran a ser de dominio público».

La Asociación Americana de Psicología (APA), el principal órgano profesional de los psicólogos estadounidenses y la mayor asociación de psicólogos del mundo, colaboró con la Administración Bush en secreto para redactar justificaciones legales y éticas de la tortura. Todo ello fue destapado por el periodista James Risen, que publicó en el *New York Times* un artículo donde se relataban estas prácticas. En la controversia que siguió, la APA contrató al bufete de abogados de Sidley Austin para realizar una investigación, que fue dirigida por el antiguo fiscal federal David Hoffman. Este entregó un informe de 538 páginas con conclusiones devastadoras.

Nuestra investigación determinó que autoridades clave de la APA, principalmente el director de ética de la APA, con el que colaboraron y al que apoyaron otros responsables de la APA, llegaron a acuerdos con importantes oficiales del Departamento de Defensa y con la CIA para que la APA asumiera unas reglas de conducta laxas que no limitaran en ninguna medida al Departamento de Defensa más que las normas de conducta de los interrogatorios. Concluimos que el principal motivo de la APA al hacer eso era alinear a la APA y obtener favores del ministerio de defensa. Hubo dos otros motivos importantes: crear una buena respuesta de relaciones públicas y mantener el crecimiento de la psicología sin cortapisas en esta área.

SIDLEY SIDLEY AUSTIN LLP

REPORT TO THE SPECIAL COMMITTEE OF THE BOARD OF DIRECTORS
OF THE AMERICAN PSYCHOLOGICAL ASSOCIATION

INDEPENDENT REVIEW
RELATING TO APA ETHICS GUIDELINES,
NATIONAL SECURITY INTERROGATIONS, AND TORTURE

David H. Hoffman, Esq.
Danielle J. Carter, Esq.
Cara R. Viglucci Lopez, Esq.
Heather L. Benzmiller, Esq.
Ava X. Guo, Esq.
S. Yasir Latifi, Esq.
Daniel C. Craig, Esq.
SIDLEY AUSTIN LLP

One South Dearborn Street
Chicago, IL 60603

1501 K Street, N.W.
Washington, DC 20005

July 2, 2015

Portada del *Informe al Comité Especial de la Junta Directiva de la Asociación Americana de Psicología*, «relativo a las pautas éticas de la APA, interrogatorios de seguridad nacional y tortura», presentado por el equipo encabezado por David H. Hoffman en el año 2015 [*Public Intelligence*].

Hubo evidencias de que altos cargos de la APA realizaron prácticas corruptas que les permitía recibir favores o financiación de las organizaciones de inteligencia o defensa. A cambio, la APA incorporó el lenguaje proporcionado por la CIA directamente en su código ético, lo que proporcionó cobertura profesional a los psicólogos implicados en los interrogatorios y las torturas.

La APA entregó el informe a los comités del Senado que supervisan al ejército y a la CIA e hizo un llamamiento para poner fin a la participación de psicólogos en las operaciones de interrogatorio y detención de Estados Unidos. Por su parte, algunos psicólogos criticados en el informe cuestionaron sus conclusiones y demandaron a la organización por difamación.

Tras el escándalo, abandonaron sus puestos el director general de la APA Norman Anderson, el subdirector general Michael Honaker y la jefa de comunicaciones Rhea Farberman. Estas renuncias del cuerpo directivo de la APA fueron presentadas como jubilaciones y dimisiones. Tras esos cambios en la junta directiva, la APA abordó el oscuro legado de la tortura en su reunión de Toronto en agosto de 2015, anunciada por la entonces presidenta Susan McDaniel como una oportunidad para «reajustar nuestra brújula moral». En esa reunión, el consejo de la APA votó a favor de prohibir la presencia de psicólogos en Guantánamo y en otros lugares que la ONU considera que infringen el derecho internacional, a menos que trabajen para los propios detenidos o para grupos independientes de derechos humanos.

Trump prometió llenar Guantánamo «con algunos tipos malos» y dijo repetidamente que respaldaba el ahogamiento (*waterboarding*). En su primera entrevista tras ser elegido presidente, dijo a ABC News que apoyaría el regreso a la práctica si Mike Pompeo, entonces subdirector de la CIA, y el secretario de Defensa James Mattis lo recomendaran. «Absolutamente, siento que funciona», dijo. En realidad, las técnicas de interrogatorio bajo tortura obtienen información poco fiable, ya que los detenidos tienden a decir lo que creen que sus captores quieren oír para que cese el sufrimiento.

La participación de los psicólogos en el programa de interrogatorios de la era Bush fue significativa porque permitió al Departamento de Justicia argumentar en dictámenes secretos que el programa era legal y no constituía tortura, ya que los interrogatorios eran supervisados por profesionales de la salud para asegurarse de que eran seguros. Nathaniel Raymond, un investigador de derechos humanos de la Universidad de Harvard, escribió: «La complicidad de la APA en la adaptación de su ética para consentir la participación de los psicólogos en la investigación y supervisión de la tortura es el peor escándalo de bioética del siglo XXI hasta la fecha».

Epílogo

La historia de la psicología está, por supuesto, inacabada. Los logros conseguidos han sido muchos: forma parte de las ciencias impartidas en las principales universidades del mundo, sus profesionales son vistos como un componente fundamental del desarrollo saludable de una sociedad y su ámbito de actuación se extiende continuamente a nuevos retos como los sistemas legales, el deporte de alta competición, la respuesta a las catástrofes o la atención a la neurodiversidad, por citar cuatro ejemplos de campos diferentes.

Hay quien piensa que la psicología debería establecer un currículum unitario, unos sistemas de tratamientos homologados, un consenso teórico común. Otros creen que la diversidad de enfoques, las escuelas de pensamiento que hemos mencionado en este libro, es parte de su riqueza y que esa heterogeneidad es consustancial ante una realidad tan compleja y variada como los seres humanos. Los «unitaristas» defienden que las ciencias con una trayectoria más larga están unificadas y son coherentes y que el camino que han recorrido las ha llevado de una diversidad inicial a una unificación, en la que se ha producido un consenso sobre teoría, metodología y principios básicos. Los «pluralistas» se ven reflejados en la diversidad de organizaciones, enfoques y perspectivas que son parte de las señas distintivas de la psicología moderna. Siguiendo las ideas de William James, la psicología no debe minimizar las ventajas de ser una disciplina unificada, pero tampoco debe dejar de explorar las ventajas y la riqueza que el pluralismo le aporta.

Algunas de las escuelas mencionadas en este libro desaparecieron, están en regresión o han sido absorbidas por las corrientes presentes en la psicología contemporánea. Los nuevos métodos de diagnóstico y terapia, la fortaleza de los métodos estadísticos, el avance de la investigación psicológica y las aportaciones constantes de la neurociencia hacen de la psicología una ciencia cada vez más potente, rigurosa y útil. Pero quizá es bueno mirar de vez en cuando hacia atrás, no perder nunca el enfoque humanista de esta ciencia y recordar que el emperador Marco Aurelio decía que la felicidad de tu vida depende, por encima de todo, de la calidad de tus pensamientos.

Referencias

Bibliografía general

Albee, G. W. (1970). «The uncertain future of clinical psychology», Amer Psychol 25: 1071-1080.

Benjafield, J. G. (2010). *A History of Psychology*, 3.ª ed. Oxford University Press, Ontario.

Bringmann, W. G.; Lück, H. E.; Miller, R.; Early, C. E. (eds.) (1997). *A pictorial history of psychology*, Quintessence Books, Chicago.

Hothersall, D. (1995*). History of Psychology*, 3.ª ed. McGraw-Hill, Nueva York.

Jarret, C. (2011). *50 teorías psicológicas fascinantes y sugerentes*, Blume. Barcelona.

King, D. B.; Viney, W.; Woody, W. D. (2009). *A history of psychology. Ideas and context*, 4.ª ed.; Pearson, Boston.

Leahey, T. H. (2018). *A history of psychology from antiquity to modernity*, 8.ª ed.; Routledge, Taylor & Francis, Nueva York.

Makari, G. (2021). *Alma máquina. La invención de la mente moderna*, Sexto Piso, México.

Pickren, W. E. (2014). *The Psychology Book. From Shamanism to Cutting-Edge Neuroscience, 250 Milestones in the History of Psychology*, Sterling, Nueva York.

Saugstad, P. (2018). *A history of modern Psychology*, Cambridge University Press, Cambridge.

Schultz, D. P.; Schultz, S. E. (2011). *A history of modern Psychology*, 10.ª ed.; Wadsworth, Belmont, CA.

PSICOLOGÍA PREHISTÓRICA
Henley, T. B. (2020). «On Prehistoric Psychology: Reflections at the Invitation of Göbekli Tepe», *Hist Psychol* 23(3): 211-218.

CHINA
Liu, J. H. (2021). «Introduction to Confucian Psychology: Background, Content, and an Agenda for the Future», *Psychol Develop Soc* 33(1): 7-26.

TOMÁS DE AQUINO
García-Valdecasas, M. (2005). «Psychology and mind in Aquinas», *Hist Psychiatry* 16(63 pt. 3): 291-310.

MICHAEL DE MONTAIGNE
Burke, P. (1981*) Montaigne*, Oxford University Press, Oxford.
Wolf, E. S.; Gedo, J. E. (1975). «The Last Introspective Psychologist Before Freud: Michel de Montaigne», *Annal of Psychoanalysis* 3: 297-310.

CHRISTIAN THOMASIUS
McReynolds, P.; Ludwig, K. (1984). «Christian Thomasius and the origin of psychological rating scales», *Isis* 75: 546-553.
McReynolds, P.; Ludwig, K. (1987). «On the history of rating scales». *Personality and Individual Differences* 8: 281-283.

CAZA DE BRUJAS
Adinkrah, M. (2019). «Crash-landings of flying witches in Ghana: Grand mystical feats or diagnosable psychiatric illnesses?», Transcult Psychiatry 56(2): 379-397.
Clark, C. W. (1997). *The Witchcraze in 17th Century Europe. In: A pictorial history of Psychology.*
Fernández-Cañadas, E. A. (2010). «La quema de brujas de 1507. Notas en torno a un enigma histórico. Huarte de San Juan», *Geografía e Historia*, 17: 411-422.
Klaits J. (1985) *Servants of Satan: The age of the witch hunts*, Indiana University Press, Bloomington.

THOMAS HOBBES
Jacobson, N. (1987). «Review of Thomas Hobbes: Radical in the Service of Reaction», *Political Psychology* 8(3): 469-471.
Hobbes, T. (1995). *Three Discourses: A Critical Modern Edition of Newly Identified Work of the Young Hobbes*, University of Chicago Press, Chicago.

ISAAC NEWTON
Kantor, J. R. (1970). «Newton's Influence on the Development of Psychology», *The Psychological Record* 20(1): 83-92.

DAVID HUME

Reed, P. A.; Vitz, R. (eds.) (2018) *Hume's Moral Philosophy and Contemporary Psychology*, Routledge.

AUGUSTE COMTE

Cardno, J. A. (1958). «Auguste Comte's Psychology», *Psychological Reports* 4(2): 423-430.

Comte, A. (1890) *Systeme de politique positive*, 3.ª ed.; Paris, 10, Rue Monsieur-lePrince.

PHILIPPE PINEL

Kendler, K. S. (2020). «Philippe Pinel and the foundations of modern psychiatric nosology», *Psychol Med* 50(16): 2667-2672.

JOHN HASLAM

Leigh, D. (1955). «John Haslam, M. D. — 1764-1844», *Journal of the History of Medicine and Allied Sciences* x(1): 17-44.

HERMANN VON HELMHOLTZ

Darrigol, O. (2003). «Number and measure: Hermann von Helmholtz at the crossroads of mathematics, physics, and psychology», *Stud Hist Philos Sci* 34(3): 515-573.

GUSTAV FECHNER

Arendt. H-J. (1999). *Gustav Theodor Fechner: Ein deutscher Naturwissenschaftler und Philosoph im 19*, Jahrhundert, Lang, Frankfurt am Main.

Hawkins, S. L. (2011). «William James, Gustav Fechner, and early psychophysics», *Front Physiol* 2: 68.

Marshall, P.; Worthen, J.; Brant, L.; Shrader, J.; Kahlstorf, D.; Pickeral, C. W. (1995). «Fechner Redux: A Comparison of the Holbein Madonnas», *Empirical Studies of the Arts* 13: 17-24.

Meischner-Metge, A. (2010). «Gustav Theodor Fechner: life and work in the mirror of his diary», *Hist Psychol* 13(4): 411-423.

Robinson, D. K. (2010). «Fechner's "inner psychophysics"», *Hist Psychol* 13(4): 424-433.

LOS MOVIMIENTOS EUGENÉSICOS

Capuano, C. F.; Carli, A. J. (2012). «Antonio Vallejo Nagera (1889-1960) y la eugenesia en la España Franquista: Cuando la ciencia fue el argumento para la apropiación de la descendencia», *Revista de Bioética y Derecho* (26): 3-12.

Devakumar, D.; Burgess, R. (2023). «Legacies of eugenics», *The Lancet*, 401(10378): 725.

Hilton, C. (2023). «Our values and our historical understanding of psychiatrists», *BJ Psych Bull* 30:1-4.

Olaya Peláez, I. D. (2023). «The colombian healthy child contest: in search of Latin America's "ideal child" in the 1930s». *Hist Cienc Saude Manguinhos* 30: e2023005.

EDWARD O. WILSON

Zimmer, C. (2021). «E. O. Wilson, a pioneer of evolutionary biology, dies at 92», *The New York Times*, 27 de diciembre.

PSICOLOGÍA COMPARADA

Jaynes, J. (1969). «The historical origins of 'Ethology' and 'Comparative psychology'», *Anim Behav* 17(4): 601-606.

GEORGE ROMANES

Boddice, R. (2011). «Vivisecting Major: a Victorian gentleman scientist defends animal experimentation, 1876-1885», *Isis* 102(2): 215-237.

Morganti, F. (2011). «Intelligence as the plasticity of instinct: George J. Romanes and Darwin's earthworms», *Theor Biol Forum* 104(2): 29-45.

Vera, J. A.; Tortosa, F. (2022). «La Psicología científica británica: aportaciones fundamentales para la Psicología contemporánea», en *Historia de la Psicología* (F. Tortosa y C. Civera, eds.), Titivillus.

ROBERT YERKES

Carmichael, L. (1957). «Robert Mearns Yerkes, 1876-1956», *Psychol Rev* 64(1): 1-7.

LOU ANDREAS-SALOMÉ

Bos, J. (2000). «Shared life narratives in the work of Lou Andreas-Salomé», *Int J Psychoanal* 81 (3): 471-481.

Klemann, M. (2005). «"... here I am entirely among patients now..": the psychoanalytical practice of Lou Andreas-Salomé», *Luzif Amor*, 18(35): 109-129.

ERICH FROMM

Funk, R. (2000) *Erich Fromm: His Life and Ideas An Illustrated Biography*, Continuum, Nueva York.

O. Hobart Mowrer

Page, C. (2017). «Preserving Guilt in the "Age of Psychology": The Curious Career of O. Hobart Mowrer», *Hist Psychol* 20(1): 1-27.

SERGUÉI RUBINSTEIN

Mironenko, I. A. (2013). «Concerning interpretations of activity theory», *Integr Psychol Behav Sci* 47(3): 376-393.

Vassilieva, J. (2010). «Russian psychology at the turn of the 21st century and post-Soviet reforms in the humanities disciplines», *Hist Psychol* 13(2): 138-159.

LAS *PSYKUSHAS* DE LA UNIÓN SOVIÉTICA

De Wolf, K. (2013). *Dissident for Life: Alexander Ogorodnikov and the Struggle for Religious Freedom in Russia*, W.B. Eerdmans Pub. Co.; Grand Rapids, Michigan.

Fireside, H. (1979) *Soviet psychoprisons*, Norton, Nueva York.

Dvorsky, G. (2012). «How the Soviets used their own twisted version of psychiatry to suppress political dissent», *Gizmodo*, 4 de septiembre.

PAUL BROCA

Finger, S. (1994). *Origins of Neuroscience. A history of explorations into brain function*, pp. 32-50, Oxford University Press, Nueva York.

Finger, S. (2000). *Minds behind the brain. A history of the pioneers and their discoveries*, pp. 143-144, Oxford University Press, Nueva York.

Harrington. A. (1991) *Beyond Phrenology: Localization Theory in the Modern Era. En «The Enchanted Loom. Chapters in the History of Neuroscience»* (editado por P. Corsi), pp. 207-215, Oxford University Press, Nueva York.

Stern, M. B. (1971). *Heads & headlines: the phrenological Fowlers*, University of Oklahoma Press, Norman.

CARL WERNICKE

Eling, P. (2019). «History of Neuropsychological Assessment», *Front Neurol Neurosci* 44:164-178.

Fresquet, J. L. (2006). «Karl Wernicke (1848-1904)». *Historia de la Medicina*.

Krahl, A.; Schifferdecker, M. (1998). «Carl Wernicke and the concept of "elementary symptom": A historical vignette», *Hist Psychiat* 9 (36): 503-508.

Wernicke, C. (1874). *Der aphasische Symptomencomplex. Eine psychologische Studie auf anatomischer Basis*, M. Crohn und Weigert, Breslavia.

KURT GOLDSTEIN

Goldstein, G. (1990). «Contributions of Kurt Goldstein to Neuropsychology», *Clin Neuropsychol* 4: 3-17.

Goldstein, K. (1939). *The organism: a holistic approach to biology derived from pathological data in man*, American Book Company, Nueva York.

Goldstein, K. (1967). *Autobiography. En: Riese W, editor. A history of psychology in autobiography*, Appleton-Century-Crofts, Nueva York. pp. 147-166.

Pow, S.; Stahnisch, F. W. (2014). «Kurt Goldstein (1878-1965)», *J Neurol* 261(5): 1049-1050.

ALEXANDER LURIA

Glozman, J. M. (2007). «A.R. Luria and the history of Russian neuropsychology», *J Hist Neurosci* 16(1-2): 168-180.

Homskaya, E. (2001) *Alexander Romanovich Luria: A Scientific Biography*, Plenum Publishers, Nueva York.

Tupper, D. E. (1999). «Introduction: Alexander Luria's continuing influence on worldwide neuropsychology», *Neuropsychol Rev* 9(1): 1-7.

IVAN PAVLOV

Plaud, J. J. (2003). «Pavlov and the foundation of behavior therapy», *The Spanish Journal of Psychology* 6(2): 147-154.

VLADIMIR BEKHTEREV

Akimenko, M. A. (2007). «Vladímir Mijaílovich Bekhterev», *J Hist Neurosci* 16(1-2): 100-109.

Bozhkova, E. (2018). «Vladímir Mijaílovich Bekhterev», *Lancet Neurol* 17(9): 744.

Maranhão Filho, P.; Maranhão, E. T.; Engelhardt, E. (2015). «Life and death of Vladímir Mijaílovich Bekhterev», *Arq Neuropsiquiatr* 73(11): 968-971.

Lerner, V.; Margolin, J.; Witztum, E. (2005). «Vladímir Bekhterev: his life, his work and the mystery of his death», *Hist Psychiatry* 16(62): 217-227.

JOHN B. WATSON
Vadillo, M. Á. (2014). «Dadme una docena de niños sanos», *MVadillo*, 29 de julio.

EDWARD TOLMAN
Tolman, E. C.; Ritchie B. F., Kalish, D. (1946). «Studies in spatial learning. I. Orientation and the short-cut», J Exp Psychol 36(1): 13.

B.F. SKINNER
Evans, R. I. (1968). *B. F. Skinner: The man and his ideas*, Dutton, Nueva York.

PARAPSICOLOGÍA
Coon, D. J. (1992). «Testing the limits of sense and science: American experimental psychologists combat spiritualism, 1880-1920», *Amer Psychol*, 47: 143-151.
Vadillo, M. Á. (2012). «De psicólogos y parapsicólogos», *MVadillo*, 7 de marzo.

HUGO MÜNSTERBERG
Benjamin, L. T. Jr. (2006). «Hugo Munsterberg's attack on the application of scientific psychology», *J Appl Psychol* 91(2): 414-425.
Hergenhahn, B. R. (2000). *An introduction to the history of psychology*, Wadsworth, Belmont (CA).
Münsterberg, H. (1909). *On the witness stand: Essays on psychology and crime*, Doubleday, Nueva York.

ALFRED BINET
Nicolas, S. (2016). «The importance of instrument makers for the development of Experimental Psychology: the case of Alfred Binet at the Sorbonne laboratory», *J. Hist Behav Sci* 52(3): 231-257.
Teive, H. A. G.; Teive, G. M. G.; Dallabrida, N.; Gutierrez, L. (2017). «Alfred Binet: Charcot's pupil, a neuropsychologist and a pioneer in intelligence testing», *Arq Neuropsiquiatr* 75(9): 673-675.

LIGHTNER WITMER
Benjamin, L. T. (1996). «Lightner Witmer's legacy to American psychology», *Amer Psychol* 51: 235-236.

R. D. LAING
McQuiston, J. T. (1989). «R. D. Laing, Rebel and Pioneer On Schizophrenia, Is Dead at 61», *The New York Times*, 24 de agosto.

THOMAS SZASZ
Carey, B. (2012). «Dr. Thomas Szasz, Psychiatrist Who Led Movement Against His Field, Dies at 92», *The New York Times*, 11 de septiembre.

KURT LEWIN

Eder, A. B.; Dignath, D. (2022). «Associations do not energize behavior: on the forgotten legacy of Kurt Lewin», *Psychol Res* 86(8): 2341-2351.

KAREN HORNEY

Paris, B. J. (1981). «Karen Horney», *The New York Times*, 18 de enero.

Paris, B. J. (1994). *Karen Horney: a psychoanalyst's search for self-understanding*, Yale University Press, New Haven.

NAOMI WEISSTEIN

McNeill, L. (2017). «This Feminist Psychologist--Turned-Rock-Star Led a Full Life of Resistance», *Smithsonian Magazine*, 7 de abril.

Weisstein, N. (1993). «Psychology constructs the female; or the fantasy life of the male psychologist (with some attention to the fantasies of his friends, the male biologist and the male anthropologist)», *Feminism & Psychology* 3(2): 194-210.

ROGER BARKER

Barker, R. y Gump, P. (1964) *Big School Small School*, Stanford, Stanford University Press.

Kaminski. G. (1997) *Roger Barker's Ecological Psychology. En: A Pictorial History of Psychology* (Bringmann, W. G.; Lück, H. E.; Miller, R. y Early, C. E.; eds), Quintessence Books, Chicago. pp. 288-292.

This American Life. «529: Human Spectacle».
https://thisamericanlife.org/529/transcript

JAMES J. GIBSON

Neisser, U. (1981). «Obituary: James J. Gibson (1904-1979)», *Amer Psychol* 36 (2): 214-215.

CHARLOTTE BÜHLER

Berger, M. (1993). «Zum 100. Geburtstag von Charlotte Bühler», en *Unsere Jugend*, pp. 525-527

CARL ROGERS

Rogers, C. (1951). *Client-Centered Therapy: Its Current Practice, Implications and Theory*, Constable, Londres.

Smith, D. (1982). «Trends in counseling and psychotherapy», *Amer Psychol* 37(7): 802-809.

DIETRICH TIEDEMANN

Darwin, C. (1877). «A biographical sketch of an infant», *Mind* 1: 285-294.

Taine. H. (1876). «Note sur l'acquisition de langage chez les enfants et dans l'espèce humaine», *Revue Philosophique* 1: 3-23.

Tiedemann, F. (1836). *On the brain of the Negro, compared with that of the European and the Orang-Outang*, Taylor, Londres.

HEINZ WERNER

Ostler, T,. (2016). «Heinz Werner: His Life, Ideas, and Contributions to Developmental Psychology in the First Half of the 20th Century», *J Genet Psychol* 177(6): 231-243.

Siegel, D. J. (2012). *Pocket guide to interpersonal neurobiology: An integrative handbook of the mind*, WW Norton & Company.

Toomela, A. (2020). «Psychology Today: Still in Denial, Still Outdated», *Integrative Psychological and Behavioral Science*, doi:10.1007/s12124-020-09534-3.

Zagaria, A.; Ando, A.; Zennaro, A. (2020). «Psychology: a Giant with Feet of Clay», *Integrative Psychological and Behavioral Science*, doi:10.1007/s12124-020-09524-5.

LEV VYGOTSKY

Cunha de Araújo, G.; Carlos Miguel, J.; Solovieva, Y. (2021). «Editorial: Historical-Cultural Psychology: The Contributions of Developmental Teaching in Different International Contexts», *Front Psychol* 12: 810784.

Van der Veer, R. (2021). «Vygotsky's Legacy: Understanding and Beyond», *Integr Psychol Behav Sci* 55(4): 789-796.

ERIK ERIKSON

Berman, M. (1975). «Erik Erikson, the Man Who Invented Himself», *The New York Times*, 30 de marzo.

JEROME BRUNER

Greenfield, P. M. (2016). «Jerome Bruner» (1915-2016), *Nature* 535(7611): 232.

JEAN PIAGET

Boden, M. A. (1979). *Piaget*, Harvester Books,

Burman, J. T. (2012). «Jean Piaget: Images of a life and his factory», *History of Psychology* 15(3): 283-288.

Papert, S. (1999). «Child Psychologist: Jean Piaget», *Time*, 29 de marzo, 153: 104-107.

Rafael Linares, A. (2007). «Desarrollo Cognitivo: Las Teorías de Piaget y de Vygotsky», *Bienio 07-08. Máster en Paidopsiquiatría*. Universitat Autònoma de Barcelona

Spencer, J. P.; Clearfield, M.; Corbetta, D.; Ulrich, B.; Buchanan, P.; Schöner, G. (2006). «Moving Toward a Grand Theory of Development: In Memory of Esther Thelen», *Child Development* 77(6): 1521-1538.

GERT HOFSTEDE

Goleman, D. (1990). «The Group and the Self: New Focus on a Cultural Rift», *The New York Times*, 25 de diciembre.

EL DESARROLLO DE LA INTELIGENCIA ARTIFICIAL

Zhao, J.; Wu, M.; Zhou, L.; Wang, X.; Jia, J. (2022). «Cognitive psychology-based artificial intelligence review», *Front Neurosci* 16.

LA CRISIS DE REPLICACIÓN

Baker, M. (2016). «1,500 scientists lift the lid on reproducibility», *Nature* 533(7604): 452-454.

Camerer, C. F.; Dreber, A.; *et. al.* (2018). «Evaluating the replicability of social science experiments in Nature and Science between 2010 and 2015», *Nature Human Behaviour* 2 (9): 637-644.

Fanelli, D. (2009). «How Many Scientists Fabricate and Falsify Research? A Systematic Review and Meta-Analysis of Survey Data», *PLoS One*, 4 (5): e5738.

John, L. K.; Loewenstein, G.; Prelec, D. (2012). «Measuring the Prevalence of Questionable Research Practices With Incentives for Truth Telling», *Psychol Sci* 23 (5): 524-532.

LA APA Y LA TORTURA

Aldhous, P. (2015). «Psychology is in crisis over role in Bush-era torture», *Buzzfeed*, 5 de agosto.

Bohannon, J. (2015). «APA hit with new torture allegations. E-mails hint at deeper APA involvement in harsh interrogations», *Science*, 30 de abril.

Risen, J. (2015). «American Psychological Association Bolstered C.I.A. Torture Program, Report Says», *The New York Times*, 30 de abril.

Este libro se terminó de imprimir, por encargo de Guadalmazán, el 27 de octubre de 2023. El mismo día de 1924, Sigmund Freud aparece por primera vez en la portada de la revista *Time*, presentado al mundo como «el único canalla en una compañía de inmaculados granujas». El padre del psicoanálisis llegó a protagonizar en solitario hasta en cuatro ocasiones la primera página de la icónica cabecera.